普通高等教育工程管理专业系列教材

建筑安装识图与施工工艺

霍海娥　主　编

科学出版社

北　京

内 容 简 介

本书内容包括建筑给水排水工程识图与施工工艺、采暖工程识图与施工工艺、消防工程识图与施工工艺、通风空调工程识图与施工工艺、建筑电气工程识图与施工工艺、防雷接地工程识图与施工工艺、综合布线系统识图与施工工艺、电视电话工程识图与施工工艺、火灾报警及消防联动工程识图与施工工艺。建筑安装工程识图是本书内容的重点，每章均有施工图识读方法及施工图识读示例。

本书介绍的工程图识图方法新颖、具体，具有创新性，在近几年的实际课程教学应用中，取得了良好的效果。本书可作为高等院校工程造价专业、建筑类相关专业的教学用书，也可作为岗位培训教材和相关从业人员自学、进修的参考用书。

图书在版编目（CIP）数据

建筑安装识图与施工工艺 / 霍海娥主编.—北京：科学出版社，2018.7
（普通高等教育工程管理专业系列教材）
ISBN 978-7-03-058053-5

Ⅰ.①建… Ⅱ.①霍… Ⅲ.①建筑安装-建筑制图-识图-高等学校-教材 ②建筑安装工程-工程施工-高等学校-教材 Ⅳ.①TU204.21 ②TU758

中国版本图书馆CIP数据核字（2018）第133243号

责任编辑：万瑞达 李 雪 / 责任校对：马英菊
责任印制：吕春珉 / 封面设计：曹 来

科 学 出 版 社 出版
北京东黄城根北街16号
邮政编码：100717
http://www.sciencep.com

三河市骏杰印刷有限公司印刷
科学出版社发行 各地新华书店经销
*
2018年7月第 一 版 开本：787×1092 1/16
2022年12月第七次印刷 印张：19 3/4
字数：468 000

定价：49.50元

（如有印装质量问题，我社负责调换〈骏杰〉）
销售部电话 010-62136230 编辑部电话 010-62130874（VA03）

前　言

教育是国之大计、党之大计。教育、科技、人才是全面建设社会主义现代化国家的基础性、战略性支撑。全面建设社会主义现代化国家，必须坚持科技是第一生产力、人才是第一资源、创新是第一动力，深入实施科教兴国战略、人才强国战略、创新驱动发展战略。高等教育人才培养要树立质量意识、抓好质量建设、全面提高人才自主培养质量。

“建筑安装识图与施工工艺”是工程造价专业的专业基础课程，旨在培养学生对建筑安装工程施工图的识读能力进而了解施工工艺。编者基于多年的教学经验和工程实践，在课程教案内容的基础上进行多次修改和反复补充，编写了本书。本书遵循学生心理认知特点，由易到难组织教学内容；按知识系统划分来设计教学内容，层次分明；每章最后均加入了实际工程案例，以增强学生的实际操作能力。

本书内容深入浅出，力求通俗易懂，便于读者快速理解和掌握建筑安装施工图的识读方法。在编写过程中注重对学生工程素养和工程实践应用能力的培养，以系统为单位进行内容设计，各部分内容完整、精练，图文并茂，与安装工程造价课程主要知识点紧密结合并相互对应，旨在为后期学习工程造价专业的其他课程奠定扎实的基础。

本书注重理论联系实际，选择大量的有针对性和实用性的图纸作为载体，把各系统的主要知识点贯穿在识图中，力图使读者能将图纸与现场施工实际情况结合起来，将安装工程计量过程中的工程内容与施工工艺相结合，做到“按图施工，按图计量”。

在本书编写过程中，邓晓雪、魏滟欢、刘知博、刘明蓉、刘婷婷、刘斐彦、周渝等同学为本书的完稿做了大量资料收集和插图整理工作，这里一并感谢。

本书在编写过程中力求做到内容全面、通俗易懂，由于水平有限，书中不足之处在所难免，恳请各位专家、同行和广大读者批评指正，编者不胜感激。

编　者

2022年11月

目　录

第一章

建筑给水排水工程识图与施工工艺

第一节　建筑给水排水工程概述

一、给水系统

建筑给水系统包括室外给水系统和室内给水系统。室外给水系统的任务是自水源取水（原水），经净水工程处理，净化到所要求的水质标准后（自来水），经输配水管网送往用户，满足建筑物的用水要求。室内给水系统的任务是将城镇（或小区）给水管网或自备水源的水引入一幢建筑或一个建筑群体，再经室内配水管网送至各用水点，供生活、生产、消防之用，并满足各类水质、水量和水压要求的冷水供应系统。

（一）室内给水系统的组成

一般情况下，建筑给水系统由引入管、水表节点、给水管网、给水附件、配水设施、增压和储水设备、给水局部处理设施等组成，如图1-1所示。

（1）引入管。引入管又称进户管，是指室外给水管网与室内给水管网之间的联络管段。引入管一般采用埋地敷设，穿越建筑物外墙或者基础时需设置防水套管。引入管上应装设水表，用以记录建筑物的总用水量。

（2）水表节点。设置在引入管上的水表及其前后一同安装的阀门、管件和泄水装置总称为水表节点，如图1-2所示。水表节点用于供水的计量和控制，一般设置在引入管室外部分距离建筑物适当位置的水表井内。其包括设旁通管和不设旁通管两种形式。其前后设置的阀门用于检修、拆换水表时关闭管路，泄水口用于检修时排泄掉室内管道系统中的水，同时，也可检测水表精度和测定管道进户时的水压值。

对于用水量不大、用水可以间断的建筑物，安装水表节点时一般不设旁通管；对于用水要求较高的建筑物，安装水表节点时应设置旁通管。旁通管由阀门两侧的三通引出，中间加阀门进行连接。

（3）给水管网。给水管网包括干管、立管、支管和分支管，用于输送和分配用水至室内各用水点。

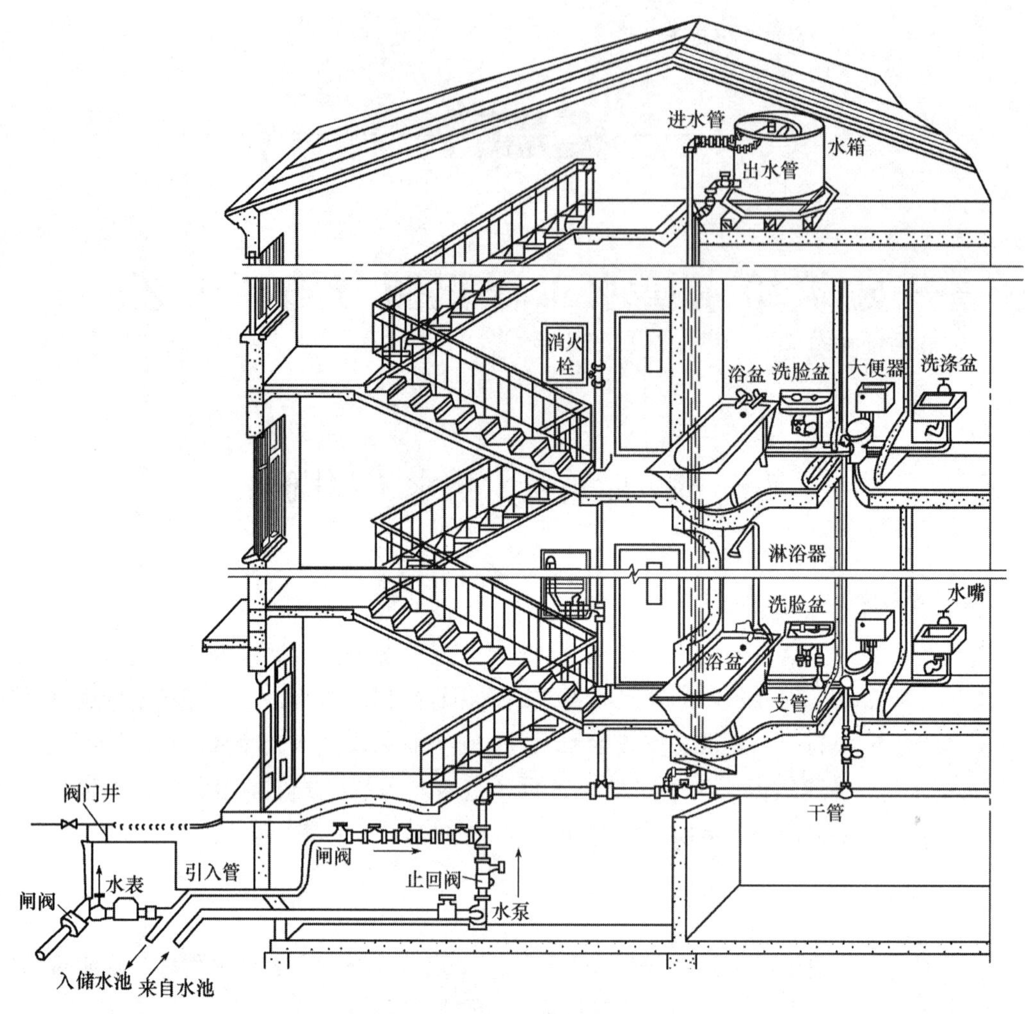

图1-1　室内给水系统的组成

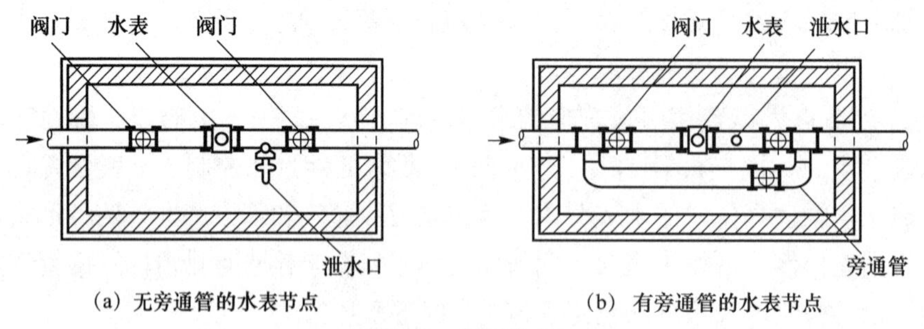

图1-2　水表节点

1）干管。干管又称总干管，是将水从引入管输送至建筑物各区域的管段。

2）立管。立管又称竖管，是将水从干管沿垂直方向输送至各楼层、各不同标高处的管段。

3）支管。支管又称分配管，是将水从立管输送至各房间内的管段。

4）分支管。分支管又称配水支管，是将水从支管输送至各用水设备处的管段。

（4）给水附件。给水附件是指给水管网中调节水量、水压、控制水流方向，改善水质，以及关断水流，便于管道、仪表和设备检修的各类阀门和设备。给水附件包括各类阀门、过滤器、水锤消除器、多功能水泵控制器、减压孔板等附件。

（5）配水设施。配水设施是指给水管网各终端用水点上的设施，如生活给水系统的配水设施主要指卫生器具的给水配件或配水嘴；生产给水系统的配水设施主要指与生产工艺有关的各用水设备；消防给水系统的配水设施有室内消火栓、消防软管卷盘、自动喷水灭火系统的各种喷头等。

（6）增压和储水设备。增压和储水设备是指在室外管网压力不足，或压力波动较大，但室内对给水有稳定运行要求时，根据需要，设置在给水系统中增压、稳压、储水的设备。给水系统中用于升压、稳压、储水和调节的设备，包括水泵、水池、水箱、水塔、吸水井、气压给水设备等。

另外，如果对给水水质有更高要求、超出我国现行《生活饮用水卫生标准》（GB 5749—2006）或其他原因造成水质不能满足要求时，还需要设置一些对现有供水进行深度处理的设备、构筑物等，如二次净化处理设备设施。

（二）给水系统的分类

根据用途的不同，建筑给水系统可分为生活给水系统、生产给水系统、消防给水系统三种基本类型。

1．生活给水系统

供人们饮用、烹饪、盥洗、洗涤、沐浴等日常生活用水的给水系统。其水质必须达到国标《生活饮用水卫生标准》（GB 5749—2006）的规定。

2．生产给水系统

生产给水系统是为了满足生产工艺要求而设置的用水系统，包括供给生产设备冷却、原料和产品洗涤、锅炉等用水，以及各类产品制造过程中所需的生产用水。其水质、水压、水量根据生产设备、生产工艺的不同而不同。当与生活用水的水质要求不同时，可设分质给水系统。

3．消防给水系统

消防给水系统为各类消防设备提供用水（如消火栓系统、自动喷淋系统）。消防用水对水质的要求不高，但其水量和水压必须满足《建筑设计防火规范》（GB 50016—2014）的要求。

根据建筑内部用水所需要的水质、水压、水量、室外供水系统情况等，考虑技术上可行、经济上合理、安全可靠等因素，以上三种给水系统，可以单独设置，也可以联合使用。例如，生活和生产共用的给水系统；生活和消防共用的给水系统；生产和消防共用的给水系统；生活、生产和消防共用的给水系统。

（三）给水系统的给水方式

给水系统的给水方式是指建筑内部给水系统的供水方案，是根据建筑物的性质、高度、配水点的布置情况以及用户对供水安全的要求等条件来综合确定。室内给水方式通常有以下几类。

1. 市政管网直接给水

市政管网直接给水是由室外给水管网直接给水，是最简单、经济的给水方式。其适用于室外给水管网的水量、水压在一天内均能满足用水要求的建筑，如图1–3所示。

2. 水箱给水

设水箱的给水方式宜在室外给水管网供水压力周期性不足时采用，如图1–4所示。

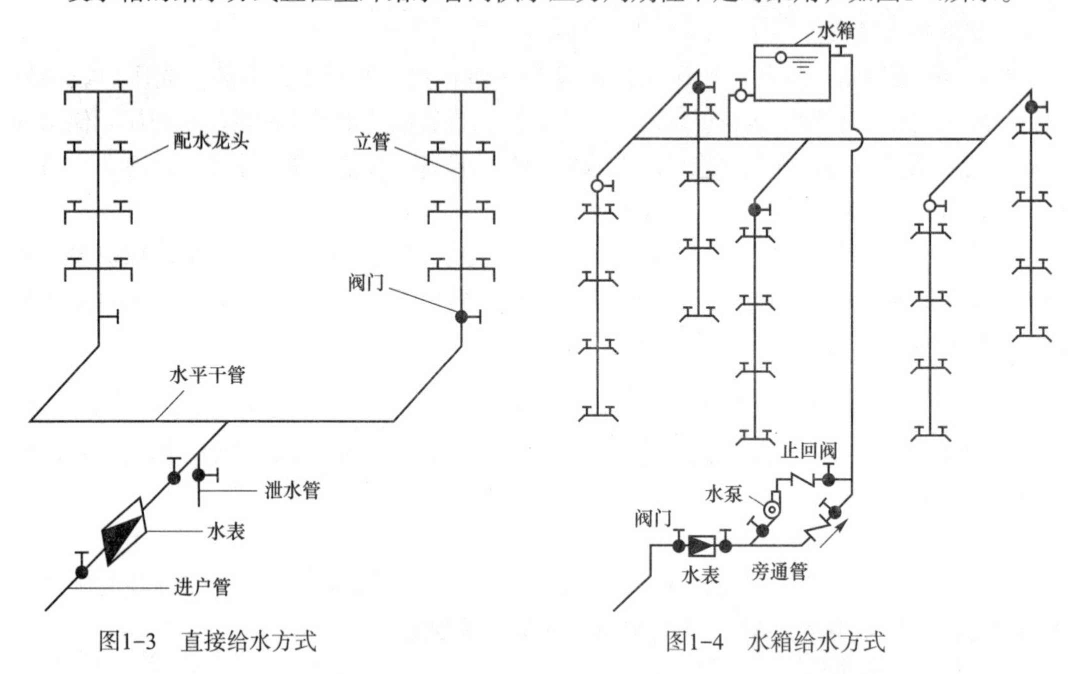

图1–3　直接给水方式　　　　图1–4　水箱给水方式

低峰用水时，可利用室外给水管网水压直接供水并向水箱进水，水箱储备水量；高峰用水时，室外管网水压不足，则由水箱向系统供水。另外，当室外给水管网水压偏高或不稳定时，为保证给水系统的良好工况或满足稳压供水的要求，也可采用设水箱的给水方式。

3. 设水泵的给水方式

设水泵的给水方式宜在室外给水管网的水压经常不足时采用。当建筑内用水量大且较均匀时，可用恒速水泵供水；当建筑内用水不均匀时，宜采用一台或多台水泵变速运行供水，以提高水泵的工作效率。

4. 水池、水泵和水箱联合供水

当市政部门不允许从室外给水管网直接抽水时，须增设水池，此系统增设了水泵和高位水箱。室外管网水压经常或周期性不足，且室内用水不均匀时多采用此种供水方式，如图1–5所示。这种供水系统供水安全性高，但因增加了加压和储水设备，系统会变得复杂，且投资及运行费用高，一般用于高层建筑。

5. 气压供水

气压供水方式是在给水系统中设置气压供水设备，利用该设备的气压水罐内气体的可

压缩性，升压供水。该方式下，气压水罐与水泵协同增压供水，气压水罐的作用相当于高位水箱，但其位置可根据需要设置在高处或低处，如图1-6所示。当室外给水管网压力经常不能满足室内所需水压或室内用水不均匀，且不宜设置高位水箱时可采用此种方式。

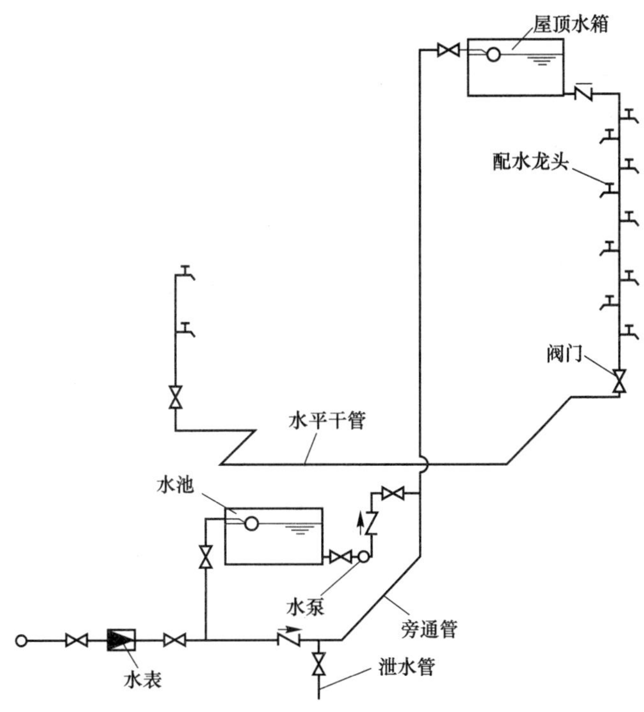

图1-5　水池、水泵和水箱联合供水方式

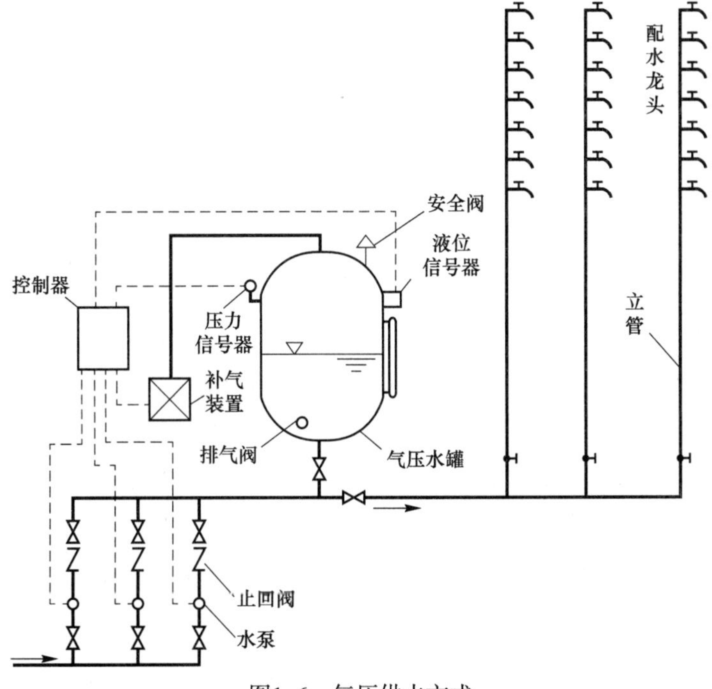

图1-6　气压供水方式

6. 分区供水

当室外给水管网只能满足低层供水的压力需求时，可采用分区供水。如图1-7所示，室外给水管网水压线以下（低区）由外网直接给水；水压线以上楼层（高区）可由升压及储水设备供水。对于高层建筑物，为了保证管材及配水附件在安全压力下工作，可在竖向设置多个分区，通过减压阀或减压水箱减压后依次供水。

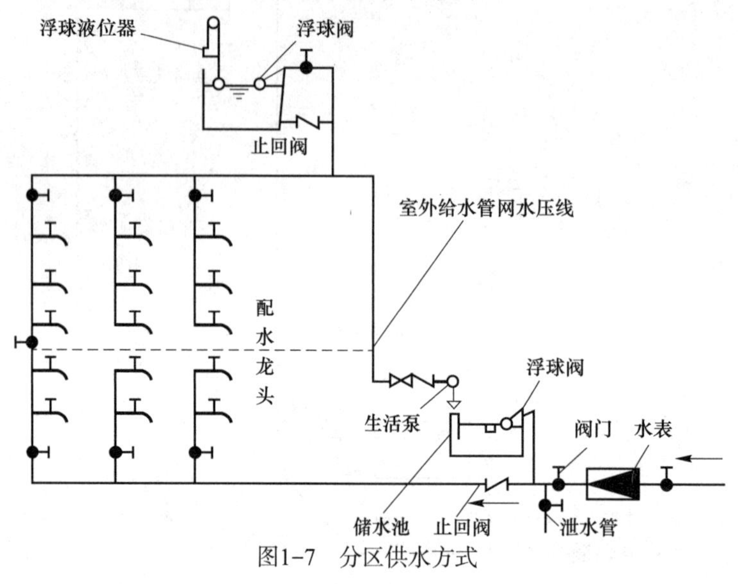

图1-7　分区供水方式

7. 变频调速供水

变频调速供水系统工作原理如图1-8所示。当供水系统中扬程发生变化时，压力传感器即向控制器输入水泵出水管压力的信号；当出水管压力值大于系统中设计供水量对应的压力时，控制器即向变频调速器发出降低电源频率的信号，水泵转速随即降低，使水泵出水量减少，水泵出水管的压力降低，反之亦然。变速泵供水的最大优点是效率高、能耗低、运行安全可靠、自动化程度高、设备紧凑，占地面积小（省去了水箱、气压罐）及对管网系统中用水量变化适应能力强，但它要求电源可靠且所需管理水平高、造价高。目前，这种供水方式在居民小区和公共建筑中应用广泛。

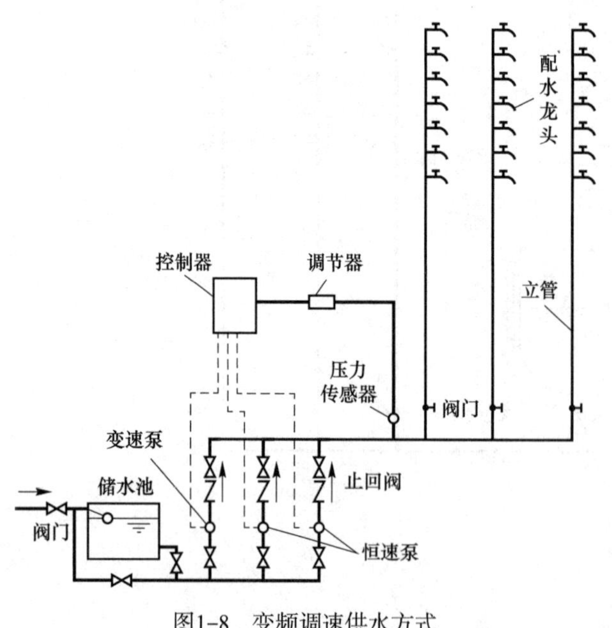

图1-8　变频调速供水方式

（四）分质供水方式

除以上各种供水方式外，近年来还出现了一种新型供水方式——分质

供水，即根据不同用途所需的不同水质，分别设置独立的给水系统。

为确保水质，有些国家还采用了饮用水与盥洗、淋浴等生活用水分设两个独立管网的分质供水方式。

二、排水系统

建筑排水系统的任务是将建筑内的生活污水、工业废水及屋面的雨（雪）水收集起来并及时有组织地排至室外排水管网、污水处理构筑物或水体。

（一）室内排水系统的组成

室内排水系统的基本组成部分包括卫生器具和生产设备的受水器、排水管道、通气管道和清通设备，如图1-9所示。在有些排水系统中，根据要求还会设置污、废水的提升设备和局部处理构筑物。

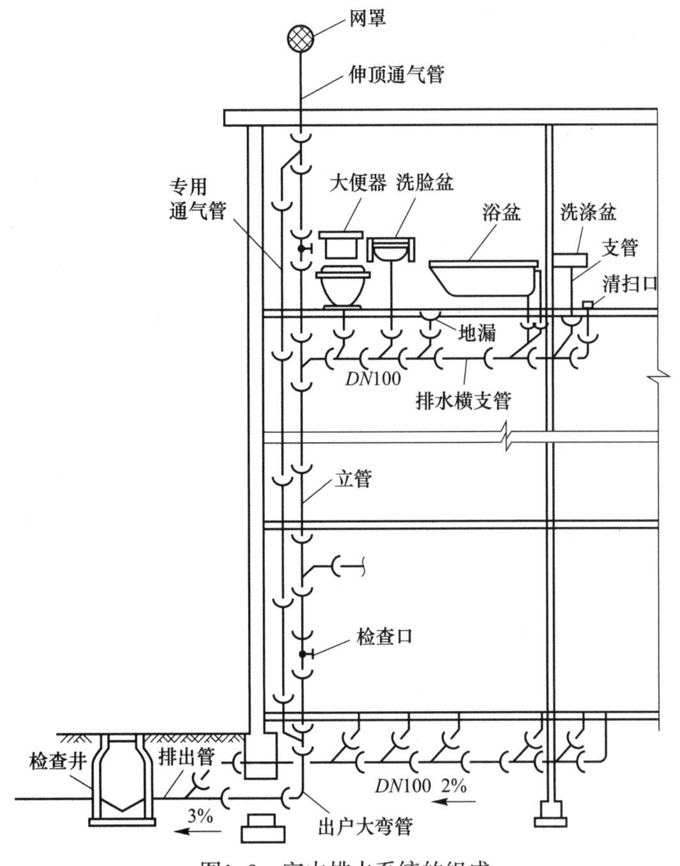

图1-9 室内排水系统的组成

（1）卫生器具和生产设备的受水器。卫生器具是建筑内部用以收集并排出废水、污水的设备，如洗脸盆、洗涤盆、浴盆、盥洗槽、大小便器等。生产设备的受水器是接收、排出工业企业在生产过程中产生的污、废水或污物的容器或设备。

（2）排水管道。排水管道包括器具排水管（连接卫生器具及排水横支管的一短管

段，除坐式大便器外，其间含有一个存水弯）、横支管、立管、埋地干管和排出管等。其中，横支管管径一般不小于50mm。公共食堂厨房内和医院污物洗涤间内的洗涤盆（池）和污水盆（池）的横支管管径不小于75mm；小便槽和连接3个及3个以上小便器的横支管管径不小于75mm；连接大便器和大便槽的横支管管径分别不小于100mm和150mm。立管管径不小于50mm，并不得小于横支管的管径。有时需要设置埋地横干管。排出管为室内管道与室外排水检查井之间的连接管段。所有排水横管均应有一定的坡度要求，坡向水流方向，沿排水水流方向管径应逐步增大，以免产生堵塞。

（3）通气管道。设置通气管道的目的如下：

1）保护水封。使排水管道与大气相通，尽可能使管内压力接近于大气压力，防止管道内压力波动过大。

2）排放有害气体。使管道中有害气体排放到大气中。

3）延长管道使用寿命。使管道内常有新鲜空气流通，减缓管道腐蚀。

4）提高系统的排水能力。

对于层数不多的建筑，在排水横支管不长、卫生器具数不多的情况下，采用将排水立管上部延伸出屋顶的通气措施即可。排水立管上延部分，称为“伸顶通气管”。一般室内排水管均设通气管。对于仅设一个卫生器具或虽接有几个卫生器具但共用一个存水弯的排水管道，以及底层污水单独排除的排水管道，可以不设通气管。

在多层及高层建筑中，由于立管较长且卫生器具较多，同时排水概率大，更容易在管内产生压力波动而破坏水封，因此除设伸顶通气管外，还应设环形通气管或主通气管。

通气管管径一般与排水立管管径相同或小一号，但在最冷月平均气温低于−2℃的地区，并且在没有采暖的房间内，从顶棚以下0.15～0.20m起，其管径较立管管径大50mm，以免管中结冰霜而缩小或阻塞管道断面。

（4）清通设备。为疏通建筑内部排水管道，保障排水畅通，须设检查口、清扫口、带清扫门的90°弯头或三通、埋地横干管上的检查井等。

（5）污、废水的提升设备。在工业与民用建筑地下室、人防工程、高层建筑地下技术层、地下铁道等处，污、废水无法自流排至室外时，须设置污水集水坑，通过排污泵将污、废水排至室外排污系统。

（6）污、废水局部处理构筑物。当建筑内部污水未经处理不能直接排出时，须设污水局部处理构筑物，如化粪池、降温池、隔油池、沉淀池等。

化粪池是一种利用沉淀和厌氧发酵原理，取出生活污水中悬浮性有机物的处理设施，属于初级的过渡性生活污水处理的构筑物。其结构如图1-10所示。化粪池多设置于建筑物背向道路一侧靠近卫生间

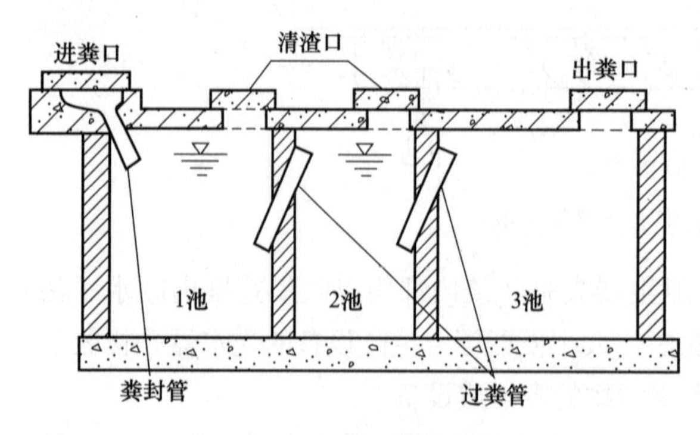

图1-10　化粪池结构图

的地方，应当尽量隐蔽，不宜设置在人们聚集活动的地方。化粪池与建筑物的净距不小于5m。同时，为防止污染水源，化粪池距离地下取水构筑物不得小于30m。

降温池设置的目的是避免管路维护人员在维护管路时高温及有害气体对其产生伤害，同时延长管材的使用寿命。降温池一般设置于室外，当温度高于40℃的废水要排入城镇排水管道时，须经过降温池降温处理。

隔油池结构如图1-11所示。公共食堂和餐饮业排放的污水中含有植物和动物油脂。当含油量超过400mg/L的污水进入排水管道后，随着水温的下降，污水中夹带的油脂颗粒开始凝固，并黏附在管壁上，使管道过水断面减小，在最后完全堵塞管道。所以，公共食堂和餐饮业的污水在排入城市排水管网前，应去除污水中的浮油，而目前一般采用隔油池。

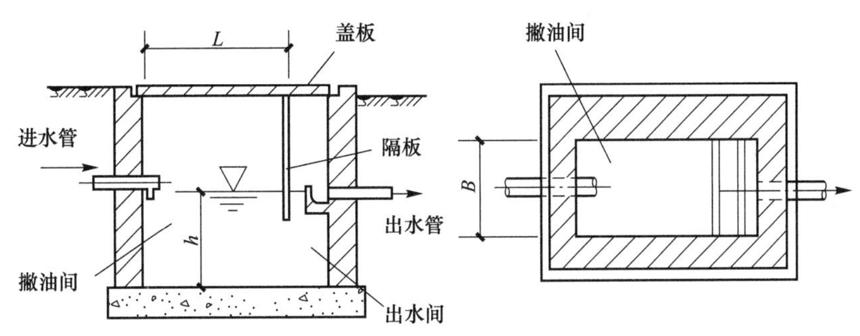

图1-11　隔油池结构图

h—撇油间水位；*L*—隔板距撇油间进水侧壁面距离；*B*—撇油间净宽

洗车库等冲洗废水中含有大量的泥沙，为防止堵塞和淤积管道，在废水排入城市排水管网之前应经沉淀池沉淀处理。

（二）排水系统的分类

按系统排放污、废水的性质不同，排水系统可分为以下三类。

1. 生活排水系统

生活排水系统用于排除住宅、公共建筑以及工厂生活间的污水、废水。按照排水水质的污染程度不同又可分为生活污水排水系统（排除冲洗便器的污水，这类污水由于污染较重，一般不回收利用）和生活废水排水系统（排除盥洗、洗涤水，污染较轻，可作为中水水源回收利用）。

2. 生产排水系统

生产排水系统用于排除生产过程中产生的污（废）水。按排水污染程度可分为生产污水排水系统和生产废水排水系统。

3. 屋面雨水排水系统

屋面雨水排水系统收集、排除屋面的雨水和冰雪融化水。根据建筑物的结构形式、气候条件等因素可分为外排水系统和内排水系统。

第二节 建筑给水排水工程常用设备、材料及施工工艺

一、建筑给水排水工程常用设备及施工工艺

1. 水泵

水泵是给水系统中的主要增压设备。在给水系统中，一般采用离心式水泵，它具有结构简单、体积小、效率高、流量和扬程在一定范围内可以调整等优点。

（1）水泵的分类。

1）按叶轮吸入方式可分为单吸式离心泵、双吸式离心泵。

2）按泵轴方向可分为卧式泵、立式泵。

3）按叶轮数目可分为单级离心泵、多级离心泵。

4）按叶轮结构可分为敞开式叶轮离心泵、半开式叶轮离心泵、封闭式叶轮离心泵。

5）按工作压力可分为低压离心泵（$P \leqslant 2$MPa）、中压离心泵（2MPa$<P<$6MPa）、高压离心泵（$P \geqslant 6$MPa）。

（2）水泵安装施工工艺。

1）工艺流程。

2）安装要点。

① 水泵一般落地安装在混凝土基础上，在安装水泵前应先检查基础坐标、标高、尺寸、预留孔洞是否符合设计要求，混凝土强度是否达到安装强度，必要时对基础表面找平，以满足设备安装要求。

② 水泵吊装就位后，应先对其找正找平，然后再安装地脚螺栓，同时进行二次灌浆。

③ 水泵的隔振处理一般采用橡胶隔振垫（器），隔振垫或者隔振器的型号规格、安装位置应符合设计要求。同一个基座下的隔振垫（器）的型号、规格、性能等应当一致。

④ 水泵安装完成后应再次进行测量与调整，保证安装精度。同时，电机应进行接线调试，以判断其是否正常工作。

⑤ 水泵正式工作之前应进行试运转。试运转时应注意检查水泵运转情况，电机、压力表、真空表的指针数值、进水管、出水管等管道连接应正常并符合设计要求。

水泵安装如图1-12所示。

2. 水箱

水箱是用来储存和调节水量的给水设施，高位水箱可起到给系统稳压的作用。

（1）水箱的分类。

1）按用途不同，水箱可分为高位水箱、减压水箱、冲洗水箱和断流水箱等类型。其形状多为矩形或圆形。

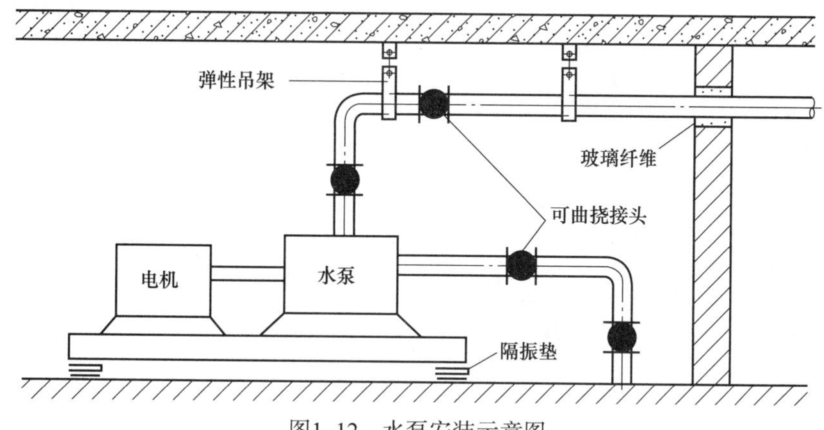

图1-12　水泵安装示意图

2）按材质不同，水箱主要有钢板水箱、钢筋混凝土水箱、玻璃钢水箱等类型。其中钢板水箱内外均应防腐。

（2）水箱的连接管。水箱配管由带水位控制阀的进水管、出水管、溢流管、泄水管、信号管和人孔及通气管组成。

1）进水管。管道中心与箱顶应有200mm的距离。当水箱利用外网压力进水时，进水管上应装设液压水位控制阀或不少于两个浮球阀，为检修方便，阀前均应设置阀门。

2）出水管。管口下缘应高出水箱底面50～100mm，以防箱底沉淀物流入配水管网。若水箱为生活、消防合用，则应将生活出水管安装在消防储水对应水位之上。

3）溢流管。溢流管口应高于设计最高水位50mm，管径应比进水管大1～2号，溢流管上不得装设阀门，不得与排水系统直接连接。管口应设置防尘、防蚊虫等措施。

4）泄水管。泄水管为放空水箱和排污而设置，其管口由水箱底部接出与溢流管连接，管径通常为40～50mm，泄水管上应设置阀门。

5）信号管。信号管是水位控制阀失灵报警装置。一般安装在水箱溢流管口以下10mm处，常用管径为15mm，其出口一般接至有人值班房间内的洗涤盆（或污水池）上，以便及时发现水箱浮球阀是否失灵。

6）人孔及通气管。生活水箱应设有密封箱盖，箱盖上应设有检修人孔及通气管，通气管上不得装设阀门，管口应向下且应装设防护滤网。通气管管径一般不小于50mm。

对生活和消防共用水箱，消防储水量应按不低于10L/s室内消防设计流量考虑。

水箱制作完毕后，应进行盛水试验或煤油渗漏等密闭性试验。水箱外形、配管及附件如图1-13所示。

（3）水箱安装施工工艺。

1）工艺流程。

基础找平 → 安装基础槽钢 → 底板安装 → 连接、固定底板与槽钢 → 安装侧帮 → 安装内拉筋 → 安装盖板 → 调试、检漏

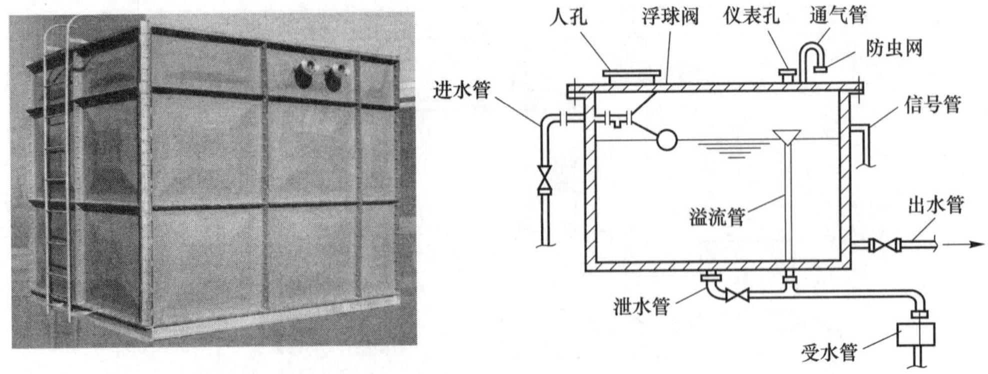

图1-13　水箱外形、配管及附件示意图

2）安装要点。

① 槽钢焊接完整后，所有焊缝要连接均匀，排缝一致。

② 安装侧板时，需要根据水箱单板上的印号及说明，找出水箱帮体的各层帮号，并且预先分开，用螺栓组装帮体。把水箱板立好，找正，使帮板与底帮形成90°夹角，并且加密封胶条，紧固螺栓。

③ 安装水箱顶部盖板，均匀地紧固螺栓，不得用力过大或太小。把水箱的所有紧固件调整好后，根据图纸开孔位置，开好各水管，上好法兰以便对接阀门。

④ 水箱全部安装完毕后，需要进行统一的检查，调整，试水不渗漏为合格。

玻璃钢水箱如图1-14所示。

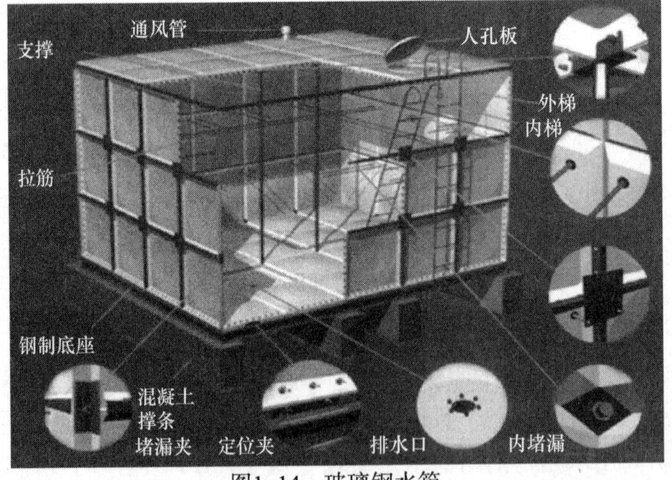

图1-14　玻璃钢水箱

二、建筑给水排水管道常用材料及施工工艺

（一）建筑给水管道常用材料及表示方法

1. 钢管

（1）焊接钢管。焊接钢管又称有缝钢管（水煤气管、黑铁管），通常由卷成管形的

钢板、钢带以对缝或螺旋缝焊接而成。按管壁厚不同又可分为普通焊接钢管、加厚焊接钢管和薄壁焊接钢管三种。焊接钢管用公称直径*DN*表示，如*DN*40表示公称直径为40mm的焊接钢管。焊接钢管如图1–15所示。

（2）镀锌钢管。镀锌钢管是指表面有热浸镀或电镀锌层的焊接钢管。镀锌钢管可增加钢管的抗腐蚀能力，延长使用寿命。镀锌钢管按照其镀锌工艺可分为冷镀锌管和热镀锌管。镀锌钢管与焊接钢管一样，用公称直径*DN*表示，如*DN*65表示公称直径为65mm的镀锌钢管。镀锌钢管如图1–16所示。

（3）无缝钢管。无缝钢管是用优质碳素钢或合金钢钢坯经穿孔轧制或拉制而成。具有承受高压、高温的能力，常用于输送高压蒸汽、高温热水、易燃易爆及高压流体等介质。通常，同一口径的无缝钢管通常有多种壁厚，一般用D式ϕ（外径）$\times\delta$（壁厚）来表示，如$D108\times5$（或ϕ108*5）表示钢管外径为108mm、壁厚为5mm。无缝钢管如图1–17所示。

图1–15 焊接钢管

图1–16 镀锌钢管

图1–17 无缝钢管

2. 铸铁管

给水铸铁管能承受较大工作压力（0.45～1.00MPa）、耐腐蚀、价格便宜，管内壁涂沥青后较光滑，因而被大量用于外部给水管上。但缺点是质硬而脆、质量大、施工困难。给水铸铁管如图1–18所示。

图1–18 给水铸铁管

给水铸铁管按制造材质不同可分为给水灰口铸铁管和给水球墨铸铁管两种。同给水灰口铸铁管相比，给水球墨铸铁管具有强度高、韧性大、密闭性能佳、抗腐蚀能力强、安装施工方便等优点，已替代灰口铸铁管。铸铁管公称直径从*DN*75～*DN*1500，工作压力有

0.45MPa、0.75MPa、1.00MPa等几种。

3．塑料管

塑料管主要有聚乙烯（PE）管、改性聚丙烯（PP-R、PP-C）管、硬聚氯乙烯（PVC-U）管、交联聚乙烯（PE-X）管、聚丁烯（PB）管、丙烯腈-丁二烯-苯二烯（ABS）管、氯化聚氯乙烯（PVC-C）管等。塑料管材规格用De（外径）×δ（壁厚）表示。

（1）PE（聚乙烯）管。PE管材无毒、质量轻、韧性好、可盘绕，耐腐蚀，在常温下不溶于任何溶剂，低温性能、抗冲击性和耐久性均比聚氯乙烯好。目前，PE管主要应用于饮用水管、雨水管、气体管道、工业耐腐蚀管道等领域。PE管强度较低，一般适用于压力较低的工作环境，且耐热性能不好，不能作为热水管使用。

PE管根据生产用的聚乙烯原材料不同，可分为PE63级（第一代）、PE80级（第二代）、PE100级（第三代）及PE112级（第四代）聚乙烯管材。目前，给水中应用的主要是PE80级、PE100级。PE112级是今后应用的发展方向，PE63级由于承压较低故很少用于给水。PE管及管件如图1-19所示。

图1-19　PE管及管件

PE管具有以下优异性能：

1）卫生条件好。PE管无毒，不含重金属添加剂，不结垢，不滋生细菌。

2）柔韧性好，抗冲击强度高，耐强振、扭曲。

3）独特的电熔焊接和热熔对接技术使接口强度高于管材本体，保证了接口的安全可靠。

PE管可分为高密度PE管（HDPE管）和中密度PE管（MDPE管）。HDPE管应用较多。HDPE给水管道工作压力（MPa）一般有0.4、0.60、0.80、1.00、1.25、1.60，规格有De16～De1000。

PE管的连接方式主要有电热熔、热熔对接焊和热熔承插连接。管道敷设既可采用通常使用的直埋方式施工，也可采取插入管敷设（主要用于旧管道改造中的插入新管，省去大开挖）。

（2）PP-R（改性聚丙烯）管。PP-R管具有以下优点：

1）耐腐蚀，不易结垢。

2）质量轻，外形美观，内外壁光滑，安装方便。

3）热导率小，保温性能好，使用寿命长，可用50年。

4）无毒、卫生，原料可回收，不造成污染。但耐高温、高压性能较差，最高使用温度为95℃；5℃以下存在一定低温脆性；长期受紫外线照射易老化降解。产品规格为*DN*20～*DN*110，常用于冷、热水系统和纯净饮用水系统。PP-R管及管件如图1-20所示。

图1-20　PP-R管及管件

PP-R管连接方式主要有热熔连接、电熔连接两种。也有专用丝扣连接或法兰连接。

（3）PVC-U（硬聚氯乙烯）管。PVC-U管由硬聚氯乙烯塑料通过一定工艺制成。该管材不导热，不导电，阻燃。突出应用于高腐蚀性水质的管道输送，目前应用技术比较成熟。PVC-U管如图1-21所示。

国内PVC-U给水管材主要规格有公称通径*DN*15～*DN*700十多种。管材最高许可压力一般为0.6MPa、0.9MPa和1.6MPa三种。管道主要连接方法有承插式连接、黏结剂黏结。

（4）PE-X（交联聚乙烯）管。交联聚乙烯是通过化学方法，使普通聚乙烯的线性分子结构改成三维交联网状结构。交联聚乙烯管具有强度高、韧性好、抗老化（使用寿命达50年以上）、温度适应范围广（－70～110℃）、无毒、不滋生细菌、安装维修方便、价格适中等优点。交联聚乙烯管如图1-22所示。

图1-21　PVC-U管

图1-22　交联聚乙烯管

管外径规格为*De*16～*De*63，生产企业常规产品压力等级为1.25MPa。PE-X管连接方式有卡箍式、卡套式、专用配件式。

（5）PB（聚丁烯）管。PB管是由聚丁烯树脂通过一定的工艺生产而成。具有材质软、耐磨、耐热、抗冻、无毒害、耐久性好、质量轻、施工简单，公称压力可达1.6MPa，能在－20～95℃条件下安全使用，适用于冷水、热水系统。但原材料价格昂贵，在国内应用较少。PB管及管件如图1-23所示。

图1-23　PB管及管件

PB管连接方式有铜接头夹紧式连接、热熔式插接、电熔合连接。

（6）ABS管。ABS工程塑料是丙烯腈、丁二烯、苯乙烯三种化学材料的聚合物。其主要优点为耐腐蚀性极强、耐撞击性极好、韧性强，对高标准水质的管道输送质量和经济效果较好。管材最高许可压力一般为0.6MPa、0.9MPa和1.6MPa三种规格。冷水管常用规格为*DN*15～*DN*50，使用温度为-40～60℃；热水管使用温度-40～95℃。ABS管常用黏结方式连接。

（7）其他塑料管材。其他新型管材还有PPPE管、NPP-R管。

1）PPPE管是由PP-R或PP-C及HDPE为主材料加上化学助剂等合成。具有极好耐高压（公称压力为20MPa）性能。可热熔连接，也可像热镀锌钢管那样进行螺纹连接。

2）NPP-R管材是以含有纳米抗菌剂的纳米聚丙烯（NPP-R）抗菌塑料制成。该管材是具有很好杀菌功能的绿色环保产品，特别适用于饮用水管网。

4．铜管、不锈钢钢管

（1）铜管。铜管具有抗锈蚀能力强，强度高，可塑性强，坚固耐用，能抵抗较高的外力负荷，膨胀系数小，抗高温，防火性能较好，寿命长，可回收利用，不污染环境等优点；缺点是价格较高，应用受限。常用连接方式有螺纹连接、焊接及法兰连接等。铜管如图1-24所示。

（2）不锈钢钢管。不锈钢钢管按制造方式可分为焊接不锈钢钢管和无缝不锈钢钢管两种。不锈钢钢管规格一般用D（外径）$\times\delta$（壁厚）表示。不锈钢钢管如图1-25所示。

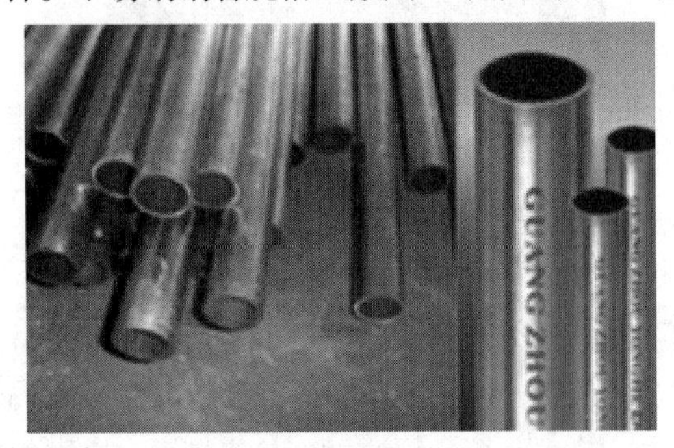

图1-24　铜管

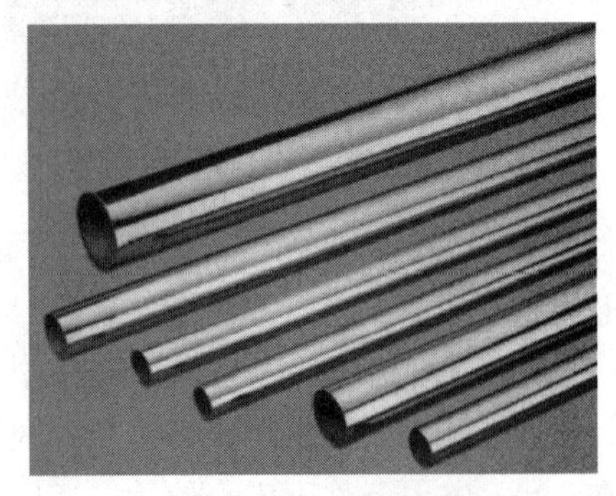

图1-25　不锈钢钢管

薄壁不锈钢管具有其管壁较薄、强度高、韧性好、经久耐用、卫生可靠、防腐蚀性好等优点；但由于价格相对较高，目前主要用于沿建筑外墙安装的直饮水管或高标准建筑室内给水管路。另外，还有超薄壁不锈钢塑料复合管，该管是一种外层为超薄壁不锈钢钢管，内层由塑料管和中间胶黏剂复合而成的新型管材，目前常用规格有*De*16～*De*110十多种。

不锈钢钢管连接方式主要有焊接、螺纹、卡压式、卡套式等。

5. 复合管

复合管按使用的骨架材料不同可分为钢塑复合管、铝塑复合管（PEX-AL-PEX或PAP）、塑覆铜管和铝合金衬塑管等。

（1）钢塑复合管（钢塑复合钢管）。钢塑复合钢管主要有涂塑复合钢管及衬塑复合钢管两大类，如图1-26所示。涂塑复合钢管是以钢管为基管，内壁涂装食品级聚乙烯粉末或涂环氧树脂涂料而成；衬塑复合钢管是以塑料管为内衬材料及胶黏剂，通过一定工艺与碳钢管复合而成。钢塑复合管具有强度高、耐高压、能承受较强的外来冲击力、耐腐蚀、不结垢、导热系数低、流体阻力小等特点。其广泛应用于给水排水、燃气、消防、净化水处理等工程。

(a) 涂塑复合钢管

(b) 衬塑复合钢管

图1-26　钢塑复合管

钢塑复合管规格用公称直径*DN*表示。连接方式通常有螺纹连接、法兰连接和沟槽连接。

（2）铝塑复合管。铝塑复合管（PAP管）如图1-27所示。其由聚乙烯（或交联聚乙烯）层、胶黏剂层、焊接铝管、胶黏剂层、聚乙烯层（或交联聚乙烯）五层结构构成。除具有塑料管的优点外，还有耐压强度高（工作压力可达到1.0MPa以上）；耐温差性能强，使用温度范围为-100～110℃；可挠曲、施工方便、美观等优点。铝塑复合管可广泛应用于建筑室内冷热水供应和地面辐射采暖。

PAP管规格主要有*De*12～*De*75多种。管道连接方式宜采用卡套式连接，宜采用与生产企业配套的管件及专用工具进行施工。

（3）塑覆铜管。塑覆铜管如图1-28所示。其由无缝铜管外覆抗磨损、耐腐蚀的聚乙烯塑料而成，广泛应用于各种管道工程。根据外覆的聚乙烯可分为齿形环和平环形塑覆铜管两种。

图1-27　铝塑复合管

图1-28　塑覆铜管

齿形环塑覆铜管内置凹型槽，可截留空气而形成绝热层，并增大了塑料的径向伸缩能力，适用于冷热水管道，可有效防止冷凝；平环形塑覆铜管具有耐磨紧密等特点，能有效防潮、抗腐蚀。其适用于冷热水管道、埋地、埋墙和腐蚀环境中，以及输送煤气与其他气体管道。

（4）铝合金衬塑管。铝合金衬塑管外层为无缝铝合金，内衬聚丙烯（PP），通过特殊工艺复合而成。具有刚性好、强度高、耐腐蚀、耐压能力高的特点，该材料热稳定性好、抗老化能力强、防火性能好、有较好的环保性。但由于管件为外接头，不利于暗装，又对碱性有一定的腐蚀性，从而限制了它的使用。

铝合金衬塑管用公称直径*DN*表示，连接管件有卡套式快装管接头、专用法兰盘等。

（二）建筑排水管道常用材料及表示方法

1. 塑料管

目前建筑物内广泛使用的排水塑料管是硬聚氯乙烯塑料管（PVC-U管）。塑料排水管包括实壁管、芯层发泡管、螺旋管等，具有质量轻、不结垢、不腐蚀、外壁光滑、美观、易切割、便于安装、可制成各种颜色、投资省和节能等优点；但强度低、耐温性较差（使用温度为−5～+50℃）、排水时管道会产生噪声、在阳光下管道易老化、防火性能较差等。

塑料排水管的规格用$De\times\delta$（外径×壁厚）表示，常用规格见表1-1。

表1-1　排水硬聚氯乙烯塑料管规格

公称直径/mm	40	50	75	100	150
外径/mm	40	50	75	110	160
壁厚/mm	2.0	2.0	2.3	3.2	4.0
参考重量/（g·m^{-1}）	341	431	751	1535	2803

2. 铸铁管

铸铁排水管常用于生活污水和雨水管道，在生产工艺设备振动较小的场所，也可以用

作生产排水管道。铸铁排水管管径一般为50～200mm，多采用承插连接。

早期的砂模铸造铸铁排水管已被淘汰，现多采用柔性接口机制排水铸铁管。柔性接口机制排水铸铁管有两种：一种是连续铸造工艺制造，承口带法兰，管壁较厚，采用法兰连接（法兰压盖、橡胶密封圈、螺栓连接）；另一种是“冷水金属型离心铸造”工艺制造，管壁薄而均匀，无承口，质量轻，采用卡箍连接（不锈钢钢带、橡胶密封圈、卡紧螺栓连接）。

3．混凝土管

混凝土管及钢筋混凝土管多用于室外排水管道及车间内部地下排水管道。一般直径在400mm以下者，为混凝土管；在400mm以上，为钢筋混凝土管。其最大的优点是节约金属管材；缺点是强度低、内表面不光滑、耐腐蚀性差。管道连接采用承插法，接口同铸铁管的接法。

（三）建筑给水排水管道施工工艺

1．建筑给水排水管道的连接

（1）螺纹连接。螺纹连接是在管子端部按照规定的螺纹标准加工成外螺纹，然后与带有内螺纹的管件或给水附件连接在一起。具有结构简单、连接可靠、装拆方便等优点。其适用于DN≤100mm的镀锌钢管和普通钢管以及铜管的连接。

螺纹连接处要加填充材料，既可以填充空隙又能防腐蚀和维修时容易拆卸。对于热水采暖系统或冷水管道，常用的填料是聚四氟乙烯胶带或麻丝沾白铅油（铅丹粉拌干性油），对介质温度超过 115℃的管路接口则采用黑铅油（石墨粉拌干性油）和石棉绳等。

（2）焊接。焊接是用焊接工具将两段管道连接在一起，是管道安装工程中应用最为广泛的连接方法。其适用于非镀锌钢管、铜管和塑料管。当钢管的壁厚小于5mm时可采用氧-乙炔气焊；壁厚大于5mm的钢管采用电弧焊连接。而塑料管则采用热空气焊。焊接具有不需配件、接头紧密、施工速度快等特点；但需要专用施工设备，接口处不便拆卸。

（3）法兰连接。法兰连接是管道通过连接件法兰及紧固件螺栓、螺母的紧固，压紧中间的法兰垫片而使管道连接起来的一种连接方法。常用于需要经常检修的阀门、水表和水泵等与管道之间的连接。法兰连接的特点是结合强度高、严密性好、拆卸安装方便；但耗用钢材多、工时多、成本高。

（4）承插连接。承插连接是将管子或管件的插口（小头）插入承口（喇叭口），并在其插接的环形间隙内填以接口材料的连接。一般铸铁管、塑料管、混凝土管都采用承插连接。

（5）热熔连接。当相同热塑性能的管材与管件互相连接时，采用专用热熔机具将连接部位表面加热，使连接接触面处的本体材料互相熔合，冷却后成为一体的连接方式。其适用于PP-R、PB和PE等管材、管件的连接。

（6）黏结。黏结是借助胶黏剂在固体表面上所产生的黏合力，将同种或不同种材料牢固连接在一起的方法。其主要适用于PVC-U管道连接。

2. 建筑给水排水管道的安装

（1）工艺流程。

安装前的准备 → 预制加工 → 干管安装 → 立管安装 → 支管安装 → 管道试压 → 管道防腐保温 → 管道消毒、冲洗 → 竣工验收

（2）管道安装要点。

1）室内给水管道的安装应遵循先地下后地上、先大管后小管、先主管后支管的原则。若室内管道交叉时，应小管让大管、给水管让排水管、支管让主管。

2）地下管道必须在房心土回填夯实或挖到管底标高时敷设，且沿管线敷设位置应清理干净，引入管及其他管道穿越地下室或地下构筑物外墙时应采取防水措施，加设刚性防水套管；如有严格防水要求，应设柔性防水套管。

3）干管安装必须在安装层的楼板完成后进行，将沿管线安装位置的模板及杂物清理干净，托、吊架均安装牢固，位置正确；支架、抱箍应按设计要求做好防腐绝缘处理，防止电化学腐蚀。

4）立管安装一般沿墙、柱、梁或房间的墙角敷设。安装时，应先自顶层通过管洞向下吊线，以检查管洞的尺寸和位置是否正确。

5）支管安装首先需要在墙上弹出水平支管的安装位置线，并在横线上画出各分支支管或给水配件位置的中心线。然后测出各支管的实际尺寸，根据尺寸进行预制组装并编号，检查调直后进行安装。最后将预制好的支管按位置和编号进行安装，找平找正后，用钉钩或管卡进行固定，管卡或钉钩设在管件之间的中间位置。

6）管道穿过墙壁和楼板时，应设置金属或塑料套管。安装在楼板内的套管，其顶部应高出装饰地面20mm：安装在卫生间、厨房内等容易积水处的套管，其顶部应高出装饰地面50mm，底部应与楼板底面相平；安装在墙壁内的套管其两端与饰面相平。

7）管道的支（托）吊架形式如图1-29所示。

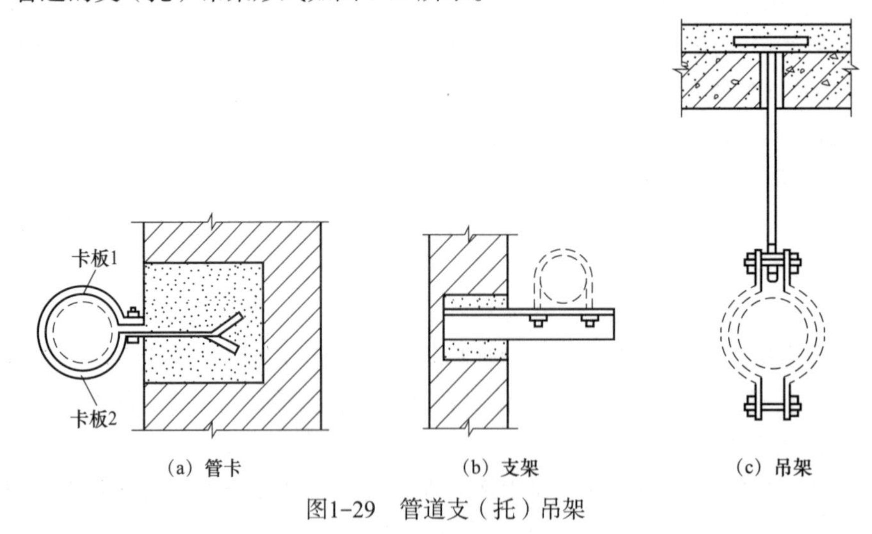

图1-29　管道支（托）吊架

（3）管道的保温防腐与试压冲洗。管道安装完成后，需要进行保温防腐处理、冲洗消毒、水压、通水等试验，对其工艺性能进行监测和验证。

1）明装和暗装的金属管道都要采取防腐措施，以延长管道的使用寿命。通常的防腐做法是管道除锈后，在外壁刷涂防腐涂料。

2）敷设在有可能结冻的房间、地下室及管井、管沟等地方的生活给水管道，为保证冬季安全使用应有保温防冻措施。通常可在管道外壁缠包玻璃纤维棉管壳、岩棉管壳、聚乙烯泡沫管壳等保温材料。

3）给水管道的水压试验及冲洗消毒。室内给水管道安装完毕后须进行水压试验，其目的是检查管道及接口的强度和严密性；对于新安装的给水管道及旧管道检修后，均应进行冲洗消毒。

4）排水管道的通水试验。室内排水管道系统安装好且外观质量和安装尺寸检查合格，在与卫生设备连接之前，应做通水试验，以防止排水管道堵塞和渗漏。通水试验应自下而上分层进行。

三、建筑给水排水工程常用附件及施工工艺

（一）建筑给水排水工程常用附件

1．阀门

（1）阀门的表示方法。阀门的表示方法由阀门类别、驱动方式、连接形式、密封圈（或衬里材料）、公称压力以及阀体材料六部分组成。

1）常见的阀门代号有：Z—闸阀；J—截止阀；Q—浮球阀；H—止回阀；A—安全阀；D—蝶阀；Y—减压阀；X—旋塞阀。

2）驱动方式一般为：手轮驱动（一般省略）；电动驱动（用数字“9”表示）。

3）连接形式通常分为：螺纹连接（用数字“1”表示）；法兰连接（用数字“4”表示）。

4）密封圈（或衬里材料）一般有：铜质密封圈（或衬里材料）（用大写英文字母“T”表示）；不锈钢密封圈（或衬里材料）（用大写英文字母“H”表示）；橡胶密封圈（或衬里材料）（用大写英文字母“X”表示）；塑料密封圈（或衬里材料）（用大写英文字母“S”表示）。

5）公称压力使用兆帕（MPa）表示，单位为0.1MPa。

6）阀体材料一般省略。

如：D941X-16，表示为电动驱动、法兰连接、橡胶密封、公称压力为1.6MPa的蝶阀。

又如：Z11T-10，表示为手动驱动、螺纹连接、铜密封、公称压力为1MPa的闸阀。

（2）常用阀门。工程中常用的阀门如图1-30所示。

1）闸阀。关闭件（闸板）由阀杆带动，沿阀座密封面做升降运动的阀门，常用于双向流动及$DN \geqslant 50$mm的管道上。闸阀阻力小、开闭所需外力小、安装无方向性要求，但所需安装空间较大，水中如有杂质落入阀座后会导致磨损和漏水。

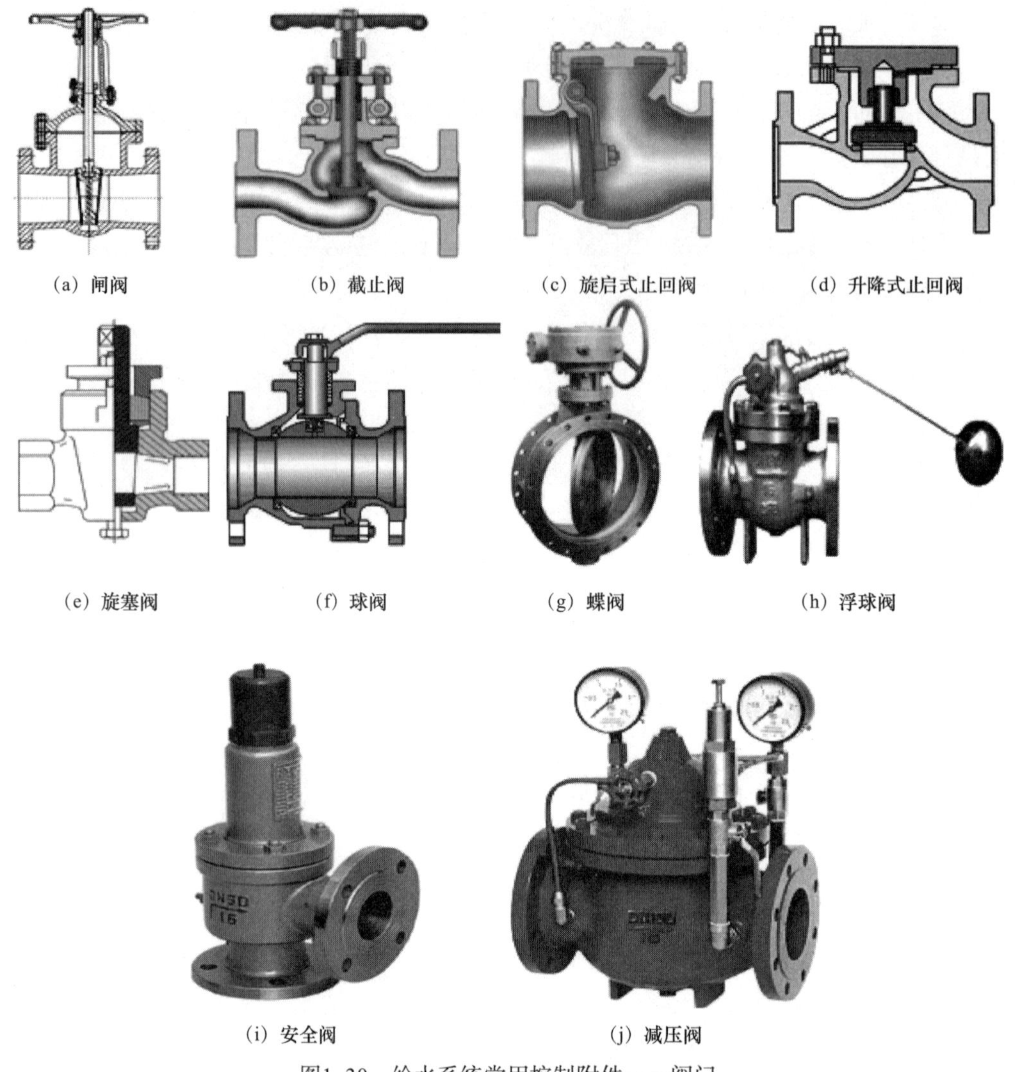

(a) 闸阀　(b) 截止阀　(c) 旋启式止回阀　(d) 升降式止回阀

(e) 旋塞阀　(f) 球阀　(g) 蝶阀　(h) 浮球阀

(i) 安全阀　(j) 减压阀

图1-30　给水系统常用控制附件——阀门

2）截止阀。关闭严密，但水流阻力较大，因局部阻力系数与管径成正比，故仅适用于管径*DN*≤50mm的管道上。截止阀的安装具有方向性（低进高出）。

3）止回阀。止回阀又称逆止阀、单向阀，用来阻止管道中水的反向流动，安装方向必须与水流方向一致，有旋启式和升降式两大类。旋启式止回阀水平、垂直管道上均可安装，但因启闭迅速，易引起水锤，不宜在压力较大的管道系统中采用；升降式止回阀靠上下游压差使阀盘自动启闭，水流阻力大，适用于小管径的水平管路上。

4）旋塞阀。结构简单，开闭迅速（塞子旋转四分之一圈就能完成开闭动作），操作方便，流体阻力小，被广泛使用。目前主要用于低压，小口径和介质温度不高的情况下。

5）球阀。启用件为中部有一圆形孔道的金属球状物，操纵手柄绕垂直于管路的轴线旋转90° 即可全开或全闭，在小管径管道上可使用球阀。球阀具有结构简单、体积小、阻

力小、密封性好、操作方便、启闭迅速、便于维修等优点；缺点是高温时启闭较困难，水击严重，易磨损。

6）蝶阀。启闭件（蝶板）在90° 范围内翻转可起调节、节流和关闭作用，操作力矩小、开闭方便、结构紧凑、安装空间小。常用于管径较大的给水管和室内消火栓给水系统。

7）浮球阀。常安装于水箱或水池上用来控制水位，保持液位恒定。其缺点是体积较大，阀芯易卡住引起关闭不严而溢水。

8）安全阀。安全阀是防止系统和设备超压、对管道和设备起保护作用的阀门。按其构造分为杠杆重锤式、弹簧式、脉冲式三种。

9）减压阀。减压阀是通过启闭件（阀瓣）的节流来调节介质压力的阀门。按其结构不同分为弹簧薄膜式、活塞式、波纹管式等。常用于高层建筑给水立管、空气、蒸汽设备和管道上。

10）水龙头。水龙头的样式多种多样，常见的水龙头包括旋转90° 即可完全开启的旋塞式配水龙头；用于洗脸盆、浴盆上冷热水混合龙头；沐浴用的莲蓬头；化验盆使用的鹅颈三联龙头；医院使用的脚踩龙头；延时自闭式龙头以及红外线电子自控龙头等。给水系统中常用配水附件如图1–31所示。

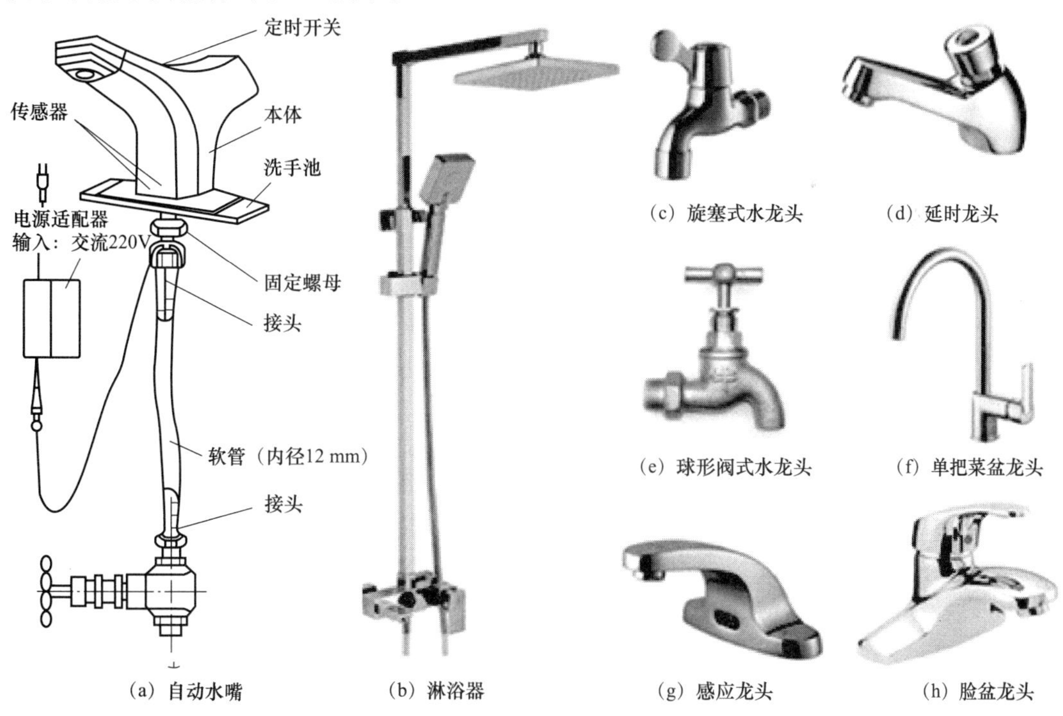

图1–31　给水系统中常用配水附件

2．水表

（1）水表的分类。流速式水表可分为旋翼式和螺翼式两类。旋翼式水表的叶轮轴与水流方向垂直，水流阻力大，计量范围小，多为小口径水表，适用于测量较小水流量（如家庭用水表）；螺翼式水表的叶轮轴与水流方向平行，水流阻力小，多为大口径水表，适用于测量较大流量（如小区总水表）。常用水表如图1-32所示。

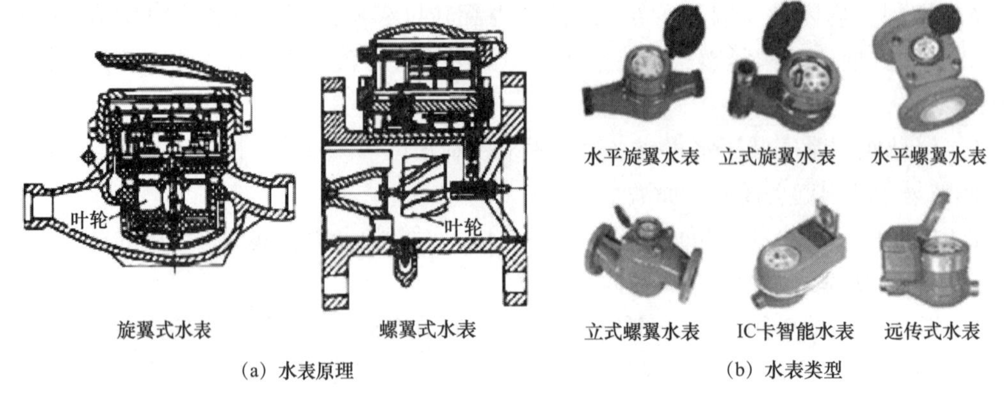

(a) 水表原理　　(b) 水表类型

图1-32　水表

选择水表时以不超过水表的额定流量来确定水表的直径。一般管径≤50mm时，应选用旋翼式水表；管径＞50mm时，应选用螺翼式水表；水温＞40℃时应选用热水水表，否则选冷水表；水质纯净时应优先采用湿式水表，否则应选用干式。

建筑物内不同使用性质或不同水费单价的用水系统，应在引入管后分成独立给水管进行分表计量。居住类建筑内应安装分户水表，分户水表设在每户的分户支管上，或按单元集中设于户外，设于室内的分户水表宜选用远传式水表或IC卡智能水表。

（2）成组水表的组成。成组水表包括水表、表前后阀门及配套管件、水表箱等。

（二）常用附件的施工工艺

1. 阀门安装

（1）工艺流程。

安装前对管道清扫 → 检查型号、是否有缺陷 → 阀门安装 → 通水检查

（2）安装要点。

1）阀门安装前应核对阀门的型号、规格、材质并确定安装方向，检查其是否完好，有无裂纹、锈蚀、凹陷等问题。

2）法兰阀门安装时应与管道或设备的法兰对正，加上密封垫片，上紧螺栓，使其与管道或设备连接牢固、严密。法兰阀门、螺纹阀门应在关闭状态下安装；焊接阀门在安装时阀门不得关闭。

3）一个区域内的阀门尽量安装在同一标高上，一般距离地面1.5m（设计已标明的除外）。

4）安装完后，应检查阀门的开启方向、开启程度，同时通水检查是否有漏水现象，以保证安装质量。

螺纹阀门及安装示意如图1-33所示。

图1-33　螺纹阀门及安装示意图

2. 水表安装

（1）工艺流程。

安装前对管道清扫 → 检查水表型号、有无缺陷 → 水表安装 → 两端阀门安装 → 旁通管安装 → 通水检查

（2）安装要点。

1）安装水表前应就水表进行检查，其规格应符合设计图纸要求，表壳铸造规矩，无砂眼、裂纹，表玻璃盖无损坏，铅封完整。

2）水表及两侧阀门应当尽量在同一标高上，安装前应用精密仪器找正。

3）安装水表前后，阀门应保持关闭状态，并注意阀门的特性及介质流向。阀门与管道连接时，不得强行拧紧法兰上的连接螺栓。

4）水表安装好之后应通水检查是否有漏水现象，同时，检查时水量不应该超过水表的最大流量值以避免损坏水表。

水表安装如图1-34所示。

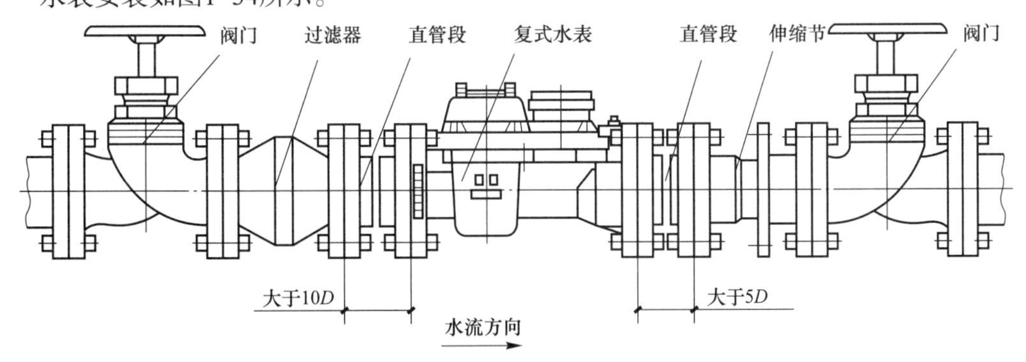

图1-34　水表安装示意图

四、建筑给水排水工程常用管件

（一）建筑给水工程管件

管件是管道系统中起连接、变向、分流、变径、控制、密封、支撑等作用的零部件的统称。常见给水管件如图1-35所示。

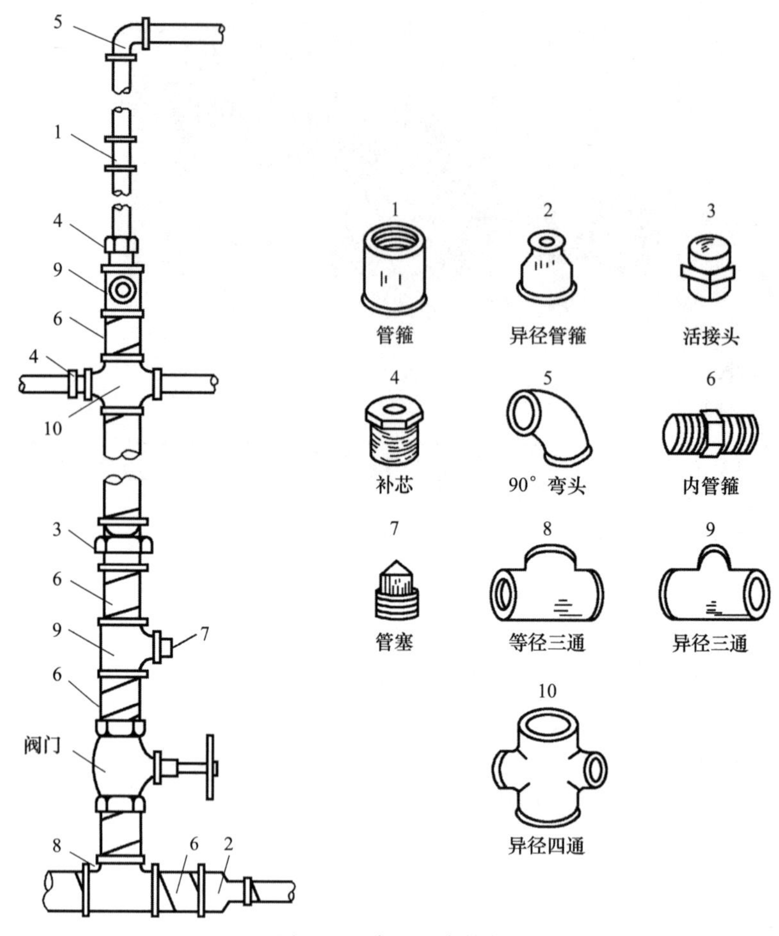

图1-35 常见给水管件

1. 三通、四通

三通、四通主要用于增加管路分支，两者均有等径与异径两种形式。

2. 变径管

变径管的主要作用是改变管道直径。常见的变径管有变径（异径管）、异径弯头、补心等。其中，补心又称内外螺纹管接头，一端是外螺纹，另一端是内螺纹，外螺纹一端与大管径管子连接，内螺纹一端则与小管径管子连接，用于直线管路变径处的连接。

3. 活接头

活接头又称由任，是一种能方便安装拆卸的常用管道连接件。

（二）建筑排水工程管件

建筑排水常见工程管件有清扫口、检查口、存水弯、透气帽、排水栓等。

1. 清扫口

清扫口一般设置在横管上，横管上连接的卫生器具较多时，起点应设清扫口

（有时用可清掏的地漏代替）。在连接2个及2个以上的大便器或3个及3个以上的卫生器具的污水横管、水流转角小于135° 的铸铁排水横管上，均应设置清扫口。在连接4个及4个以上的大便器塑料排水横管上宜设置清扫口。排水横管起点的清扫口与其端部相垂直的墙面的距离不得小于0.15m；排水管起点设置堵头代替清扫口时，堵头与墙面应不小于0.4m的距离。污水横管的直线管段上检查口或清扫口之间的最大距离，按表1-2确定。从污水立管或排出管上的清扫口至室外检查井中心的最大长度，大于表1-3的数值时应在排出管上设清扫口。室内埋地横干管上设检查口井。

表1-2　排水横管直线段上清扫口或检查口之间的最大距离

管道管径/mm	清扫设备种类	距离	
		生活废水	生活污水
50～75	检查口	15	12
	清扫口	10	8
100～150	检查口	20	15
	清扫口	15	10
200	检查口	25	20

表1-3　排水立管或排出管上的清扫口至室外检查井中心的最大长度

管径/mm	50	75	100	100以上
最大长度/m	10	12	15	20

2. 检查口

设置在排水立管上，铸铁排水立管上检查口之间的距离不宜大于10m，塑料排水立管宜每6层设置一个检查口。但在立管的最低层和设有卫生器具的二层以上建筑物的最高层应设检查口，当立管水平拐弯或有乙字弯管时，应在该层立管拐弯处和乙字弯管上部设检查口。检查口设置高度一般距离地面1m为宜，并应高于该层卫生器具上边缘15cm。检查口与清扫口如图1-36所示。

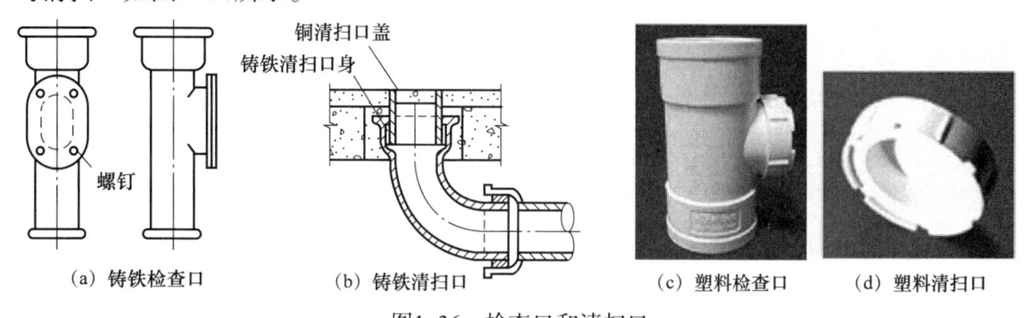

（a）铸铁检查口　（b）铸铁清扫口　（c）塑料检查口　（d）塑料清扫口

图1-36　检查口和清扫口

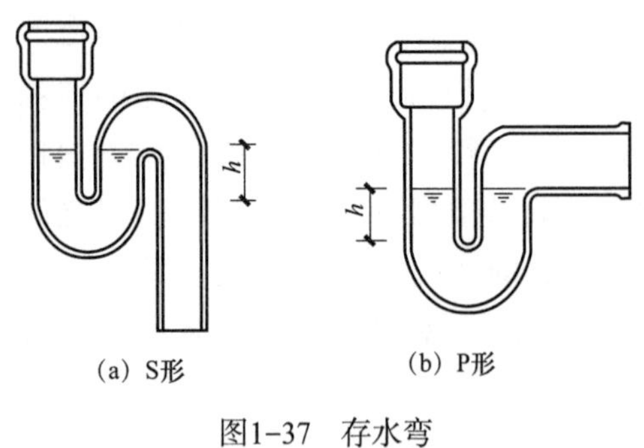

(a) S形　(b) P形

图1-37　存水弯
h—水封高度

3. 存水弯

存水弯的作用是在其内形成一定高度的水封，通常为50～100mm，阻止排水系统中的有毒有害气体或虫类进入室内，保证室内的环境卫生。凡构造内无水封的卫生器具与生活污水管道或其他可能产生有害气体的排水管道连接时，必须在排水口以下设存水弯。医疗卫生机构内门诊、病房、化验室、试验室等不在同一房间内的卫生器具不得共用存水弯。存水弯的类型主要有S形和P形两种，如图1-37所示。

4. 透气帽

透气帽（图1-38）是设置在排水通气管末端的装置，其主要作用是将排水管道与大气连通，起到保护水封，维持排水管道里气压的相对稳定，同时，可避免杂质直接落入通气管道中。

5. 排水栓

排水栓是卫生器具的下排水口（也可称为下水口），如图1-39所示。

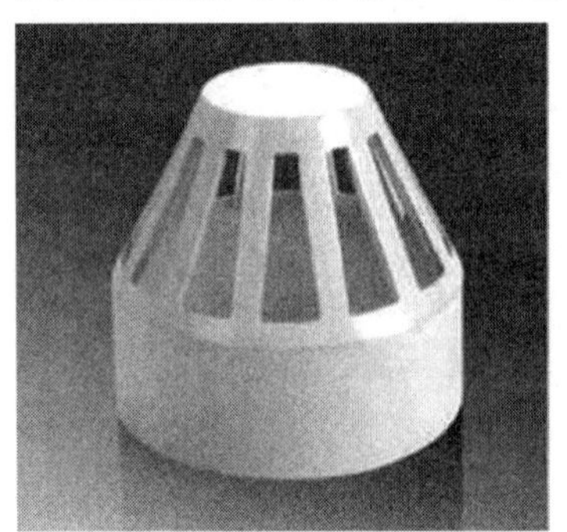

图1-38　透气帽

图1-39　排水栓

第三节　建筑给水排水工程施工图的识读

一、建筑给水排水施工图的组成

建筑给水排水工程施工图由图文与图纸两部分组成。

图文部分一般由图纸目录、设计施工说明、设备材料明细表等组成；图纸部分通常包括给水排水系统平面图、系统图、详图等。

1. 图纸目录

将全部施工图纸按其编号（水施-×）、图名、顺序填入图纸目录表格，同时，在表

头上标明建设单位、工程项目、分部工程名称、设计日期等，装订于封面。其作用是核对图纸数量，便于识图时查找。

2．设计施工说明

设计施工说明主要内容包括给水排水系统的建筑概况；系统采用给水排水的标准与参数；给水排水的设计要求（水压、水量、水质的要求等）；要求自控时的设计运行工况；给水系统和排水系统的一般规定、管道材料及加工方法、管材、支吊架及阀门安装要求、保温、减振做法、管道试压和清洗等；水处理设备的安装要求；防腐要求；系统调试和试运行方法与步骤；应遵守的施工规范等。

3．给水排水系统平面图

给水排水系统平面图包括建筑物各层用水设备及卫生器具的平面位置、类型；给水、排水系统的出、入口位置，编号，地沟位置及尺寸，检查井位置及尺寸；干管走向、立管及其编号，横支管走向、位置等。

4．给水排水系统图

给水排水系统图包括各系统编号及立管编号、用水设备及卫生器具编号，管道走向；与设备的位置关系；管道及设备的标高；管道的管径、坡度；阀门的种类及位置等。

5．给水排水系统详图

给水排水系统详图主要作用是对局部放大的平面图还可用多个剖面图来补充其立体的布置。当较复杂的卫生间、多种不同的卫生间、给水泵房、排水泵房、气压给水设备、水箱间等设备的平面布置不能清楚表达时，可辅以局部放大比例的大样图来表示。

二、建筑给水排水工程施工图的图示

1．比例

在建筑给水排水工程施工图中，一般常用的比例如下：

（1）总平面图：1∶300、1∶500、1∶1000；

（2）基本图纸：1∶50、1∶100、1∶150、1∶200；

（3）详图（又称大样图）：1∶1、1∶2、1∶5、1∶10、1∶20、1∶50；

（4）系统图：无比例。

有时，在施工图上，有许多部位并没有标注出相应的尺寸，这就要求读图人员用尺度量出该部位尺寸，并按图上标明的比例尺换算出实际的尺寸大小。

2．线型

在给水排水施工图中，常用的线型及其主要用途见表1-4。

表1-4　给水排水施工图中线型及其含义

名称		线型	线宽	含义
实线	粗	————	b	给水引入管、干管等平面图
	中粗	————	$0.5b$	给水引入管、干管等系统图
	细	————	$0.25b$	土建轮廓线、尺寸线、尺寸界线、引出线、材料图例线、标高符号等

续表

名称		线型	线宽	含义
虚线	粗	- - - - - - - - -	b	排水干管、排水排出管等平面图
	中粗	- - - - - - - - -	$0.5b$	排水干管、排水排出管等系统图
	细	- - - - - - - - -	$0.25b$	原有风管的轮廓线、地下管沟等

3．标高

（1）标注单位为m，一般标注到小数点后第3位，在总图中可标注到小数点后第2位。

（2）管道应该标注起止点、转角点、连接点、边坡点、交叉点的标高。其中，压力管道（如给水管道）所标注标高一般为管道中心标高，而沟渠和重力管道（如排水管道）所标注标高一般为沟（管）内底标高。

（3）室内管道标高为相对标高（相对房屋底层地面），室外管道标高应注意绝对标高。无资料时可注相对标高，但应与总图专业一致。

（4）具体标注方法如图1-40～图1-42所示。

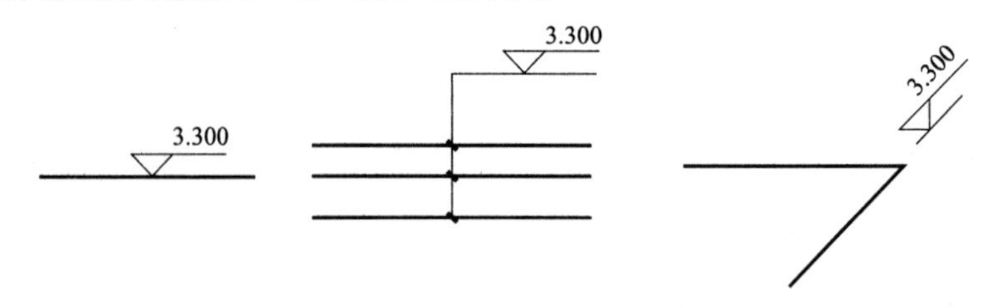

图1-40　平面图、系统图中管道标高标注法

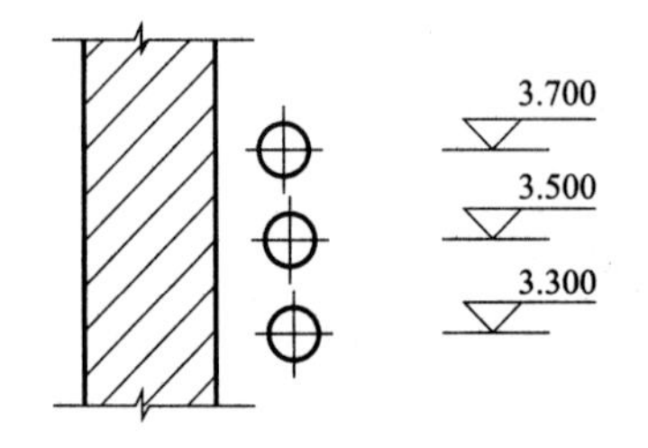

图1-41　剖面图中管道标高标注法

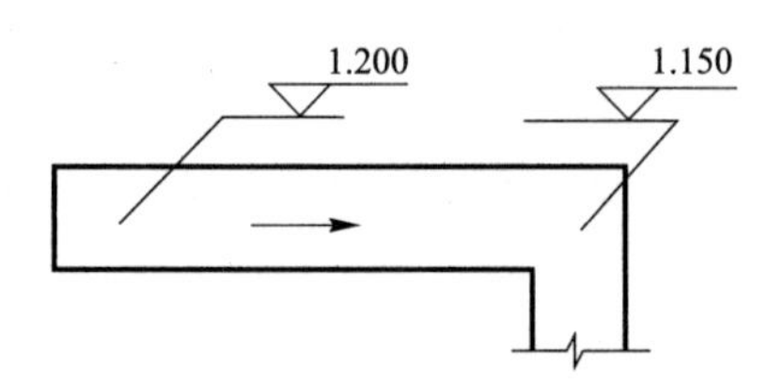

图1-42　平面图中沟底标高标注法

4．管径

（1）管径以mm为单位。

（2）当管道材质不同时，所注写的管径含义也不同。镀锌或非镀锌钢管、铸铁管等管材，管径以公称直径DN表示（如$DN$25、$DN$32）；无缝钢管、螺旋缝焊接钢管、铜管、不锈钢管等管材，管径以外径D与壁厚δ的乘积表示（如$D$108*4）；钢筋混凝土管（或混凝土管）、陶土管、耐酸陶瓷管、缸瓦管等管材，直径以d表示（如d230、d380）；塑料管材，管径按照产品标准的方法表示。

（3）管径标注方法如图1-43所示。

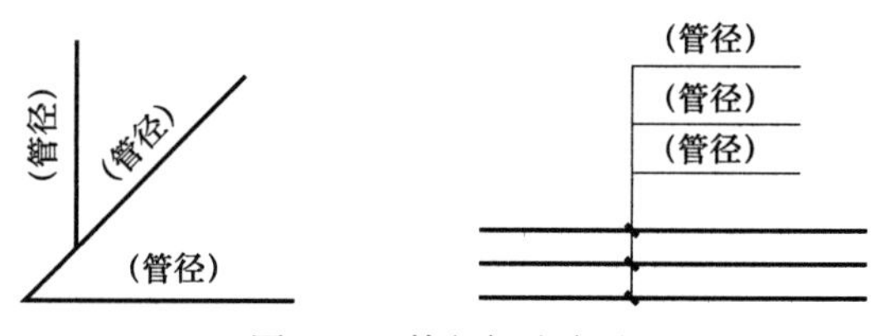

图1-43　管径标注方法

5．编号

（1）当建筑物的给水引入管或排水排出管的数量超过1根时，宜进行编号，编号方法如图1-44所示。

（2）建筑物内穿越楼层的立管，其数量超过1根时宜进行编号，编号方法如图1-45所示。

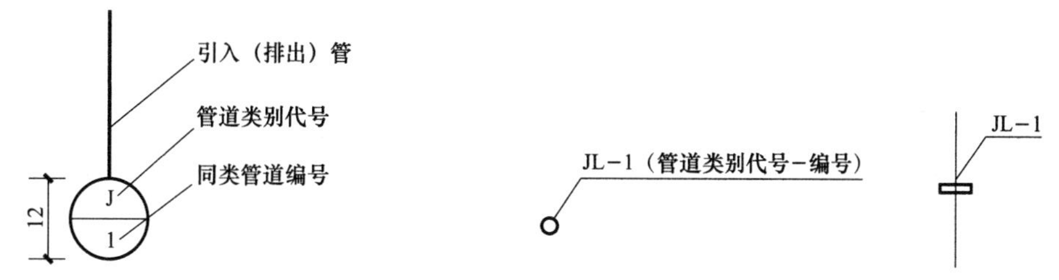

图1-44　给水引入（排出）管编号表示方法　　　　图1-45　立管编号方法

（3）在总平图中，当给水排水附属构筑物的数量超过1个时，宜进行编号。编号方法为：构筑物代号-编号。给水构筑物的编号顺序宜为：从水源到干管，再从干管到支管，最后从支管到用户。排水构筑物的编号顺序宜为：从上游到下游，先干管后支管。

（4）当给水排水机电设备的数量超过1台时，宜进行编号，并应有设备编号与设备名称对照表。

6．管道转向、连接、交叉、中断、引来

管道转向、连接、交叉、中断、引来的表示如图1-46～图1-48所示。

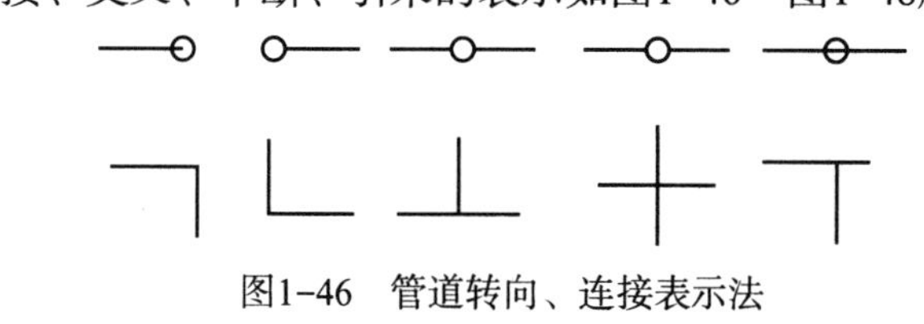

图1-46　管道转向、连接表示法

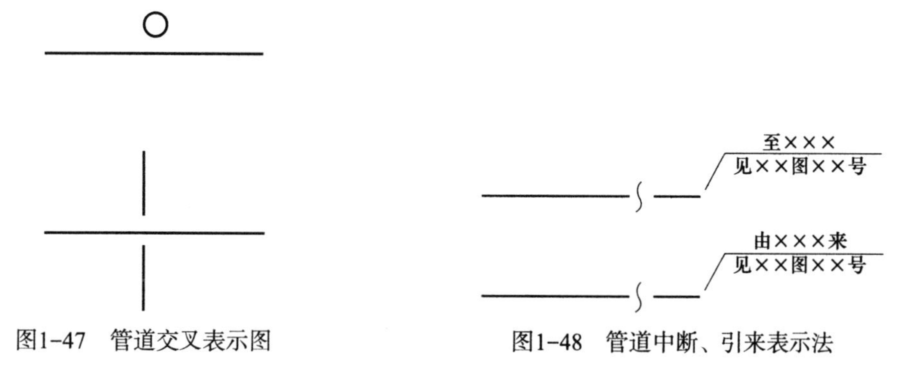

图1-47　管道交叉表示图　　　　图1-48　管道中断、引来表示法

三、建筑给水排水工程施工图常用图例

建筑给水排水工程施工图常用图例见表1-5。

表1-5　给水排水工程施工图常用图例

序号	名称	图例	备注
管道			
1	生活给水管	—— J ——	分区管道用加注角标方式表示，如J_1、J_2等
2	热水给水管	—— RJ ——	分区管道用加注角标方式表示，如RJ_1、RJ_2等
3	热水回水管	—— RH ——	
4	中水给水管	—— ZJ ——	
5	循环给水管	—— XJ ——	
6	循环回水管	—— Xh ——	
7	热媒给水管	—— RM ——	
8	热媒回水管	——RMH——	
9	蒸汽管	—— Z ——	
10	凝结水管	—— N ——	
11	废水管	—— F ——	可与中水源水管合用
12	压力废水管	—— YF ——	
13	通气管	—— T ——	
14	污水管	—— W ——	
15	压力污水管	—— YW ——	
16	雨水管	—— Y ——	
17	压力雨水管	—— YY ——	
18	膨胀管	—— PZ ——	
19	保温管		
20	多孔管		
21	地沟管		
22	防护套管		
23	管道立管	XL−1 平面　XL−1 系统	X：管道类别 L：立管 1：编号
24	伴热管		
25	空调凝结水管	—— KN ——	
26	排水明沟	坡向 ——→	
27	排水暗沟	坡向 ——→	

续表

序号	名称	图例	备注
		管道附件	
1	套管伸缩器		
2	方形伸缩器		
3	刚性防水套管		
4	柔性防水套管		
5	波纹管		
6	可曲挠橡胶接头		
7	管道固定支架		
8	管道滑动支架		
9	立管检查口		
10	清扫口	平面　系统	
11	通气帽	成品　铅丝球	
12	雨水斗	YD-　平面　YD-　系统	
13	排水漏斗	平面　系统	
14	圆形地漏		通用。如为无水封，地漏应加存水弯
15	方形地漏		
16	自动冲洗水箱		
17	挡墩		
18	减压孔板		

续表

序号	名称	图例	备注
19	Y形除污器		
20	毛发聚集器	 平面 系统	
21	防回流污染止回阀	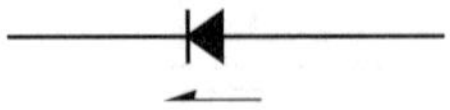	
22	吸气阀		
		管道连接	
1	法兰连接		
2	承插连接		
3	活接头		
4	管堵		
5	法兰堵盖		
6	弯折管	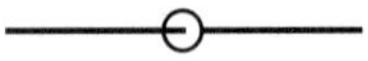	表示管道向后及向下弯转90°
7	三通连接	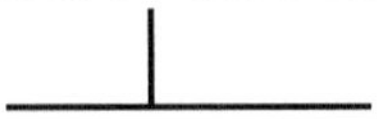	
8	四通连接	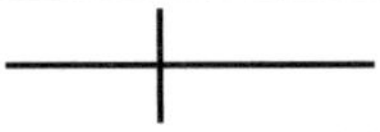	
9	盲板		
10	管道丁字上接	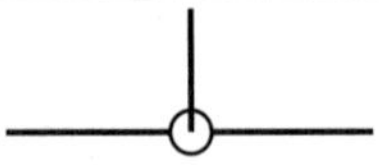	
11	管道丁字下接	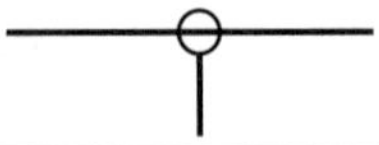	
12	管道交叉	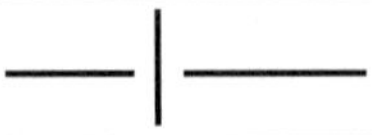	在下方和后面的管道应断开
		管件	
1	偏心异径管		
2	异径管	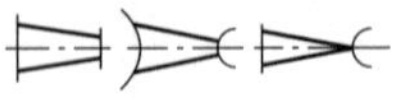	
3	乙字管	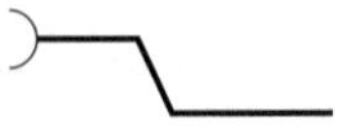	

续表

序号	名称	图例	备注
4	喇叭口	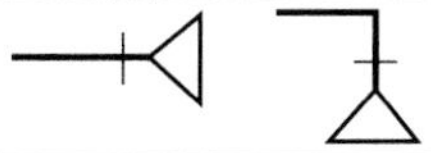	
5	转动接头	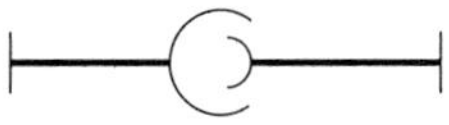	
6	短管		
7	存水弯		
8	弯头		
9	正三通	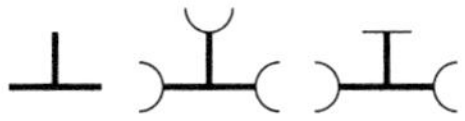	
10	斜三通		
11	正四通		
12	斜四通	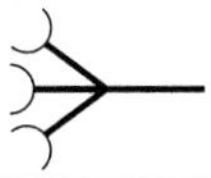	
13	浴盆排水件		
阀门			
1	闸阀		
2	角阀	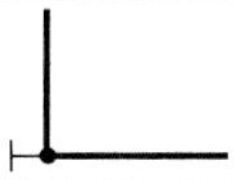	
3	三通阀		
4	四通阀	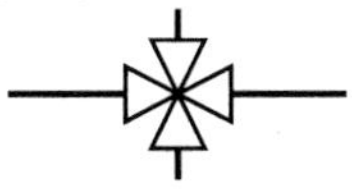	
5	截止阀	 $DN \geqslant 50mm$　$DN < 50mm$	
6	电动阀	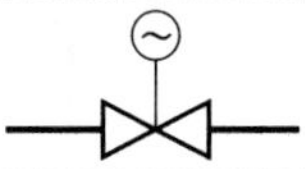	
7	液动阀	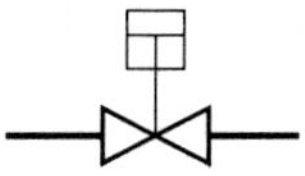	

续表

序号	名称	图例	备注
8	气动阀		
9	减压阀		左侧为高压端
10	旋塞阀	平面　系统	
11	底阀		
12	球阀		
13	隔膜阀		
14	气开隔膜阀		
15	气闭隔膜阀		
16	温度调节阀		
17	压力调节阀		
18	电磁阀	M	
19	止回阀		
20	消声止回阀		
21	蝶阀		
22	弹簧安全阀		
23	平衡锤安全阀		
24	自动排气阀	平面　系统	
25	浮球阀	平面　系统	

续表

序号	名称	图例	备注
26	延时自闭冲洗阀		
27	吸水喇叭口	平面 系统	
28	疏水器		
		给水配件	
1	放水龙头		左侧为平面，右侧为系统
2	皮带龙头		左侧为平面，右侧为系统
3	洒水（栓）龙头		
4	化验龙头		
5	肘式龙头		
6	脚踏开关		
7	混合水龙头		
8	旋转水龙头		
9	浴盆带喷头混合水龙头		
		消防设施	
1	消火栓给水管	—— XH ——	
2	自动喷水灭火给水管	—— ZP ——	
3	室外消火栓		
4	室内消火栓（单口）	平面 系统	白色为开启面

续表

序号	名称	图例	备注
5	室内消火栓（双口）	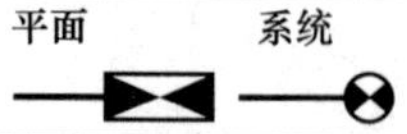 平面 系统	
6	水泵接合器	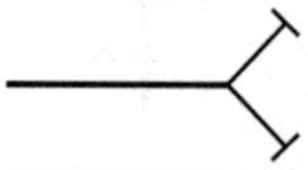	
7	自动喷洒头（开式）	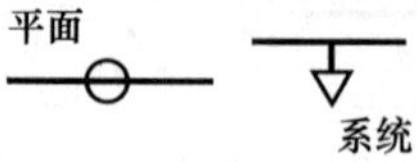 平面 系统	
8	自动喷洒头（闭式）	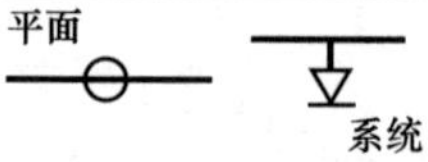 平面 系统	下喷
9	自动喷洒头（闭式）	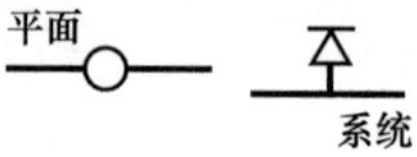 平面 系统	上喷
10	自动喷洒头（闭式）	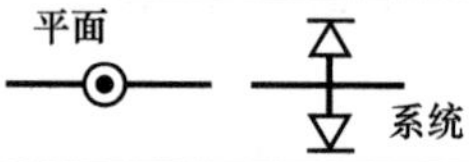 平面 系统	上下喷
11	侧墙式自动喷洒头	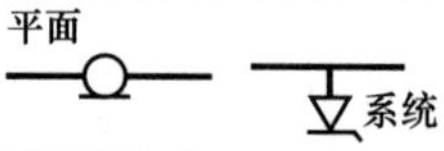 平面 系统	
12	侧喷式喷洒头	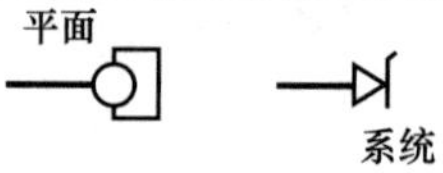 平面 系统	
13	雨淋灭火给水管	—— YL ——	
14	水幕灭火给水管	—— SM ——	
15	水炮灭火给水管	—— SP ——	
16	干式报警阀	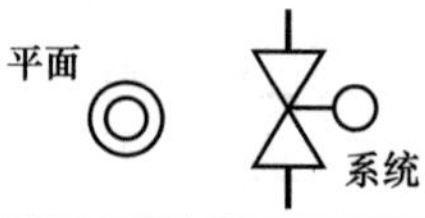 平面 系统	
17	水炮	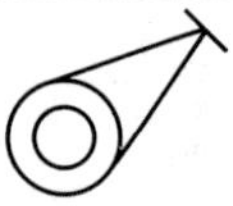	
18	湿式报警阀	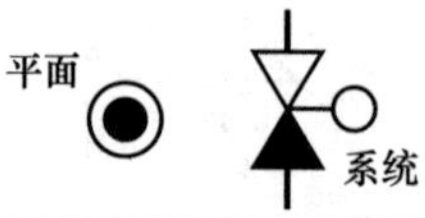 平面 系统	
19	预作用报警阀	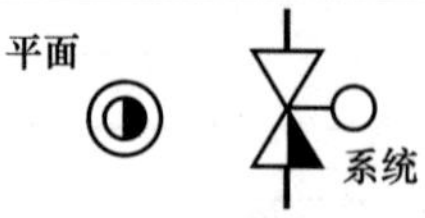 平面 系统	
20	遥控信号阀		
21	水流指示器	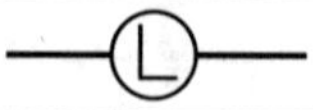	
22	水力警铃	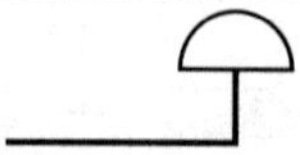	

续表

序号	名称	图例	备注
23	雨淋阀	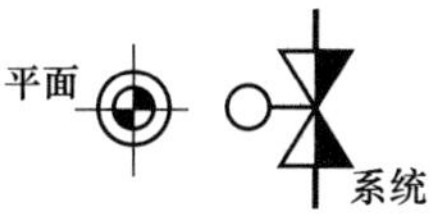 平面 系统	
24	末端测试阀	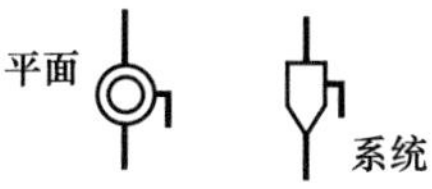 平面 系统	
25	末端测试阀		
26	推车式灭火器		
卫生器具及水池			
1	立式洗脸盆		
2	台式洗脸盆	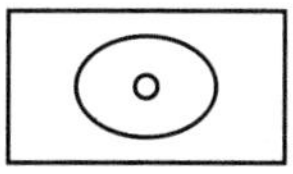	
3	挂式洗脸盆		
4	浴盆	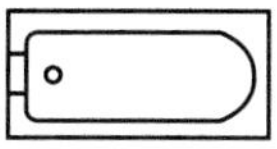	
5	化验盆、洗涤盆	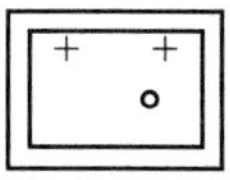	
6	带沥水板洗涤盆	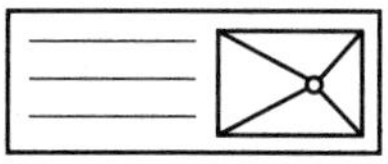	不锈钢制品
7	盥洗槽	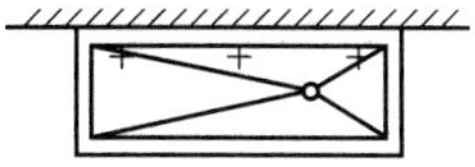	
8	污水池		
9	妇女卫生盆		

续表

序号	名称	图例	备注
10	立式小便器		
11	壁挂式小便器		
12	蹲式大便器	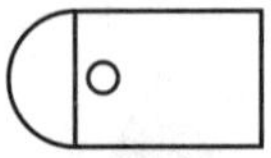	
13	坐式大便器	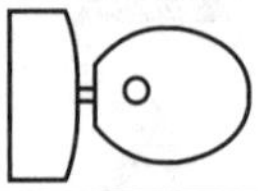	
14	小便槽		
15	淋浴喷头		
污水局部处理构筑物			
1	矩形化粪池	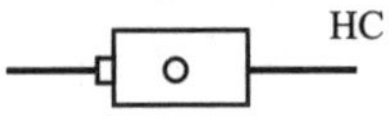 HC	HC为化粪池代号
2	圆形化粪池	 HC	
3	隔油池	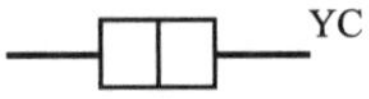 YC	YC为除油池代号
4	沉淀池	 CC	CC为沉淀池代号
5	降温池	 JC	JC为降温池代号
6	中和池	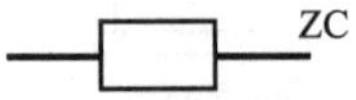 ZC	ZC为中和池代号
7	雨水口		单口
			双口
8	阀门井检查井		
9	水封井		
10	跌水井		
11	水表井		

续表

序号	名称	图例	备注
设备			
1	水泵	平面 系统	
2	潜水泵		
3	定量泵		
4	管道泵		
5	卧式热交换器		
6	立式热交换器		
7	快速管式热交换器		
8	开水器		
9	喷射器		小三角为进水端
10	除垢器		
11	水锤消除器		
12	浮球液位器		
13	搅拌器	M	
仪表			
1	温度计		
2	压力表		

续表

序号	名称	图例	备注
3	自动记录压力表		
4	压力控制器		
5	水表		
6	自动记录流量计		
7	转子流量计	平面 系统	
8	真空表		
9	温度传感器	T	
10	压力传感器	P	
11	pH值传感器	pH	
12	酸传感器	H	
13	碱传感器	Na	
14	余氯传感器	Cl	

四、建筑给水排水工程施工图的识读方法

给水排水系统施工图有其自身的特点，识读时要切实掌握各图例的含义，把握给水系统与排水系统的独立性和完整性。识读时要搞清系统，摸清环路，分系统阅读。

1. 认真阅读图纸目录

根据图纸目录了解该工程图纸的概况，包括图纸张数、图幅大小及名称、编号等信息。

2．阅读施工说明

根据施工说明了解该工程概况，包括给水排水的形式、划分及主要卫生器具布置等信息，在这基础上，确定哪些图纸是代表着该工程的特点，是这些图纸中的典型或重要部分，图纸的阅读就从这些重要图纸开始。

3．阅读主要图纸

给水排水图纸的识读一般按照介质流向，分别识读平面图和系统图。

识读给水排水平面图时，应该区分给水系统与排水系统。先读底层平面图，然后读各楼层平面图；读给水系统底层平面图时，先读给水进户管，然后读立管和卫生器具；读排水系统平面图时，先读卫生器具、地漏及排水设备，然后读立管，再读排水排出管及检查井。

识读给水系统图时，一般从给水引入管开始，依次按水流方向：引入管→水平干管→立管→支管→配水器具的顺序进行识读。当给水系统设有高位水箱时，则须找出水箱的进水管，再由水箱出水管→水平干管→立管→支管→配水器具的顺序进行识读。

识读排水系统图时，则依次按卫生器具、地漏及其他泄水口→连接短管→横支管→排出管→检查井的顺序进行识读。

另外，还应结合图纸说明来识读平面图、系统图，以了解设备管道材料、安装要求及所需的详图（标准图）。

通过图纸识读，应掌握下列主要内容：给水引入管和排水排出管的平面布置、走向、管径、定位尺寸、系统编号以及与建筑小区给水排水管网的连接方式；给水排水于管、立管、支管的管径、平面位置以及立管编号；卫生器具，用水设备、升压设备、消防设备的平面位置、型号规格；该图纸所需的标准图集等。

4．阅读其他内容

在读懂整个给水排水系统的前提下，再进一步阅读施工说明与设备及主要材料表，了解空调给水排水系统的详细安装情况，同时参考零部件加工、设备安装详图，从而完全掌握图纸的全部内容。

第四节　建筑给水排水工程施工图的识读实例

一、设计说明与施工图纸

现以某宿舍楼给水排水工程施工图为例进行识读，施工图如图1-49～图1-53所示。

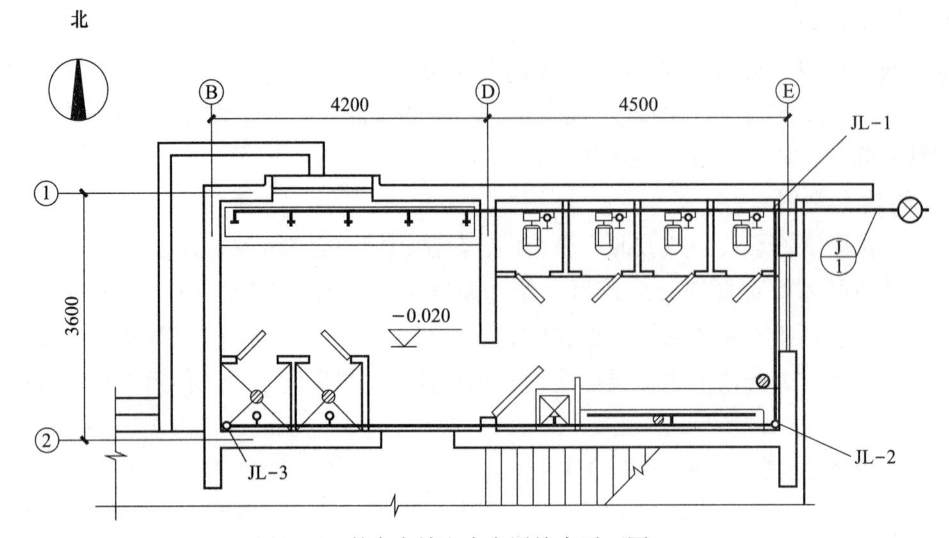

图1-49　某宿舍楼室内底层给水平面图1：50

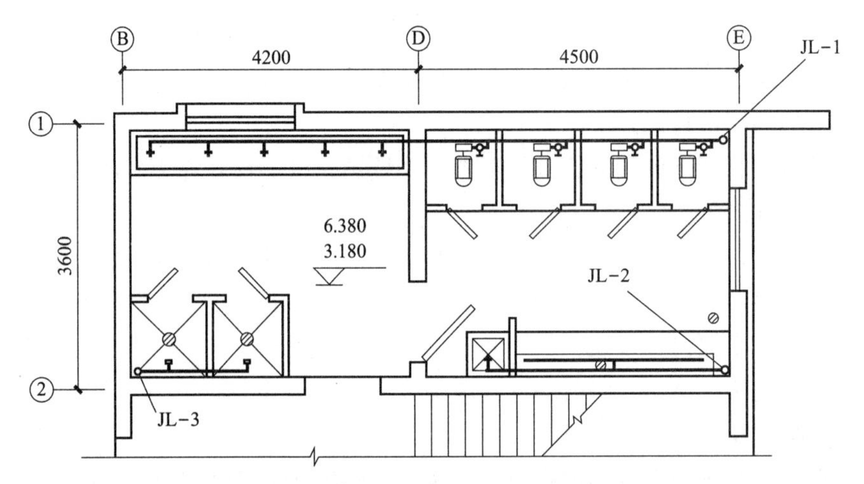

图1-50　某宿舍楼室内二、三层给水平面图1：50

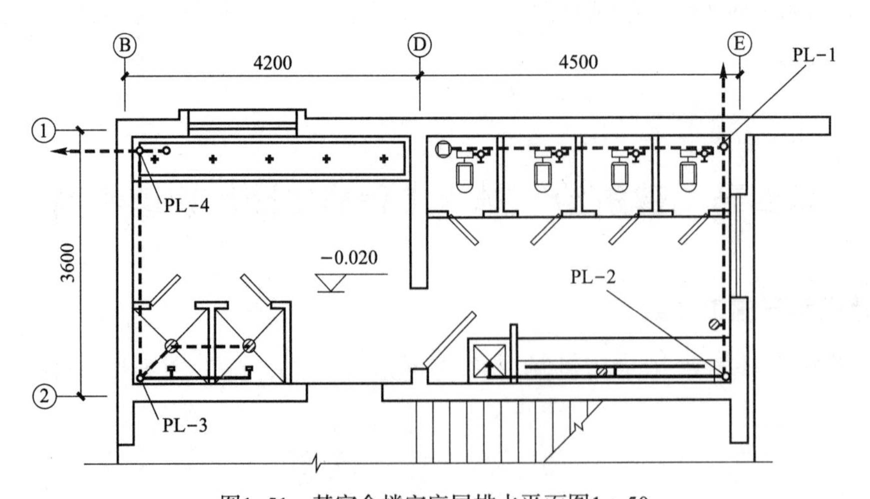

图1-51　某宿舍楼室底层排水平面图1：50

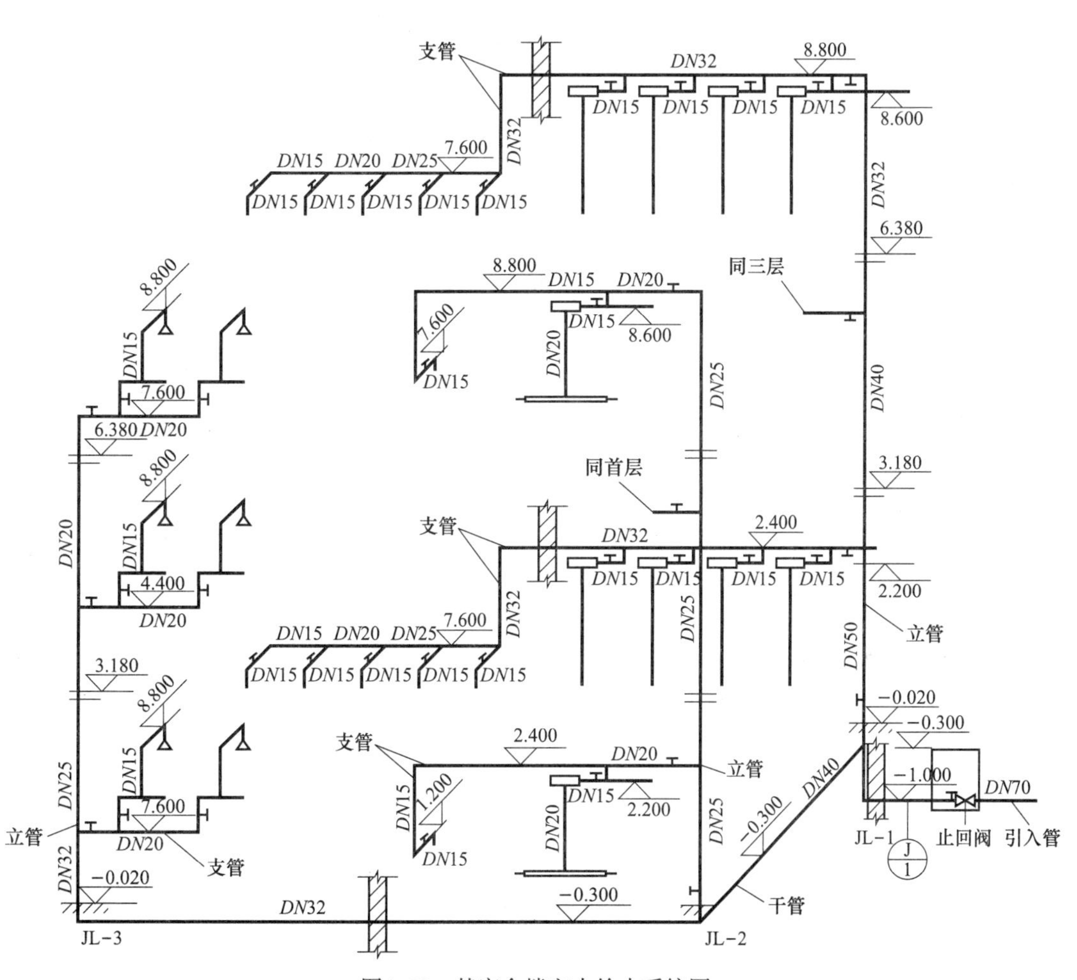

图1-52　某宿舍楼室内给水系统图

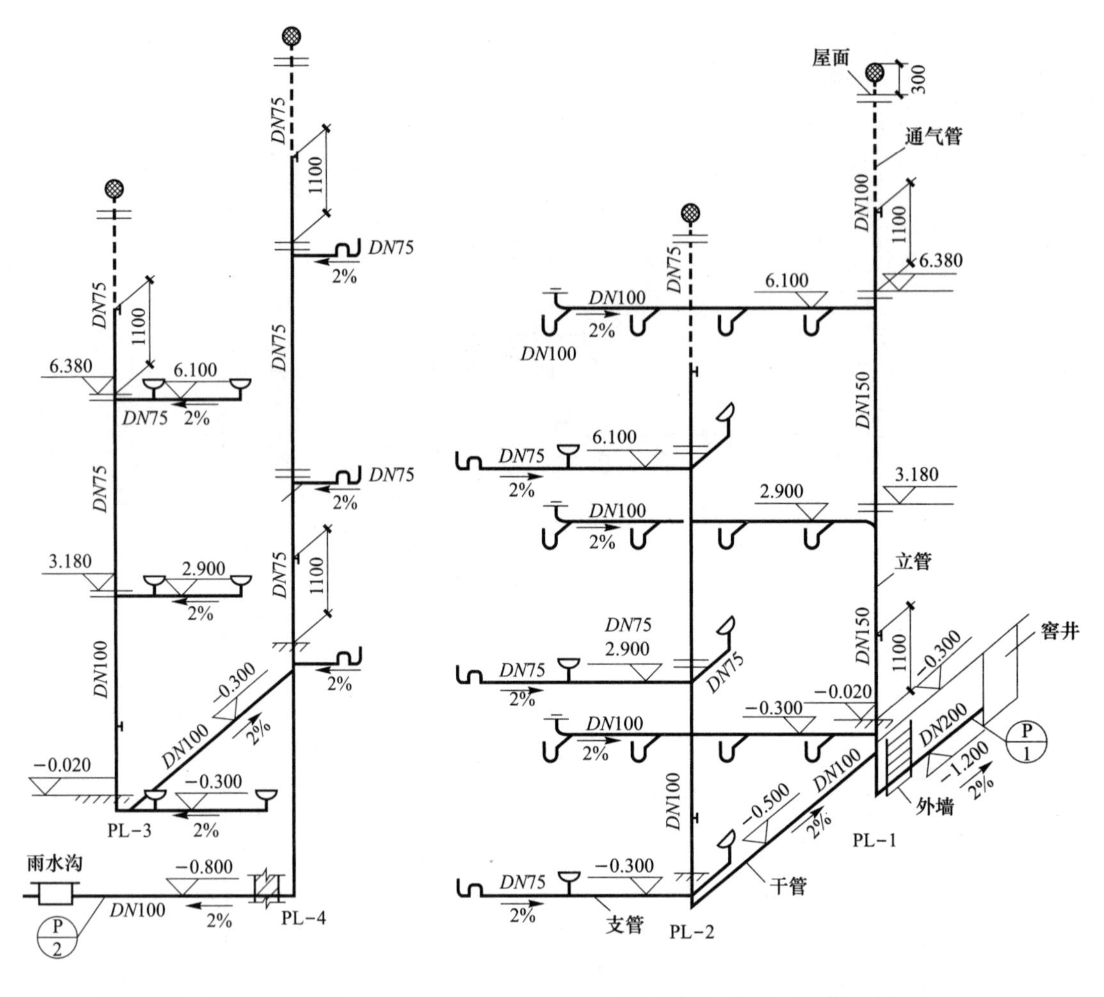

(a) 盥洗台、淋浴间污水管网

(b) 大便器、地漏、小便槽排水管网

图1-53　某宿舍楼室内排水系统图

（1）本工程为三层宿舍楼，屋面标高为9.98m。给水管道采用镀锌钢管螺纹连接，排水管道采用铸铁管承插连接。引入管管径为*DN*70。

（2）明装镀锌钢管刷银粉两道，埋地镀锌钢管刷沥青漆两道；明装铸铁管刷红丹防锈漆两道，银粉两道，埋地铸铁管刷红丹防锈漆两道，沥青漆两道。

（3）卫生间设蹲式大便器，盥洗台、架空拖布池和小便池现场砌筑，卫生洁具安装详见《卫生设备安装》（09S304）。

（4）立管及水平管的支、吊架安装详见《室内管道支架及吊架》（03S402）。给水管道穿楼板、梁、外墙均应设套管，其缝隙应填塞严密。

（5）阀门的选用：管径≤50mm时采用截止阀，管径＞50mm时采用闸阀或蝶阀。

（6）给水系统施工完毕后应做水压试验，排水系统施工完毕后应做灌水试验，试验要求详见《建筑给水排水及采暖工程施工质量验收规范》（GB 50242—2002）。

二、施工图解读

下面以解答问题的形式，详细说明如何识读建筑给水排水施工图。

1．该宿舍楼有几层？各层的层高为多少？室内外高差是多少？

答： 由平面图可知，该宿舍楼共有三层，一层的层高为［3.18−（−0.02）］=3.2m，二层的层高为（6.38−3.18）=3.2m，由说明可知屋面标高为9.98m，则三层的层高为（9.98−6.38）=3.6m。由系统图可知，室外的标高为−0.3m，说明室内外高差为0.3m。

2．该建筑物的给水引入管有几条？管径为多大？标高为多高？入户位置在哪里？

答： 由底层平面图可知，该建筑物的给水引入管有一条；由说明知引入管管径为*DN*70；由给水系统图可以看到引入管标高为−1m；由底层平面图可知入户位置在宿舍楼东侧靠近①轴处。

3．该建筑物的给水立管有几根？在平面图上的哪个位置？如何表示？管径多大？

答： 从平面图上可以看到，本给水系统共有3根立管，分别位于①轴和Ⓔ轴相交处，②轴和Ⓔ轴相交处，以及②轴和Ⓑ轴相交处。编号分别为JL−1、JL−2、JL−3，用圆圈表示，由给水系统图可知，JL−1底部管径为*DN*70，JL−2的管径为*DN*25，JL−3底部管径为*DN*32。

4．该建筑物的排水排出管有几条？管径分别为多大？标高为多高？出户位置在哪里？

答： 由底层排水平面图可知，该建筑物的排水排出管有两条；从排水系统图上看，管径应分别为*DN*200（连接PL−1和PL−2）和*DN*100（连接PL−3和PL−4），标高分别为−1.2m和−0.8m；由底层排水平面图可知，出户位置分别位于建筑物北墙①轴和Ⓔ轴相交处，以及建筑物西墙①轴和Ⓑ轴相交处。

5．该建筑物的排水立管有几根，在平面图上的哪个位置？如何表示？管径多大？

答： 该建筑物的排水立管有4根，在排水平面图上分别位于①轴和Ⓔ轴相交处，②轴和Ⓔ轴相交处，①轴和Ⓑ轴相交处，以及②轴和Ⓑ轴相交处。编号分别为PL−1、PL−2、PL−3、PL−4，用圆圈表示，由排水系统图可知，PL−1的管径有*DN*200、*DN*150和*DN*100三种，PL−2、PL−3和PL−4的管径均有*DN*100和*DN*75两种。

6．各层有哪些卫生器具？

答： 从平面图上可知，各层的卫生器具有蹲式大便器、小便槽、盥洗台、架空拖布池和淋浴。

7．JL−1立管为哪些卫生器具供水？有无变径？若有变径，指出变径点在哪里。

答： 结合平面图和系统图可知，JL−1负责为一至三层蹲式大便器和盥洗台供水；立管有变径，*DN*50在一层支管三通后变为*DN*40，*DN*40在二层三通后变为*DN*32。

8．JL−1上接有几根支管，支管管径为多大？标高各为多少？有无变径？描述第三层支管的供水路线。

答： JL−1上接有三根支管，每层支管从立管接出时管径均为*DN*32，标高分别为

2.4m，2.4+3.2（二层地面标高）=5.6m，2.4+6.4（三层地面标高）=8.8m。支管有变径，由*DN*32逐渐变为*DN*25、*DN*20和*DN*15。第三层支管最初的管径为*DN*32，先为四套高水箱蹲式大便器供水，然后向左穿Ⓒ轴墙，穿墙后标高由8.8m降为7.6m，然后为盥洗台的水龙头供水，第二个水龙头之后管径变为*DN*25，第三个水龙头之后管径变为*DN*20，第四个水龙头之后管径变为*DN*15，由图可见，高水箱和水龙头接管管径均为*DN*15。

9．JL–2立管为哪些卫生器具供水？有无变径？若有变径，指出变径点在哪里。

答：结合平面图和系统图可知，JL–2负责为一至三层小便槽和拖布池供水；立管有变径，变径点在二层支管三通处。

10．JL–2上接有几根支管？支管管径为多大？标高各为多少？有无变径？描述第三层支管的供水路线。

答：JL–2上接有三根支管，每层支管从立管接出时管径均为*DN*20，标高分别为2.4m，2.4+3.2（二层地面标高）=5.6m，2.4+6.4（三层地面标高）=8.8m。支管有变径，由*DN*20变为*DN*15。第三层支管最初的管径为*DN*20，先为小便槽供水，然后管径变为*DN*15，标高由8.8m降了1.2m，为拖布池供水。

11．JL–3立管为哪些卫生器具供水？有无变径？若有变径，指出变径点在哪里。

答：结合平面图和系统图可知，JL–3负责为一至三层淋浴供水；立管有变径，*DN*32在一层三通后变为*DN*25，*DN*25在二层三通后变为*DN*20。

12．JL–3上接有几根支管？支管管径为多大？标高各为多少？有无变径？描述第三层支管的供水路线。

答：JL–3上接有三根支管，每层支管从立管接出时管径均为*DN*20，标高分别为1.2m、4.4m、7.6m。支管无变径，均为*DN*20。第三层支管管径为*DN*20，为淋浴供水，由系统图可知接淋浴的支管管径均为*DN*15。

13．PL–1立管用于收集哪些卫生器具的污废水？PL–1上接有几根支管，支管管径为多大？标高各为多少？描述第三层支管的排水路线。

答：对照平面图和系统图可知，PL–1立管用于排除蹲式大便器的污水；其上共有三根支管，每根支管的管径均为*DN*100；标高分别为−0.3m、2.9m、6.1m，可见，每一层的支管都在本层的楼板下面0.3m；第三层支管从地面清扫口开始，连接四个蹲式大便器（注意蹲式大便器和坐便器在系统图上不同的表示方法），然后接入立管。

14．PL–2立管用于收集哪些卫生器具的污废水？PL–2上接有几根支管，支管管径为多大？标高各为多少？描述第三层支管的排水路线。

答：对照平面图和系统图可知，PL–2立管用于排除拖布池、小便槽和小便槽前地漏的污水；其上共有6根支管，每根支管的管径均为*DN*75；标高分别为−0.3m、2.9m、6.1m；第三层西支管从拖布池开始，连接用于排除小便器污水的地漏，北支管连接小便槽前地漏，然后接入立管。

15．PL–3立管用于收集哪些卫生器具的污废水？PL–3上接有几根支管，支管管径为多大？标高各为多少？描述第三层支管的排水路线。

答：对照平面图和系统图可知，PL-3立管用于排除淋浴废水；其上共有三根支管，每根支管的管径均为*DN*75；标高分别为−0.3m、2.9m、6.1m；第三层支管连接两个用于排除淋浴废水的地漏，然后接入立管。

16．PL-4立管用于收集哪些卫生器具的污废水？PL-4上接有几根支管，支管管径为多大？标高各为多少？描述第三层支管的排水路线。

答：对照平面图和系统图可知，PL-4立管用于排除盥洗台废水；其上共有三根支管，每根支管的管径均为*DN*75；标高分别为−0.3m、2.9m、6.1m；第三层支管连接用于排除盥洗台废水的存水弯，然后接入立管。

17．引入管穿墙入户需设多大的套管？若外墙为37墙，内外抹灰厚度均为2cm，则套管长度应为多少？

答：引入管穿墙入户需要设*DN*100的套管（*DN*70以下的大两号，*DN*70以上的大一号，此处的以上和以下的定义与定额一致，以上不包括本身，以下包括本身）。若为以上条件，套管的长度应为：0.37（墙厚）+0.02（抹灰厚度）×2=0.41m。

18．给水立管上哪些地方要设套管？套管的管径为多大？若楼板装修好之后总厚度为20cm，则单个套管的长度为多少？

答：各给水立管穿楼板处均应设套管，套管的选择见上题。若楼板装修好之后总厚度为20cm，则穿普通房间楼板的套管长度为0.2（楼板厚）+0.02（高出楼板2cm）=0.22m，穿卫生间、洗漱间、厨房等有水房间楼板的套管长度为0.2（楼板厚）+0.05（高出楼板5cm）=0.25m。

19．给水立管JL-1、JL-2、JL-3的高度分别为多少？

答：由系统图可知，JL-1的高度为［8.8−（−1）］=9.8m，JL-2的高度为［8.8−（−0.3）］=9.1m，JL-3的高度为［7.6−（−0.3）］=7.9m。

20．排水立管PL-1、PL-2、PL-3、PL-4的高度分别为多少？

答：排水立管PL-1的高度为：10（屋面标高）+0.3（透气帽高出屋面的高度）−（−1.2）（排出管标高）=11.5m。

排水立管PL-2的高度为：10（屋面标高）+0.3（透气帽高出屋面的高度）−（−0.5）（横管标高）=10.8m。

排水立管PL-3的高度为：10（屋面标高）+0.3（透气帽高出屋面的高度）−（−0.3）（排出管标高）=10.6m。

排水立管PL-4的高度为：10（屋面标高）+0.3（透气帽高出屋面的高度）−（−0.8）（横管标高）=11.1m。

21．透气帽超出屋面多高？由此可推断，此屋面是否为上人屋面？

答：从系统图上看，透气帽高出屋面0.3m，可判断此屋面为非上人屋面（上人屋面要求透气帽高出屋面2m，不上人屋面应高出屋面0.3m，但必须大于最大积雪厚度。）

22．给水系统上设置的附件有哪些？

答：给水系统上设置的附件有阀门和水龙头。

23．给水系统上设置的阀门为哪种阀门？

答：从给水系统图上可以看到：引入管上设置有闸阀和止回阀，立管和支管上设有截止阀。

24．统计出所有阀门的数量。

答：从系统图上统计：

*DN*70闸阀	1个	（引入管上）
*DN*70止回阀	1个	（引入管上）
*DN*50截止阀	1个	（JL–1立管底部）
*DN*25截止阀	1个	（JL–2立管底部）
*DN*32截止阀	4个	（JL–3立管底部1个，JL–1三根支管上3个）
*DN*20截止阀	6个	（JL–2三根支管上3个，JL–3三根支管上3个）

注：高水箱和淋浴的截止阀不统计，因为是随卫生器具成套供应的，计量时不计算。

25．试统计给水系统中水龙头的数量。

答：*DN*15水龙头　18个　（每层盥洗台5个，拖布池1个，共三层）。

26．卫生间的大便器采用哪种冲水方式？统计所有大便器的数量。

答：由给水系统图可知，卫生间采用的蹲式大便器为高水箱冲水方式，三层共有12套大便器。

27．卫生间的地漏设在哪些地方？其安装高度要低于地面多少？试统计所有地漏的数量。

答：由排水平面图可知，卫生间的地漏设在小便槽处和淋浴处；其安装高度要求低于地面5～10mm；地漏的数量为12个（每层小便槽内1个，小便槽前1个，淋浴2个）。

28．试统计排水检查口的数量。

答：由排水系统图可知，检查口设置在每根排水立管的一层和三层*DN*150的检查口有1个，*DN*100的检查口有4个，*DN*75的检查口有4个。

29．清扫口在平面图上的哪个位置？管径为多大？为什么要设置？试统计所有清扫口的数量。

答：由排水平面图可知，清扫口位于靠Ⓓ轴墙大便器的左侧。由系统图可知其管径为*DN*100。设置清扫口的原则是：连接两个或两个以上大便器的支管或连接三个或三个以上卫生器具的支管的末端要设置清扫口，由于本支管连接4个大便器，所以需要设置清扫口。清扫口共有3个。

30．排水排出管在室外应与哪种构筑物相连？此构筑物距离外墙的距离为多少？

答：排水排出管在室外应与检查井相连，若没有特别说明，检查井与外墙的距离应不小于3m，不大于10m。

31．对于给水系统其室内外的分界线在哪里？

答：给水系统室内外分界线的界定：

有水表的以水表为界；没有水表有阀门的以阀门为界；没有水表和阀门的以墙外皮

1.5m为界。

32．排水系统室内外分界线在哪里？

答：对于排水系统，室内外以检查井为界。

33．为了便于维修，给水系统在阀门之后应装哪种管件？

答：为了便于维修，一般在阀门之后安装活接头，方便拆卸。后指的是顺水流方向阀门的后面。

34．若设计要求排水排出管在穿外墙和屋面时要设防水套管，则应设哪种套管？

答：在有防水要求的场所，应设置刚性防水套管，若有更严格的防水要求，如穿过水箱或水池壁时应设置柔性防水套管，其安装可参考相应的图集。

第二章

采暖工程识图与施工工艺

第一节　采暖工程概述

一、采暖工程系统的组成

采暖工程系统由热源、热循环系统、散热设备和其他辅助设备组成，如图2-1所示。

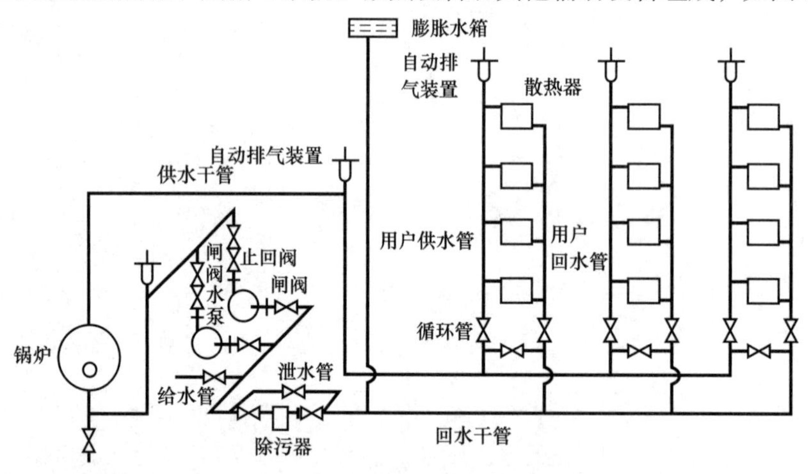

图2-1　机械循环热水采暖系统工作原理图

（1）热源。热源用于产生热量，是采暖系统中供应热量的来源。常用的热源设备主要有锅炉和换热器。

1）锅炉：采暖系统中将燃料燃烧时所放出的热能，经过热传递使水（热媒）变成蒸汽（或热水）。

2）换热器：采暖系统中通过两种温度不同的热媒之间的热交换向系统间接地提供热能。常见的换热器有气-水热交换器和水-水热交换器两种。

（2）热循环系统。热循环系统是用于进行热量输送的管道及设备，是热量传递的通

道。热源到热用户散热设备之间的连接管道称为供热管；经散热设备散热后返回热源的管道称为回水管。水泵是采暖系统的主要循环动力设备。

（3）散热设备。散热设备是用于将热量传递到室内的设备，是采暖系统中的负荷设备。如各种散热器、辐射板和暖风机等。热水（或蒸汽）流过散热器，通过它将热量传递给室内空气，从而达到向房间采暖的目的。

（4）其他辅助设备。为使采暖系统能正常工作，还需设置一些必需的辅助设备，如膨胀水箱、补水装置、排气装置、除污器等。

二、采暖工程系统的分类

1．按热媒种类分类

（1）热水采暖系统：以热水为热媒的采暖系统，主要应用于民用建筑。

（2）蒸汽采暖系统：以水蒸气为热媒的采暖系统，主要应用于工业建筑。

（3）热风采暖系统： 以热空气为热媒的采暖系统，如暖风机、热空气幕等，主要应用于大空间采暖。

2．按设备相对位置分类

（1）局部采暖系统：热源、供热管道、散热器三部分在构造上合在一起的采暖系统，如火炉采暖、简易散热器采暖、煤气采暖和电热采暖。

（2）集中采暖系统：热源和散热设备分别设置，用供热管道相连接，由热源向各个房间或建筑物供给热量的采暖系统。

（3）区域采暖系统：以区域性锅炉房作为热源，供一个区域的许多建筑物采暖的采暖系统。这种采暖系统的作用范围大、节能、可显著减少城市污染，是城市采暖的未来发展方向。

3．按采暖的时间不同分类

（1）连续采暖系统：适用于全天使用的建筑物，使采暖房间的室内温度全天均能达到设计温度的采暖系统。

（2）间歇采暖系统：适用于非全天使用的建筑物，使采暖房间的室内温度在使用时间内达到设计温度，而在非使用时间内可以自然降温的采暖系统。

（3）值班采暖系统：在非工作时间或中断使用的时间内，使建筑物保持最低室温要求（以免冻结）所设置的采暖系统。

三、热水采暖系统

（一）热水采暖系统的分类

热水采暖系统是以热水为热媒，将热量带给散热设备的采暖系统。

1．按热媒温度的不同分类

（1）低温热水采暖系统：供水温度为95℃，回水温度为70℃。

（2）高温热水采暖系统：供水温度多采用130℃，回水温度为80℃。

2．按系统循环动力分类

（1）自然（重力）循环系统：系统以供回水的密度差产生的重度差为循环动力，推动热水在系统中进行循环流动的采暖系统，其工作原理如图2-2所示。在系统工作之前，先将系统中充满冷水。水在锅炉内被加热后，密度减小向上流动，同时从散热器流回来的回水温度较低，密度较大向下流动，从而使热水沿着供水干管上升，流入散热器；在散热器内水被冷却，再沿回水干管流回锅炉，形成一个循环。重力循环热水采暖系统维护管理简单，不需消耗电能。但由于其作用压力小、管中水流速度不大，所以管径就相对大一些，作用范围也受到限制。自然循环热水采暖系统通常只能在单幢建筑物中使用，作用半径不宜超过50m。

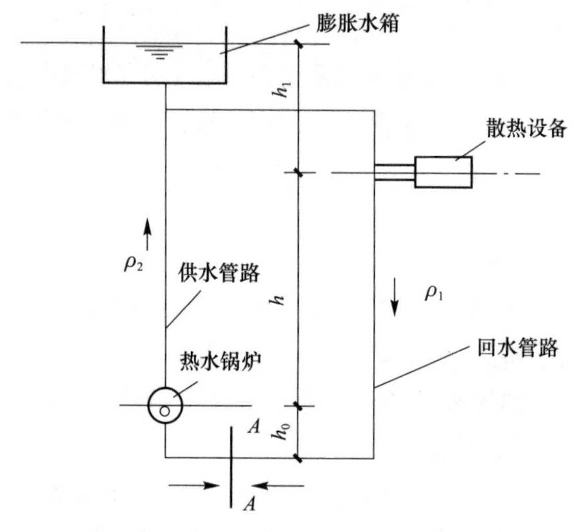

图2-2　自然循环热水采暖系统工作原理图

ρ_1—回水密度；ρ_2—供水密度；h_0—锅炉中心高度；h—散热器中心至锅炉中心高度；h_1—膨胀水箱水位至散热器中心高度

（2）机械循环系统：如图2-3所示，系统依靠水泵提供的动力使热水循环流动的采暖系统。自然循环热水采暖系统虽然维护管理简单，不需要耗费电能，但由于作用压力小，管中水流动速度不大，所以管径就相对要大一些，作用半径也受到限制。如果系统作用半径较大，自然循环往往难以满足系统的工作要求。这时，应采用机械循环热水采暖系统。

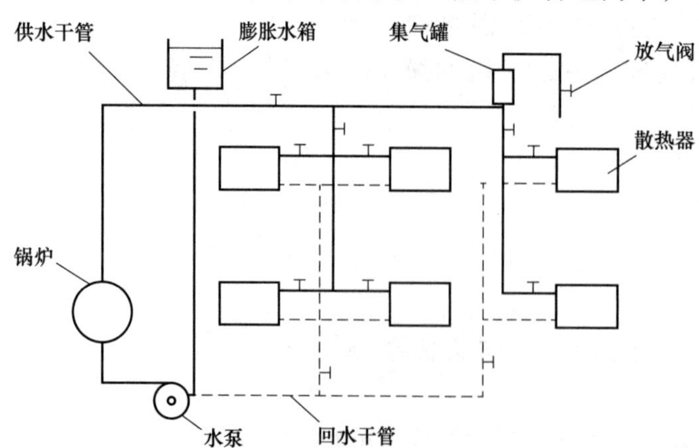

图2-3　机械循环上供下回式双管系统

机械循环热水采暖系统与自然循环热水采暖系统的主要区别如下：

1）在系统中设置了循环水泵，作为循环动力。

2）系统中设置了专门排气装置。

3）干管坡度坡向主立管。

4）膨胀水箱不是接在供水干管上，而是接在回水干管上。

3. 按供、回水方式的不同分类

（1）单管系统。热水经立管或水平供水管顺序流过多组散热器，并顺序地在各散热器中冷却的系统，称为单管系统，如图2-4所示。

（2）双管系统。热水经供水立管或水平供水管平行地分配给多组散热器，冷却后的回水自每个散热器直接沿回水立管或水平回水管流回热源的系统，称为双管系统，如图2-5所示。在双管系统中一般设有独立的供水立管和独立的回水立管，由于循环水在上层和下层的密度不同，所以上层散热器流体的压力降比下层散热器的压力降大，导致了大量的热水流经上层散热器而少量的热水流经下层散热器。在采暖建筑物内，同一竖向的各层房间的室温不符合设计要求的温度，而出现上、下层冷热不匀的现象，通常称作系统垂直失调。由此可见，双管系统的垂直失调，是由于通过各层的循环作用压力不同而出现的，而且楼层数越多，上下层的作用压力差值越大，垂直失调就会越严重。

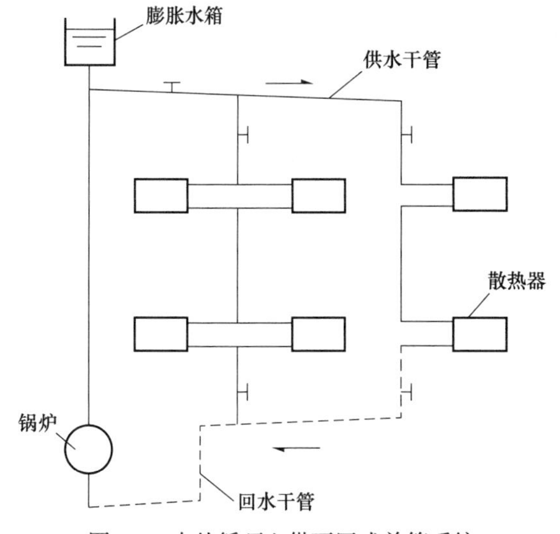

图2-4　自然循环上供下回式单管系统

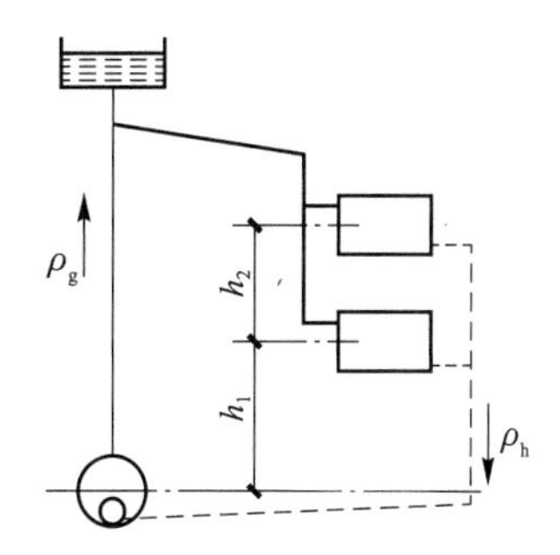

图2-5　双管采暖系统

ρ_h—回水密度；ρ_g—供水密度；h_1——一层散热器中心距锅炉中心高度；h_2—二层散热器中心距锅炉中心高度

4. 按各个立管的循环环路总长度不同分类

（1）同程式系统（图2-6）。特点是增加了回水管长度，使得各个立管循环环路的管长相等，因而环路间的压力损失易于平衡，热量分配易于达到设计要求。只是管材用量加大，地沟加深。系统环路较多、管道较长时，常采用同程式系统布置。

（2）异程式系统（图2-7）。系统总立管与各个分立管构成的循环环路的总长度不相等，这种布置叫作异程式系统。异程式系统最远环路同最近环路之间的压力损失相差很大，压力不易平衡，使得靠近总立管附近的分立管供水量过剩，而系统末端立管供水不足，供热量达不到要求。这种冷热不均的现象叫作系统的“水平失调”。

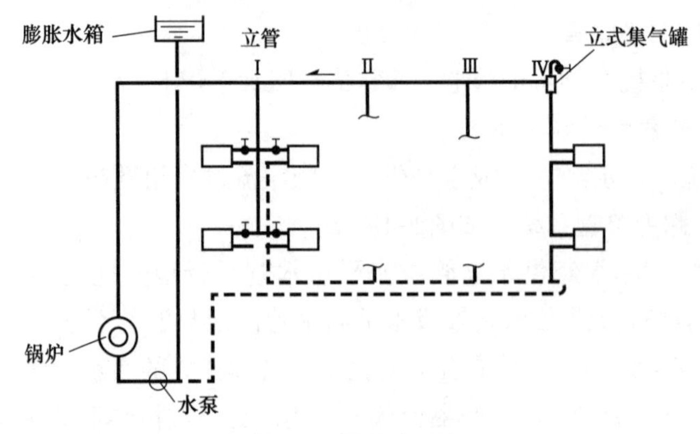

图2-6　同程式系统

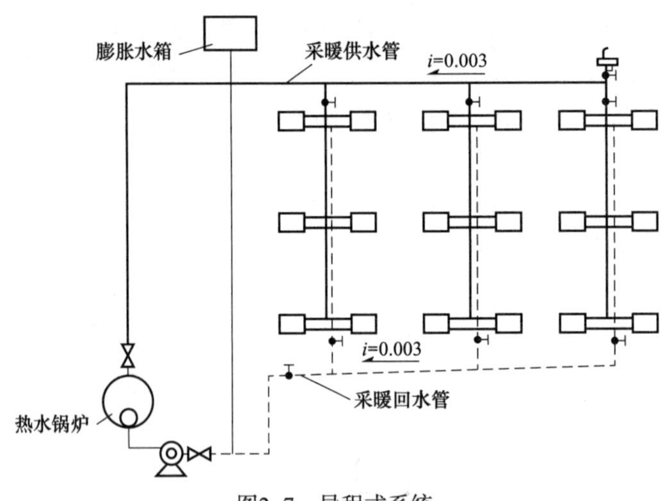

图2-7　异程式系统

（二）热水采暖系统基本图式

1．自然循环热水采暖系统的主要形式

（1）双管上供下回式：图2-8左侧所示为双管上供下回式系统。双管上供下回式特点如下：

1）供水和回水立管分别设置。

2）系统的供水干管必须有向膨胀水箱方向上升的坡度，其坡度宜采用0.5%～1.0%；散热器支管的坡度一般取1.0%。回水干管应有沿水流向锅炉方向下降的坡度。

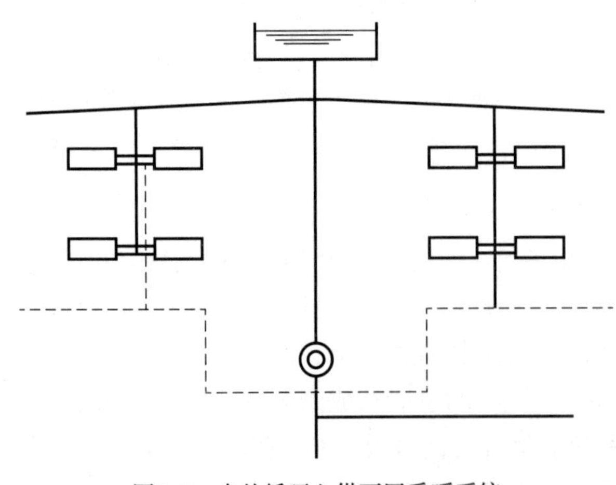

图2-8　自然循环上供下回采暖系统

3）回水干管应有沿水流向锅炉方向下降的坡度。

4）易发生垂直失调（上层房间温度偏高，下层房间温度偏低）。

（2）单管上供下回式：图2-8右侧所示为单管上供下回式系统。单管上供下回式系统的特点如下：

1）供水和回水立管为同一根立管。

2）系统简单，造价低。

3）上下层房间的温度差异较小，不会产生“垂直失调”。

4）顺流式单管系统不能进行个体调节。

与双管系统相比，单管系统的优点是系统简单，节省管材，造价低，安装方便，上下层房间的温度差异较小，不会产生垂直失调；其缺点是顺流式不能进行个体调节。

2. 机械循环热水采暖系统的形式

（1）双管上供下回式系统。图2-3所示为机械循环双管上供下回式热水采暖系统示意图。该系统与每组散热器连接的立管均为两根，热水平行地分配给所有散热器，散热器流出的回水直接流回锅炉。由图可见，供水干管布置在所有散热器上方，而回水干管在所有散热器下方，所以称为上供下回式。

在这种系统中，水在系统内循环，主要依靠水泵所产生的压头，但同时也存在自然压头，它使流过上层散热器的热水多于实际需要量，并使流过下层散热器的热水量少于实际需要量；从而造成上层房间温度偏高，下层房间温度偏低的“垂直失调”现象。

（2）双管下供下回式系统。图2-9所示为机械循环双管下供下回式热水采暖系统示意图。该系统的供水和回水干管都敷设在底层散热器下面，与上供下回式系统相比，它有以下特点：

1）在地下室布置供水干管，管路直接散热给地下室，无效热损失小。

2）在施工中，每安装好一层散热器即可采暖，给冬期施工带来很大方便。避免为了冬期施工的需要，特别装置临时采暖设备。

3）排除空气比较困难。

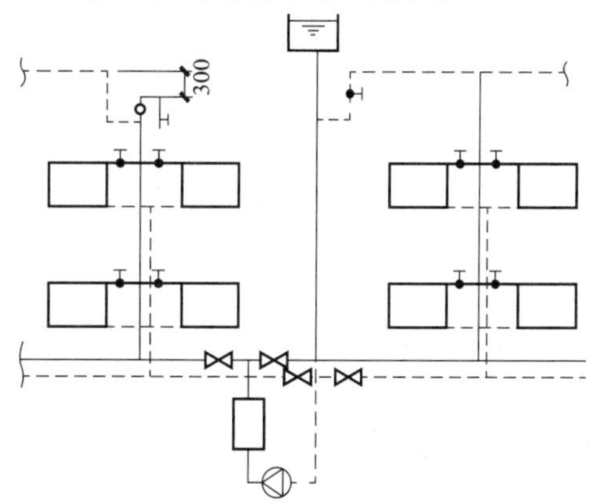

图2-9　机械循环双管下供下回式热水采暖系统

（3）中供式系统。图2-10所示为机械循环中供式热水采暖系统示意图。从系统总立管引出的水平供水干管敷设在系统的中部，下部系统为上供下回式，上部系统可采用下供下回式，也可采用上供下回式。中供式系统可用于原有建筑物加建楼层或上部建筑面积小于下部建筑面积的场合。

（4）下供上回式（倒流式）系统。图2-11所示为机械循环下供上回式采暖系统示意图。该系统的供水干管设在所有散热器设备的上面，回水干管设在所有散热器下面，膨胀水箱连接在回水干管上。回水经膨胀水箱流回锅炉房，再被循环水泵送入锅炉，倒流式系统具有以下特点：

1）水在系统内的流动方向是自下而上流动，与空气流动方向一致，可通过顺流式膨胀水箱排除空气，无须设置集中排气罐等排气装置。

2）对热损失大的底层房间，由于底层供水温度高，底层散热器的面积减小，便于布置。

3）当采用高温水采暖系统时，由于供水干管设在底层，这样可降低防止高温水汽化所需的水箱标高，减少布置高架水箱的困难。

4）供水干管在下部，回水干管在上部，无效热损失小。

下供上回式（倒流式）系统的缺点是散热器的放热系数比上供下回式的低，散热器的平均温度几乎等于散热器的出口温度，这样就增加了散热器的面积。但用于高温水采暖时，这一特点却有利于满足散热器表面温度不致过高的卫生要求。

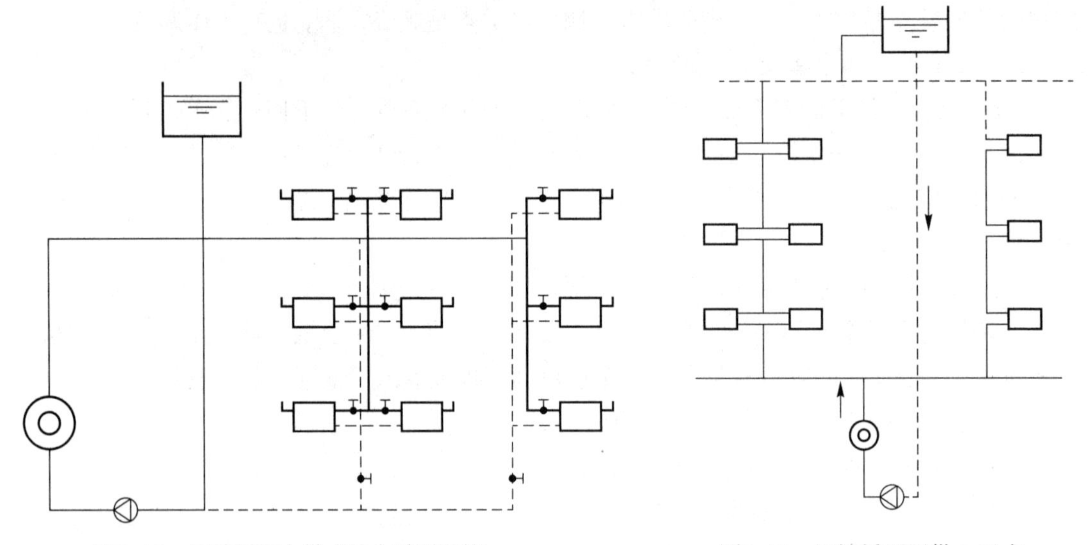

图2-10 机械循环中供式热水采暖系统

图2-11 机械循环下供上回式（倒流式）采暖系统

（5）水平式系统。水平式系统按供水与散热器的连接方式可分为顺流式和跨越式两类，如图2-12所示。跨越式的连接方式可以有图2-12（b）中（1）、（2）两种。第（2）种的连接形式虽然稍费一些支管，但增大了散热器的传热系数。由于跨越式可以在散热器上进行局部调节，它可以采用在需要局部调节的建筑物中。

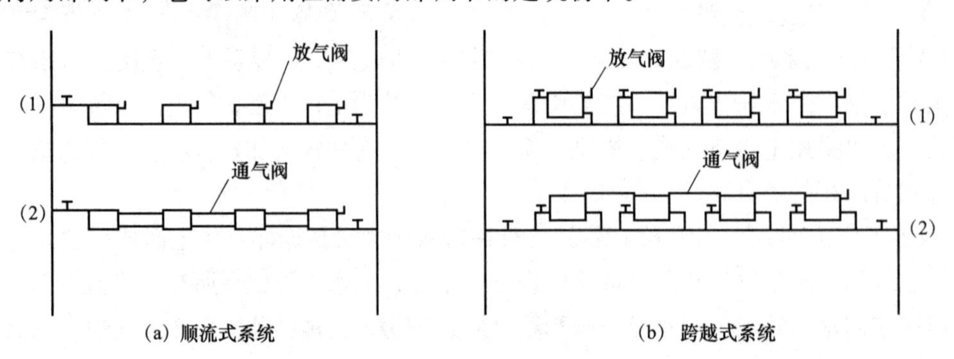

(a) 顺流式系统　(b) 跨越式系统

图2-12 水平式系统

水平式系统排气比垂直式上供下回系统要麻烦，通常采用排气管集中排气。水平式系统的总造价要比垂直式系统的少很多，但对于较大系统，由于有较多的散热器处于低水温区，尾端的散热器面积可能较垂直式系统的要多些。但它与垂直式（单管和双管）系统相比，还有以下优点：

1）系统的总造价一般要比垂直式系统的低。

2）管路简单，便于快速施工。除供、回水总立管外，无穿过各层楼管的立管，因此无须在楼板上打洞。

3）有可能利用最高层的辅助空间架设膨胀水箱，不必在顶棚上专设安装膨胀水箱的房间。

4）沿路没有立管，不影响室内美观。

四、蒸汽采暖系统

蒸汽采暖系统是应用蒸汽作为热媒的采暖系统。其工作原理为：水在锅炉中被加热成具有一定压力和温度的蒸汽，蒸汽靠自身压力作用通过管道流入散热器内，在散热器内放出热量后，蒸汽变成凝结水，凝结水靠重力经疏水器（阻汽疏水）后沿凝结水管道返回凝结水箱内，再由凝结水泵送入锅炉重新被加热变成蒸汽。

蒸汽采暖系统按照供汽压力的大小，将蒸汽采暖分为以下三类：

（1）供汽表压力高于70kPa时，称为高压蒸汽采暖。

（2）供汽表压力等于或低于70kPa时，称为低压蒸汽采暖。

（3）当系统中的压力低于大气压力时，称为真空蒸汽采暖。

（一）低压蒸汽采暖系统

1. 低压蒸汽采暖系统按照回水的方式不同分类

（1）重力回水采暖系统如图2-13所示。其工作原理是锅炉充水至I—I平面。锅炉加热后产生的蒸汽，在其自身压力作用下，克服流动阻力，沿供汽管道输进散热器内，并将积聚在供汽管道和散热器内的空气驱入凝水管，最后，经连接在凝水管末端*B*点处的阀门排出。蒸汽在散热器内冷疑放热。凝水靠重力作用沿凝水管路返回锅炉，重新加热变成蒸汽。

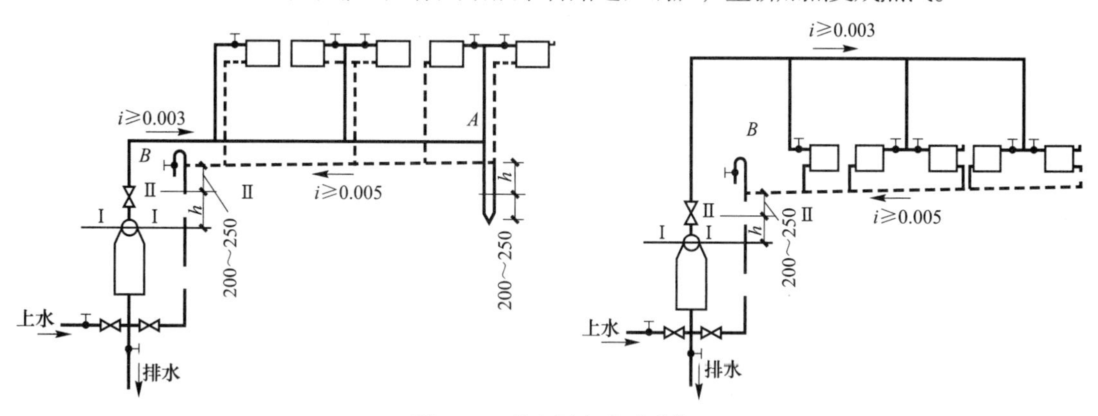

图2-13　重力回水采暖系统

重力回水低压蒸汽采暖系统形式简单，无须同机械回水系统那样设置凝水箱和凝水泵，运行时不消耗电能，宜在小型系统中采用。但在采暖系统作用半径较长时，只有采用较高的蒸汽压力才能将蒸汽输送到最远散热器。

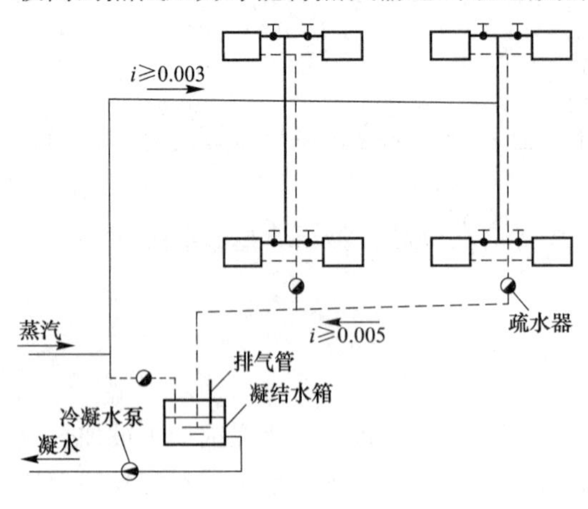

图2-14 机械回水采暖系统

（2）机械回水采暖系统如图2-14所示。当系统作用半径较大、供汽压力较高（通常供汽表压力高于20kPa）时，一般都采用机械回水系统。

机械回水系统是一个“断开式”系统。凝水不直接返回锅炉，而是首先进入凝水箱，然后再用凝水泵将凝水送回锅炉重新加热。在低压蒸汽采暖系统中，凝水箱的位置应低于所有散热器和凝水管。

进凝水箱的凝水干管应做顺流向下的坡度，使从散热器流出的凝水靠重力自流进入凝水箱。为了系统的空气可经凝水干管流入凝水箱，再经凝水箱上的空气管排往大气，凝水干管同样应按干式凝水管设计。为了保持蒸汽的干度，避免沿途凝水进入供汽立管，供汽立管宜从供水干管的上方或侧上方接出。

2. 低压蒸汽采暖系统按照干管的位置不同分类

（1）双管上供下回式，如图2-15所示。该系统是低压蒸汽采暖系统常用的一种形式。从锅炉产生的低压蒸汽经分汽缸分配到管道系统，蒸汽在自身压力的作用下，克服流动阻力经室外蒸汽管道、室内蒸汽主管、蒸汽干管、立管和散热器支管进入散热器。蒸汽在散热器内放出汽化潜热变成凝结水，凝结水从散热器流出后，经凝结水支管、立管、干管进入室外凝结水管网流回锅炉房内凝结水箱，再经凝结水泵注入锅炉，重新被加热变成蒸汽后送入采暖系统。

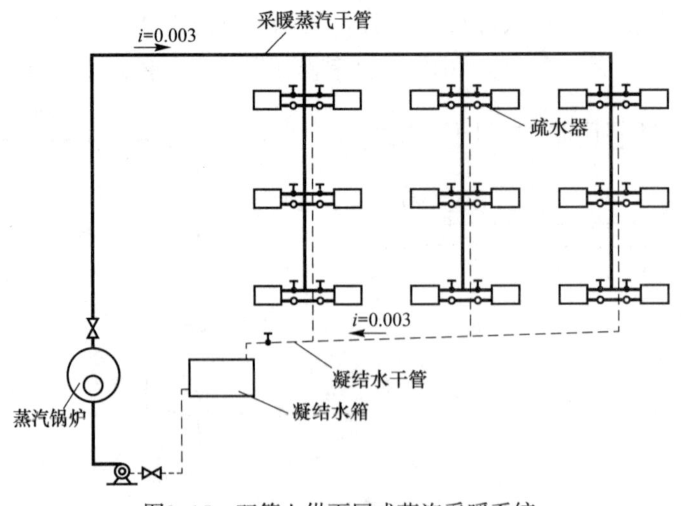

图2-15 双管上供下回式蒸汽采暖系统

（2）双管下供下回式，如图2-16所示。该系统的室内蒸汽干管与凝结水干管同时敷设在地下室或特设地沟。在室内蒸汽干管的末端设置疏水器以排除管内沿途凝结水，但该系统供汽立管中凝结水与蒸汽逆向流动，运行时容易产生噪声，特别是系统开始运行时，因凝结水较多容易发生水击现象。

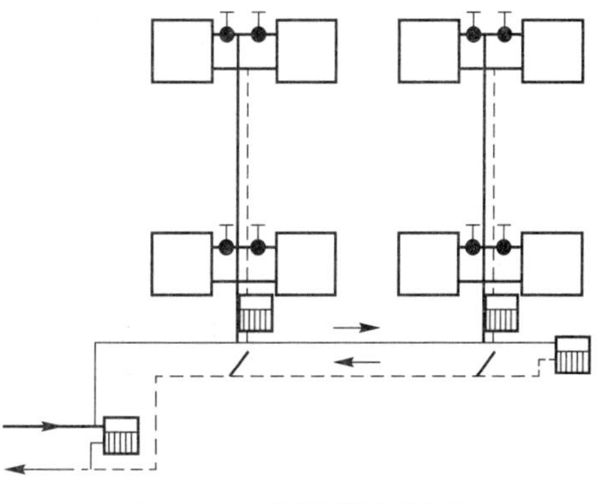
图2-16 双管下供下回式

（3）双管中供式，如图2-17所示。如多层建筑顶层或顶棚下不便设置蒸汽干管时可采用中供式系统。这种系统无须像下供式系统那样设置专门的蒸汽干管末端疏水器，总立管长度也比上供式小，蒸汽干管的沿途散热也可得到有效的利用。

（4）单管上供下回式，如图2-18所示。该系统采用单根立管，可节省管材，蒸汽与凝结水同向流动，不易发生水击现象，但低层散热器易被凝结水充满，散热器内的空气无法通过凝结水干管排除。

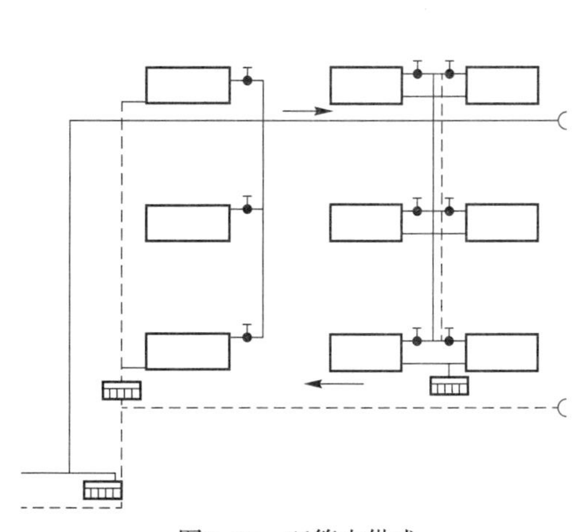
图2-17 双管中供式

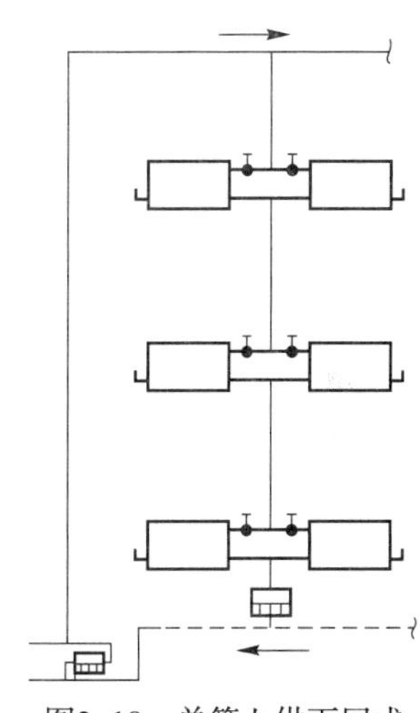
图2-18 单管上供下回式

（二）高压蒸汽采暖系统

与低压蒸汽采暖系统相比，高压蒸汽采暖系统有下述技术经济特点：

（1）高压蒸汽供汽压力高，流速大，系统作用半径大，但沿程热损失也大。对于同样热负荷所需管径小，但沿途凝水排泄不畅时水击现象会很严重。

（2）散热器内蒸汽压力高，因而散热器表面温度高。对同样热负荷所需散热面积较小；但易烫伤人，落在散热器上面的有机灰尘会发出难闻的烧焦气味，安全条件与卫生条件较差。

（3）凝水温度高。高压蒸汽采暖多用在有高压蒸汽热源的工厂里。室内的高压蒸汽采暖系统可直接与室外蒸汽管网相连，在外网蒸汽压力较高时可在用户入口处设减压装置。

（三）蒸汽采暖与热水采暖的比较

蒸汽采暖系统与热水采暖系统相比具有以下特点：

（1）蒸汽采暖系统的热惰性小，因此系统的加热和冷却过程都很快。

（2）蒸汽采暖系统所需的蒸汽流量少，本身重力所产生的静压力也很小，节省电能，节省散热器，节省管材，节省工程的初投资。

（3）蒸汽的“跑、冒、滴、漏”等现象严重，热损失大。

（4）由于蒸汽采暖系统间歇工作，管道内时而充满蒸汽，时而充满空气，管道内壁氧化腐蚀严重，因此，蒸汽系统比热水系统寿命短。

（5）蒸汽采暖系统散热器表面温度高，易烫伤人，散热器表面灰尘剧烈升华，卫生、安全条件不好，因此，民用建筑不适宜采用蒸汽采暖系统。

五、热风采暖系统

热风采暖系统以空气作为热媒。在热风采暖系统中，首先对空气进行加热处理，然后送到采暖房间散热，以维持或提高室内温度。热风采暖系统所用热媒为室外新鲜空气、室内循环空气或两者混合体。一般热风采暖只采用室内再循环空气，属闭式循环系统。若采用室外新鲜空气应结合建筑通风考虑。在这种系统中，空气通常采用热水、蒸汽或高温烟气来加热。

热风采暖系统根据送风方式的不同有集中送风、风道送风及暖风机送风等几种基本形式。根据空气来源不同，可分为直流式（即空气为新鲜空气，全部来自室外）、再循环式（即空气为回风，全部来自室内）和混合式（即空气由室内部分回风和室外部分新风组成）等采暖系统。

热风采暖具有热惰性小、升温快、室内温度分布均匀、温度梯度较小、设备简单和投资较小等优点。因此，该系统被广泛应用于既需要采暖又需要通风换气的建筑物内、有害物质产生很少的工业厂房中、因人们短时间内聚散而需间歇调节的建筑场所（如影剧院、体育馆）。

热风采暖系统可兼有通风换气系统的作用，但系统噪声比较大。对于面积比较大的厂房，冬季需要补充大量热量，因此，常采用暖风机或与送风系统相结合的热风采暖方式。

暖风机是热风采暖的主要设备，它是由风机、电动机、空气加热器、吸风口和送风口等组成的通风采暖联合机组。按风机的种类不同，可分为轴流式暖风机和离心式暖风机，在通风机的作用下，室内空气被吸入机体，经空气加热器加热成热风，然后经送风口送出，以维持室内一定的温度，轴流式暖风机为小型暖风机，它的结构简单，安装方便、灵活，可悬挂或用支架安装在墙上或柱子上。轴流式暖风机出风口送出的气流射程短、风速低，热风可以直接吹向工作区。

离心式暖风机送风量和产热量大、气流射程长、风速高，送出的气流不直接吹向工作

区，而是使工作区处于气流的回流区。

暖风机采暖是利用空气再循环并向室内放热的供暖模式，不适用于空气中含有害气体，散发大量灰尘，产生易燃、易爆气体以及对噪声有严格要求的环境。

（1）当符合下列条件之一时，宜采用热风采暖：

1）能与机械送风系统合并时。

2）利用循环空气采暖，技术、经济合理时，循环空气的采用须符合国家现行的有关卫生标准和规范的有关规定。

3）由于防火、防爆和卫生要求，必须采用全新风的热风采暖时。

（2）热风采暖的设置要求如下：

1）热媒宜采用0.1～0.3MPa的高压蒸汽或不低于90℃的热水。当采用燃气、燃油加热或电加热时，应符合国家现行标准的要求。

2）位于严寒地区或寒冷地区的工业建筑，采用热风采暖且距外窗2m或2m以内有固定工作地点时，宜在窗下设置散热器，条件许可时，兼作值班采暖。当不设散热器值班采暖时，热风采暖不宜少于两个系统（两套装置）。一个系统（装置）的最小供热量，应保持非工作时间工艺所需的最低室内温度，但不得低于5℃。

3）选择暖风机或空气加热器时，其散热量应乘以1.2～1.3的安全系数。

4）采用暖风机热风采暖时，应符合下列规定：

① 应根据厂房内部的几何形状，工艺设备布置情况及气流作用范围等因素，设计暖风机台数及位置。

② 室内空气的换气次数，宜大于或等于每小时1.5次。

③ 热媒为蒸汽时，每台暖风机应单独设置阀门和疏水装置。

5）采用集中热风采暖时，应符合下列规定：

① 工作区的最小平均风速不宜小于0.15m/s；送风口的出口风速，一般情况下可采用5～15m/s。

② 送风口的高度不宜低于3.5m，回风口下缘至地面的距离宜采用0.4～0.5m。

③ 送风温度不宜低于35℃，并不得高于70℃。

（3）符合下列条件之一时，宜设置热空气幕：

1）位于严寒地区、寒冷地区的公共建筑和工业建筑，对经常开启的外门，且不设门斗和前室时。

2）公共建筑和工业建筑，当生产或使用要求不允许降低室内温度时或经技术经济比较设置热空气幕合理时。

（4）热空气幕的设置要求如下：

1）热空气幕的送风方式：公共建筑宜采用由上向下送风。工业建筑，当外门宽度小于3m时，宜采用单侧送风；当大门宽度为3～18m时，应经过技术经济比较，采用单侧、双侧送风或由上向下送风；当大门宽度超过18m时，应采用由上向下送风。侧面送风时，严禁外门向内开启。

2）热空气幕的送风温度，应根据计算确定。对于公共建筑和工业建筑的外门，不宜高于50℃；对高大的外门，不应高于70℃。

3）热空气幕的出口风速，应通过计算确定。对于公共建筑的外门，不宜大于6m/s；对于工业建筑的外门，不宜大于8m/s；对于高大的外门，不宜大于25m/s。

六、辐射采暖系统

辐射采暖是通过室内的一个或多个辐射面向采暖空间中的人和物传递热能的一种方式。与对流采暖不同的是，辐射采暖直接由辐射面将能量以波长为8～13 μm的远红外线形式传递给采暖空间中的人和物。通常可利用建筑物内的屋顶面、地面、墙面或其他表面的辐射散热设备散出的热量来满足房间或局部工作点的采暖需求。

（一）辐射采暖的分类

按照不同的分类标准，辐射采暖的形式比较多，见表2-1。

表2-1　辐射采暖的分类

分类根据	名称	特征
按板面温度	低温辐射 中温辐射 高温辐射	辐射板面温度低于80℃ 辐射板面温度等于80～200℃ 辐射板面温度高于500℃
按辐射板构造	埋管式 风道式 组合式	以直径15～32mm的管道埋置于建筑结构内构成辐射表面 利用建筑构件的空腔使热空气在其间循环流动构成辐射表面 利用金属板焊以金属管组成辐射板
按辐射板位置	顶棚式 墙壁式 地板式	以顶棚作为辐射采暖面，加热元件镶嵌在顶棚内的低温辐射采暖 以墙壁作为辐射采暖面，加热元件镶嵌在墙壁内的低温辐射采暖 以地板作为辐射采暖面，加热元件镶嵌在地板内的低温辐射采暖
按热媒种类	低温热水式 高温热水式 蒸汽式 热风式 电热式 燃气式	热媒水温度低于100℃ 热媒水温度等于或高于100℃ 以蒸汽（高压或低压）为热媒 以加热以后的空气作为热媒 以电热元件加热特定表面或直接发热 通过燃烧可燃气体在特制的辐射器中燃烧发射红外线

（二）低温热水地板辐射采暖系统

1. 低温热水地板辐射采暖的基本概念

低温热水地板辐射采暖（简称地暖）是采用低温热水为热媒，通过预埋在建筑物地板内的加热管辐射散热的采暖方式。地板辐射热水采暖系统一般由热源（小型锅炉）、分水器、集水器、温控阀、除污器、保温层、隔热反射材料（铝箔层）和管道及保温等部分组成，系统的构成如图2-19所示。民用建筑的供水温度不应超过60℃，供、回水温差宜小于或等于10℃。一般地，地暖供回水温度为35～55℃。地暖系统的工作压力不宜大于0.8MPa，当建筑物高度超过50m时宜竖向分区设置。

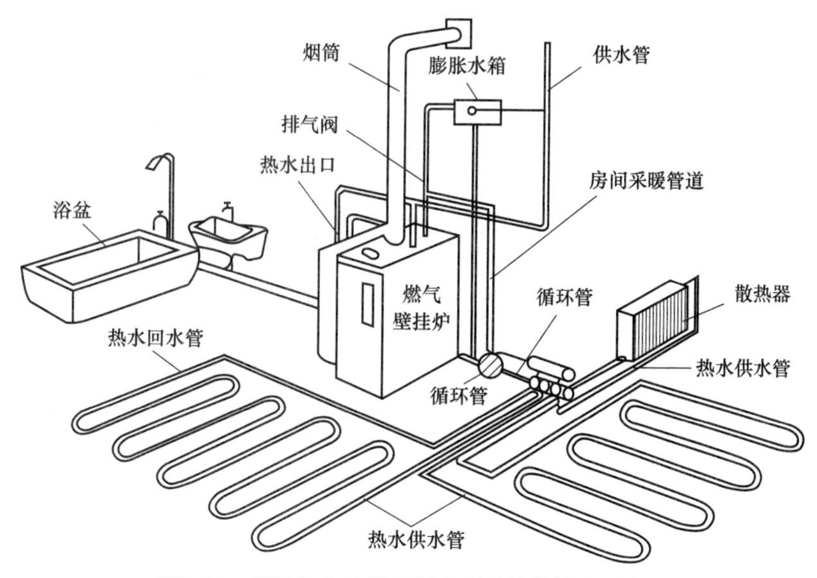

图2-19　低温热水地板辐射采暖系统的构成示意图

2．地暖加热管

地暖所采用的加热管有交联聚乙烯（PE-X）管、聚丁烯（PB）管、交联铝塑复合（XPAP）管、无规共聚聚丙烯（PP-R）管、耐热增强型聚乙烯（PE-RT）管等。这些管材具有耐老化、耐腐蚀、不结垢、承压高、无污染、沿程阻力小等优点。

地暖加热管的布置形式有联箱排管、平行排管、回形盘管、S形盘管四种。联箱排管宜于布置，但板面温度不均，排管与联箱之间采用管件或焊接连接，应用较少（图略）。其余三种形式的管路均为连续弯管，应用较多，如图2-20所示。加热管间距一般为100～350mm。为减少流动阻力和保证供、回水温差不致过大，地暖加热管均采用并联布置。每个分支环路的加热盘管长度宜尽量相近，一般为60～80m，最长不宜超过120m。

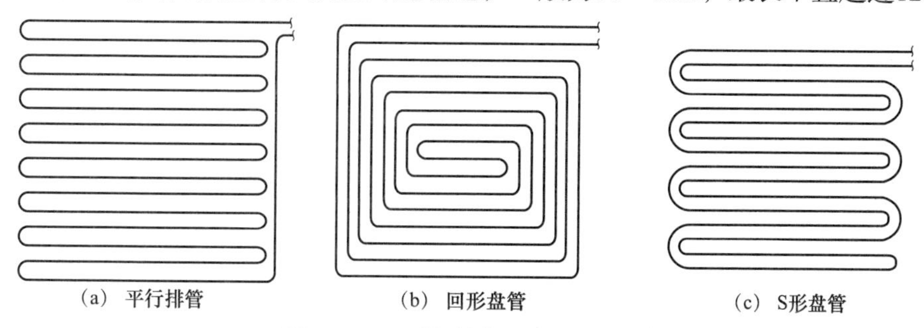

(a) 平行排管　(b) 回形盘管　(c) S形盘管

图2-20　地暖加热管常用布置形式

（三）辐射采暖的特点

1．辐射采暖的优点

（1）有利于增加采暖舒适感。有关研究表明，在保持人体散失总热量一定时，适当减少人体的辐射散热而相应地增加一些对流散热，人就会感到更舒适。辐射采暖时，人体对外界的有效辐射散热会减弱，又由于辐射采暖室内空气温度比对流采暖环境空气温度低，所以相应地加大了一些人体的对流散热，会使人体感到更加舒适。

（2）有利于减少能耗，节约能源。对流采暖系统中，人的冷热感觉主要取决于室内空气温度的高低；而采用辐射采暖时，人或物体受到辐射强度与环境温度的综合作用，人体感受的实感温度可比室内实际环境温度高出2～3℃。也就是说，在具有相同舒适感的前提下，辐射采暖的室内温度可比对流采暖时低2～3℃。研究表明，住宅室内温度每降低1℃，可节约燃料10%左右，因此，采用辐射采暖可有效地减少能源消耗。其次，辐射采暖时，室内温度梯度比对流采暖时小，这大大减少了屋内上部空间的热损失，使得热压减少，冷风渗透量也减小。另外，低温辐射采暖的热源选择灵活，在能提供35℃以上热水（工业余热锅炉水、各种空调回水、地热水等）的地方即可应用，从而有效起到了综合节约能源的作用。

（3）有利于改善室内空气条件。辐射采暖时，不会像空气对流那样产生大量尘埃及积尘，可减少墙面物品或室内空气的污染，从而有利于改善室内卫生条件。

（4）有利于建筑的隔音降噪。目前我国隔层楼板一般采用预制板或现浇板，其隔声效果很差；而采用地板辐射采暖系统时，由于增加了保温层，从而使房间具有较好的隔声效果。

（5）有利于改变室内布局。辐射采暖管道全部在屋顶、地面或墙面面层内，从而可使建筑物的实用面积相应增加，有利于自由装修墙面、地面、摆放家具。

（6）有利于减少系统维护保养费用。低温地板辐射采暖由于采用50℃以下的低温热水，管道不腐蚀、不结垢，可有效减少维护保养费用。

另外，在一些特殊场合和露天场所，使用辐射采暖可以达到对流采暖难以实现的采暖效果。

2. 辐射采暖的缺点

由于建筑物辐射散热表面温度有一定限制，不可过高，如地面式为24～30℃，墙面式为35～45℃，顶棚式为28～36℃，因此在一定热负荷情况下，低温辐射采暖系统则需要较多的散热板数量，从而使其初投资较大，一般比对流采暖初投资高出15%～20%，且这种系统的埋管与建筑结构结合在一起，使结构变得更加复杂，施工难度增大，维护检查不便。

第二节　采暖工程常用设备、材料及施工工艺

一、采暖工程常用设备及施工工艺

（一）散热器

散热器是设置在采暖房间内的放热设备，它将热媒携带的热能以传导、对流、辐射等

方式传递给室内空气，以维持室内正常工作和生产所需的温度，达到采暖的目的。散热器一般应满足以下性能要求：传热能力强，单位体积内散热面积大，耗用金属最小，成本低，具有一定的机械强度和承压能力，不漏水，不漏气，外表光滑，不积灰，易于清扫，体积小，外形美观，耐腐蚀，使用寿命长。

1．散热器的分类

（1）按其使用材质分。

1）铸铁散热器。铸铁散热器是由铸铁浇铸而成，结构简单，具有耐腐蚀、使用寿命长、热稳定性好等特点，因而被广泛应用。工程中常用的铸铁散热器有翼形和柱形两种。

2）钢制散热器。钢制散热器耐压强度高，外形美观整洁，金属耗量少，占地较少，便于布置，但易受到腐蚀，使用寿命较短，不适用于蒸汽采暖系统和潮湿及有腐蚀性气体的场所，主要有钢串片、板式、柱形及扁管形四大类。

3）铝合金散热器。铝合金散热器的材质为耐腐蚀的铝合金，经过特殊的内防腐处理，采用焊接方法加工而成，是一种新型、高效散热器。其造型美观大方，线条流畅，占地面积小，富有装饰性；其质量约为铸铁散热器的十分之一，便于运输安装；节省能源，采用内防腐处理技术；其金属热强度高，约为铸铁散热器的六倍。

（2）按其结构形式分。

1）翼形散热器。翼形散热器有圆翼形和长翼形两种。翼形散热器制造工艺简单，价格低。圆翼形散热器是一根管子外面带有许多圆形肋片的铸铁件，在其两端有法兰与管道连接，如图2-21（a）所示；长翼形散热器的外表面具有许多竖向肋片，外壳内部为一扁盒状空间，可以由多片组装成一组散热器，如图2-21（b）所示。

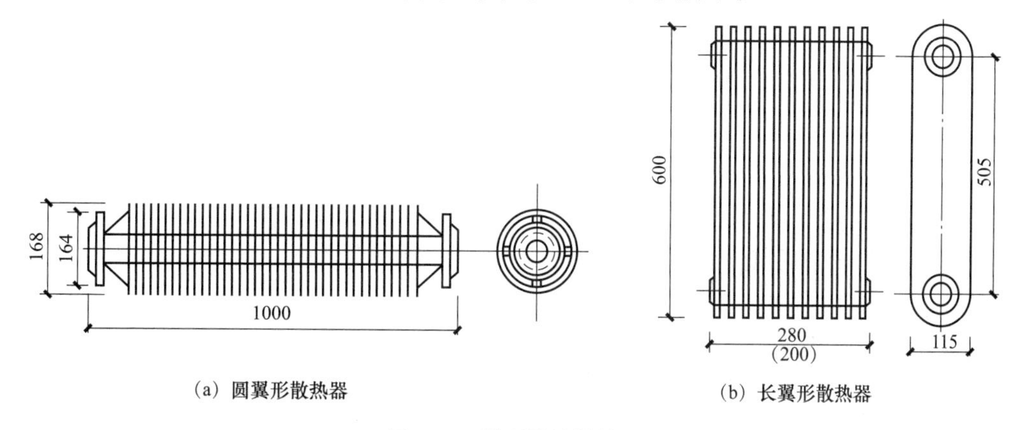

（a）圆翼形散热器　　（b）长翼形散热器

图2-21　翼形铸铁散热器

2）柱形散热器。柱形散热器是呈柱状的单片散热器，外表光滑，无肋片，每片各有几个中空的柱相连通。根据散热面积的需要，可将多片散热器组装成一组。该散热器主要有二柱、四柱、五柱三种类型，如图2-22所示。柱形散热器传热性能较好，易清扫，耐腐蚀性好，造价低，但施工安装较复杂，组片接口多。

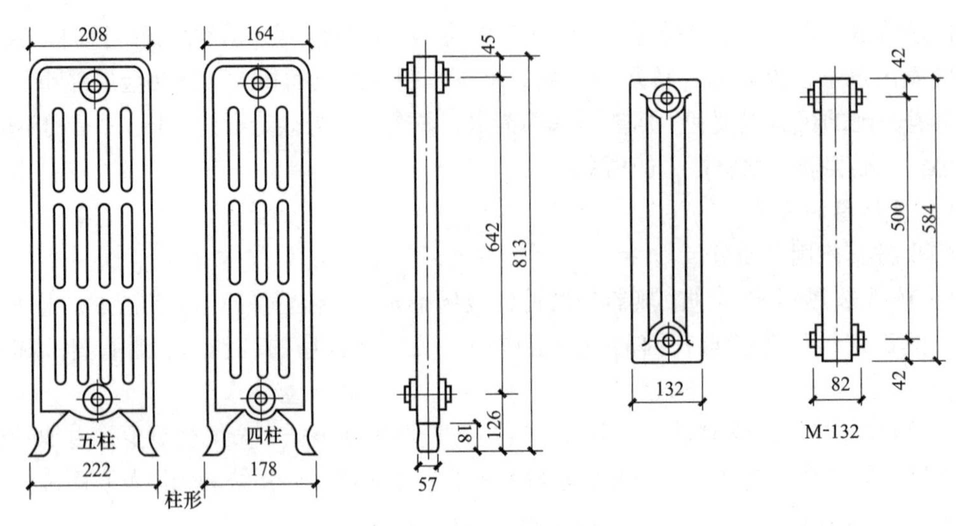

图2-22 铸铁柱形散热器

3）钢串片散热器。如图2-23所示，钢串片散热器由钢管、钢串片、联箱、放气阀及管接头组成。钢串片散热器的特点是质量轻，体积小，承压高，制造工艺简单，但造价高，耗钢材多，水容量小，易积灰尘。

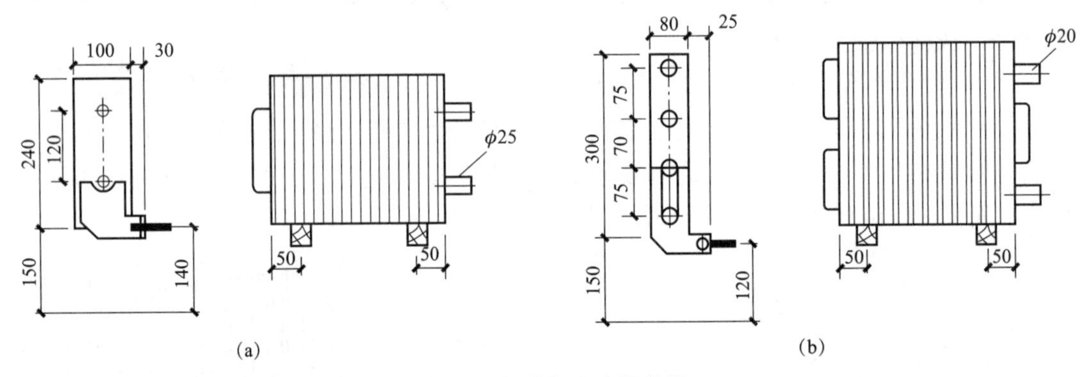

图2-23 闭式钢串片散热器

4）板式散热器。如图2-24所示，钢制板式散热器由面板、背板、对流片和进出管接头等部件组成。钢制板式散热器具有传热系数大、美观、质量轻、安装方便等优点，但热媒流量小，热稳定性较差，耐腐蚀性差，成本高。

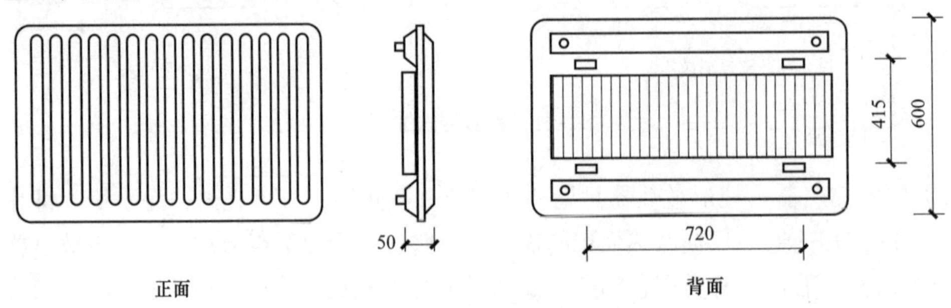

图2-24 钢制板式散热器

5）管式散热器。钢制扁管式散热器采用扁管作为散热器的基本单元，将数根扁管叠加焊接在一起，在两端加上联箱形成扁管单板散热器，如图2–25所示。这种散热器的水容量大，热稳定性好，易于清扫；但造价高，金属热强度低。

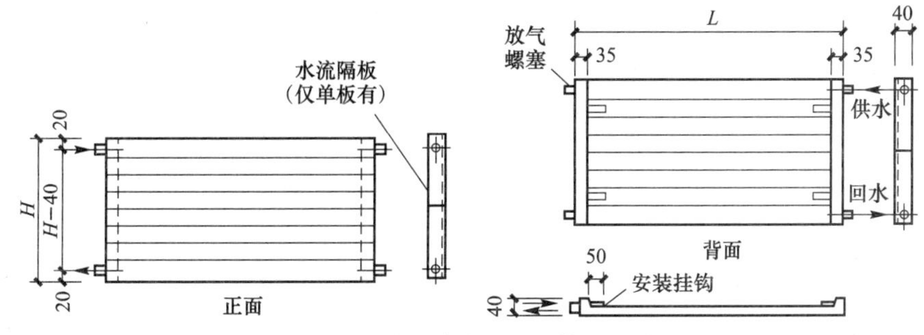

图2–25　扁管单板散热器（不带对流片型）

H—散热器高度；L—散热器长度

（3）按其传热方式可分为对流型、辐射型（不作重点介绍）。

2. 散热器安装施工工艺

（1）工艺流程。

编制组片统计表 → 散热器组对 → 外拉条预制、安装 → 散热器单组水压试验 → 散热器安装 → 散热器冷风门安装 → 支管安装 → 系统试压 → 刷漆

（2）散热器的布置。散热器应布置在外窗下，当室外冷空气从外窗渗透进室内时，散热器散发的热量会将冷空气直接加热，人处在暖流区域会感到舒适。为防止冻裂散热器，散热器不宜布置在无门斗或无前厅的大门处，对带有壁龛的暗装散热器，在安装暖气罩时，应考虑有良好的对流和散热空间，并留有检修的活门或可拆卸的面板；散热器一般应明装，布置简单。内部装修要求较高的民用建筑可采用暗装。托儿所和幼儿园应暗装或加防护罩。铸铁散热器的组装片数不宜超过下列数值：二柱（M132型），20片；柱形（四柱），25片；长翼，7片。

（3）散热器的组对。散热器的组对，一般应在采暖系统安装一开始就进行，主要包括散热器的组对、单组水压试验、跑风门安装、支管安装、刷漆等。散热器的组对材料有对丝、汽包垫、丝堵和补芯。铸铁散热器在组对前，应先检查外观是否有破损、砂眼，规格型号是否符合图纸要求等。然后把散热片内部清理干净，并用钢刷将对口处丝扣内的铁锈刷净，按正扣向上，依次码放整齐。散热片通过钥匙用对丝组合而成；散热器与管道连接处通过补芯连接；散热器不与管道连接的端部，用散热器丝堵堵住。落地安装的柱形散热器，散热器应由中片和足片组对，14片以下两端装带足片；15～24片装三个带足片，中间的足片应置于散热器正中间。

（4）散热器单组水压试验。散热器试压时，用工作压力的1.5倍试压，试压不合格的须重新组对，直至合格。试压时直接升压至试验压力，稳压2～3min，逐个接口进行外观检查，不渗不漏即为合格，渗漏者应标出渗漏位置，拆卸重新组对，再次试压。散热器单组试压合格后应进行表面除锈，刷一道防锈漆，刷一道银粉漆。散热器组对的连接零件称

对丝，使用工具称汽包钥匙。柱形、辐射对流散热片组对时，用短钥匙；长翼形散热片组对时，用长钥匙（长度为400～500mm）。组对应在木制组对架上进行。

（5）散热器的安装。散热器的安装应在土建内墙抹灰及地面施工完成后进行，安装前应按图纸提供位置在墙上画线、打眼，并把做过防腐处理的托钩安装固定。同一房间内的散热器的安装高度要一致；挂好散热器后，再安装与散热器连接的支管。

（二）膨胀水箱

膨胀水箱的作用是容纳水受热膨胀而增加的体积。在自然循环上供下回式热水采暖系统中，膨胀水箱连接在供水总立管的最高处，起到排除系统内空气的作用；在机械循环热水采暖系统中，膨胀水箱连接在回水干管循环水泵入口前，可以恒定循环水泵入口压力，保证采暖系统压力稳定。

膨胀水箱有圆形和矩形两种形式，一般由薄钢板焊接而成。膨胀水箱上接有膨胀管、循环管、信号管（检查管）、溢流管和排水管。图2-26所示为膨胀水箱的接管图；图2-27所示为膨胀水箱与机械循环系统的连接方式。

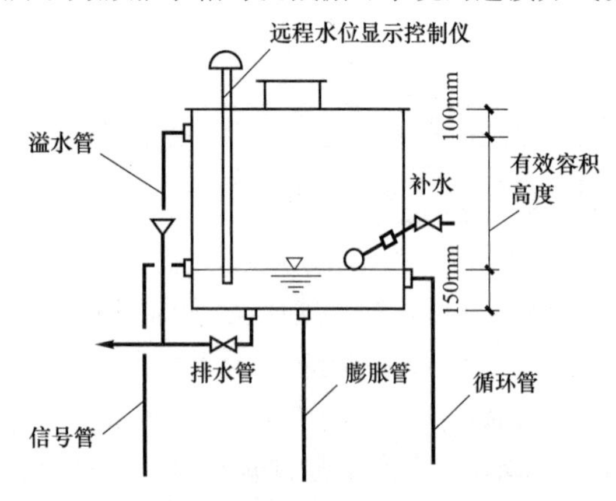

图2-26　膨胀水箱接管示意图

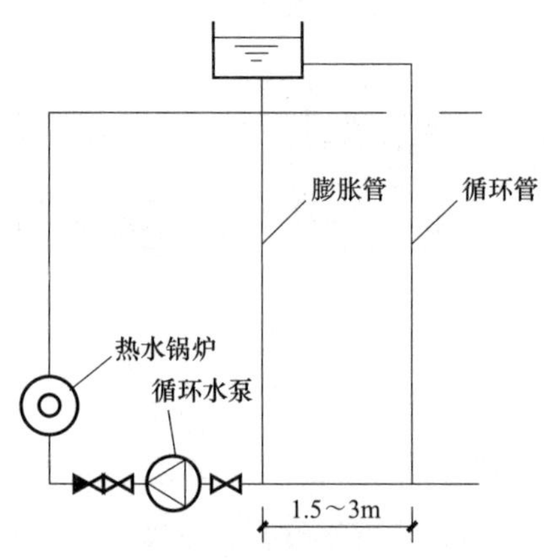

图2-27　膨胀水箱与机械循环系统的连接方式

1. 膨胀水箱连接管

（1）膨胀管：膨胀水箱设在系统的最高处，系统的膨胀水量通过膨胀管进入膨胀水箱。自然循环系统膨胀管接在供水总立管的上部；机械循环系统膨胀管接在回水干管循环水泵入口前。

膨胀管上不允许设置阀门，以免偶然关断使系统内压力增高，以至于发生事故。

（2）循环管：当膨胀水箱设在不采暖的房间内时，为了防止水箱内的水冻结，膨胀水箱须设置循环管。机械循环系统循环管接至定压点前的水平回水干管上，连接点与定压点之间应保持1.5～3m的距离，使热水能缓慢地在循环管、膨胀管和水箱之间流动；自然循环系统中，循环管接到供水干管上，与膨胀管也应有一段距离，以维持水的缓慢流动。

循环管上也不允许设置阀门，以免水箱内的水冻结，如果膨胀水箱设在非采暖房间，水箱及膨胀管、循环管、信号管均应做保温处理。

（3）溢流管：控制系统的最高水位。当水的膨胀体积超过溢流管口时，水溢出就近排入排水设施中。溢流管上也不允许设置阀门，以免偶然关闭时水从人孔处溢出。溢流管

也可以用来排除空气。

（4）信号管（检查管）：用来检查膨胀水箱水位，决定系统是否需要补水。信号管控制系统的最低水位，应接至锅炉房内或人们容易观察的地方，信号管末端应设置阀门。

（5）排水管：用于清洗、检修时放空水箱中的水，可与溢流管一起就近接入排水设施，其上应安装阀门。

2．膨胀水箱安装施工工艺

（1）工艺流程。

验核水箱基础 → 水箱安装 → 水箱配管 → 水箱保温

（2）验核水箱基础的注意事项。

1）水箱基础或支架的位置、标高、几何尺寸和强度，均应核对和检查，发现异常应和有关人员商定。

2）水箱基础表面应水平，水箱安装后应与基础接触紧密。

3）水箱底部所垫的枕木应做好刷沥青等防腐处理。其断面尺寸、根数、安装间距必须符合设计。水箱安装前，进行量尺、画线，在基础上做出安装位置的记号。

3．膨胀水箱的安装

1）水箱基础验收合格后，方可将膨胀水箱就位。

2）膨胀水箱多用钢板焊制而成，根据水箱间的情况而异，可以预制后吊装就位；也可将钢板料下好后，运至安装现场就地焊制组装。水箱安装过程中必须吊线找平找正。

3）膨胀水箱基础表面必须找平，水箱安装后应与基础接触紧密，安装位置应正确，端正平稳。

4）膨胀水箱安装后应进行满水试验，合格后方可保温。

（三）排气装置

1．排气装置的作用

排气装置主要有集气罐和排气阀。其用于排出采暖系统中的气体，防止形成气塞。

（1）集气罐。集气罐是热水采暖系统中最常用的排气装置，一般设于系统供水干管末端的最高处。集气罐有立式和卧式两种安装形式，其构造如图2-28所示。

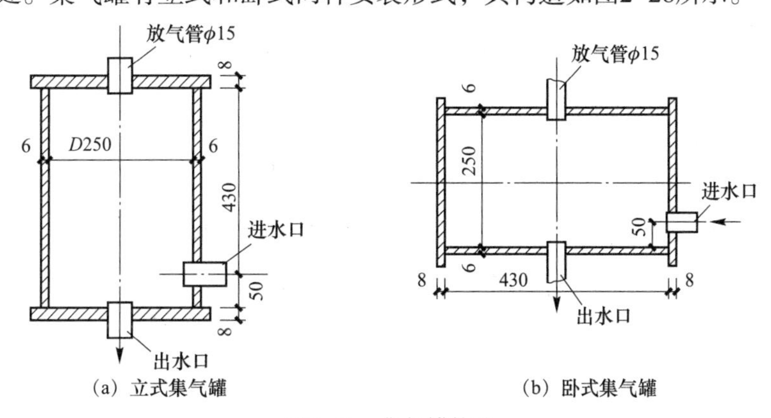

图2-28　集气罐构造

集气罐上部的排气管应接到容易管理之处，排气管末端装有阀门，以定期将系统中的空气排除。系统充水时首先将排气管阀门打开，直至有水从管中流出为止。在系统运行期间，也应查看有无存气，若有应及时排净以利于热水的循环。

（2）自动排气阀。自动排气阀大都是依靠水对浮体的浮力，通过自动阻气和排水机构，使排气孔自动打开或关闭，达到排气的目的，如图2-29（a）所示。

（3）手动排气阀。手动排气阀又称冷风阀，在采暖系统中广泛应用。手动排气阀适用于公称压力≤600kPa，工作温度≤100℃的水或蒸汽采暖系统的散热器上，旋紧在散热器上部专设的丝孔上，以手动方式排除空气，如图2-29（b）所示。

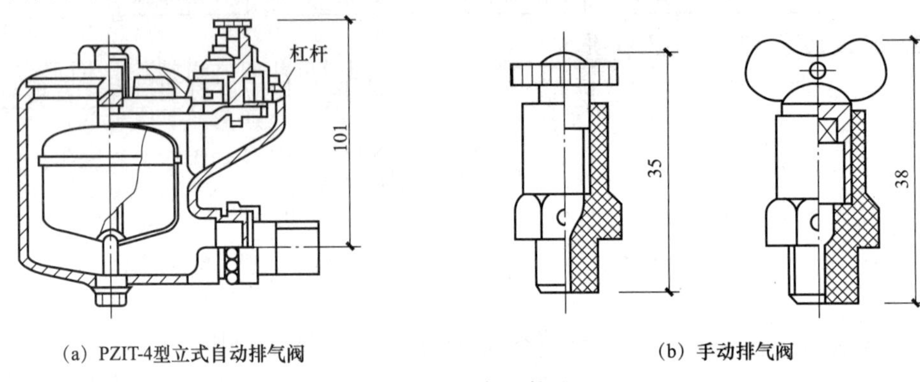

(a) PZIT-4型立式自动排气阀　　(b) 手动排气阀

图2-29　排气阀构造

2. 排气装置安装施工工艺

自动排气阀一般采用丝扣连接，安装后应保证不漏水。自动排气阀的安装要求如下：

（1）自动排气阀应垂直安装在干管上。

（2）为了便于检修，应在连接管上设阀门，但在系统运行时该阀门应处于开启状态。

（3）排气口一般不需要接管。如接管时，排气管上不得安装阀门。排气口应避开建筑设施。

（4）调整后的自动排气阀应参与管道的水压试验。

（四）除污器

1. 除污器的作用

除污器是热水采暖系统中最为常用的附属设备之一，可用来截留、过滤管路中的杂质和污物，保证系统内水质洁净，减少阻力，防止堵塞调压板及管路，如图2-30所示。除污器一般安装在循环水泵吸入口的回水干管上，用于集中除污；也可分别设置于各个建筑物入口处的供、回水干管上，用于分散除污。当建筑物入口供水干管上装有节流孔板时，除污器应安装在节流孔板前的供水干管上，以防止污物阻塞孔板。另外，在一些小孔口的阀前（如自动排气阀）也宜设置除污器或过滤器。

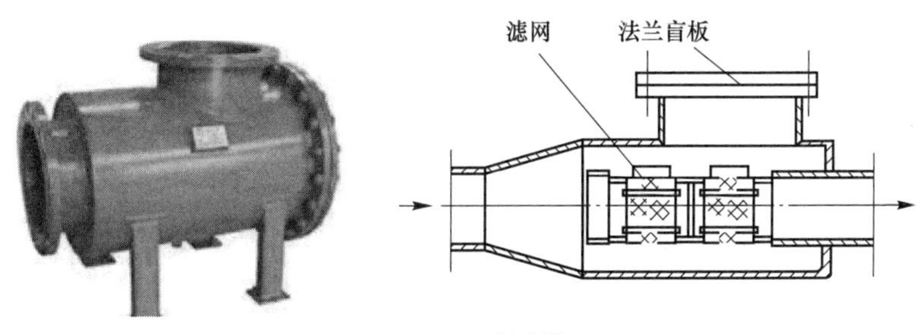

图2-30　除污器

2. 除污器安装的注意事项

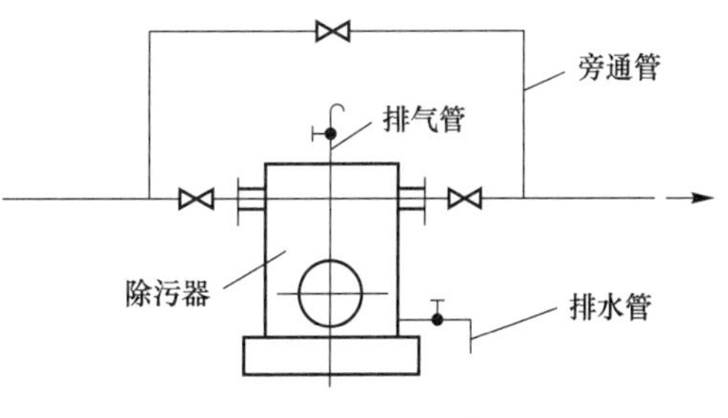

图2-31　排污器安装图

（1）为了在清理除污器时不影响系统的正常运行，安装时应做旁通管，连接方式如图2-31所示。当系统初运行一段时间后，须关闭进出除污器管道上的阀门，打开旁通阀继续运行，然后打开检查孔法兰盖，将杂物泥沙清理冲洗干净，再恢复其正常工作。

（2）立式除污器的清理检查孔，应朝向外侧易于操作的方向（在制作时应根据图纸设置的位置和管道连接方向确定检查孔的方位）；卧式除污器安装时，须保证上方及侧面有一定清理滤网的操作间距。

（3）立式除污器宜安装在砖砌支墩或支架上；卧式除污器应安装在支架上，不得将除污器悬空安装而将重量加在管道和阀门上。

（4）除污器在加工制作时，应按有关图册尺寸加工。

（五）疏水器

1. 疏水器的作用

疏水器是阻止蒸汽通过，自动并且迅速排出用热设备和管道中凝水的设备。如果不设置疏水器，用汽设备后面连汽带水一起流走，不仅浪费热能，还会因凝结水管道内漏入蒸汽而使压力升高，使其他用汽设备回水受阻，影响散热。疏水器按其工作原理可分为机械型、热力型和恒温型三种。

2. 疏水器安装的注意事项

（1）在安装疏水阀之前一定要用带压蒸汽吹扫管道，清除管道中的杂物。

（2）疏水阀前应安装过滤器，确保疏水阀不受管道杂物的堵塞，定期清理过滤器。

（3）疏水器应安装在便于检修的地方，并应尽量靠近用热设备凝结水排出口下。蒸汽管道疏水时，疏水器应安装在低于管道的位置。疏水阀前后要安装阀门，方便疏水阀随时检修。

（4）安装应按设计设置好旁通管、冲洗管、检查管、止回阀和除污器等的位置。用汽设备应分别安装疏水器，几个用汽设备不能合用一个疏水器。

（5）疏水器的进出口位置要保持水平，不可倾斜安装。疏水器阀体上的箭头应与凝结水的流向一致，疏水器的排水管径不能小于进口管径。

（6）旁通管是安装疏水器的一个组成部分。在检修疏水器时，可暂时通过旁通管运行。

（7）疏水装置应尽量靠近加热设备或蒸汽总管，以免产生“蒸汽阻塞”。

（8）疏水器不能串联安装，可以并联安装。

二、采暖管道常用材料、阀门及施工工艺

（一）采暖管道常用材料

1. 管材的选用

采暖管道一般采用焊接钢管，管径小于或等于40mm时应使用焊接钢管；管径为50～200mm时应使用焊接钢管或无缝钢管；管径大于200mm时应使用螺旋焊接钢管。

2. 管道的连接方法

采暖管道$DN \leqslant 32$mm时采用螺纹连接；$DN > 32$mm时采用焊接；管道与阀门、装置与设备连接时应采用法兰连接。

（二）采暖工程常用阀门

1. 闸阀

闸阀的启闭件（闸板）沿通路中心线的垂直方向移动，在管路中主要做切断用，其调节性能不好，不适用于调节流量。闸阀是使用很广的一种阀门。闸阀按连接方式分为螺纹闸阀和法兰闸阀；按闸阀的结构形式，有明杆闸阀（开启时，阀杆伸出手轮，从阀杆的外伸长度就能识别出阀门的开启程度，阀杆不与输送介质相接触）和暗杆闸阀；按闸板的结构特征，有楔式闸板与平行式闸板；按闸板的数目可分为单板和双板。图2-32所示为明杆平行式单板闸阀。该阀门结构简单，密封性能差。闸阀介质流动阻力小，安装所需空间较大，关闭时严密性不如截止阀好，常用于公称直径大于200mm的管道上。

2. 截止阀

截止阀是关闭件（阀瓣）沿阀座中心线移动的阀门，其调节性能较好，在管路中主要用来调节流量。截止阀是使用较为普遍的一种阀门。截止阀按介质流向的不同可分为直通式、直角式和直流式（斜杆式）三种；按阀杆螺纹的位置可分为明杆截止阀和暗杆截止阀两种结构形式。图2-33所示为是常用的直通式截止阀结构示意图。截止阀关闭时严密性较好，便于维修，结构长度较长，介质流动阻力损失较大，常用于公称直径不大于200mm，要求有较好的密封性能的管道上。截止阀只允许介质单向流动，因此，在安装时应注意方向性，阀体上的箭头方向表示介质的流动方向，如阀体上无流动方向，按低进高出进行安装。

图2-32　闸阀

图2-33　直通式截止阀

3．蝶阀

蝶阀是阀板在阀体内沿垂直管道轴线的固定轴旋转的阀门。当阀板与管道轴线垂直时，阀门全闭；当阀板与管道轴线平行时，阀门全开。图2-34所示为蝶阀结构示意图。

图2-34　蝶阀结构示意图

蝶阀的结构简单，质量轻，外形尺寸小，流动阻力小，全开时阀座通道有效流通面积较大，启闭较省力，调节性能稍优于截止阀和闸阀，但造价高。

截止阀、闸阀和蝶阀可用法兰、螺纹或焊接连接方式。传动方式有手动传动（小口径）、齿轮传动、电动、液动和气动等，公称直径大于或等于600mm的阀门应采用电动驱动装置。

4．止回阀

止回阀用来防止管道或设备中的介质倒流，它是利用介质本身流动而自动启闭阀瓣的阀门。在供热系统中，止回阀常设在水泵的出口、疏水器的出口管道以及其他不允许流体反向流动的地方。

常用的止回阀有升降式和旋启式两种。图2-35所示为升降式止回阀；图2-36所示为旋启式止回阀。

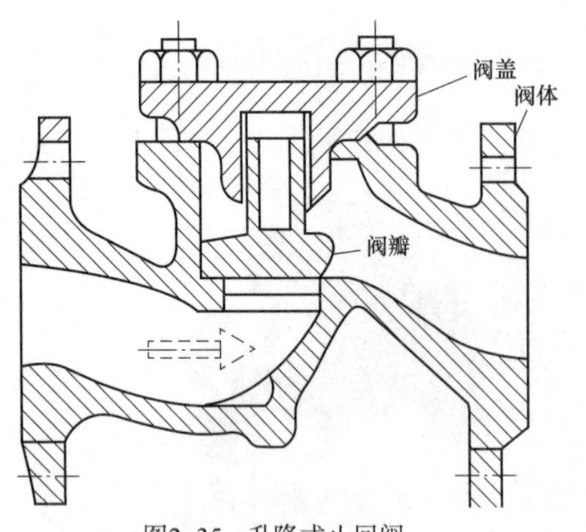

图2-35 升降式止回阀

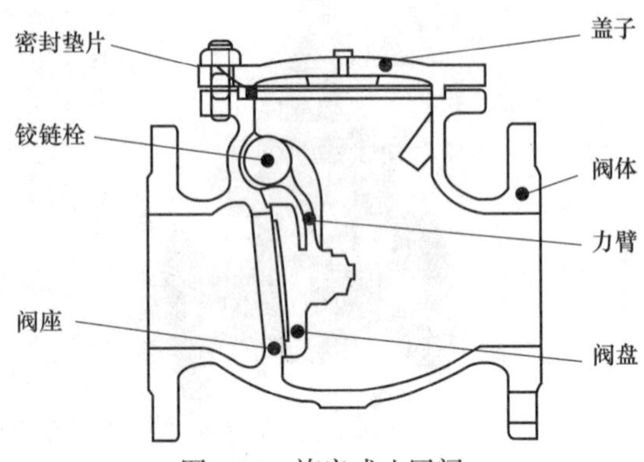

图2-36 旋启式止回阀

升降式止回阀密封性能较好，但只能安装在水平管道上，一般多用于公称直径小于200mm的水平管道上。旋启式止回阀阀瓣绕阀座外的销轴旋转，介质的流动方向基本没有改变，介质的流通面积较大，因此，其阻力比升降式止回阀小，但密封性能较升降式止回阀差些，一般多用在垂直管道上，介质自下而上流动，或者用于大直径的管道。

5. 平衡阀

平衡阀属于手动调节阀的范畴，阀体上有开度指示、开度锁定装置及两个测压小阀，具有流量测量、流量设定、关断和泄水等功能。在管网平衡调试时，将专用智能仪表与被调试的平衡阀测压小阀连接后，仪表能够显示流经阀门的流量值及压降值。向仪表输入该平衡阀处要求的流量值后，仪表经计算、分析，可显示出管路系统达到水力平衡时该阀门的开度值。平衡阀可以安装在供水管路上，也可安装在回水管路上。另外，孔板也属于静态平衡调节装置。

（三）采暖管道安装施工工艺

1. 室内采暖系统的工艺流程

采暖总管→散热设备→采暖干管→采暖立管→采暖支管。具体安装工艺流程如图2-37所示。

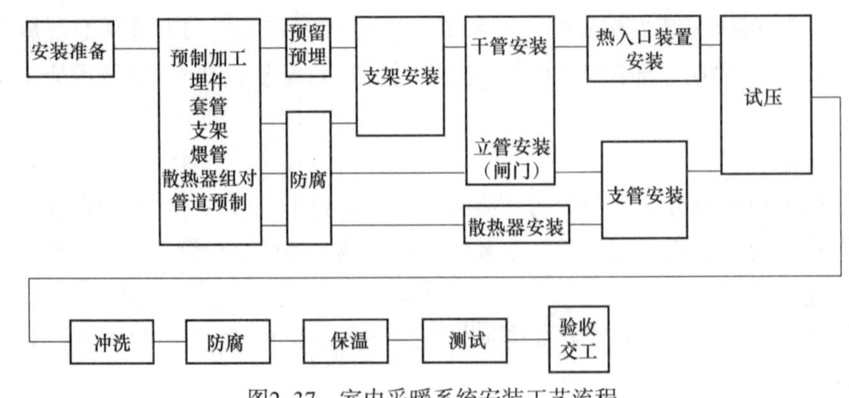

图2-37 室内采暖系统安装工艺流程

2. 室内采暖管道的安装要点

室内采暖管道有明装和暗装两种方式。一般民用建筑与工业区规划厂房宜明装；在装饰要求较高的建筑中用暗装。敷设时应考虑以下几项：

（1）上供下回式系统的顶层梁下和窗顶之间的距离应满足供水干管的坡度和集气罐的设置要求。集气罐应尽量设在有排水设施的房间，以便于排气。回水干管如果敷设在地面上，底层散热器下部和地面之间的距离也应满足回水干管敷设坡度的要求。如果地面上不允许敷设或净空高度不够时，应设在半通行地沟或不通行地沟内。

（2）管路敷设时应尽量避免出现局部向上凹凸现象，以免形成气塞。在局部高点处应考虑设置排气装置，局部最低点处应考虑设置排水阀。

（3）回水干管过门时，如果下部设过门地沟或上部设空气管，应设置泄水和排空装置。具体做法如图2-38和图2-39所示。

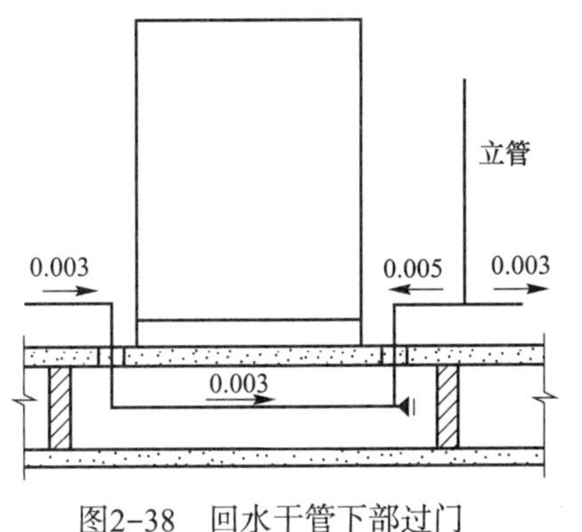

图2-38　回水干管下部过门

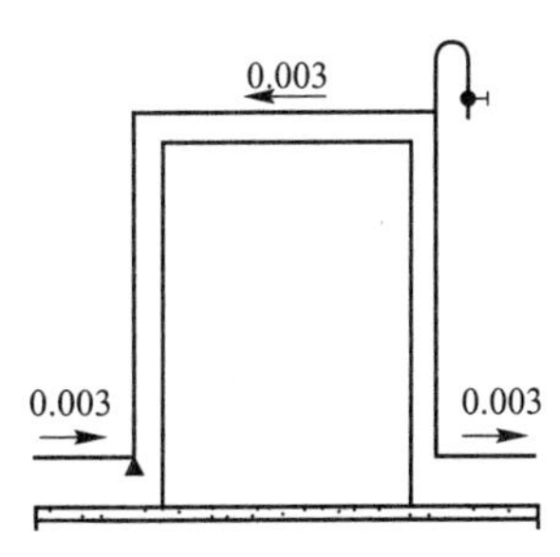

图2-39　回水干管上部过门

两种做法中均设置了一段反坡向的管道，目的是顺利排除系统中的空气。

（4）立管应尽量设置在外墙角处，以补偿该处过多的热损失，防止该处结露。楼梯间或其他有冻结危险的场所应单独设置立管，该立管上各组散热器的支管均不得安装阀门。

（5）室内采暖系统的供、回水管上均应设阀门；划分环路后，各并联环路的起、末端应各设一个阀门；立管的上、下端应各设一个阀门，以便于检修时关闭。

（6）散热器的供、回水支管应考虑避免散热器上部积存空气或下部放水时放不净，应沿水流方向设下降的坡度，坡度不得小于0.01。

（7）穿过建筑物基础、变形缝的采暖管道，以及埋设在建筑结构里的立管，应采取防止由于建筑物下沉而损坏管道的措施。当采暖管道必须穿过防火墙时，在管道穿过处应采取防火封堵措施，并在管道穿过处采取固定措施，使管道可向墙的两侧伸缩。采暖管道穿过隔墙和楼板时，宜装设套管。采暖管道不得同输送蒸汽燃点低于或等于120℃的可燃液体或可燃、腐蚀性气体的管道在同一条管沟内平行或交叉敷设。

（8）采暖管道在管沟或沿墙、柱、楼板敷设时，应根据设计、施工与验收规范的要求，每隔一定间距设置管卡或支、吊架。为了消除管道受热变形产生的热应力，应尽量利用管道上的自然转角进行热伸长的补偿，管线很长时应设补偿器，适当位置设固定支架。

热水采暖供、回水管道固定与补偿应符合下列要求：

1）干管管道的固定点应保证管道分支接点由管道胀缩引起的最大位移不大于40mm，连接散热器的立管应保证管道分支接点由管道胀缩引起的最大位移不大于20mm。

2）计算管道膨胀量取用的管道安装温度应考虑冬季安装环境温度，宜取－5～0℃。

3）室内采暖系统供、回水干管环管布置应为管道自然补偿创造条件。没有自然补偿条件的系统宜采用波纹管补偿器，补偿器设置位置及导向支架设置应符合产品技术要求。

4）采暖系统主立管应按要求设置固定支架，必要时应设置补偿器，宜采用波纹管补偿器。

5）垂直双管系统散热器立管、垂直单管系统中带闭合管或直管段较长的散热器立管应按要求设置固定支架，必要时应设置补偿器，宜采用波纹管补偿器。

6）管径$DN \geqslant 50$mm的管道固定支架应进行支架推力计算，并验算支架强度。立管固定支架荷载力计算应考虑管道膨胀推力和管道及管内水的重力荷载。采用自然补偿的管段应进行管道强度校核计算。

7）采暖管道多采用水、煤气钢管，可采用螺纹连接、焊接或法兰连接。管道应按施工与验收规范要求进行防腐处理。敷设在管沟、技术夹层、闷顶、管道竖井或易冻结地方的管道应采取保温措施。

8）采暖系统供水、供汽干管的末端和回水干管始端的管径不宜小于20mm，低压蒸汽的供汽干管可适当放大。

（9）室内采暖管道一般应避免设置于管沟内。当必须设置在管沟时，应符合下列要求：

1）宜采用半通行管沟，管沟净高应不低于1.2m，通道净宽应不小于0.6m。支管连接处或有其他管道穿越处通道净高宜大于0.5m。

2）管沟应设置通风孔，通风孔间距不大于20m。

3）应设置检修人孔，人孔间距不大于30m，管沟总长度大于20m时人孔数不少于2个。检修阀处应设置人孔。人孔不应设置在人流主要通道上、重要房间、浴室、厕所和住宅户内，必要时可将管沟延伸至室外设人孔。

4）管沟不得与电缆沟、通风道相通。

第三节　采暖工程施工图的识读

一、采暖施工图的组成

室内采暖施工图包括设计施工说明、采暖平面图、采暖系统图（轴测图）、详图和设备及主要材料明细表等，简单工程可不编制设备材料表。其基本内容如下所述。

1. 设计说明与施工图纸

设计图纸上用图或符号表达不清楚的问题，或用文字能更简单明了表达清楚问题，用文字加以说明，构成设计说明。其主要内容有以下几项：

（1）建筑物的采暖面积。

（2）采暖系统的热源种类、热媒参数、系统总热负荷。

（3）系统形式，进出口压力差（即采暖所需资用压力）。

（4）各个房间设计温度。

（5）散热器型号及安装方式。

（6）管材种类及连接方式。

（7）管道防腐、保温的做法。

（8）所采用标准图号及名称。

（9）施工注意事项，施工验收应达到的质量要求。

（10）系统的试压要求。

（11）有关图例。

一般中、小型工程的设计说明可以直接写在图纸上，工程较大、内容较多时另附页面编写，放在一份图纸的首页。施工人员看图时，应首先看设计说明，然后再看图，在看图过程中，针对图上的问题再看设计说明。

2. 室内采暖平面图

采暖施工图的图示方法与给水施工图是一样的，只是采用的图例和符号有所不同。室内采暖平面图，主要表示采暖管道、附件与散热器在建筑平面图上的位置以及它们之间的相互关系，管道用粗线（粗实线、粗虚线）表示，其余均用细线表示。图纸内容反映采暖系统入口位置及系统编号；室内地沟的位置及尺寸；干管、立管、支管的位置及立管编号等。采暖平面图一般有底层平面图、标准层平面图、顶层平面图。

3. 室内采暖系统图

采暖系统图是表明从供热总管入口直至回水总管出口整个采暖系统的管道、散热设备、主要附件的空间位置和相互联结情况的图样。采暖系统图通常是用正面斜等轴测方法绘制的，因此又称轴测图。

4. 设备安装与构造详图

详图是施工图的一个重要组成部分。采暖系统供热管、回水管与散热器之间的具体连接形式、详细尺寸和安装要求及设备和附件的制作、安装尺寸、接管情况，一般都有标准图，无须自己设计，需要时从标准图集中选择索引再加入一些具体尺寸就可以了。因此，施工人员必须会识读图中的标准代号，会查找并掌握这些标准图，记住必要的安装尺寸和管道连接用的管件，以便做到运用自如。

通用标准图有以下几项：

（1）膨胀水箱和凝结水箱的制作、配管与安装。

（2）分汽罐、分水器、集水器的构造、制作与安装。

（3）疏水管、减压阀、调压板的安装和组成形式。

（4）散热器的连接与安装。

（5）采暖系统立、支干管的连接。

（6）管道支、吊架的制作与安装。

（7）集气罐的制作与安装等。

作为采暖施工详图，通常只画平面图、系统轴测图中需要表明而通用、标准图中没有的局部节点图，如图2-40～图2-45所示。

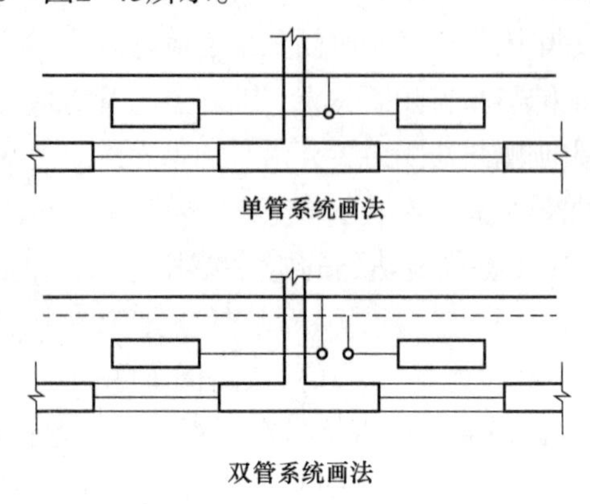

图2-40　平面图中散热器与管道连接

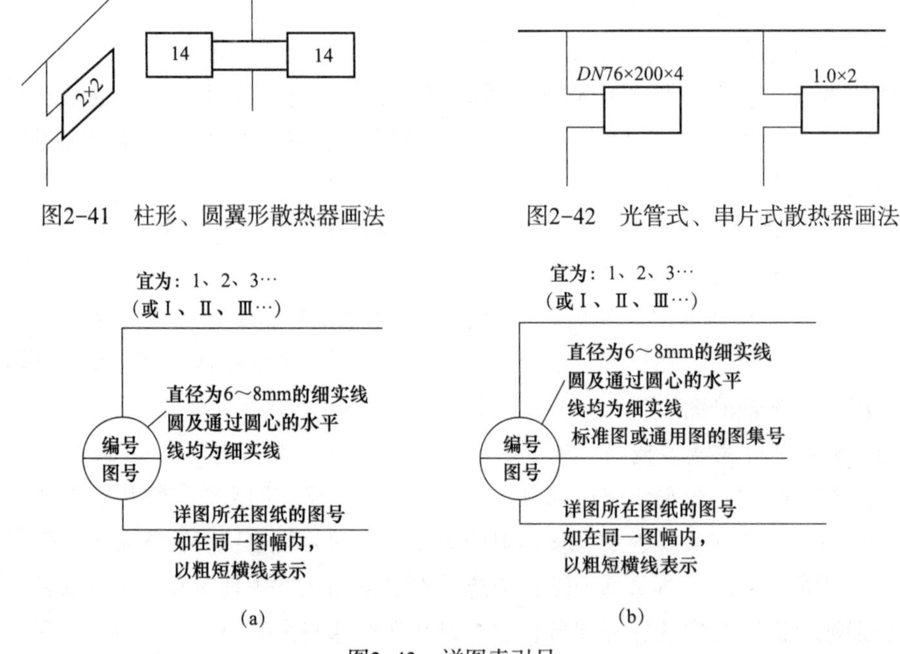

图2-41　柱形、圆翼形散热器画法

图2-42　光管式、串片式散热器画法

图2-43　详图索引号

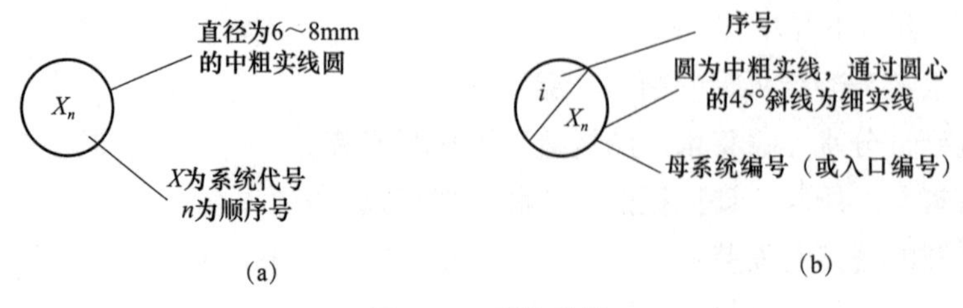

图2-44　系统代号

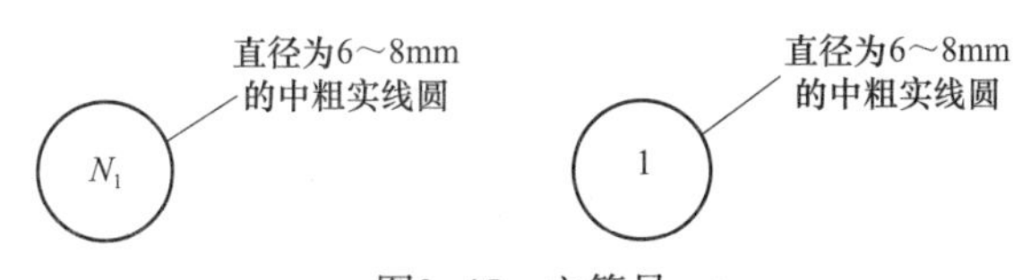

图2-45 立管号

5．设备与主要材料明细表

此表是施工图纸的重要组成部分。至少应包括序号、设备名称、规格型号、数量、单位及备注栏等。

二、采暖工程施工图常用图例

采暖工程施工图常用图例见表2-2。

表2-2 采暖工程施工图常用图例

序号	名称	图例	备注
1	（采暖、生活、工艺用）热水管	—— R ——	1．用粗实线、粗虚线代表供回水管时可省略代号； 2．可附加阿拉伯数字1、2区分供水、回水
2	蒸汽管	—— Z ——	
3	凝结水管	—— N ——	
4	膨胀水管、排污管、排气管	—— P ——	
5	补给水管	—— G ——	
6	泄水管	—— X ——	
7	循环管、信号管	—— XH ——	循环管用粗实线，信号管为细虚线
8	溢排管	—— Y ——	
9	绝热管		
10	方形补偿器		
11	套管补偿器		
12	波形补偿器		
13	弧形补偿器		
14	球形补偿器		
15	流向		
16	丝堵		
17	滑动支架		
18	固定支架		
19	手动调节阀		

续表

序号	名称	图例	备注
20	减压阀		左侧为高压端
21	膨胀阀		也称“隔膜阀”
22	平衡阀		
23	快放阀		也称快速排污阀
24	三通阀		
25	四通阀		
26	疏水阀		
27	散热器放风门		
28	手动排气阀		
29	自动排气阀		
30	集气罐		
31	散热器三通阀		
32	节流孔板、减压孔板		
33	散热器		
34	可曲挠橡胶软接头		
35	过滤器		
36	除污器		
37	暖风机		
38	水泵		左侧为进水，右侧为出水

三、采暖工程施工图的识读方法

1. 室内采暖施工图的识读方法

识读图纸的方法没有统一规定，可按适合于自己的能够迅速熟读图纸的方法进行识读。这需要在掌握采暖系统组成、系统形式、安装施工工艺、施工图常用图例及表示方法等知识的基础上，多进行识图练习，并不断总结，灵活掌握识图的基本方法，形成适于自己迅速、全面识读图纸的方法。

识读室内采暖施工图的基本方法和顺序如下：

（1）熟悉、核对施工图纸。迅速浏览施工图，了解工程名称、图纸内容、图纸数量、设计日期等。对照图纸目录，检查整套图纸是否完整，确认无误后再正式识读。

（2）认真阅读施工图设计与施工说明。通过阅读文字说明，能够了解采暖工程概况，有助于读图过程中正确理解图纸中用图形无法表达的设计意图和施工要求。

（3）以系统为单位进行识读。识读时必须分清系统，不同编号的系统不能混读。可按水流方向识读，先找到采暖系统的人口，按供水总管、供水水平干管、供水立管、供水支管、散热设备、回水支管、回水立管、回水水平干管、回水总管的顺序识读；也可按从主管到支管的顺序识读，先看总管，再看支管。

（4）平面图与系统图对照识读。识读时应将平面图与系统图对照起来看，以便相互补充和相互说明，建立全面、完整、细致的工程形象，以全面地掌握设计意图。

（5）细看安装大样图。安装大样图很重要，用以指导正确的安装施工。安装大样图多选用全国通用标准安装图集，也可单独绘制。对单独绘制的安装大样图，也应将平面大样与系统大样对照识读。

2．采暖平面图的识读

要掌握的主要内容与阅读方法如下：

（1）首先查明供热总干管和回水总干管的出入口位置，了解供热水平干管与回水干管的分布位置及走向。图中供热管用粗虚线表示，供热管与回水管通常是沿墙分布。若采暖系统为上行下回式双管采暖，则供热水平干管绘在顶层平面图上，供热立管与供热水平干管相连，回水干管绘在底层平面图上，回水立管与回水干管相连。

（2）查看立管的编号。立管编号标志是Ln，其含义是L—采暖立管代号，n—编号，用阿拉伯数字编号。通过立管的编号可知整个采暖系统立管的数量、立管的安装位置。

（3）查看散热器的布置。凡是有供热立管（供热总立管除外）的地方就有散热器与之相连，并且散热器通常都布置在窗口处，了解散热器与立管和连接情况，可知该散热器组由哪根供热立管供热，回水又流入哪根回水立管。

（4）了解管道系统上的设备附件的位置与型号。热水采暖系统要查明膨胀水箱、集气罐的位置、连接方式和型号。若为蒸汽采暖系统，要查明疏水器的位置及规格尺寸。还要了解供热水平干管和回水水平干管固定支点的位置和数量，以及在底层平面图上管道通过地沟的位置与尺寸等。

（5）看管道的管径尺寸、管道敷设坡度及散热器的片数。供热管的管径规律是入口的管径大，末端的管径小；回水管的管径是起点管径小，出口的回水总管管径大。管道坡度通常只标注水平干管的坡度，散热器的片数通常标注在散热器图例近旁的窗口处。

（6）要重视阅读“设计施工说明”，从中了解设备的型号和施工安装的要求及所用的通用图等。如散热器的类型、管道连接要求、阀门设置位置及系统防腐要求等。

3. 采暖系统图的识读

要掌握的主要内容与阅读方法如下：

（1）首先沿着热媒流动的方向查看供热总管的入口位置，与水平干管的连接及走向，各供热立管的分布，散热器通过支管与立管的连接形式，以及散热器、集气罐等设备、管道固定支点的分布与位置。

（2）从每组散热器的末端起看回水支管、立管、回水干管、直到回水干管出口的整个回水系统的连接、走向及管道上的设备附件、固定支点和过地沟的情况。

（3）查看管径、管道坡度、散热器片数的标注。在热水采暖系统中，一般是供热水平干管的坡度是顺水流方向越走越高，回水水平干管的坡度顺水流方向越走越低。散热器要看设计说明所采用的类型与规格。

（4）看楼（地）面的标高、管道的安装标高，从而掌握管道安装时在房间中的位置。如供热水平干管是在顶层顶棚下面还是底层地沟内，回水干管是在地沟里还是在底层地面上等。

第四节　采暖工程施工图的识读实例

一、设计说明与施工图纸

现以某住宅楼采暖工程施工图为例进行识读，施工图如图2-46～图2-48所示。下面以解答问题的形式，详细说明如何识读建筑室内采暖工程施工图。

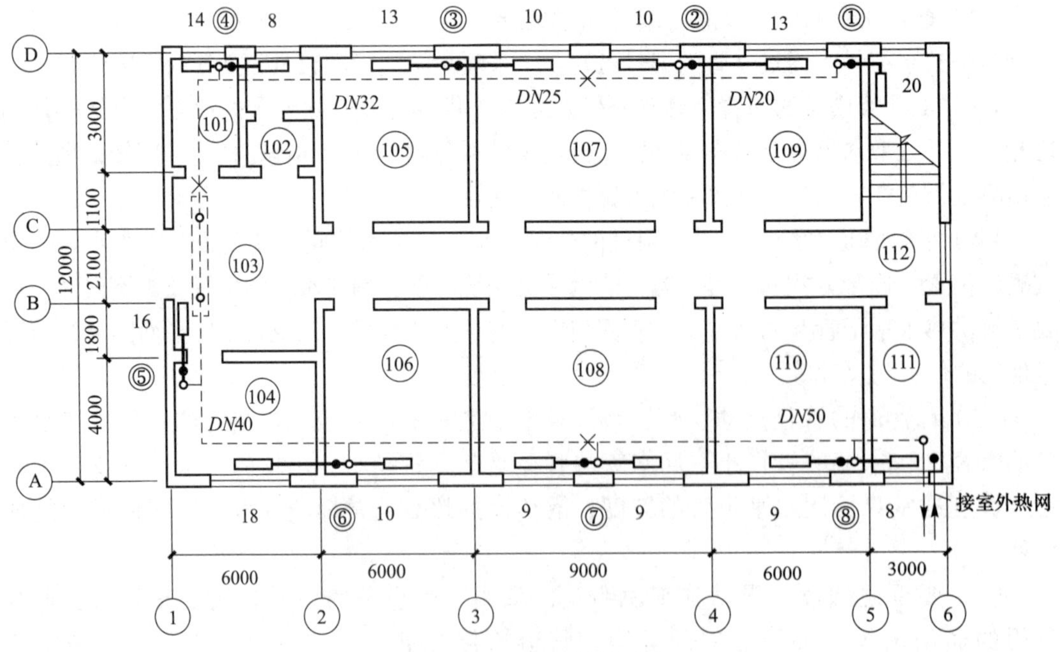

图2-46　一层采暖平面图

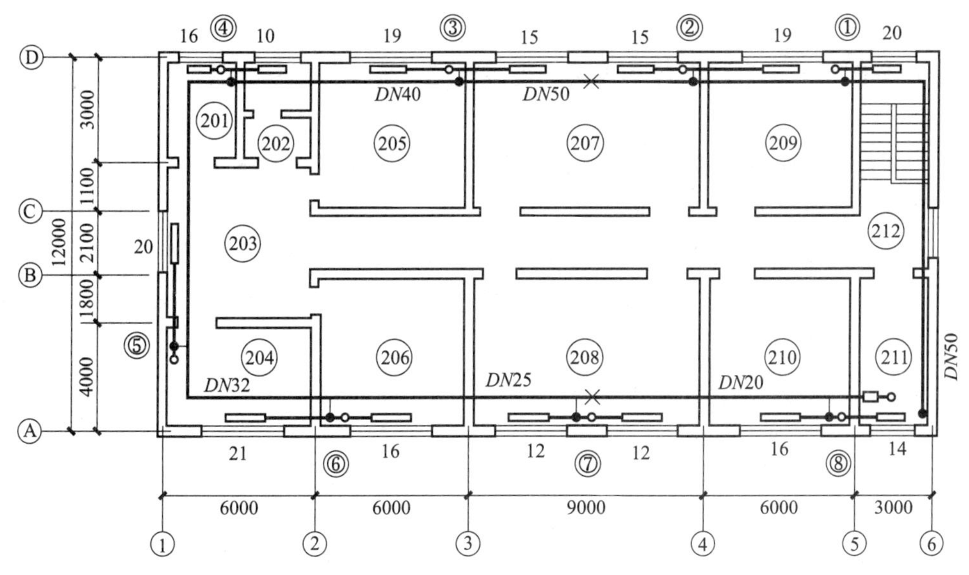

图2-47　二层采暖平面图

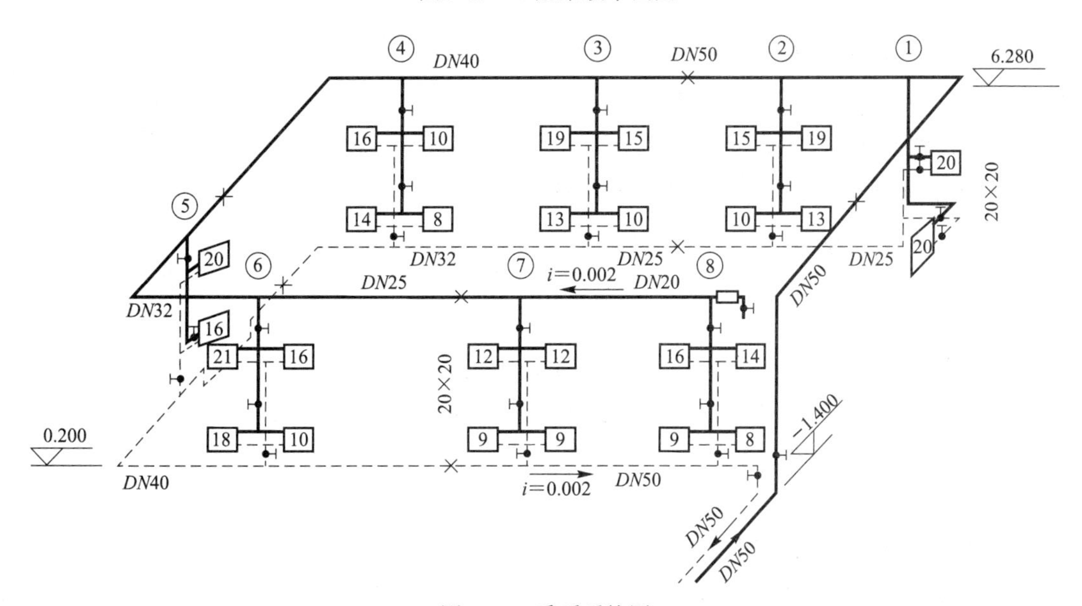

图2-48　采暖系统图

设计说明：

①本工程为二层住宅楼。采暖系统采用焊接钢管，*DN*≤32螺纹连接，*DN*>32焊接。散热器连接立管和支管管径均为*DN*20，回水干管标高为0.2m。

②明装焊接钢管刷防锈漆两道、银粉两道，埋地焊接钢管刷沥青漆两道。

③立管及水平管的支、吊架安装详国标03S402。采暖管道穿楼板、内墙均应设钢套管，套管比所穿管径大2号，管道穿外墙应设置刚性防水套管，其缝隙应填塞严密。

④阀门的选用：管径≤50mm时采用截止阀，管径>50mm时采用闸阀。

⑤采暖系统施工完毕后应做水压试验、水冲洗试验要求详见《建筑给排水及采暖工程施工质量验收规范》（GB 50242—2002）。

二、施工图解读

1．该采暖系统为自然循环系统还是机械循环系统？单管系统还是双管系统？同程式还是异程式？

答：由系统图可知，该采暖系统为机械循环（有集中排气装置），双管（每趟立管有供水立管和回水立管）同程式系统。

2．该系统的供水和回水干管布置采用哪种形式？本系统易发生哪种失调？

答：由系统图可知，该系统采用的是上供下回式系统；由于本系统是双管系统，容易发生垂直失调现象（上热下冷）。

3．该系统的主立管设在哪个位置？立管管径为多大？需要穿越几个楼板？需多大管径的套管？

答：由二层平面图和二层平面图可知，该系统的主立管在建筑物东南角Ⓐ轴北侧6轴西侧；由系统图可知，主立管的管径为*DN*50，需要穿越2个楼板，需要*DN*80的钢套管。

4．该系统供水干管有无变径？若有变径，变径点在哪个位置？供水干管管径变化有何特点？

答：由一层平面图和系统图可知，该系统供水干管有变径；*DN*50变为*DN*40的变径点在3号立管处，*DN*40变为*DN*32的变径点在5号立管处，*DN*32变为*DN*25的变径点在6号立管处，*DN*25变为*DN*20的变径点在7号立管处；由此可见，供水干管管径顺水流方向逐渐变小。

5．该系统有几条立管？一般的表示方法是什么？

答：由系统图可知，该系统有8条立管，一般用Ln表示。

6．该系统采用哪种散热器？统计每趟立管的散热器片数？统计系统的散热器总片数。

答：由系统图可知，该系统采用的是柱式散热器，L1立管有40片散热器，L2立管有57片散热器，L3立管有57片散热器，L4立管有48片散热器，L5立管有36片散热器，L6立管有65片散热器，L7立管有42片散热器，L8立管有47片散热器；该系统共有392片散热器。

7．该系统采用哪种阀门？统计阀门的规格和数量。

答：由设计说明和系统图可知，本系统采用的阀门是截止阀；

截止阀*DN*50　　2个　　（供回水主立管）

截止阀*DN*20　　25个　　（立管和支管）

截止阀*DN*15　　1个　　（集气罐上放气阀）

8．该系统的排气是如何考虑的？供水干管和回水干管的坡度如何设置？

答：由系统图可知，该系统经过集气罐排气；供水干管的坡度为0.002，最高点在集气罐处，回水干管的坡度为0.002，坡向室外管网。

9．该系统的支架形式有哪些？有几个固定支架？

答：由系统图可知，该系统的支架有固定支架和活动支架（图上不画出），可从图上

数得，共有7个固定支架（供水干管上4个，回水干管上3个）。

10．立管和支管的管径分别为多大？

答：由设计说明和系统图可知，立管和支管的管径均为*DN*20（由最后一根立管和支管推断而得）。

11．每趟立管需要几个穿楼板套管？套管管径为多大？

答：由系统图可知，该系统为双立管系统，每趟立管需要2个穿楼板套管（供回水立管穿二层地板），套管管径为*DN*32。

12．统计支管穿墙需要设多少个套管。该套管的材质可以是哪些？

答：由平面图可知，一、二层共有14处支管穿墙，共需要设14×2=28个套管；套管可以是钢套管或镀锌薄钢板套管。

13．供水干管穿内墙套管管径分别为多大？各种规格的套管分别需要多少个？

答：由二层平面图可知，供水干管共有12处需穿内墙；

钢套管*DN*80　　4个　　（穿*DN*50干管）

钢套管*DN*70　　4个　　（穿*DN*40干管）

钢套管*DN*50　　1个　　（穿*DN*32干管）

钢套管*DN*40　　1个　　（穿*DN*25干管）

钢套管*DN*32　　2个　　（穿*DN*20干管）

14．回水干管穿内墙套管管径分别为多大？各种规格的套管分别需要多少个？

答：由一层平面图可知，回水干管共有10处需穿内墙；

钢套管*DN*32　　1个　　（穿*DN*20干管）

钢套管*DN*40　　1个　　（穿*DN*25干管）

钢套管*DN*50　　4个　　（穿*DN*32干管）

钢套管*DN*70　　2个　　（穿*DN*40干管）

钢套管*DN*80　　2个　　（穿*DN*50干管）

15．回水干管过门口处是如何处理的？

答：一层平面图和系统图可知，回水干管过门口时采用地沟敷设。

16．由设计说明可知供回水干管穿越外墙需如何处理？

答：由设计说明可知，供回水干管穿越外墙时需要设置刚性防水套管。

17．供回水干管在室外敷设的方法有哪些？

答：供回水干管在室外敷设的方法有：地沟敷设、架空敷设、埋地敷设。

18．该系统回水干管有无变径？若有变径，变径点在哪个位置？回水干管管径变化有何特点？

答：由一层平面图和系统图可知，回水干管有变径；*DN*20变为*DN*25的变径点在2号立管处，*DN*25变为*DN*32的变径点在3号立管处，*DN*32变为*DN*40的变径点在5号立管处，*DN*40变为*DN*50的变径点在7号立管处；由此可见，回水干管管径顺水流方向逐渐变大。

19．立管与支管空间位置发生矛盾时，避让原则是什么？

答：当立管与支管空间位置发生矛盾时，立管应设置抱弯避让支管。

20．为了便于排气和回水，散热器的支管坡向应如何设置？

答：为了便于排气和回水，散热器的供水支管坡向散热器，回水支管坡向立管。

21．采取哪些措施可以减轻垂直失调？

答：垂直失调指的是上层热下层冷的现象，可以在散热器支管上设置阀门来减轻和调节。

22．采取哪些措施可以减轻水平失调？

答：水平失调指的是靠近热源立管热、远离热源立管冷的现象，可以在立管上设置阀门来减轻和调节。

23．回水干管敷设在地上还是地下？可从哪里获得信息？

答：由系统图可知，回水干管的标高为0.2m，敷设在地上。

24．采暖系统室内室外的划分界线在哪里？

答：采暖系统室内室外的划分界线：有阀门的以阀门为界，没有阀门的以墙外皮1.5m为界。

25．敷设在室外的采暖管道还应考虑哪些工程内容？

答：敷设在室外的采暖管道还应考虑防腐、保温、防潮工作内容。

26．保温结构包括哪些？对保温材料有何要求？

答：保温结构包括保温层和保护层；对保温材料的要求：质量轻、导热系数小、具有一定的机械强度、成本低廉。

27．采暖系统一般采用哪种管材？螺纹连接和焊接连接的管径界线为多大？

答：采暖系统一般采用焊接钢管；螺纹连接和焊接连接的管径界线为*DN*32。

28．若每层的层高为3.3m，底层的散热器回水支管标高为0.4m，则每根回水立管的长度为多少？回水立管共有多长？

答：单根回水立管长度为：3.3+0.4（二层回水支管标高）−0.2（回水干管标高）=3.5m；回水立管总长度为：3.5×8=28m。。

29．若底层的散热器回水支管标高为0.4m，散热器上下接口之间的距离为0.5m，则每根供水水立管的长度为多少？供水立管共有多长？

答：单根供水立管长度为：6.28−0.5−0.4=5.38m；回水立管总长度为：5.38×8=43.04m。

30．若每片散热器的厚度为0.05m，计算L8立管上散热器支管的长度。

答：由图可知，L8立管接110、111、210和211室共4组散热器，散热器中心与窗户中心一致，L8立管上散热器支管的总长度：

（6+3）/2（散热器中心距）×2（每层供回水共2根支管）×2（共2层）−（16+14+9+8）/2×0.05（4组散热器中心距支管距离）×2（每层供回水共2根支管）=15.65（m）

式中，6+3为窗中心距；16+14+9+8为立管8散热器总片数。

31．该系统用到哪些管件？

答：该系统用到的管件有三通、四通、变径管、活接头等管件。

第三章

消防工程识图与施工工艺

第一节　消防工程的分类

消防系统根据使用灭火剂的种类和灭火方式可分消火栓给水系统、自动喷水灭火系统和其他使用非水灭火剂的固定灭火系统，如CO_2灭火系统、干粉灭火系统、卤代烷替代物灭火系统。

一、消火栓给水系统

1．消火栓给水系统的组成

室内消防给水系统由消火栓设备、消防水泵接合器、消防管道、消防水泵、消防水池、消防水箱、消防通道和水源组成。

（1）消火栓设备。

1）室内消火栓。室内消火栓由水枪、水带和消火栓组成，均安装于消火栓箱内，如图3-1所示。

图3-1　室内消火栓

① 水枪。水枪的喷口直径有13mm、16mm、19mm三种。当水枪喷口径为13mm时，用50mm的水龙带和消火栓；当喷口直径为16mm、19mm时，用65mm的水龙带和消火

栓，如图3-2所示。

② 水龙带。水龙带有麻织和橡胶水龙带两种。麻织水龙带耐折叠性能较好。水龙带的长度有10m、15m、20m和25m四种，如图3-3所示。

③ 消火栓。消火栓是一个带内扣接头的阀门，一端接消防立管，另一端接水龙带。其规格有*DN*50和*DN*65两种，如图3-4所示。

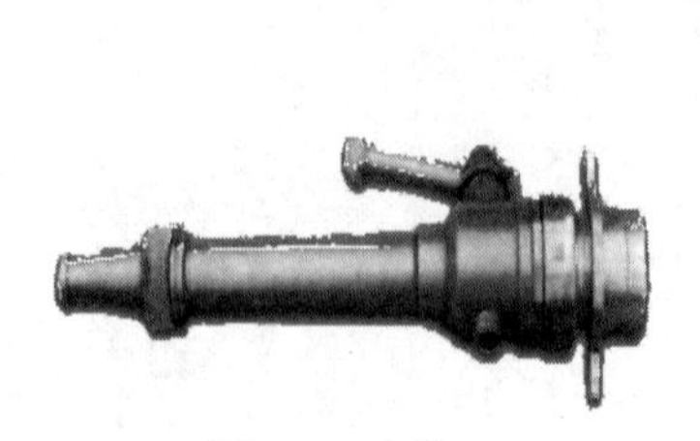
图3-2　水枪

图3-3　水龙带

图3-4　消火栓

2）室外消火栓。室外消火栓是一种室外消防供水设施。其用于向消防车供水或直接与水带、水枪连接进行灭火，如图3-5所示。

（2）消防水泵接合器。水泵接合器是连接消防车向室内消防给水系统加压供水的装置，一端由消防给水管网水平干管引出，另一端设于消防车易于接近的地方，如图3-6所示。

图3-5　室外消火栓

图3-6　消防水泵接合器

（3）消防水池。消防水池用于无室外消防水源情况下，储存火灾持续时间内的室内消防用水量。一般设于室外地下或地面上，也可设在室内地下室，或与室内游泳池、水景水池兼用，如图3-7所示。

（4）消防水箱。消防水箱对扑救初期火起着重要作用，如图3-8所示。水箱的设置要求如下：

1）水箱一般设在屋顶，保证供水可靠性。

2）消防水箱宜与生活（或生产）高位水箱合用，以保持箱内储水经常流动、防止水质变坏。

3）水箱的安装高度应满足室内最不利点消火栓所需的水压要求，且应储存有室内10min的消防水量。

图3-7　消防水池

图3-8　消防水箱

2．消火栓给水系统的给水方式

（1）由室外给水管网直接供水的消防给水方式，如图3-9所示。

（2）设水箱的消火栓给水方式，如图3-10所示。

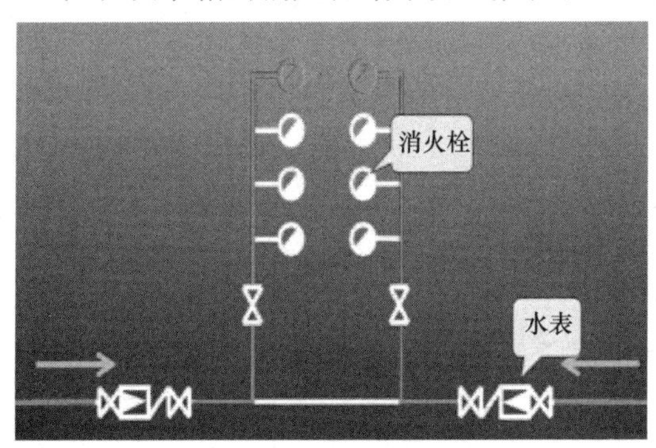

图3-9　室外给水管网直接给水方式

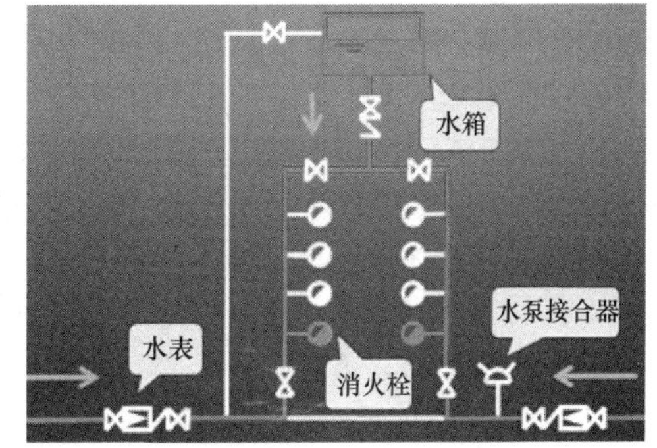

图3-10　设水箱消火栓给水方式

（3）设水池、水泵的消火栓给水方式，如图3-11所示。

（4）设水泵、水池、水箱的消火栓给水方式，如图3-12所示。

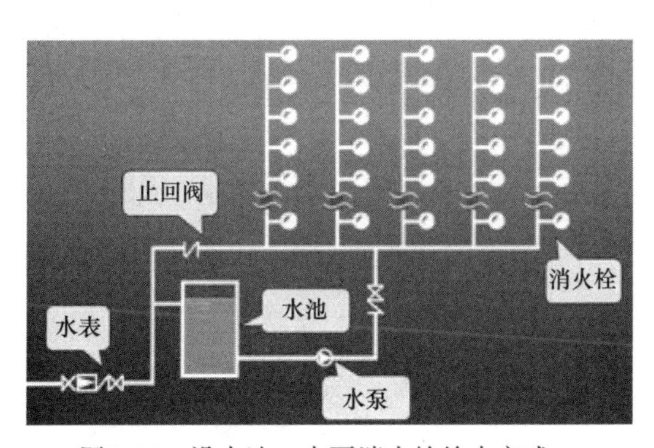

图3-11　设水池、水泵消火栓给水方式

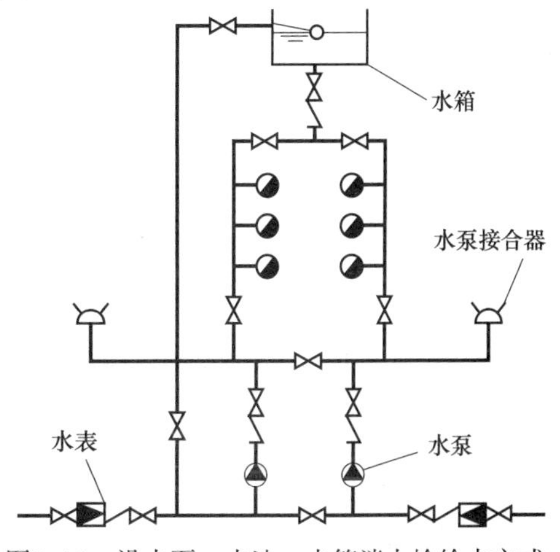

图3-12　设水泵、水池、水箱消火栓给水方式

二、自动喷水灭火系统

1．自动喷水灭火系统的定义

自动喷水灭火系统是一种在发生火灾时，能自动打开喷头喷水灭火，并同时发出火警信号的消防灭火设施。

2．自动喷水灭火系统的组成

自动喷水灭火系统由喷头、给水管网、警报器、火灾探测报警系统（警铃、温感、烟感探测器、水流指示器）等组成。

3．自动喷水灭火系统的分类

自动喷水灭火系统根据喷头形式可分为闭式自动喷水灭火系统和开式自动喷水灭火系统两大类。其中，闭式自动喷水灭火系统可分为湿式自动喷水灭火系统、干式自动喷水灭火系统和预作用自动喷水灭火系统；开式自动喷水灭火系统可分为雨淋系统、水幕系统和水喷雾灭火系统。

闭式自动喷水灭火系统采用闭式喷头，是一种常闭喷头，喷头的感温、闭锁装置只有在预定的温度环境下，才会脱落，并开启喷头。因此，在发生火灾时，这种喷水灭火系统只有处于火焰之中或临近火源的喷头才会开启灭火。

开式自动喷水灭火系统采用的是开式喷头，开式喷头不带感温、闭锁装置，处于常开状态。当发生火灾时，火灾所处的系统保护区域内的所有开式喷头一起喷出水灭火。

（1）湿式自动喷水灭火系统。湿式自动喷水灭火系统一般包括闭式喷头、管道系统、湿式报警阀组和供水设备。湿式报警阀的上下管网内均充以压力水。当火灾发生时，火源周围环境温度上升，导致水源上方的喷头开启、出水、管网压力下降，报警阀阀后压力下降致使阀板开启，接通管网和水源，供水灭火。与此同时，部分水由阀座上的凹形槽经报警阀的信号管，带动水力警铃发出报警信号。如果管网中设有水流指示器，水流指示器感应到水流流动，也可以发出电信号；如果管网中设有压力开关，当管网中水压下降到一定值时，也可以发出电信号，消防控制室接到信号，启动水泵供水。湿式系统是目前世界上应用最广泛的一种系统。

在环境温度不低于4℃、不高于70℃的建筑物和场所（不能用水扑救的建筑物和场所除外）都可采用湿式自动喷水灭火系统。该系统的缺点是由于管网中充有有压水，当渗漏时会损毁建筑装饰和影响建筑的使用。

湿式自动喷水灭火系统主要有以下特点：

1）结构简单，使用可靠。

2）系统施工简单。

3）灭火速度快，控火效率。

4）系统投资省，比较经济。

5）适用范围广。

湿式自动喷水灭火系统工作原理如图3-13所示。

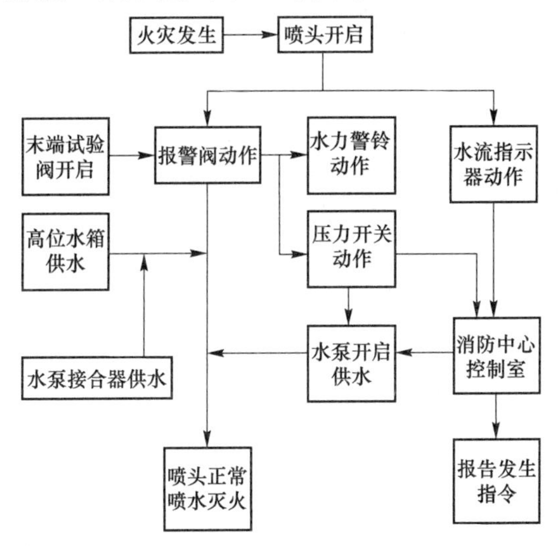

图3-13　湿式自动喷水灭火系统工作原理

（2）干式自动喷水灭火系统。干式自动喷水灭火系统主要是为了解决某些不适宜采用湿式系统的场所。虽然干式系统灭火效率不如湿式系统，造价也高于湿式系统，但由于它的特殊用途，至今仍受到人们的重视。干式自动喷水灭火系统主要由闭式喷头、管网、干式报警阀、充气设备、报警装备和供水设备组成。平时报警阀后管网充以有压气体，水源至报警阀前端的管段内充以有压水。

干式自动喷水灭火系统，当火灾发生时，火源处温度上升，使火源上方喷头开启，首先排出管网中的压缩空气，报警阀后管网压力下降，干式报警阀阀前压力大于阀后压力，干式报警阀开启，水流向配水管网，并通过已开启的喷头喷水灭火。干式系统平时报警阀上下阀板压力保持平衡，当系统管网有轻微漏气时，由空压机进行补气，安装在供气管道上的压力开关监视系统管网的气压变化状况。

干式自动喷水灭火系统适用于环境温度低于4℃（或年采暖期超过240天的不采暖房间）和高于70℃的建筑物和场所，如不采暖的地下停车场、冷库等。

干式自动喷水灭火系统的主要特点如下：

1）干式自动喷水灭火系统，在报警阀后的管网内无水，故可避免冻结和水汽化的危险，不受环境温度的制约，可用于一些无法使用湿式系统的场所。

2）比湿式系统投资高。因为需要充气，增加了一套充气设备，因而提高了系统造价。

3）干式系统的施工和维护管理较复杂，对管道的气密性有较严格的要求，管道平时的气压应保持在一定范围，当气压下降到一定值时，就需要进行充气。

4）干式系统的喷水灭火速度不如湿式系统快，因为喷头受热开启后，首先要排除管道中的气体，然后才能出水，这就延误了灭火的时机。这也是干式系统比湿式系统灭火率低的原因之一。

干式自动喷水灭火系统工作原理如图3-14所示。

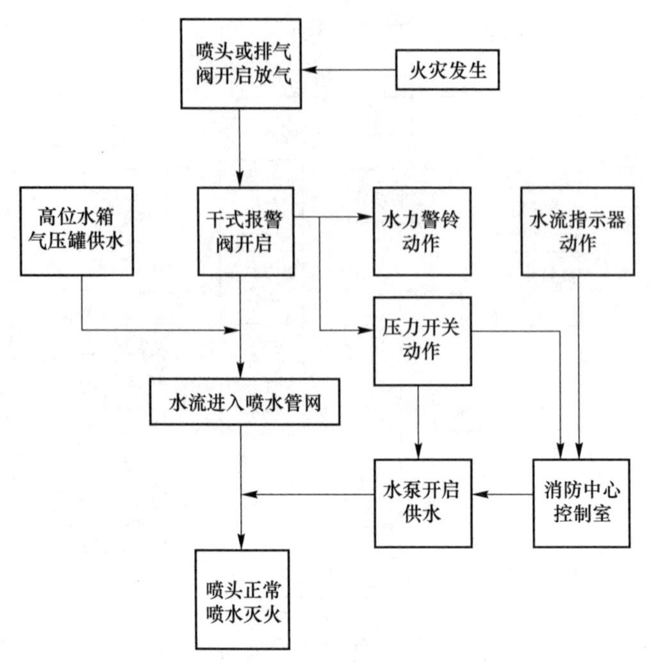

图3-14　干式自动喷水灭火系统工作原理

（3）预作用自动喷水灭火系统。预作用自动喷水灭火系统主要由闭式喷头、管网系统、预作用阀组、充气设备、供水设备、火灾探测报警系统等组成。平时预作用阀后管网充以低压压缩空气或氮气（也可以是空管），火灾时，由火灾探测系统自动开启预作用阀，使管道充水呈临时湿式系统。因此，要求火灾探测器的动作先于喷头的动作，而且应确保当闭式喷头受热开放时管道内已充满了压力水。从火灾探测器动作并开启预作用阀开始充水，到水流流到最远喷头的时间，应不超过3min，水流在配水支管中的流速不应小于2m/s，由此来确定预作用系统管网最长的保护距离。

当火灾发生时，由火灾探测器探测到火灾，通过火灾报警控制箱开启预作用阀，或手动开启预作用阀，向喷水管网充水，当火源处温度继续上升，喷头开启迅速出水灭火。如果发生火灾时，火灾探测器发生故障，没能发出报警信号启动预作用阀，而火源处温度继续上升，使得喷头开启，于是管网中的压缩空气气压迅速下降，由压力开关探测到管网压力骤降的情况，压力开关发出报警信号，通过火灾报警控制箱也可以启动预作用阀，供水灭火。因此，对于充气式预作用系统，即使火灾探测器发生故障，预作用系统仍能正常工作。

预作用自动喷水灭火系统同时具备了干式喷水灭火系统和湿式喷水灭火系统的特点，而且还克服了干式喷水灭火系统控火灭火率低，湿式系统易产生水渍的缺陷，可以代替干式系统提高灭火速度，也可以代替湿式系统用于管道和喷头易于被损坏而产生喷水和漏水以致造成严重水渍的场所，还可以用于对自动喷水灭火系统安全要求较高的建筑物中。因此，预作用系统可以用在干式系统、湿式系统和干湿式系统所能使用的任何场所，而且还能用于一些这三个系统都不适宜的场所。

预作用自动喷水灭火系统的主要特点如下：

1）预作用系统将电子技术、自动化技术结合起来，集湿式系统和干式系统的优点于一体，克服了干式系统喷水迟缓和湿式系统由于误动作而造成水渍的缺点，应用范围广，能广泛用于干式系统和湿式系统适用的场所。

2）系统中火灾探测器的早期报警和系统的自动监测功能，能随时发现系统中的渗漏和损坏情况，从而提高了系统的安全可靠度。其灭火率也优于湿式自动喷水灭火系统。

3）预作用系统的系统组成较其他系统复杂，投资也要高于其他系统，因此，预作用系统通常用于不能使用干式系统或湿式系统的场所，或对系统安全程度要求较高的一些场所。这也是预作用系统没能得到广泛应用的原因。

（4）雨淋系统。雨淋系统为开式自动喷水灭火系统的一种，系统所使用的喷头为开式喷头，当发生火灾时，系统保护区域上的所有喷头一起喷水灭火。雨淋系统通常由三部分组成，即火灾探测传动控制系统；自动控制成组作用阀门系统；带开式喷头的自动喷水灭火系统。其中，火灾探测传动控制系统可采用火灾探测器、传动管网或易熔合金锁封来启动成组作用阀。火灾探测器、传动管网、易熔合金锁封控制属自动控制手段。当采用自动手段时，还应设手动装置备用。自动控制成组作用阀门系统，可采用雨淋阀或雨淋阀加湿式报警阀。

雨淋系统适用于燃烧猛烈，蔓延迅速的严重危险建筑物或场所，如炸药厂、剧院舞台上部、大型演播室、电影摄影棚等。如果在这些建筑物中采用闭式自动喷水灭火系统，发生火灾时，只有火焰直接影响到喷头才被开启喷水，且闭式喷头开启的速度慢于火势蔓延的速度，因此不能迅速出水控制火灾。

雨淋系统的主要特点如下：

1）雨淋系统反应快，它是采用火灾探测传动控制系统来开启系统的。由于火灾发生到火灾探测传动控制系统报警的时间短于闭式喷头开启的时间，所以，雨淋系统的反应时间比闭式自动喷水灭火系统快得多。

2）系统灭火控制面积大，用水量大。雨淋系统采用的是开式喷头，当发生火灾时，系统保护区域上的所有喷头一起出水灭火，能有效地控制住火灾，防止火灾蔓延，初期灭火用水量就很大，有助于迅速灭火。

3）在实际应用中，系统形式的选择比较灵活。

（5）水幕系统。水幕系统是开式自动喷水灭火系统的一种。水幕系统喷头成1～3排排列，将水喷洒成水幕状，具有阻火、隔火作用，能阻火焰穿过开口部位，防止火势蔓延，冷却防火隔绝物，增强其耐火性能，并能扑灭局部火灾。与雨淋系统一样，水幕系统主要由三部分组成，即火灾探测传动控制系统、控制阀门系统、带水幕喷头的自动喷水灭火系统。

水幕系统的作用方式和工作原理与雨淋系统相同，当发生火灾时，由火灾探测器或人发现火灾，电动或手动开启控制阀，然后系统通过水幕喷头喷水，进行阻火、隔火或冷却防火隔断物。

水幕系统是自动喷水灭火系统中唯一的一种不以灭火为主要目的系统。水幕系统可以安装在舞台口、门窗、孔洞口用来阻火、隔断火源，使火灾不致通过这些通道蔓延。水幕系统还可以配合防火卷帘、防火幕等一起使用，用来冷却这些防火隔断物，以增加它们的耐火性能。水幕系统还可以用防火分区的手段，在建筑面积超过防火分区的规定要求，而工艺要求又不允许设防火隔断物时，可采用水幕系统来代替防火隔断设施。

（6）水喷雾灭火系统。水喷雾灭火系统属于开式自动喷水灭火系统的一种。水喷雾灭火系统根据需要可设计成固定式或移动式两种，移动式是从消火栓或消防水泵上接出水带，安装喷雾水枪，移动式可作为固定式水喷雾系统的辅助系统。固定式水喷雾灭火系统一般由水喷雾喷头、管网、高压水供水设备、控制阀，火灾探测自动控制系统等组成。水喷雾灭火系统，平时管网里充以低压水，火灾发生时，由火灾探测器探测到火灾，通过控制箱，电动开启着火区域的控制阀，或由火灾探测传动系统自动开启着火区域的控制阀和消防水泵，管网水压增大，当水压大于一定值时，水喷雾头上的压力起动帽脱落，喷头一起喷水灭火。

水喷雾系统主要用于扑救储存易燃液体场所储罐的火灾，也可用于有火灾危险的工业装备，有粉尘火灾（爆炸）危险的车间，以及电气、橡胶等特殊可燃物的火灾危险场所。

水喷雾系统的主要特点是：水压高，喷射出来的水滴小，分布均匀，水雾绝缘性好，在灭火时能产生大量的水蒸气。其具有冷却灭火作用、窒息灭火作用、乳化灭火作用和稀释灭火作用。

三、气体灭火系统

气体灭火系统是指平时灭火剂以液体、液化气或气体状态储存于压力容器内，灭火时以气体（包括蒸汽、气雾）状态喷射作为灭火介质的灭火系统，并能在防护区空间内形成各方向均一的气体浓度，而且至少能保持该灭火浓度达到规范规定的浸渍时间，实现扑灭该防护区的空间、立体火灾。该系统由储存容器、容器阀、选择阀、液体单向阀、喷嘴和阀驱动装置组成。

四、泡沫灭火系统

泡沫灭火工作原理是应用泡沫灭火剂，使其与水混溶后产生一种可漂浮，黏附在可燃、易燃液体或固体表面，或者充满某一着火物质的空间，起到隔绝、冷却的作用，使燃烧物质熄灭。广泛应用于油田、炼油厂、油库、发电厂、汽车库、飞机库、矿井坑道等场所。

泡沫灭火系统按其使用方式可分为固定式、半固定式和移动式；按泡沫喷射方式可分为液上喷射、液下喷射和喷淋方式；按泡沫发泡倍数可分为低倍、中倍和高倍。

泡沫灭火剂按其成分有：化学泡沫灭火剂、蛋白质泡沫灭火剂、合成型泡沫灭火剂等几种类型。

五、灭火器

灭火器是扑救初起火灾的重要消防器材，轻便灵活，可移动，稍经训练即可掌握其操作使用方法，属消防实战灭火过程中较理想的第一线灭火工具。目前，生产的移动式灭火器主要有泡沫灭火器、酸碱灭火器、二氧化碳灭火器、四氯化碳灭火器、干粉灭火器和轻金属灭火器等。

（1）泡沫灭火器。泡沫灭火器是用于扑灭易燃和可燃液体、可燃固体物质火灾。甲、乙、丙类火灾危险性的厂房、库房以及民用建筑物内（如医院、百货楼、旅馆、商务办公楼、图书档案楼、教学楼和住宅等）广泛采用泡沫灭火器。

（2）酸碱灭火器。酸碱灭火器是用于扑灭可燃固体物质火灾。如医院、百货楼、旅馆、办公楼、展览楼、图书档案楼、教学楼、影剧院以及住宅等可采用酸碱灭火器。

（3）二氧化碳灭火器。二氧化碳灭火器可以扑灭贵重设备、图书档案、精密仪器、电压在600V以下的电气设备，以及一般可燃固体物质的初起火灾。在物业服务中，常用于小型发电机房、档案室、计算机房以及建筑物内贵重设备室等。

（4）干粉灭火器。干粉灭火器可有效地扑灭易燃和可燃液体、可燃气体、电气设备和一般固体物质火灾。民用建筑的住宅、百货楼、办公楼、旅馆、高压电容器、变压器室、展览楼、图书馆、邮政楼、影剧院、炼油厂和石油化工厂的厂房、库房和露天生产装置区、油库、油船、油槽车等广泛采用干粉灭火器，如图3-15所示。

图3-15　手提式干粉灭火器

第二节　消防工程常用设备、材料及施工工艺

一、消防工程常用设备及施工工艺

1．水泵接合器

水泵接合器是连接消防车向室内消防给水系统加压供水的装置，一端由消防给水管网水平干管引出，另一端设于消防车易于接近的地方。其可分为地上式（图3-16）、地下式（图3-17）和墙壁式（图3-18）三种。

图3-16　地上式水泵接合器

图3-17　地下式水泵接合器

图3-18　墙壁式水泵接合器

（1）水泵接合器的组成。水泵接合器是由法兰连接管、弯管、止回阀、放水阀、安全阀、闸阀、消防接口、本体等部件组成的。

（2）水泵接合器的安装施工工艺。

1）统一规定试验压力为工作压力的1.5倍，但不得小于0.6MPa。既便于验收时掌握，也应满足工程需要。

2）为保证管道畅通，防止杂质、焊渣等损坏消火栓，消防管道应进行冲洗。

3）消防水泵接合器的安全阀应进行定压（定压值应由设计给定），定压后的系统应能保证最高处的一组消火栓的水栓能有10～15m的充实水柱。

4）消防水泵接合器和消火栓的位置标志应明显，栓口的位置应方便操作，是为了突出其使用功能，确保操作快捷。室外消防水泵接合器和室外消火栓当采用墙壁式时，其进、出水栓口的中心安装高度距离地面为1.1m，也是为了方便操作。由于栓口直接设在建筑物外墙上，操作时必然紧靠建筑物，为保证消防人员的操作安全，故强调上方必须有防坠落物打击的措施。

2．报警阀组

（1）报警阀组的分类及组成。报警阀是自动喷水灭火系统的关键组件之一，具有控制供水、启动系统及发出报警的作用。不同类型的喷水灭火系统必须配备不同功能和结构形式的专用报警阀。按用途和功能不同一般可分为湿式报警阀、干式报警阀和雨淋阀三类。湿式报警阀如图3-19所示。

（2）报警阀组的安装施工工艺。

1）报警阀组的安装应在供水管网试压，冲洗合格后进行。

2）水源控制阀、报警阀与配水干管的连接，应使水流方向一致。

3）报警阀组应安装在便于操作的明显位置，距离室内地面高度宜为1.2m。

4）两侧与墙的距离不应小于0.5m，正面与墙的距离不应小于1.2m。

5）安装报警阀组的室内地面应有排水设施。

3．消防水炮

（1）消防水炮的作用。消防水炮是以水作为介质，远距离扑灭火灾的灭火设备。该炮适用于石油化工企业、储罐区、飞机库、仓库、港口码头、车库等场所，更是消防车理想的车载消防炮。消防水炮如图3-20所示。

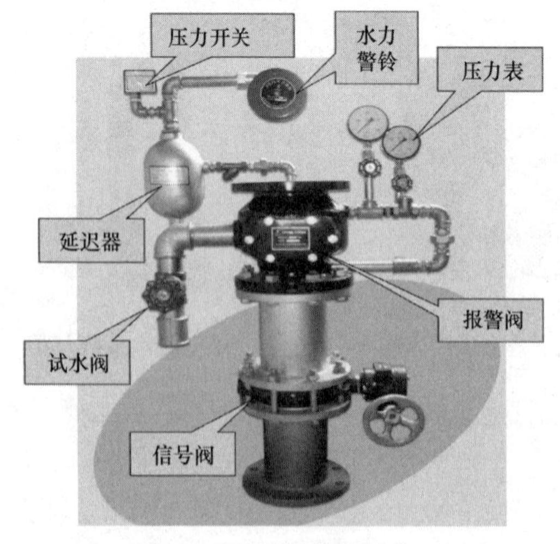

图3-19　湿式报警阀组成

图3-20　消防水炮

（2）消防水炮的安装施工工艺。

1）灭火装置安装前应对系统管网试压，冲洗合格后进行。

2）安装灭火装置的上法兰到短立管下端，法兰端面用水平仪调成水平。

3）通过4个配套螺栓固定灭火装置。

4）插上供电航空插头，调整线束长度，保证灭火装置在转动范围内不受限制并略有余量。

5）每台自动射流灭火装置安装完成、接线正确无误后，即可利用现场手动控制箱进行通电测试，通电能够自动定位（可以用打火机在距离灭火装置500mm处测试）、通过现场手动控制箱能够远程控制后方可拆除脚手架。

4. 消火栓

（1）消火栓的分类。消火栓是具有内扣式接口的球形阀式龙头，一端与消防立管相连，另一端与水龙带相接，有单出口和双出口之分。单出口消火栓直径有50mm和65mm两种；双出口消火栓直径为65mm。建筑中一般采用单出口消火栓，高层建筑中应采用65mm口径的消火栓（图3-21）。

(a) 单出口室内消火栓

(b) 单阀双出口室内消火栓

(c) 双阀双出口室内消火栓

图3-21　室内消火栓实物图

（2）消火栓的安装施工工艺。

1）建筑高≤24m、体积≤5000m^{3}的库房，应保证有一支水枪的充实水柱到达同层内任何部位。

2）其他民用建筑应保证有两支水枪的充实水柱达到同层内任何部位。

3）消火栓口距离地面安装高度为1.1m，栓口宜向下或与墙面垂直安装。

4）为保证及时灭火，每个消火栓处应设置直接启动消防水泵按钮或报警信号装置。

5）设在明显、易于取用的地点（走廊、楼梯间、大厅入口处）。

6）消防电梯前室应设消火栓。

7）同一建筑物内设相同规格的消火栓、水带、水枪。

8）在建筑物顶应设一个消火栓，以利于消防人员经常检查消防给水系统是否能正常运行，同时，还能起到保护本建筑物免受邻近建筑火灾的波及。

5. 喷头

（1）喷头的分类。喷头按开闭形式可分为开式喷头和闭式喷头。

1）闭式喷头：喷口用由热敏元件组成的释放机构封闭，当达到一定温度时能自动开启，如玻璃球爆炸、易熔合金脱离。其构造按溅水盘的形式和安装位置有直立型、下垂型、边墙型、普通型、吊顶型和干式下垂型洒水喷头之分。喷头如图3-22所示。

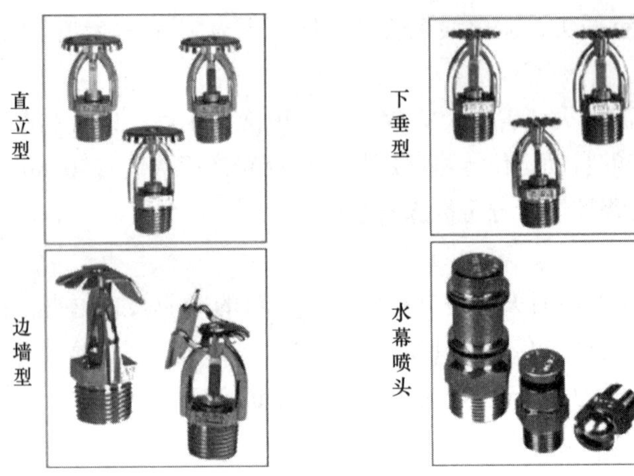

图3-22　各种喷头

2）开式喷头：根据用途可分为开启式、水幕式、喷雾式。

（2）喷头安装施工工艺。

1）喷头安装应在系统试压、冲洗合格后进行。

2）喷头安装应使用专用扳手，严禁利用喷头的框架施拧。

3）喷头安装前应进行承压试验，试验压力为3MPa。

4）喷头安装时，溅水盘与吊顶、门、窗、洞口或障碍物的距离应符合设计要求。

5）当喷头的公称直径小于10mm时，应在配水干管或配水管上安装过滤器。

6）喷头溅水盘与吊顶、顶棚、楼板、屋面板的距离不宜小于75mm，并不宜大于150mm。当楼板、屋面板为耐火极限等于或大于0.5h的非燃烧体时，其距离不宜大于300mm。当喷头为吊顶型喷头时可不受上述距离限制。

图3-23　信号蝶阀

6．信号蝶阀

信号蝶阀常用与自动喷水消防管路系统，来监控供水管路，可以远距离地指示阀门开度，如图3-23所示。

7．水流指示器

水流指示器如图3-24所示。其安装于湿式喷水灭火系统的配水干管或支管上，利用插入管内的金属或塑料叶片，随水流而动作。当喷头喷水灭火或管道发生意外损坏，有水流过装有水流指示器的管道时，因水的流动引起叶片移动，经过延迟一定的时间后，及时发出区域、分区水流信号，送至消防控制室，指示出发生火灾或系统故障的具体部位。

8．末端试水装置

末端试水装置安装在系统管网或分区管网的末端，检验系统启动、报警及联动等功能的装置，如图3-25所示。

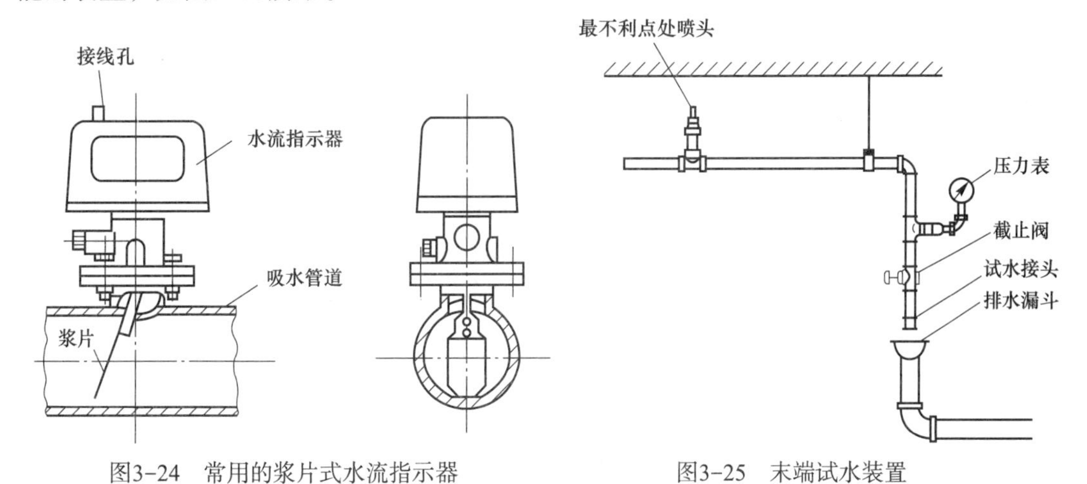

图3-24　常用的浆片式水流指示器

图3-25　末端试水装置

二、消防工程管道常用材料及施工工艺

1．消防工程管道的常用材料

水喷淋钢管一般采用镀锌钢管，消火栓钢管一般采用镀锌钢管和钢管。

2．消防工程管道的连接方式

（1）卡箍连接。

1）卡箍连接所需机具包括开孔机和滚槽机（图3-26）。

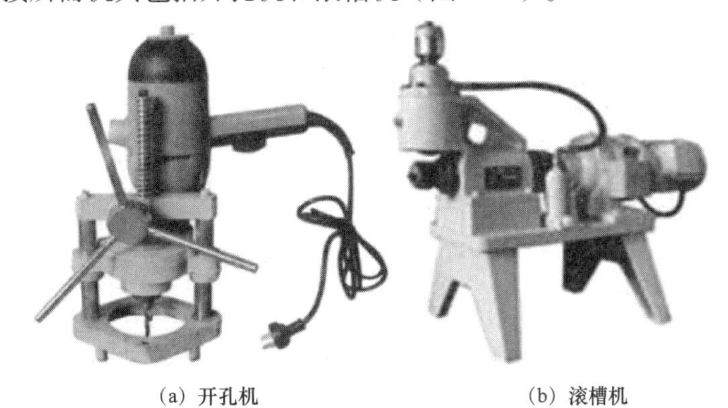

(a) 开孔机　(b) 滚槽机

图3-26　开孔机、滚槽机实物图

2）工艺流程，如图3-27所示。

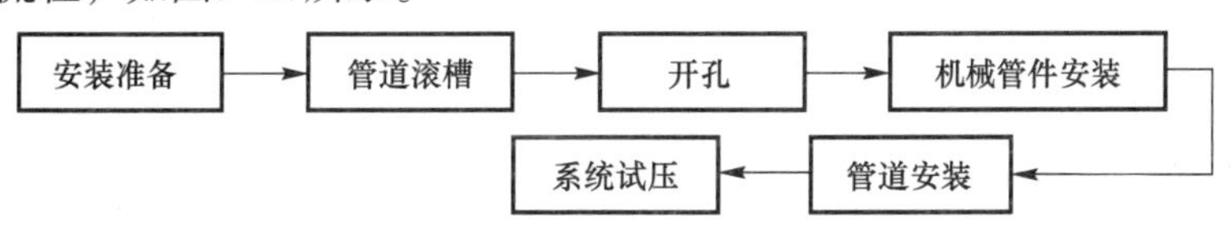

图3-27　卡箍连接的工艺流程

3）管接头安装要求及步骤如下：

① 检查钢管端部毛刺。

② 密封圈唇部及背部涂润滑剂。

③ 将密封圈套入管端。

④ 密封圈套入另一段钢管。

⑤ 卡入卡件。

⑥ 用限力扳手上紧螺栓。

4）常用管件有：挠性卡箍、刚性卡箍、法兰管卡、螺纹机械三通、正三通、螺纹异径三通、沟槽机械三通、沟槽异径三通、螺纹机械四通、沟槽异径四通、沟槽机械四通、弯头、丝接法兰、沟槽法兰、盲片、沟槽异径管、螺纹异径管等。

（2）法兰连接。尽量选用螺纹法兰，其接口部位的施工工艺与镀锌钢管相同，只需用管道套丝机车丝即可，管道施工过程中不能对内衬塑料管造成破坏。

（3）螺纹连接。

1）管道螺纹连接采用电动套丝机进行加工，加工次数为1～3次不等，螺纹的加工做到端正、清晰、完整光滑，不得有毛刺、断丝，缺丝总长度不得超过螺纹长度的10%。

2）螺纹连接时，填料采用白厚漆麻丝或生料带、一次拧紧，不得回拧，紧后留有螺纹2～3圈。

3）管道连接后，把挤到螺纹外面的填料清理干净，填料不得挤入管腔，以免阻塞管路，同时对裸露的螺纹进行防腐处理。

3．消防工程管道安装施工工艺

（1）工艺流程。

1）自动喷淋系统（图3-28）。

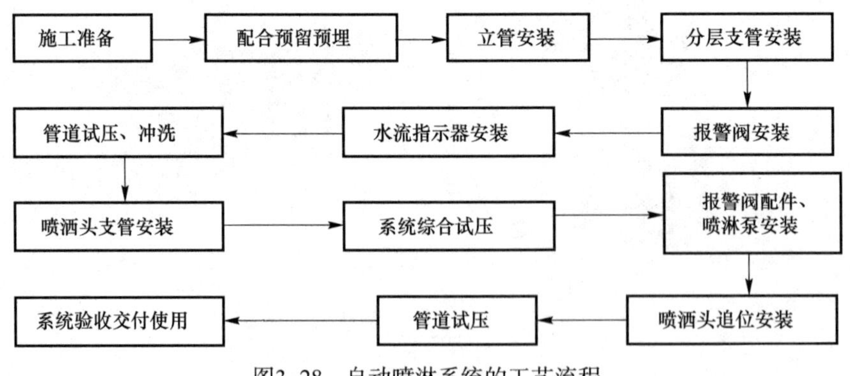

图3-28　自动喷淋系统的工艺流程

2）消火栓系统（图3-29）。

（2）管道安装要点。

1）安装准备，每一步设备及管网安装前均应做好充分准备。

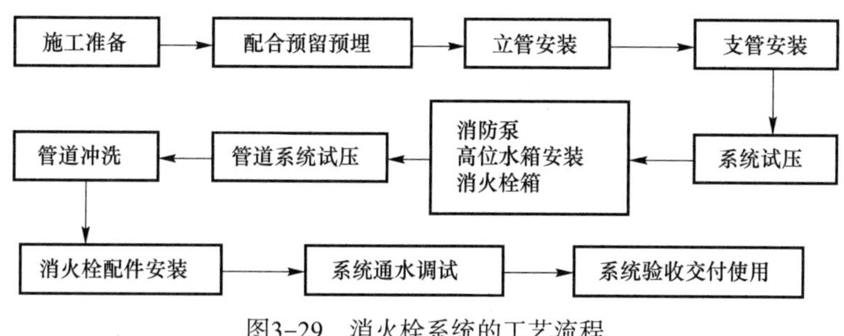

图3-29　消火栓系统的工艺流程

① 施工技术人员应及时落实下道工序进行所需的施工条件，如管网安装所需的各种基准线，预留孔洞及位置，设备安装的基础，高处作业脚手架搭设，试压前的水源、排水设施、吊顶喷头追位前的龙骨铺设情况等。

② 管道安装前定位放线管道定位应严格以设计图纸为依据，同时参照各专业综合图纸及施工人员意见确定管道位置，应以减少管路交叉、便于后面工序操作为原则，只要与设计不一致的地方应及时办理洽商手续，在设计不做要求的地方，管道安装应与其他专业管道及设备保持适当距离，与墙、梁、柱等应保持不小于半个管径的距离。位置确定后，可将管路走向用墨线弹在顶板上或在关键处做记号挂线安装。

③ 在每一步管网安装前，应结合现场情况进行批量预制及预组装，包括支、吊架的制作，法兰连接的干管预组装后应做好记号，预制好的丝扣连接管道应按顺序摆放整齐，避免混乱中损坏丝扣，支架制作后应刷两遍防锈漆，晾干后使用。

④ 管道调直：管道安装前应先进行调直，丝接或法兰连接的管道应分段预组装调直，管道调直可采用敲打、顶压等方法。镀锌管不可加热调直，管道调直不可损坏管材、管件、表面镀锌层。

⑤ 套管安装：套管一般配合预留孔洞时进行安装，根据管道尺寸及建筑物厚度确定套管规格、长度，通常与墙体平齐，高出楼地面50mm，套管与管道间隙用不燃烧材料填塞密实，建筑物有防水要求的应做防水套管，其做法应严格按施工图册要求执行。

2）管网安装。管网安装应严格按照施工图纸及说明、设计交底、变更通知和国家有关施工验收的规范及北京市有关专业规程、规定进行，如遇特殊问题应及时与设计、甲方、监理办理工程洽商，严禁擅自更改设计或进行违章指挥及操作。

3）管道清理：管网安装前应清除内部杂物，安装时应随时清除已安装管道内部杂物，安装中断或完毕的敞口处，应临时封闭。

4）水平干、支管安装：干管安装前一般应先按放线安装卡架，大管道可采用倒链吊装，连接后，在适当位置增加固定支架，支管应从干管预留口接出，如采用干管上开孔方式连接，也可先将直段支管吊装好，待具备条件后，再与干管连接。水平管道安装应确保其水平横纵弯曲度符合要求：

① 当管径≤100mm时，其横纵弯曲应≤0.5mm/m且≤13mm。

② 当管径≥100mm时，其横纵弯曲应≤1mm/m且≤25mm。

③ 坡度应为0.002～0.005，坡向泄水装置。

5）卡架安装：应根据管网性能、现场特点及设计规范要求确定卡架的形式及安装间距，卡架安装应平正、牢固，卡环与管道应接触紧密，卡架不得卡在焊口及管件上，卡架与末端喷头的距离宜为300～750mm。

主要设备安装：设备的选型及规格应严格按照设计要求确定，产品质量证明文件应齐全有效，对于进场后有试验要求的应按相关规范执行。设备安装前应仔细核实安装位置是否与设计图纸相符，是否满足相关规范要求。安装方法应严格按产品说明书及施工图册有关内容执行，有设备基础的在安装前进行检查验收。

6）水泵安装：水泵安装前应对基础进行检查验收、放线，然后设备就位，水泵定位、找平、找正、进行稳固，整体安装的泵应在泵的进出口法兰面和其他水平面上进行测量，纵向水平度偏差≤0.1/1000，横向水平度偏差≤0.2/1000，水泵稳固后进行配管安装，水泵设备不得承受管道的质量，配管法兰与水泵法兰应相符。在水泵的吸水口上不应采用蝶阀，两台及以上水泵应平行安装，其配管及阀等设备安装位置应一致。

7）高位水箱安装：高位水箱的容积、安装位置应符合设计要求，水箱底座或支架埋设应平正、牢固，钢板水箱四周应设检修通道，其宽度≥0.7m，水箱间主通道宽度≥1m，顶部至楼板、梁底距离≥0.6m，水箱坐标误差应≤15mm，标高误差应≤±5mm，垂直度偏差应≤1mm/m。

8）水泵接合器安装：水泵接合器的型号及规格应按设计要求确定，其组装应按接口、本体、连接管、止回阀、安全阀，放空管、控制阀的顺序进行。止回阀的安装方向应使消防用水进入管网系统，安装方法应严格按施工图册要求进行，其安全阀应按系统工作压力定压。

9）水流指示器安装：水流指示器一般安装在每层或区域喷洒管道的水平分支干管上，水平立装，安装位置前后应有5倍管径长度的直管段，管道水流方向应与指示箭头方向一致。

10）湿式报警阀组安装：报警阀安装位置应依据施工图纸，如设计未做要求，一般应安装在明显易于操作的地方，距地1.2m，两侧空间≥0.5m，正面空间≥1.2m。安装时，应先装水源控制阀，然后安装报警阀及辅助管道，安装方法应按施工图册及使用说明书进行。报警阀工作环境不应低于+5℃，地面必须设排水设施。

11）阀门安装：阀门安装前应做耐压强度试验，试验以每批（同牌号、同规格、同型号）数量中抽查10%且不少于1个，如有漏裂不合格再抽查20%，仍有不合格则逐个试验，对于在主干管上起切断作用的闭路阀门应逐个做强度和严密性试验，试验压力应为阀门出厂规定的压力，阀门位置进出口方向应正确，便于操作，连接应牢固紧密，启闭灵活，朝向合理，表面洁净。

（3）末端设备支管追位安装。

1）喷头支管追位：喷头支管追位应与吊顶装修或墙面装修同步进行，追位前应清楚

了解喷头形式，暗装或明装是内丝或外丝，有无装饰盘及装饰盘尺寸等，根据这些因素，再结合吊顶下皮坐标或墙面装修厚度及喷头设计位置，来确定追位支管的甩口坐标。追位支管应固定牢靠，甩口应封堵，将来试压完毕由装修单位，按甩口位置预留吊顶孔板洞或墙面预留口，追位支管甩口应平正，确保喷头安装端正。

2）喷洒头在无吊顶处追位：其甩口坐标与梁底、通风管道、房间隔断的距离，应严格按施工验收规范的有关规定执行，距离顶板宜为7～15cm。如遇梁等障碍物影响喷洒效果时，可降低标高或增加集热罩。

3）消火栓支管追位：消火栓支管追位前应了解栓阀的形式及尺寸，消火栓箱明装或暗装，以栓阀中心距离地面1.2m为依据确定支管甩口标高，结合预留箱体位置，确定其平面坐标（预留位置应与设计图纸吻合），甩口应平正，确保栓阀安装端正，当两个栓口对称安装时，其坐标应一致，误差≤5mm，追位后的支管其外露螺纹应保护好，防止碰坏，管口应封闭，避免掉进污物，追位完成后，应将箱体稳固好。

（4）系统试压冲洗。

1）水压试验：管道安装完毕应进行水压试验，可分区域进行，试压前应仔细检查试压管道的封闭和收口情况，试压管道的顶端应设跑风，底端应设泄水装置且地面有排水设施。周围的成品应做适当防护，通水时仔细巡察，打开跑风排出空气，直至满水后关闭跑风缓慢加压。如遇跑水或严重漏水情况，应立即泄水修复，加压到至试验压力后，停止加压，检查渗漏情况，在渗漏处做出记号，泄水后统一修复，直至不渗不漏稳压验收，水压试验时环境温度不应低于5℃。

2）喷洒管道水压强度试验要求：当设计未做要求时，应严格按施工验收规范的相关规定执行，水压试验压力为工作压力加0.4MPa且≥1.4MPa，压力表设在最低点，稳压30min压降≤0.05MPa目测管网无渗漏及变形为合格。

3）管道冲洗：水消防管道水压强度试验后，应连续做管道冲洗工作，冲洗前先将不能冲洗的设备如仪表、单向阀等拆除，冲洗后再复位，管道冲洗用的水源应能提供满足灭火设计要求的水流量，冲洗水流方向应与灭火时管网的水流方向一致。管道冲洗应连续进行，当出口处水的颜色、透明度与入口处水的颜色基本一致时为合格。

4）水压严密性试验：水消防管道冲洗合格后，应做水压严密性试验，试验压力为工作压力，稳压2h无渗漏为合格。

（5）设备配件及末端设备安装。

1）报警阀配件安装：报警阀配件应在交工前严格按使用说明书进行安装，仪表应朝向观察面，水力警铃应安装在公共通道或值班室附近的外墙上，警铃与报警阀连接管长度在6m以内时，可采用*DN*15镀锌管，在6～20m之间时，采用*DN*20镀锌管。

2）消火栓配件安装：消火栓配件安装应在交工前进行，消防水龙带应折好放在挂架上或卷实放在箱内，消防水枪要竖放在箱体内侧，自救式水枪和软管应卷好放在箱内。

3）喷头安装：喷头安装应在管网试压冲洗合格后进行，应使用专用扳手进行安装，喷头的规格、类型应符合设计要求。安装在易受损伤处的喷头，应加设喷头防护罩，喷头安装时两翼方向应成排统一，走廊内的喷头两翼应横向安装。

4）末端装置安装：水喷洒系统末端装置宜安装在系统管网末端或分区管网末端，一般采用*DN*25口径，确保其流量≥一个喷头流量，末端装置处应设排水设施，压力表应朝向观察面。

（6）系统开通调试。消防水系统安装完成后，整体使用正式水源通水，达到工作压力准备调试。

（7）喷洒系统调试。喷洒系统调试应在报警系统正常工作后进行，为系统联动打基础。调试包括水泵、报警阀组、水流指示器、末端装置、气压给水设备等。即使水系统在模拟火情出现后能正常进行工作。

（8）防腐及保温。消火栓管刷樟丹二道，红色调和漆二道，自动喷水管刷樟丹二道，红色黄环调和漆二道。

第三节　消防工程施工图的识读

一、消防工程施工图的组成

消防工程施工图一般由图纸目录、主要设备材料表、设计说明、图例、平面图、系统图、施工详图等组成。

二、消防工程施工图常用图例

消防工程水灭火管路系统施工图常用图例见表3-1。

表3-1　消防工程水灭火管路系统施工图常用图例

序号	名称	图例	附注
1	消防水管	— X —	
2	消火栓给水管	—XH—	
3	自动喷水灭火给水管	—ZP—	
4	雨淋灭火给水管	—YL—	
5	水幕灭火给水管	—SM—	
6	水炮灭火给水管	— SP —	
7	干式立管	[symbol]	入口无阀门
8	湿式立管	[symbol]	出口带阀门

续表

序号	名称	图例	附注
9	折弯管		向后弯90°
10	折弯管		向前弯90°
11	阀门		
12	闸阀		
13	球阀		
14	浮球阀		
15	止回阀		
16	底阀		
17	水泵		
18	可曲挠橡皮接头		
19	湿式报警阀		
20	减压阀		
21	流量计		
22	水流指示器	L 或 L	
23	自动排气阀		
24	减压孔板		
25	室内消火栓（单口）	平面 系统	白色为开启面
26	室内消火栓（双口）	平面 系统	
27	室外消火栓		
28	消防喷淋头（开式）		
29	消防喷淋头（闭式）		
30	水泵接合器		
31	水锤消除器		

三、消防工程施工图的识读方法

识读建筑室内消防施工图时，一般先看设计说明，对工程情况和施工要求有一个大致的了解。搞清楚本工程采用的灭火系统是消火栓灭火系统还是自动喷淋灭火系统，如果两种系统都有，则要分开阅读，不可混在一起。阅读时将平面图和系统图对照起来看，弄清楚管道、设备、附件等的平面布置和空间位置。对于水泵房和水箱间，一般都有详图，通过阅读详图，搞清楚设备和管道之间的连接走向及安装要求。特别注意应按消火栓灭火系统和自动喷淋灭火系统分别阅读，还应注意对照图纸目录，不要丢掉部分内容。

1. 平面图的识读

建筑消防给水平面图主要表明建筑物内消防管道和消防设备的平面布置。读平面图时，先读底层平面图，后读各楼层平面图；读底层平面图时，先读给水进户管，后读干管、立管、支管和消防用水设备。

读平面图时，要找到水泵接合器、水泵房、水箱等的具体位置，同时注意统计消防设备（如消火栓、喷头等）的数量，并与材料明细表比对。

2. 系统图的识读

建筑消防给水管道的系统图主要表明管道系统的立体走向和管道的标高及规格。

阅读建筑消防给水系统图时，先找平面图和系统图相同编号的给水引入管，然后找相同编号的立管，最后分系统对照平面图识读。识读顺序：一般从消防给水引入管开始，依次按水流方向进行。具体如下：

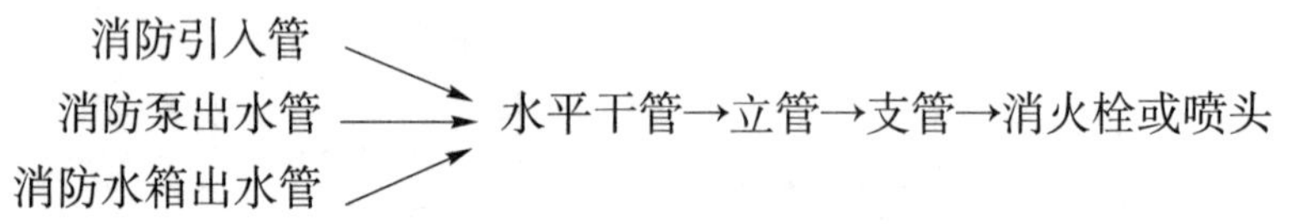

3. 详图的识读

建筑消防给水系统施工图中一般都有详图，用以表现水泵房、水箱间等设备多管线复杂的场所，图上有管道和设备的详细尺寸及连接位置，还有附件的具体设置位置及标高，可供安装和计量时使用。

第四节　消防工程施工图的识读实例

一、设计说明与施工图纸

现以某住宅楼消防给水工程施工图为例进行识读，主要材料表见表3-2，施工图如图3-30～图3-39所示。下面以解答问题的形式，详细说明如何识读建筑消防给水施工图。

设计说明

（一）工程概况：

本工程为六层，属低层建筑，一至四层为娱乐场所，五、六层为住户用房，一至四层设置自动喷淋灭火系统。

（二）设计依据：

《建筑设计防火规范》（GB 50016—2014）

《自动喷水灭火系统设计规范》（GB 50084—2017）

（三）尺寸单位：管道长度和标高以m计，其余以mm计。

（四）管道标高表示法：所注管道标高是以±0.000为基准的相对标高，给水管标高指管道中心线标高，排水管标高指管内底标高。

（五）本工程消防用水量：室外消火栓20L/s，室内消火栓 15L/s，喷淋系统 20L/s。

（六）室内外消火栓给水系统及喷淋系统采用管材与接口：管道采用热镀锌钢管，钢管采用沟槽式管道连接件连接（$DN \geqslant 65$mm）和螺纹连接（$DN < 65$mm）。

（七）消防给水管道试验压力：室内消火栓及喷淋系统1.20MPa，室外给水系统0.60MPa。

（八）室外给水管道埋地敷设时，如地基为一般天然土壤，均可直接埋设，不做管基础，如地基为岩石，应有不小于200mm的沙垫层找平，且管道四周应回填沙或土，如地基为淤泥或其他劣质土，则应通知设计院处理。

（九）管道支架的要求：

1．金属管道支架按照图集S161采用，水平安装支架间距不得大于下表规定的数值。

公称直径		15	20	25	32	40	50	65	80	100	125	150	200	250	300
支架最大间距/m	保温	1.5	2	2	2.5	3	3	4	4	4.5	5	6	7	8	8.5
	不保温	2.5	3	3.5	4	4.5	5	6	6	6.5	7	8	9.5	11	12

2．立管管卡安装要求：

层高$H \leqslant 5$m时每层设2个（包括楼板固定在内）；层高$H > 5$m时每层设3个（包括楼板固定在内）。

3．自动喷淋灭火系统配水管的吊架设置应符合图集89SS175/66页，管道固定及支架设置说明中的规定。

（十）钢管外表面防腐

1．室内明装管道：刷红丹底漆一遍，外刷红色调和漆两遍，每隔10m或每层按所属系统书写黄色“消火栓”或“喷淋”字样。

2．埋地管道：冷底子油底漆一遍，外刷热沥青三遍，中间包中碱玻璃布二层。

（十一）管道在穿越楼板及钢筋混凝土墙处应做套管，管道在穿越地下室外墙、卫生间楼地面及屋面处应设防水套管，防水套管安装见图集S312/8-8IV型。

表3-2　主要材料表

序号	图例	名称	型号规格	单位	数量	备注
1		喷淋泵	XBD6/20　p=37.0kW Q=20L/S　H=60m　n=2940r/min	台	2	一备一用
2		本流指示器	$DN$100	个	4	
3		安全信号阀	$DN$100	个	4	
4		湿式报警阀	$DN$150	个	1	
5		闭式喷头	$DN$15	个	157	
6		末端试水装置	$DN$25	套	1	
7		末端泄水装置	$DN$25	套	3	
8		自动空气排气阀	$DN$25	个	1	
9		闸阀	$DN$70	个	2	
10		闸阀	$DN$80	个	2	
11		闸阀	$DN$100	个	9	
12		闸阀	$DN$150	个	6	
13		止回阀	$DN$80	个	2	
14		止回阀	$DN$150	个	2	
15		偏心异径管	$DN$150*100	个	2	
16		压力表	$DN$25	个	1	
17		可曲挠橡胶接头	$DN$150	个	4	
18		消防水泵接合器	$DN$100	套	3	地上式
19		室外地上消火栓	$DN$100	套	2	地上式
20		室内消火栓	$DN$65	套	12	
21		蝶阀	$DN$100/$DN$150	个	2/1	
22		热镀锌钢管	$DN$25～150	米	—	
23		磷酸铵盐干粉灭火器	MFZL4	具	36	
24		螺翼式水表	LXL-100N	套	2	
25		Y型过滤器	$DN$100	套	2	

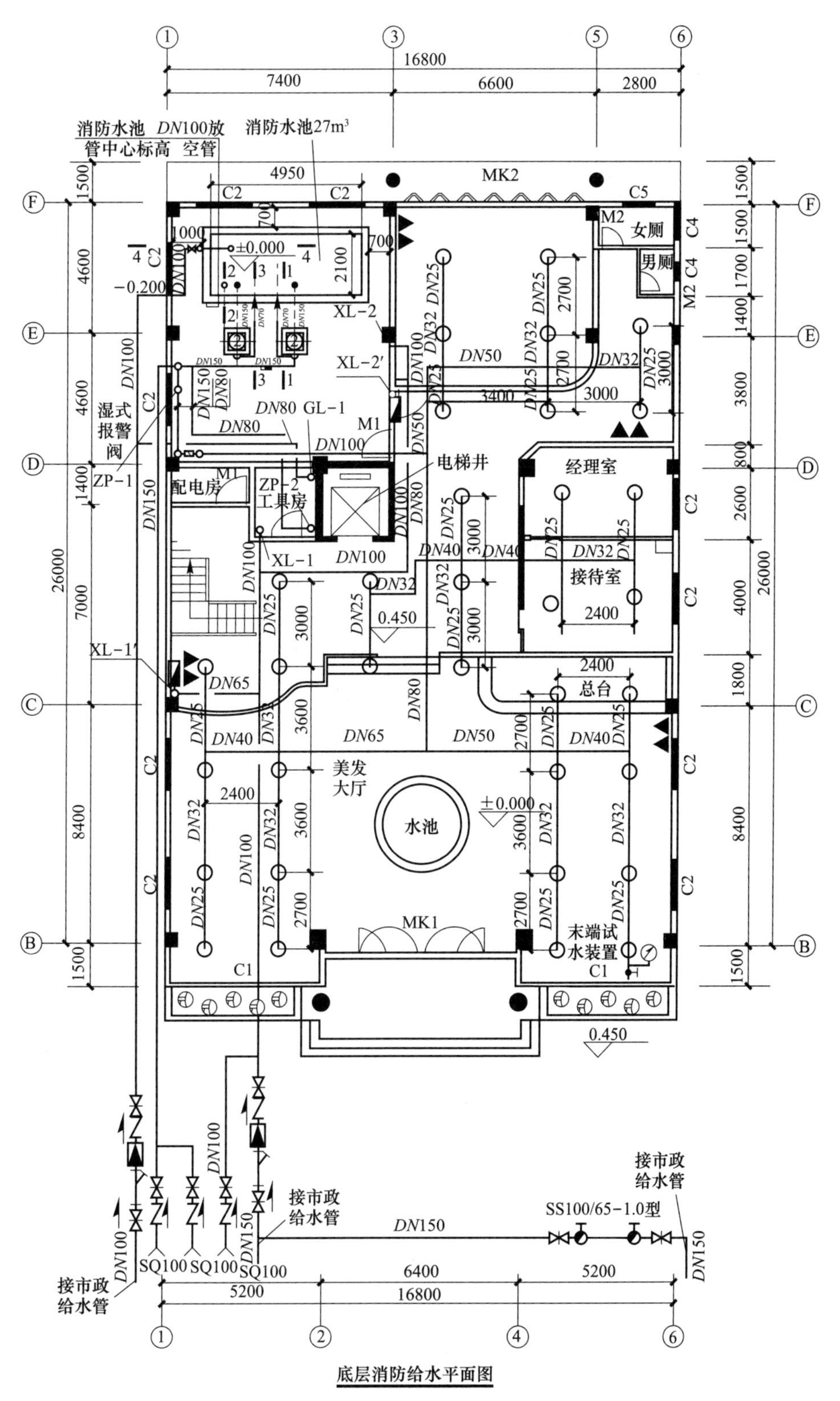

图3-30 底层消防给水平面图

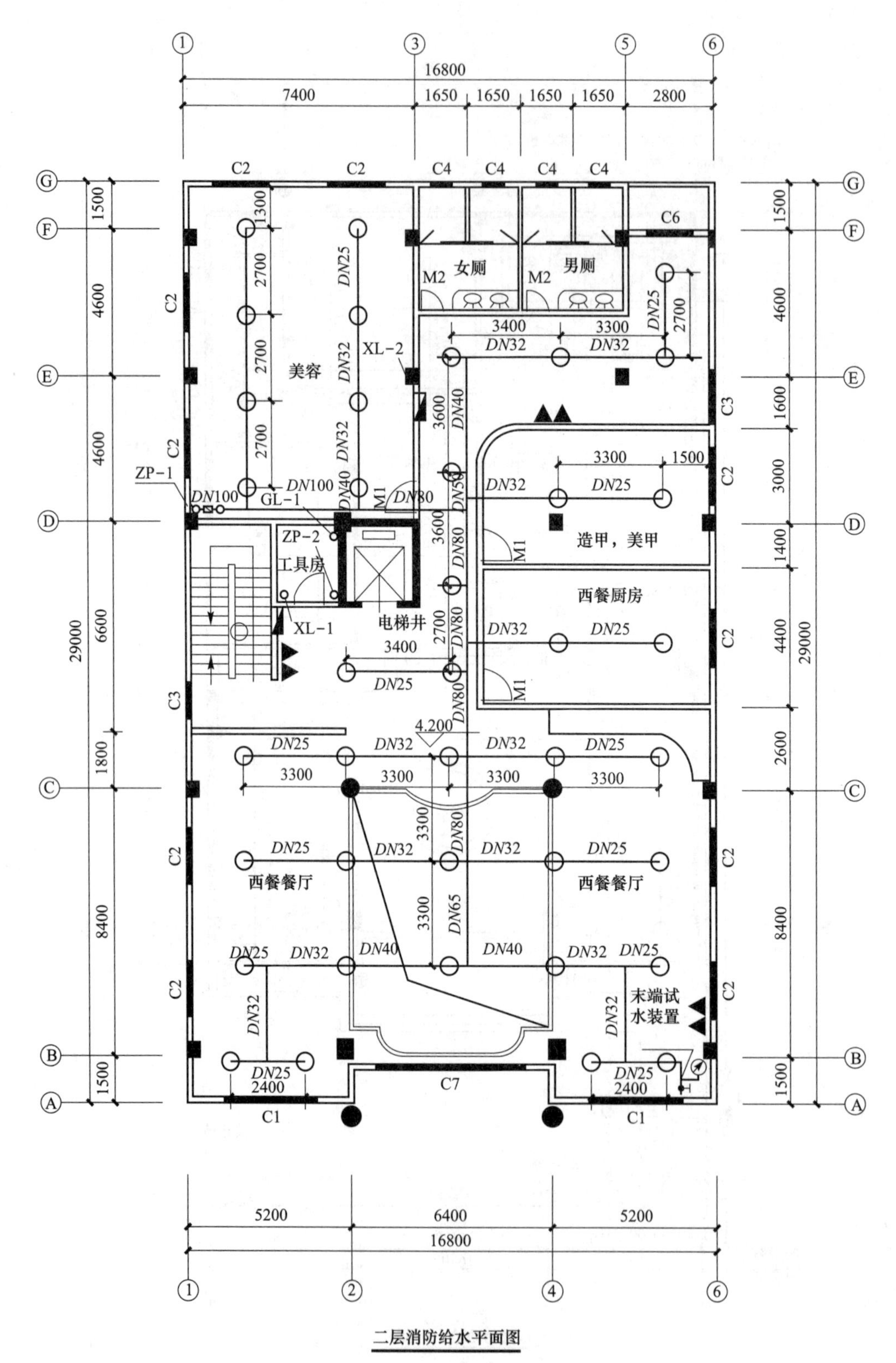

图3-31　二层消防给水平面图

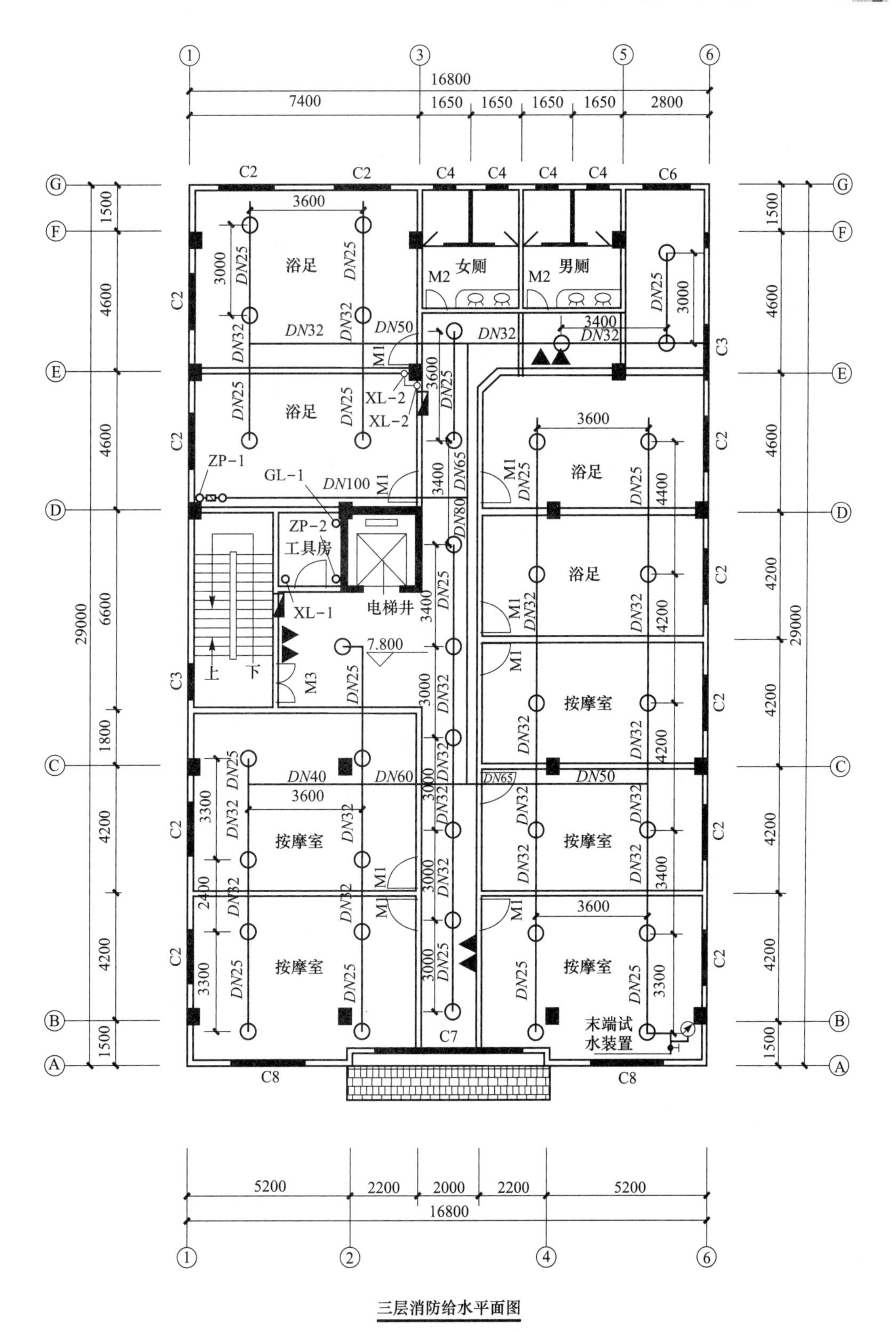

图3-32　三层消防给水平面图

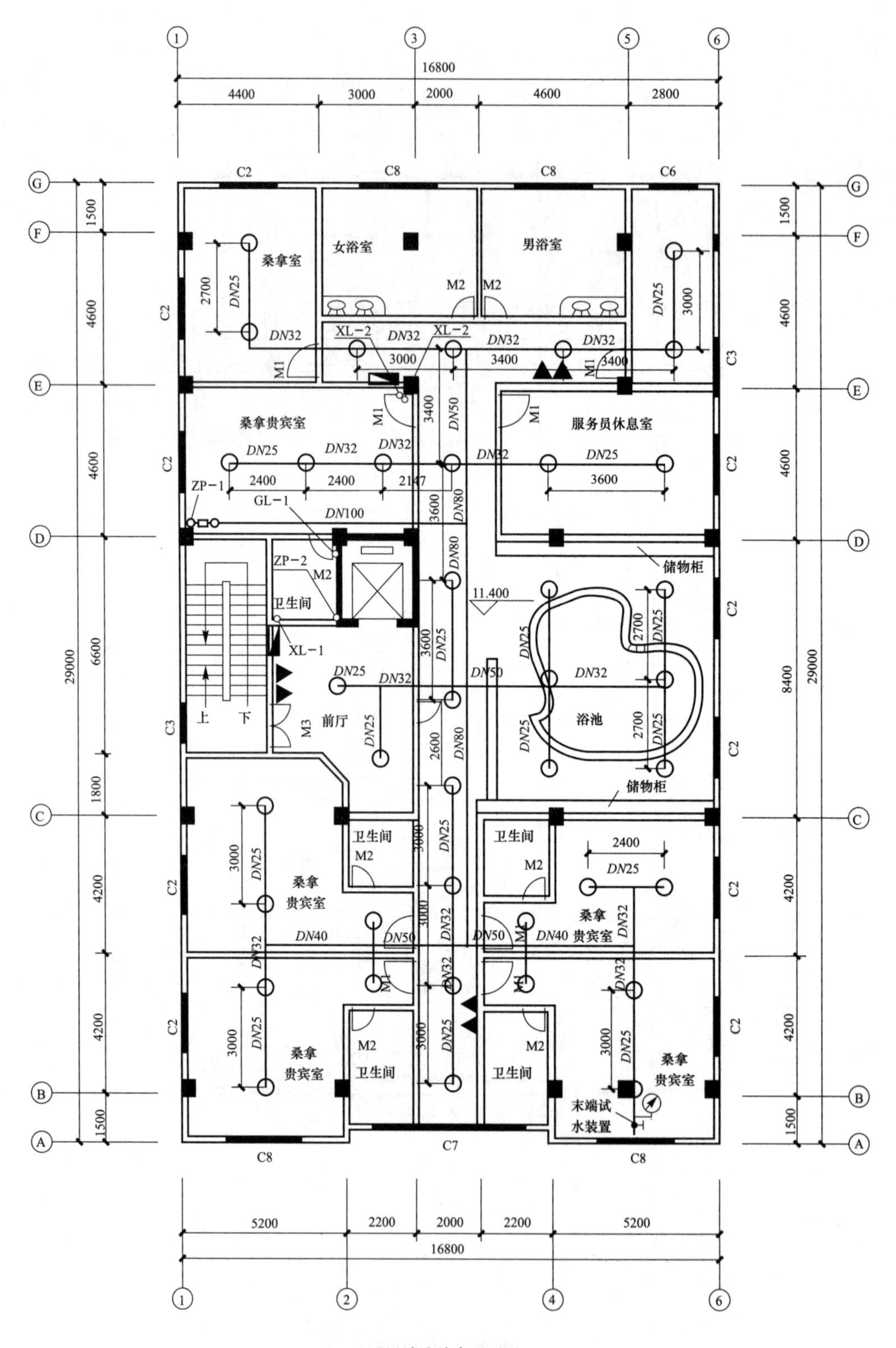

图3-33 四层消防给水平面图

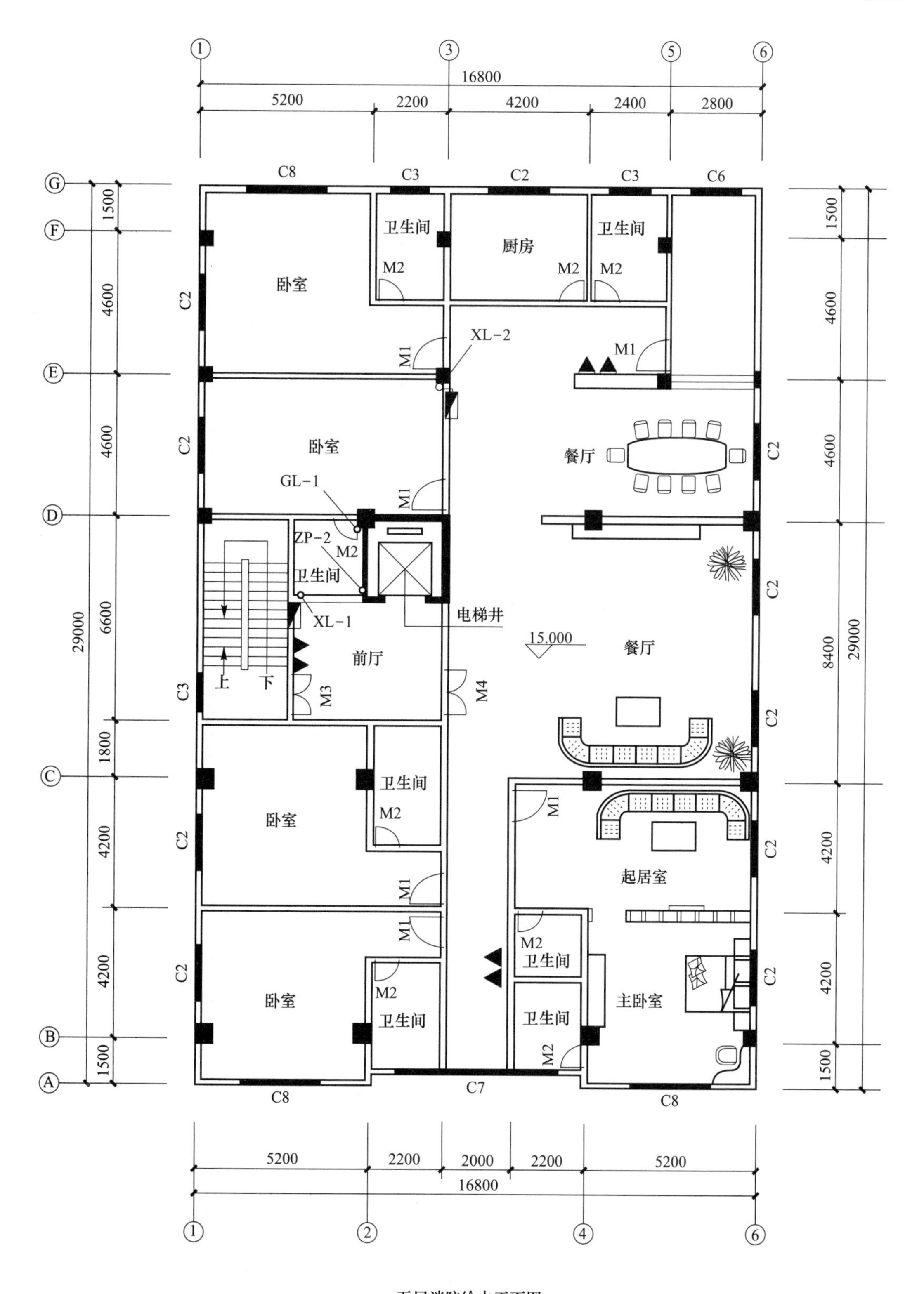

图3-34　五层消防给水平面图

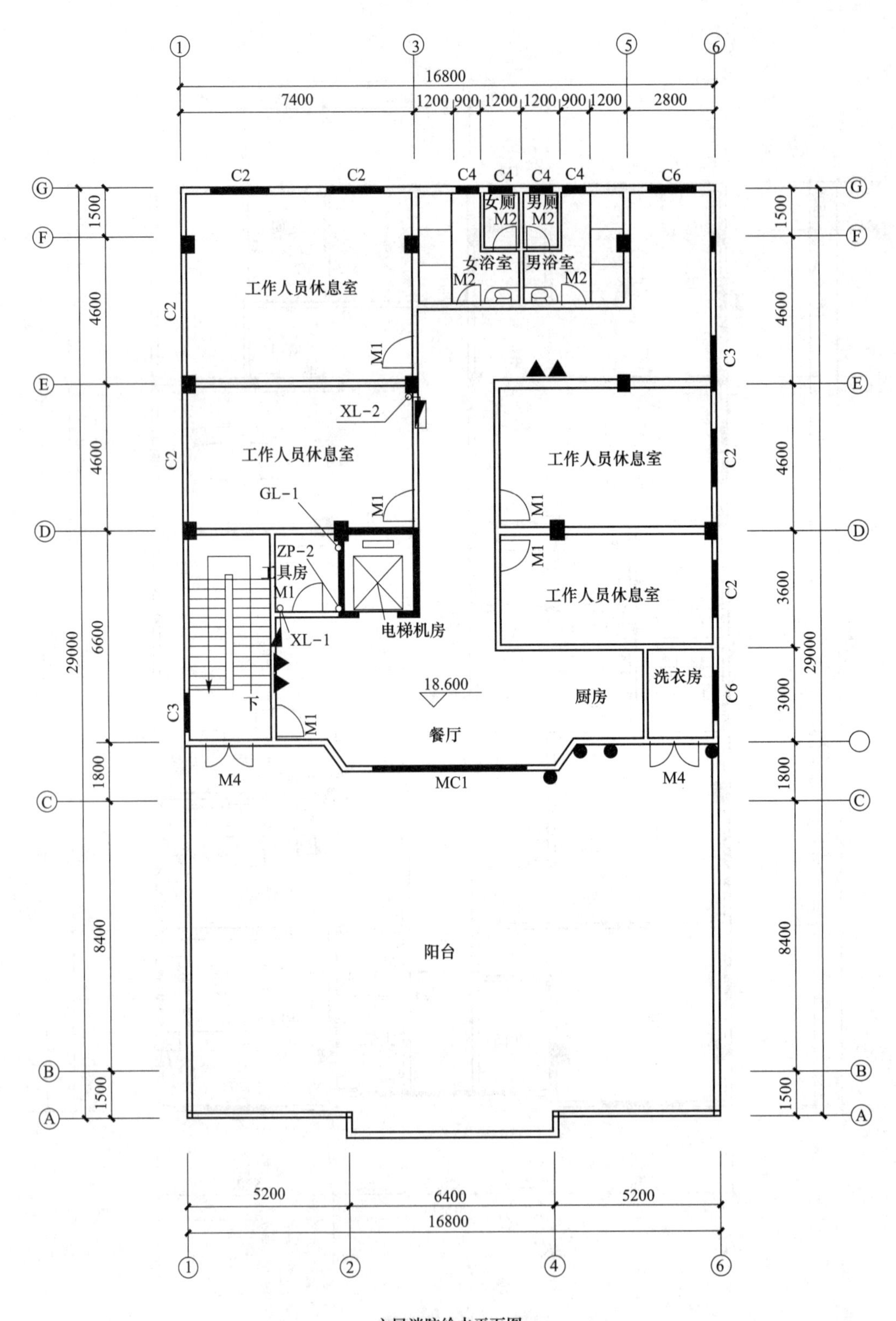

图3-35　六层消防给水平面图

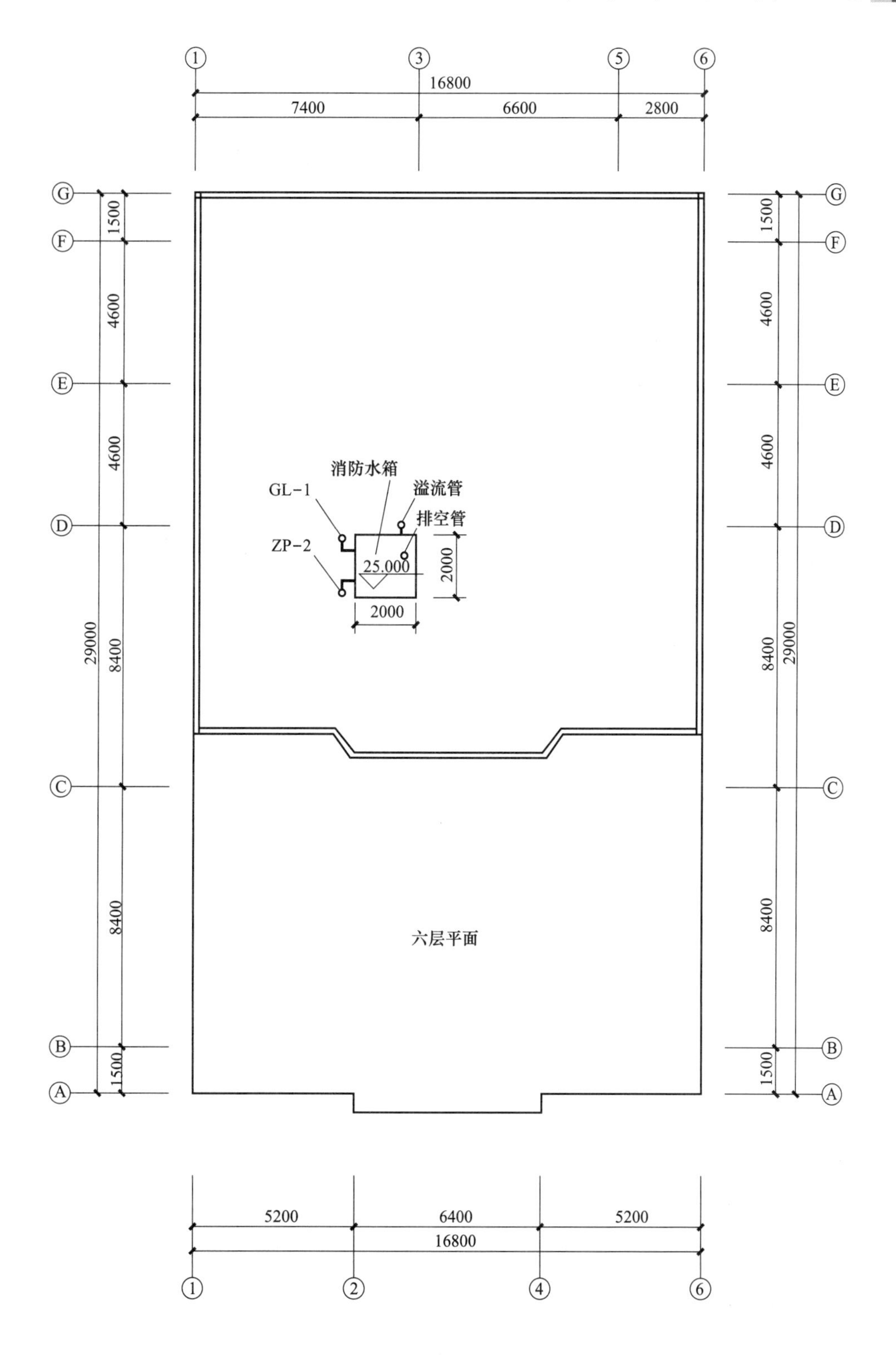

图3-36　顶棚面层消防给水平面图

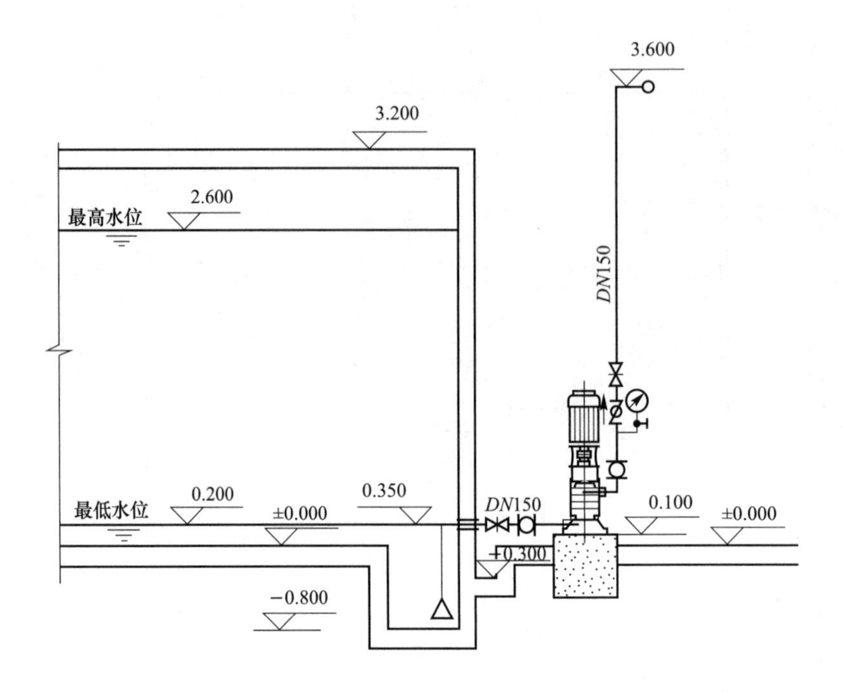

1—1剖面图

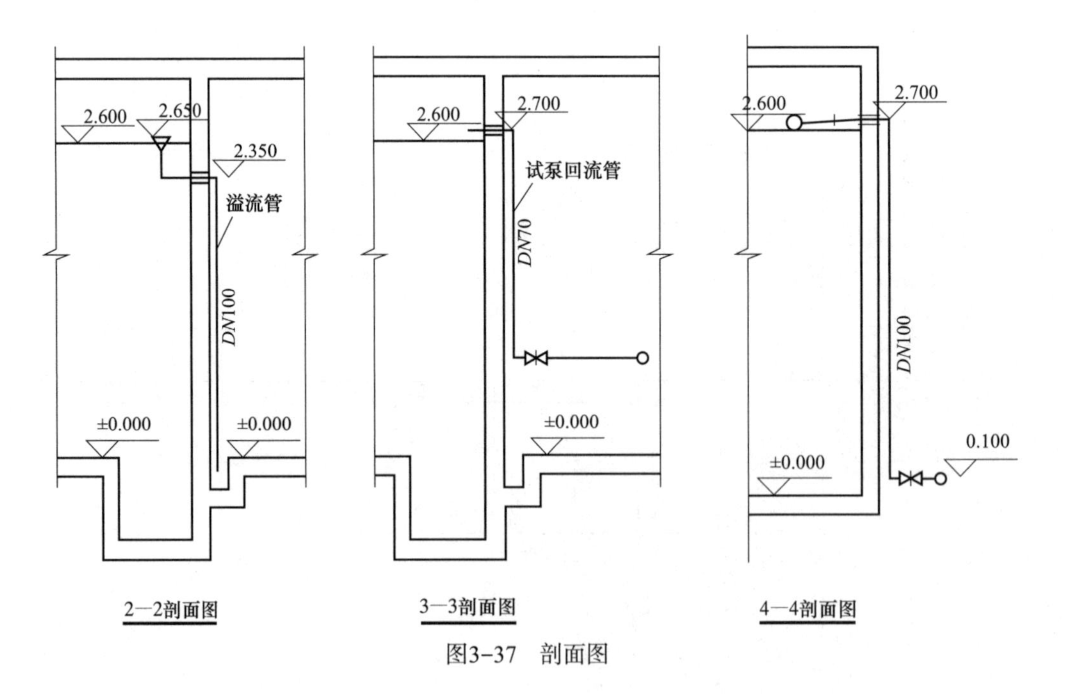

2—2剖面图

3—3剖面图

4—4剖面图

图3-37　剖面图

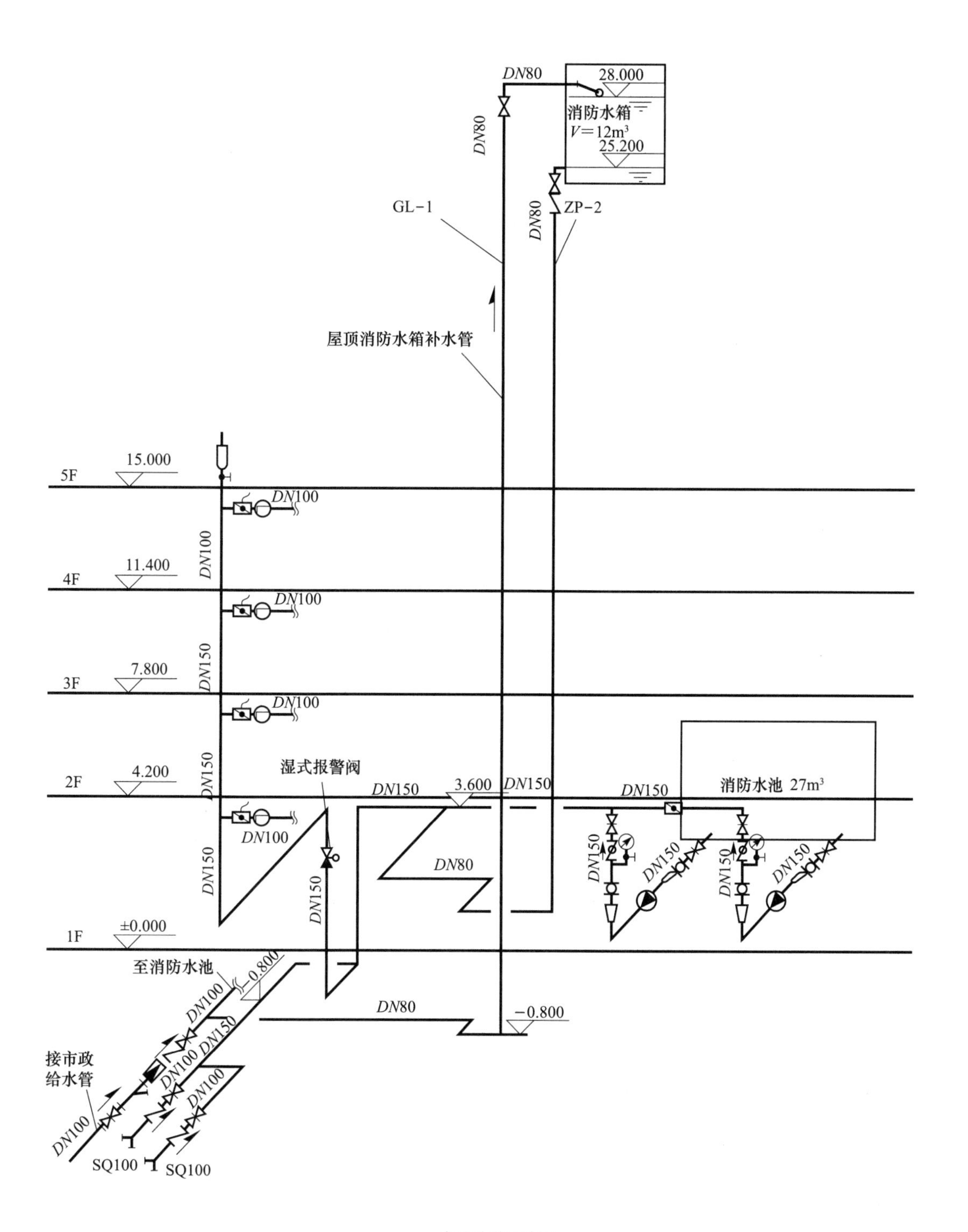

图3-38　自动喷淋系统图

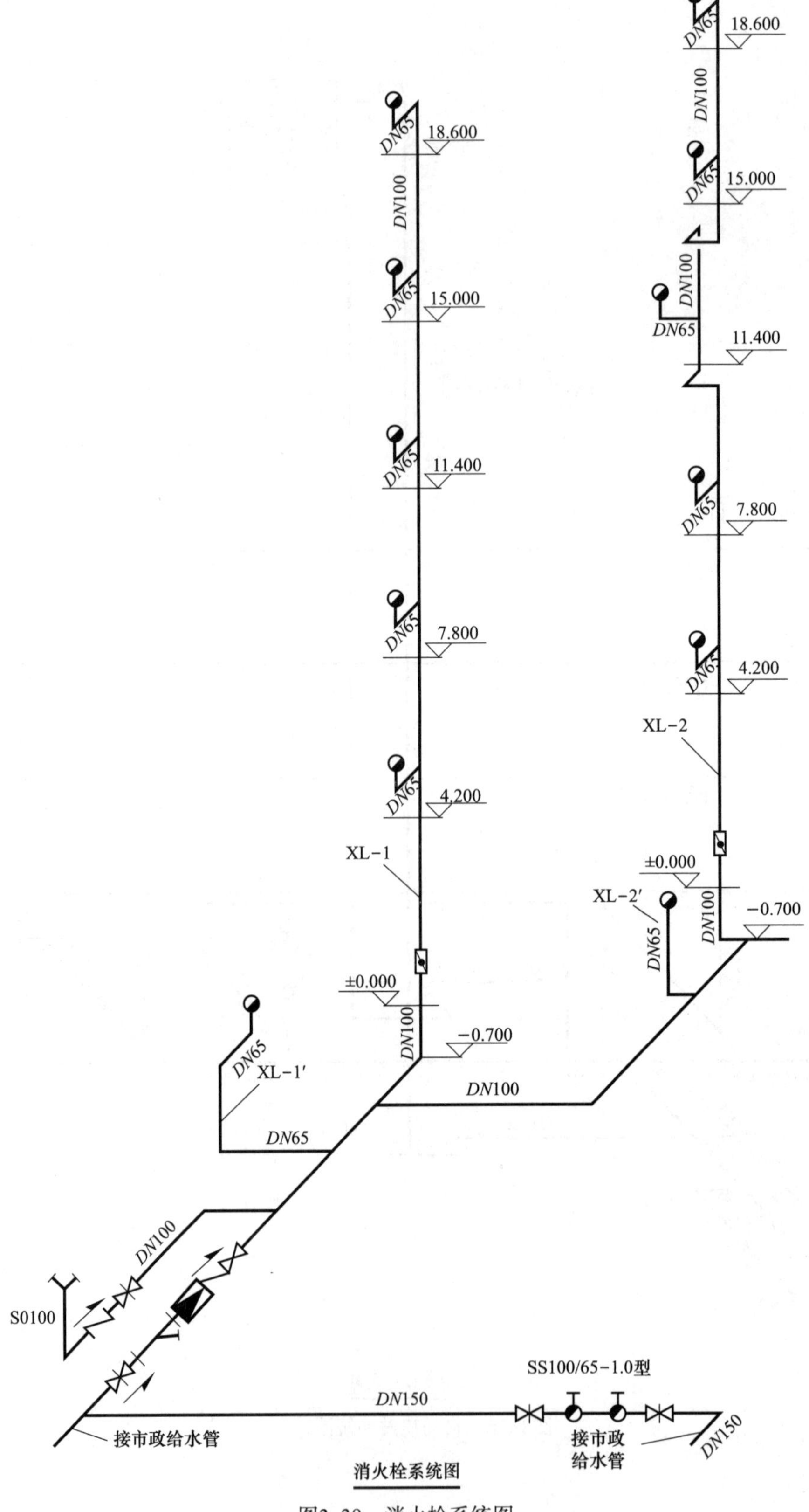

18.600
DN65
DN100
15.000
11.400
7.800
4.200
XL-1
±0.000
-0.700
XL-2
XL-2′
XL-1′
DN150
S0100
SS100/65-1.0型
接市政给水管
接市政
给水管
消火栓系统图

图3-39　消火栓系统图

二、施工图解读

1．该住宅楼有几层？各层的层高为多少？

答：根据设计说明，结合平面图和系统图可知，该住宅楼共有6层；从系统图上看，一层的层高为4.2m，二层的层高为（7.8－4.2）=3.6m，三层的层高为（11.4－7.8）=3.6m，四层的层高为（15－11.4）=3.6m，五层的层高为（18.6－15）=3.6m，六层的层高为（25－18.6）=6.4m，由天面层消防给水平面图可知，屋顶标高为25m。

2．该套施工图包括几个系统？分别是什么系统？

答：该套施工图包括两个系统，分别是消火栓灭火系统和自动喷淋灭火系统。

3．消火栓系统的给水引入管有几条？管径为多大？标高为多高？入户位置在哪里？其与自动喷淋系统的引入管可以合用吗？

答：由底层消防给水平面图和消火栓系统图可知，消火栓系统的给水引入管只有一条，管径为*DN*100，标高为－0.7m；入户位置在建筑物南侧①轴和②轴之间；此引入管与自动喷淋系统的引入管不可以合用，因为是两个不同的消防系统。

4．消火栓系统的给水立管有几根，在平面图上的哪个位置？如何表示？管径多大？

答：由消火栓系统图可知，消火栓系统的给水立管有2根，其中XL-1位于平面图上①轴和②轴之间电梯井左侧的工具房内，XL-2位于③轴和Ⓔ轴相交处柱子的南侧；在平面图上用圆圈表示，管径均为*DN*100。

5．消火栓给水系统采用的消火栓有几种？分别是什么？试统计各种消火栓的数量。

答：由消火栓系统图可知，消火栓给水系统采用的消火栓有两种，一种是室内消火栓，共12套；另一种是地上式室外消火栓，共2套。

6．消火栓给水系统有几套水泵结合器？是地上式还是地下式？管径为多大？由什么组成？

答：由消火栓系统图可知，消火栓给水系统有一套水泵结合器；从图例上看（也可参考材料表备注），此水泵结合器是地上式，管径为*DN*100；一套水泵结合器由闸阀、止回阀和水泵结合器本体组成（注意：计量时不得再计算其中闸阀和止回阀的数量）。

7．消火栓给水系统采用何种管材？有哪几种管径？连接方式是什么？与消火栓连接的支管管径为多大？

答：由设计说明可知，消火栓给水系统采用热镀锌钢管；从系统图上看，消火栓系统共有三种管径，即*DN*65、*DN*100、*DN*150，由设计说明知，该消火栓系统的管径*DN*≥65mm，所以应采用沟槽式管道连接件连接；由系统图知，与消火栓连接的支管管径为*DN*65。

8．消火栓给水系统的水表节点在何处？水表节点由什么组成？

答：由底层消防给水平面图可知，消火栓给水系统的水表节点位于建筑物南外墙外靠近②轴处；水表节点由水表、前后的闸阀、止回阀和Y型过滤器组成。

9．消火栓给水系统有哪些阀门？试统计数量。

答： 由消火栓系统图可知，该消火栓给水系统有三种阀门，分别是闸阀、蝶阀、止回阀。数量为：

闸阀 *DN*100：　3个　（水泵接合器上1个，水表节点2个，计量时均不应计）

闸阀 *DN*150：　2个　（室外消火栓处）

蝶阀*DN*100：　2个　（2根立管底部）

止回阀*DN*100：　1个　（水表节点处和水泵接合器处各1个，计量时不应计）

10．消防给水立管XL-2为什么要在4层移位？是如何实现的？

答： 从消火栓系统图上看，XL-2在4层处有位移，对照三、四层平面图可知，三层平面图上XL-2位于③轴和Ⓔ轴相交处柱子的南侧，而在四层同一位置有一道门，所以必须使XL-2移位避让；具体实现方法是：在三层顶部将XL-2由③轴和Ⓔ轴相交处柱子的南侧移至柱子的西侧，避让四层的门，在四层顶部再由柱子的西侧回到柱子的南侧位置。

11．该消火栓给水系统采用哪种给水方式？此种给水方式适合于哪种情况？描述灭火供水方式。

答： 该消火栓给水系统采用直接给水方式，此种方式适用于外网水量和水压均能满足系统要求的情况。发生火灾时，消火栓用水由室外市政管网直接供给，若水量不能满足要求，可由消防车从水泵结合器向系统供水。

12．消火栓系统引入管穿墙入户需设多大的套管？若外墙为37墙，内外抹灰厚度均为2cm，则套管长度应为多少？

答： 消火栓系统的给水引入管穿墙入户需设*DN*125的套管（引入管为*DN*100，套管大一号），若外墙为37墙，内外抹灰厚度均为2cm，则套管长度应为：0.37+0.02×2=0.41m。

13．消防给水立管上哪些地方要设套管？应该设哪种套管？套管的管径为多大？若楼板装修好之后总厚度为20cm，则单个套管的长度为多少？

答： 消防给水立管上穿楼板的地方要设套管，应该设钢套管，套管的管径应为*DN*125；对于一层的两个立支管XL-1′和XL-2′，穿一层楼板处应设*DN*100钢套管（管径为*DN*65，套管大两号）；若楼板装修好之后总厚度为20cm，则单个套管的长度在普通房间为22cm，在卫生间、淋浴间等有积水房间为25cm。

14．给水立管*XL*-1的高度为多少？消火栓的安装高度为距地多高？

答： 由消火栓系统图可知，给水立管XL-1的高度为［18.6+1.1－（－0.7）］=20.4m；由施工工艺可知，消火栓的安装高度为距地1.1m。

15．消火栓在系统图和平面图上的表示方法一样吗？若不一样，图例分别是什么？

答： 消火栓在系统图和平面图上的表示方法不同，分别是和。

16．消火栓管道是否被要求采取防腐措施？采取何种措施？

答： 由设计说明第十条可知，消火栓管道要有防腐措施，室内明装管道为红丹底漆一道红色调和漆两道，埋地管道为冷底子漆一道，外设二布三油。

17．本建筑采用哪种自动喷淋系统？有何主要优点和缺点？与其互补的系统是哪种系统？

答：本建筑采用的是湿式自动喷淋系统，此种系统的主要优点是灭火及时，缺点是管网中始终充满有压水，只能用于4℃以上70℃以下的场所，另外容易漏水弄脏吊顶；与其互补的系统是干式自动喷淋系统。

18．本喷淋系统的消防水池设在哪个位置？消防水箱设在哪个位置？描述该系统的灭火过程。

答：由底层消防给水平面图、天面层消防给水平面图及自动喷淋系统图可知：消防水池位于一层①、③轴之间及Ⓔ、Ⓕ轴之间，消防水箱位于屋顶；由系统图可知，发生火灾时自动喷淋系统启动，首先用消防水箱的水灭火，然后用消防水池的水灭火，最后还可以通过2台水泵接合器向系统供水灭火。

19．本自动喷淋系统的水泵房设在哪个位置？有几台水泵？水泵的进水管和出水管上分别接有哪些附件和仪表？

答：由底层消防给水平面图和自动喷淋系统图可知，水泵房设在一层消防水池的南侧，共有2台水泵；从系统图上看，水泵的进水管安装有闸阀、可曲挠橡胶软接头，水泵的出水管安装有闸阀、止回阀、压力表和可曲挠橡胶软接头。

20．消防水池的容量是多大？各种进出水池的管道穿水池壁时应设置哪种套管？

答：由底层消防给水平面图和自动喷淋系统图可知，消防水池的容量为27m^3，各种进出水池的管道穿水池壁时应设置柔性防水套管。

21．与消防水池相连的管道有几条？分别是什么管？

答：由底层消防给水平面图和水泵房剖面图可知，与消防水池相连的管道一共有7条，分别是：进水管一条，排空管一条，溢流管一条，水泵吸水管两条，试泵回流管两条。

22．与消防水箱相连的管道有几条？分别是什么管？

答：由天面层消防给水平面图可知，与消防水箱相连的管道一共有4条，分别是：进水管一条，出水管一条，溢流管一条，排空管一条。

23．本自动喷淋系统有几根立管？如何编号？管径为多大？

答：由自动喷淋系统图及底层消防给水平面图可知，本自动喷淋系统有2根立管，编号为ZP-1，ZP-2；ZP-1的管径有*DN*150和*DN*100两种，ZP-2的管径为*DN*80。

24．立管ZP-1应从何处起至何处止？计算立管ZP-2的长度 。

答：从自动喷淋系统图上看，立管ZP-1应从一层标高为3.6m处起，至五层立管顶部的自动排气阀止；立管ZP-2的长度为（25.2−3.6）=21.6m。

25．湿式报警阀安装在哪个位置？其安装高度为多高？

答：由底层消防给水平面图和自动喷淋系统图可知，湿式报警阀安装在ZP-1北侧的立管上；由施工工艺知，其安装高度为距地1.2m。

26．该自动喷淋系统有几条引入管？管径为多大？标高为多高？入户位置在哪里？

答： 从底层消防给水平面图上看，该自动喷淋系统有3条引入管，一条管径为*DN*100，标高为−0.8m，入户位置在建筑物西侧E、F轴之间；另一条管径为*DN*150，标高为−0.8m，入户位置在建筑物西侧Ⓓ、Ⓔ轴之间靠近Ⓔ轴处；还有一条管径为*DN*80，标高为−0.8m，入户位置在建筑物西侧Ⓓ、Ⓔ轴之间靠近Ⓓ轴处。

27. 自动喷淋系统的引入管为哪些设备供水？

答： 从自动喷淋系统图上看，自动喷淋系统的3条引入管各有任务，*DN*100引入管为消防水池供水，*DN*150引入管直接接入自动喷淋系统，*DN*80引入管为消防水箱供水。

28. 与自动喷淋系统相连的水泵结合器有几套？在平面图上哪个位置？如何保证系统的水不从水泵结合器流出？

答： 由底层消防给水平面图和自动喷淋系统图可知，与自动喷淋系统相连的水泵结合器共有2套，在平面图上建筑物的西南侧靠近①轴处。水泵接合器上安装有止回阀可保证系统的水不从水泵结合器流出。

29. 自动喷淋系统共有几层？采用何种管材？共有几种管径？各自的连接方法是什么？

答： 由自动喷淋系统图可知，本系统共有4层；由设计说明知，该系统采用的管材为热镀锌钢管；由各层平面图可知，共有*DN*25、*DN*32、*DN*40、*DN*50、*DN*65、*DN*80、*DN*100、*DN*150这8种管径；由设计说明知，*DN*≥65mm时采用沟槽式管道连接件连接，*DN*＜65mm时采用螺纹连接。

30. 各层自动喷淋的报警装置是什么？控制装置是什么？

答： 由各层平面图可知，各层自动喷淋系统的报警装置是水流指示器，控制装置是信号蝶阀。

31. 本自喷系统采用何种喷头？工作原理是什么？试验压力是多大？

答： 本自动喷淋系统采用闭式喷头；其工作原理是：喷口用由热敏元件组成的释放机构封闭，当发生火灾时，喷口能够自动开启（如玻璃球爆炸、易熔合金脱离）喷水灭火。由施工工艺可知，喷头的试验压力为3MPa。

32. 从平面图上可以看出，与喷头相连的管径为多大？

答： 可以看出，与喷头相连的管径均为*DN*25。

33. 一层平面图上Ⓑ轴和Ⓒ轴之间、①轴和②轴之间的*DN*40消防干管与*DN*100消防管采用断桥法绘制，是什么意思？

答： 此处用断桥法绘制，表明此两根管不在同一标高，*DN*40喷淋管为实线说明其标高要高于*DN*100消防管。

34. 本喷淋系统有几套末端试水装置？有何作用？

答： 从各层平面图上看，每层喷淋系统的末端有1套末端试水装置，本自动喷淋系统共有4套末端试水装置，用于每层喷淋系统的调试运行。

35. 本喷淋系统有几条管道穿外墙？应设置何种套管？

答：由底层消防给水平面图可知，本喷淋系统共有3条引入管穿外墙，须设置刚性防水套管。

36. 统计一层喷淋的喷头数量。

答：由底层消防给水平面图可知，一层喷头的数量为34个。

37. 统计四层喷淋的喷头数量。

答：由四层消防给水平面图可知，四层喷头的数量为39个。

38. 计价时水泵房的管道属于什么管道？与GL-1相连的*DN*80管道和与ZP-2相连的*DN*80管道在一层施工时有无困难？

答：计价时水泵房的管道属于工艺管道；由底层消防给水平面图与自动喷淋系统图可知，与GL-1相连的*DN*80管道和与ZP-2相连的*DN*80管道在一层施工时无困难，因为虽然两管在平面图上有交叉，但其标高不同。

第四章

通风空调工程识图与施工工艺

第一节　通风空调工程概述

一、通风系统

通风就是把室内被污染的空气直接或经净化后排至室外，并将新鲜空气补充进来，从而保证室内空气环境符合卫生标准及满足生产工艺的要求。

通风作为改善空气条件的一种方法，它包括从室内排除污浊空气和向室内补充新鲜空气两个方面。前者称为排风；后者称为送风。为实现排风和送风，所采用的一系列设备、装置的总体称为通风系统。

（一）通风系统的组成

通风系统由于设置场所的不同，其系统组成也各不同。进风系统由进风百叶窗、空气过滤器（加热器）、通风机（离心式、轴流式、贯流式）、风道以及送风口等组成。排风系统一般由排风口（排气罩）、风道、过滤器（除尘器、空气净化器）、风机以及风帽等组成。

（二）通风系统的分类

（1）按通风系统的工作动力不同，可分为自然通风和机械通风。

1）自然通风：即依靠室外风力造成的风压和室内外空气温度差造成的热压来实现换气的通风方式。其可分为风压作用下的自然通风（图4-1）和热压作用下的自然通风（图4-2）。

2）机械通风：即利用通风机产生的动力，强制空气流动进行换气的方式。机械通风是进行有组织通风的主要技术手段，可分为机械排风（图4-3）和机械送风（图4-4）。

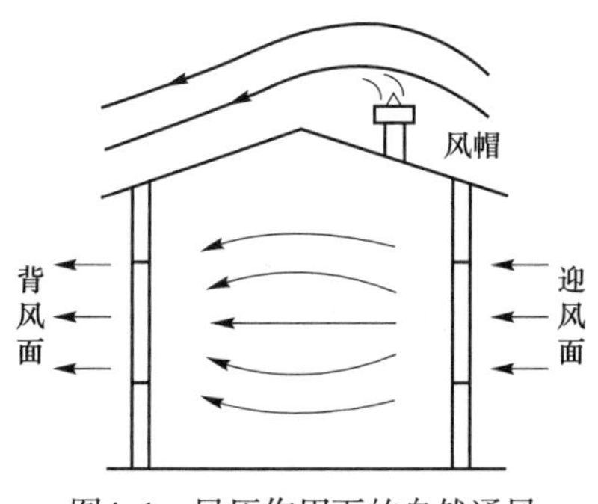

图4-1　风压作用下的自然通风

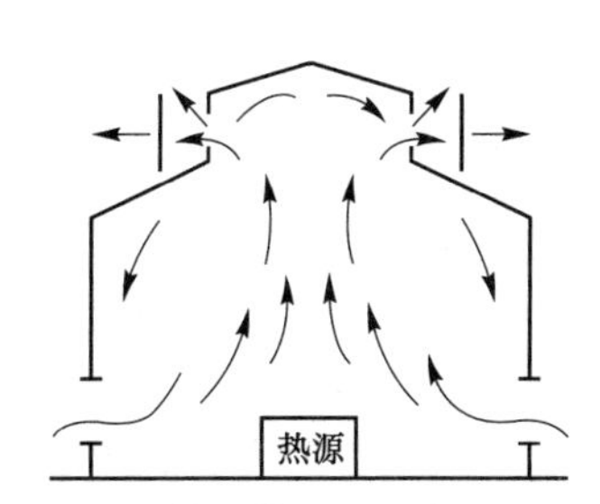

图4-2　热压作用下的自然通风

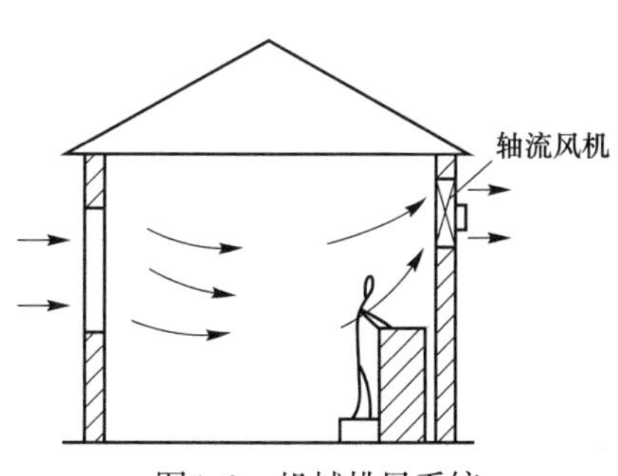

图4-3　机械排风系统

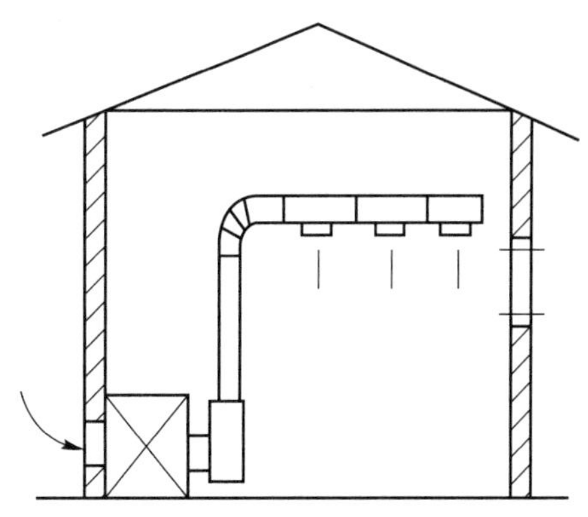

图4-4　机械送风系统

（2）按通风系统的作用范围不同，可分为全面通风和局部通风。

1）全面通风：在房间内全面进行通风换气，其目的是稀释环境空气中的污染物，如图4-5所示。

2）局部通风：只使室内局部工作地点保持良好的空气环境，或在有害物产生的局部地点设排风装置，不让有害物在室内扩散而直接排出的一种通风方法，如图4-6所示。

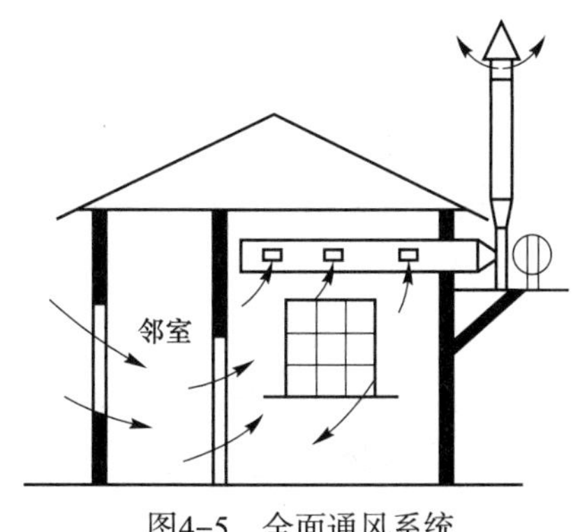

图4-5　全面通风系统

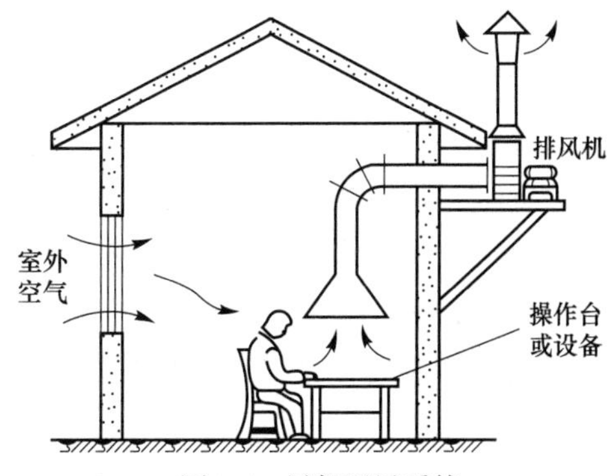

图4-6　局部通风系统

（3）按通风系统的特征不同，可分为送风和排风。

1）送风：即向房间内送入新鲜空气。它可以是全面的，也可以是局部的。

2）排风：即将房间内的污染物或有害气体经处理后排送至室外。

二、空调系统

空调系统是空气调节、空气净化和洁净空调系统的总称。其任务是调节室内空气，为工艺生产和人们生活创造一个良好的室内环境。所谓良好的室内环境，是指将室内空气的温度、湿度、洁净度、空气流速以及室内噪声控制在一定的范围内，以保证满足工艺生产和人们生活舒适性的要求。为了对空气进行调节和控制，需对空气进行加热、冷却、加湿、减湿、过滤、输送等各种处理，空调系统就是完成这一工作过程的设备装置系统。

空调系统与通风系统的区别在于：

空调系统往往对室内空气循环使用，将新风与回风混合后进行热湿处理和净化处理，然后再送入空调房间；而通风系统不循环使用回风，对送入室内的室外新鲜空气不做处理或仅做简单加热或净化处理，并根据需要对排风进行除尘净化处理后排出或直接排出室外。另外，空调系统与通风系统最大的区别在于空调系统除风系统外还有完整的水系统。

空调系统的压力等级：工作压力$P \leq 500$Pa时为低压系统；工作压力500Pa$< P \leq 1500$Pa时为中压系统；工作压力$P > 1500$Pa时为高压系统。

（一）空调系统的组成

1．空调设备及部件

对空气进行洁净、加热或冷却、加湿或减湿的设备，常用的空调设备及部件有空气加热器（冷却器）、除尘设备、空调器、风机盘管、表冷器、密闭门、挡水板、滤水器、溢水盘、金属壳体、过滤器、净化工作台、风淋室、洁净室、除湿机、人防过滤吸收器等。

2．通风管道

输送空气的专用通道，按形状有圆形和矩形风管，包括主风管和支管。另外，还有诸如附着在风管上的弯头导流叶片、风管检查孔、温度风量测定孔等。

3．通风管道部件

通风管道部件包括调节和控制空气流量、流速等参数的部件、室内空气分配装置及室外排风装置等。常用的通风管道部件有阀门、风口、散流器、百叶窗、风帽、罩类，柔性接口、消声器、静压箱、人防超压自动排气阀、人防手动密闭阀等。

4．风机及冷热源

风机为空调系统提供动力。常用的风机有离心式通风机、离心式引风机、轴流通风机、回转式鼓风机、离心式鼓风机等；冷热源为空调系统提供冷热水。其包括冷水机组、热力机组、冷凝器、蒸发器、中间冷却器、冷却塔等。

（二）空调风系统

空调系统按空气处理设备的布置情况可分为集中式空调系统、半集中式空调系统和全分散式空调系统。

（1）集中式空调系统。集中式空调系统是将所有的空气处理设备（包括过滤器、表冷器、加热器、加湿器、风机和电动机，以上各空气处理设备通常被组合成一个整体式机组，如图4-7所示）都集中在空调机房内，处理后的空气经风管（道）输送分配到各空调房间。

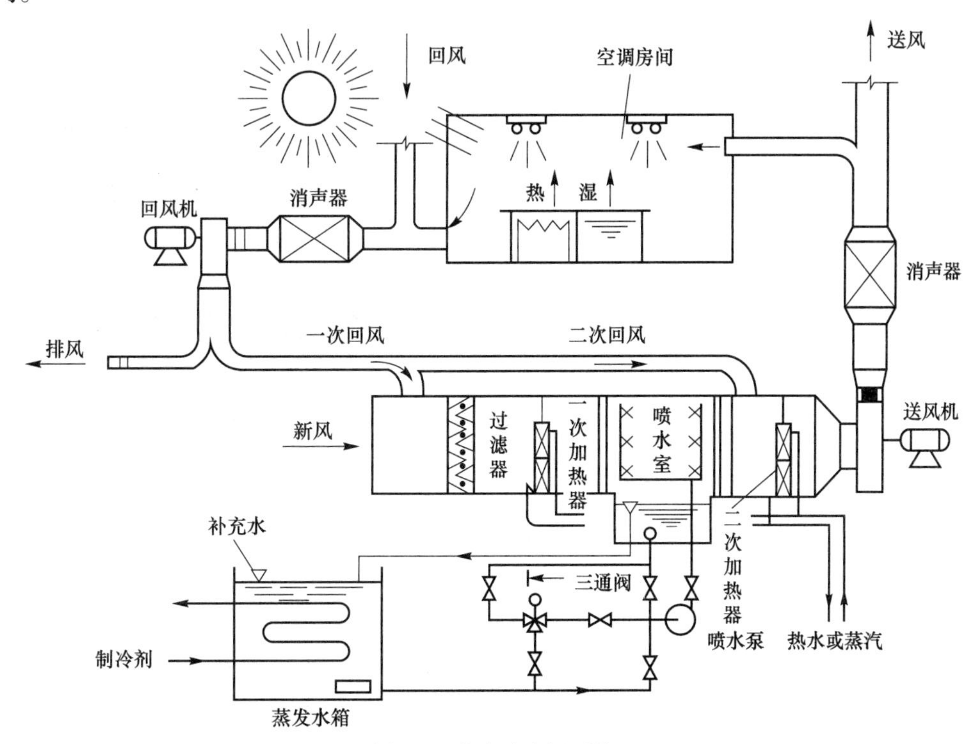

图4-7　集中式空调系统

集中式空调系统的优点是能对室外空气进行集中过滤、加热（或制冷）、加湿或减湿处理，空气处理量大，运行可靠，便于管理和维修；但缺点是机房占地面积大，需要集中的冷源和热源，各空调房间内空气温度、湿度不能单独调节，系统复杂。该系统一般适用于大空间的公共建筑。

（2）半集中式空调系统。半集中式空调系统除设有集中空调机房外，还在空调房间内设有二次空气处理设备（又称为末端装置，如风机盘管、诱导器）。末端装置的作用主要是在空气进入空调房间之前，对来自集中处理设备的空气做进一步补充处理，以适应不同房间对空气温度、湿度的不同要求。风机盘管也可对房间内空气单独处理。

半集中式空调系统的优点是各空调房间内温湿度可根据需要单独调节，空气处理机房面积较小，新风量较小，风管截面较小，利于空间敷设；缺点是水系统布置复杂，宜漏水，运行维护工作量大。其主要适用于层高较低、面积较小的空调房间，如办公楼、宾馆、饭店等。半集中式空调系统如图4-8所示。

（3）全分散式空调系统（也称为局部空调系统）。全分散式空调系统是将空气处理设备、冷热源（即制冷机组和电加热器）和输送设备（风机）集中设置在一个箱体中，组成一个紧凑的空调系统。该系统不需要专用空调机房，可根据需要将空调机组灵活分散地设置在空调房间里。常用的全分散式空调系统有窗式空调器、壁挂式空调机、立柜式空调器等。

全分散式空调系统的优点是空调设备使用灵活，安装方便，可节省风道。缺点是处理风量小、耗电量大、维修难度大、难以确保空调房间空气的新鲜度。其主要用于办公楼、住宅等民用建筑的空气调节，如图4-9所示。

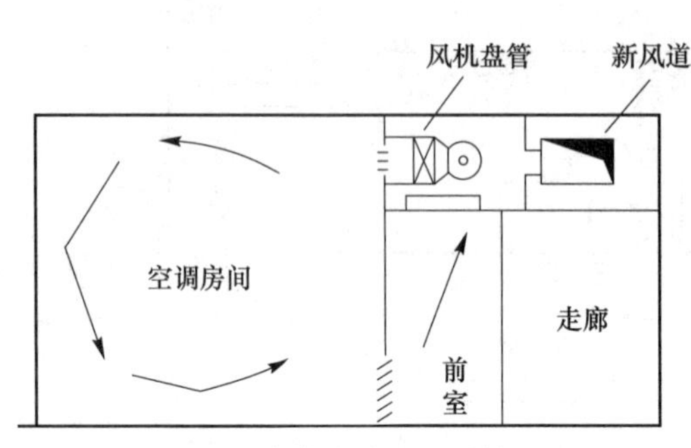

图4-8　半集中式空调系统

图4-9　全分散式空调

（三）空调水系统

空调水系统包括冷（热）水系统、冷却水系统和冷凝水系统。

1．冷（热）水系统

在目前的空调设计中，通常将空调冷冻水系统和热水系统设计成双管制，即管道中夏季输送的是冷冻水（此时双管称为冷冻水供回水管道），冬季输送的是热水（此时双管称为热水供回水管道）。

（1）冷冻水循环系统。该部分由制冷主机、冷冻水循环泵、室内风机及冷冻水管道等组成。其运行原理是：从制冷主机蒸发器流出的低温冷冻水进入供水管道，之后送入室内的空调机，与进入空调机的空气进行热交换，带走房间内的热量，然后流入回水管道，最终由冷冻水循环水泵加压送回主机蒸发器，如此往复循环。空调系统中的冷冻水温度，应经技术经济比较后确定，宜采用如下数值：

空气调节冷水供水温度为5～9℃，一般为7℃；空气调节冷水供回水温差为5～10℃，一般为5℃。冷冻水循环系统如图4-10所示。

（2）热水循环系统。该部分由热源、热水循环泵、室内风机及热水管道等组成。在空调系统中，热水多由锅炉加热得到，也可在换热器中与热媒交换热量得到，也可由太阳能设备加热得到。其运行原理是：由热源产生的热水进入供水管道，之后送入室内的空调机，与进入空调机的空气进行热交换，为房间提供热量，然后流入回水管道，最终由热水循环水泵加压送回热源，如此往复循环。空调系统中的热水温度，应经技术经济比较后确定，宜采用如下数值：

空气调节热水供水温度为40～65℃，一般为60℃；空气调节热水供回水温差为4.2～15℃，一般为10℃。热水循环系统如图4-10所示。

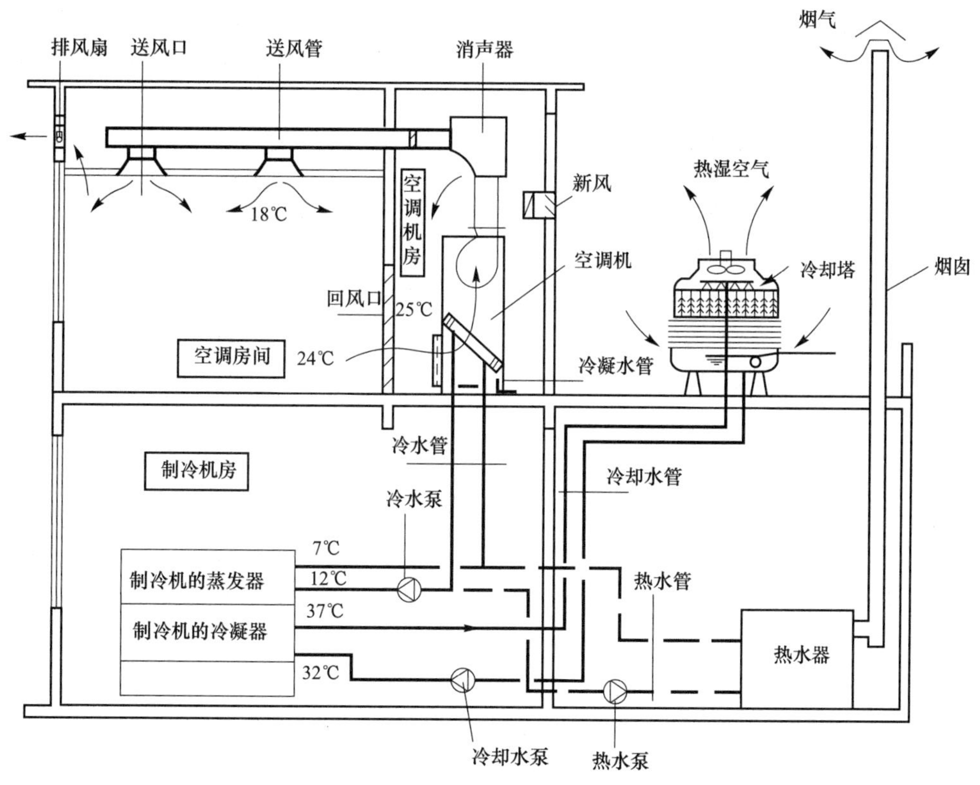

图4-10　空调水系统示意图

2. 冷却水系统

冷却水可使用天然水，如地下水、江河湖泊或水库中的水，如果水经过设备后不会被污染，可综合利用。在现在的空调系统中，冷却水通常由冷却塔制取。冷却水系统由冷却水泵、冷却水管道、冷却塔及冷凝器等组成，冷却塔是冷却水系统的核心部件。其构造如图4-11所示。

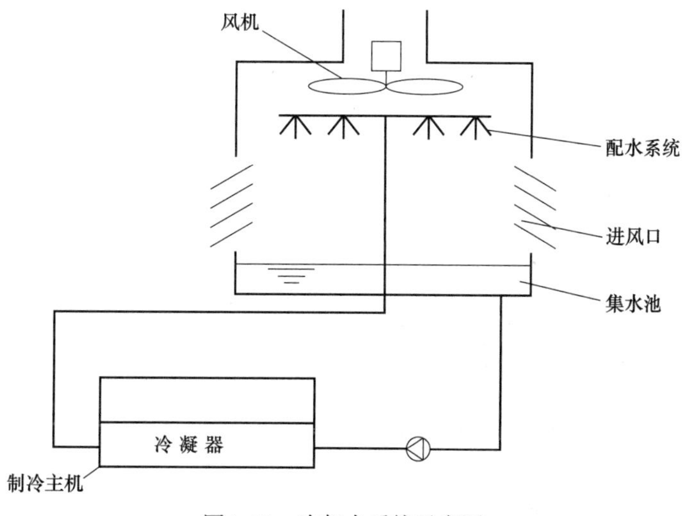

图4-11　冷却水系统示意图

由冷却塔制得的冷却水，在冷却水泵的作用下，沿供水管路送入制冷机，用于冷却制冷机的冷凝器，再沿回水管路回到冷却塔。空气调节冷却水供水温度一般为32℃，空气调节冷却水回水温度一般为37℃。其运行原理是：夏季冷冻水循环系统进行室内热交换的同时，必将带走室内大量的热能。该热能通过制冷主机内的冷媒传递给冷却水，使冷却水温度升高，沿冷却水供水管道送入冷却塔，冷却塔利用配水器喷洒冷却水，使冷却水与风机吸入冷却塔内的空气充分接触进行热交换，降低冷却水的温度，之后进入冷却水回水管道，经冷却水泵升压后送入制冷主机的冷凝器，如此往复循环。

冷却塔应布置在室外通风良好处，如室外绿化带或建筑的屋面上，以保障进风口气流不受影响。摆放处须远离高温、有害气体，同时，也应注意避免冷却塔飘逸水影响周围环境。

3．冷凝水系统

在风机盘管及空气处理器中，夏季由于热空气经过冷盘管时，在盘管表面会有凝结水的产生，这部分水被称为冷凝水，会被收集在机组中的凝水盘中，并依靠冷凝水管路及时排出，以免造成水患。这个系统就是冷凝水系统。

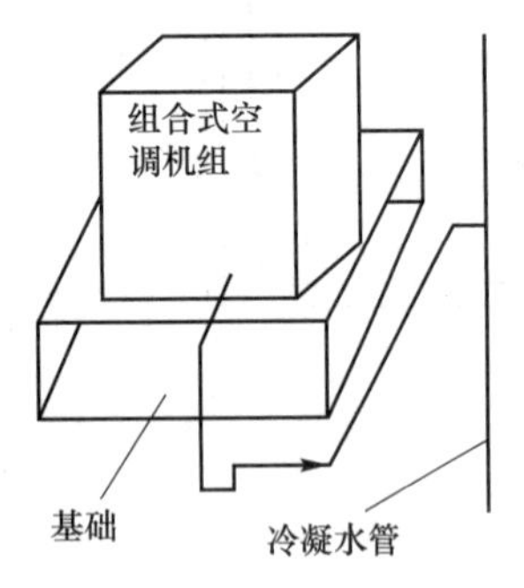

图4-12　冷凝水系统示意图

冷凝水系统中水量不大，故通常不设置水泵，依靠管路自身的坡度，将冷凝水排出，因此，冷凝水通常是就近排出。凝水盘的泄水支管处的坡度不宜小于0.01，而冷凝水的水平干管不应小于0.003。冷凝水管可采用镀锌钢管或PVC管，为避免管道结露影响室内装修，冷凝水管应采取防结露措施。冷凝水系统如图4-12所示。

第二节　通风空调系统常用设备、材料及施工工艺

一、空调设备常用部件及施工工艺

1．空调机组

空调机组是一种对空气进行过滤和冷湿处理并内设风机的装置。常见的有组合式空调机组、整体式空调机组等。

（1）组合式空调机组。

1）组合式空调机组简介。工程上常将各种空气处理设备、风机、消声装置、能量回收装置等分别做成箱式的单元，按空气处理过程的需要将各段组合在一起，称为组合式空调机组，如图4-13所示。其常用功能段有：新回风混合段、中间混合段、过滤段、表冷段、加热段、加湿段、风机段、消声段等。组合式空气处理机组风量一般为2000～160000m^3/h，设计灵活，安装方便，可对空气进行集中处理。

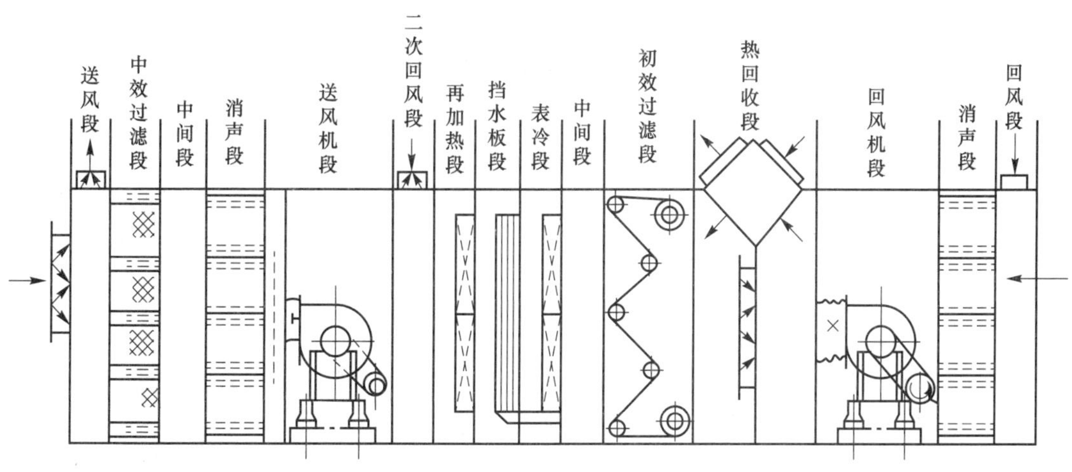

图4-13　组合式空调机组

2）组装式空调机组施工工艺。

① 工艺流程。

② 注意事项。

a．组合式空调机组不宜直接落地安装，其基础应采用混凝土平台，基础的长度及宽度应按照设备尺寸两侧各加100mm确定；如设计无混凝土基础时，应采用型钢制作设备基础。

b．组合式空调机组底座与基础连接可采用地脚螺栓或与基础预埋钢板直接焊接。

c．组合式空调机组要连接冷热水供水管、回水管以及冷凝水管，另外，还要连接新风管、回风管和送风管，连接位置及标高应符合设计要求。

d．风机段电动机、风机与底座连接应采用减振器隔振，进、出风口宜采用软接头连接。

e．单机调试前，应连接好电源。单机调试的内容主要是设备内风机的调试，还应对空调机组内冷凝水进行通水试验，现场组装的组合式空调机组还应进行漏风检测。

组合式空调机组的安装如图4-14所示。

图4-14　组合式空调机组的安装图

（2）整体式空调机组。

1）整体式空调机组简介。整体式空调机组由制冷压缩机、冷凝器、蒸发器、风机、加热器、加湿器、过滤器、自动调节装置和电气控制装置等组成，所有部件都放置于一个箱体内，实现对空气进行热湿处理的功能。新风机组是提供新鲜空气的一种空气调节设备，在室外抽取新鲜的空气经过除尘、除湿（或加湿）、降温（或升温）等处理后通过风机送到室内，替换室内原有的不新鲜空气。整体式空调机组如图4-15所示。

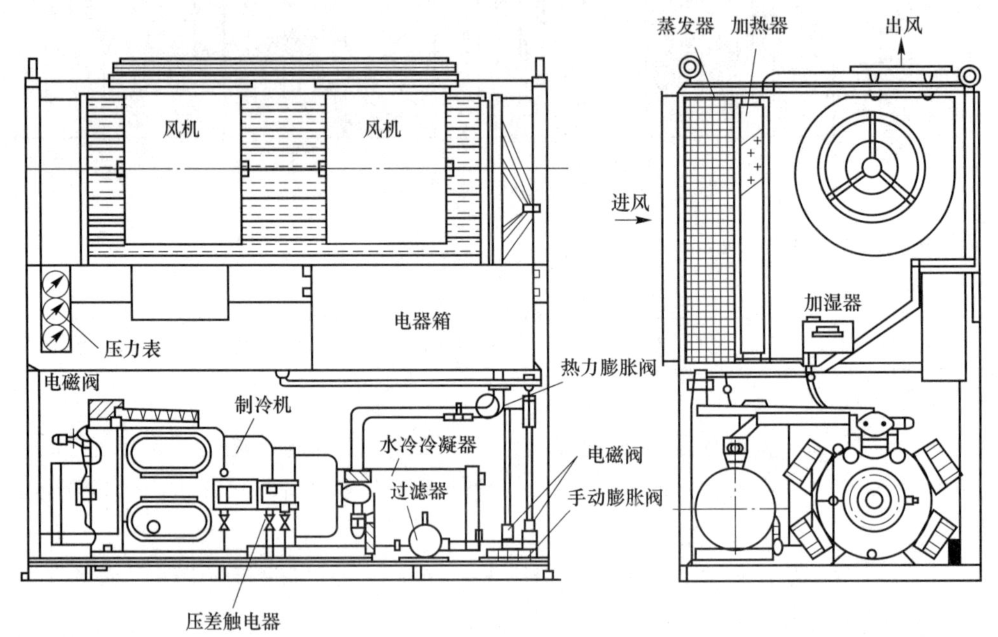

图4-15 整体式空调机组

2）整体式空调机组施工工艺。

① 工艺流程。

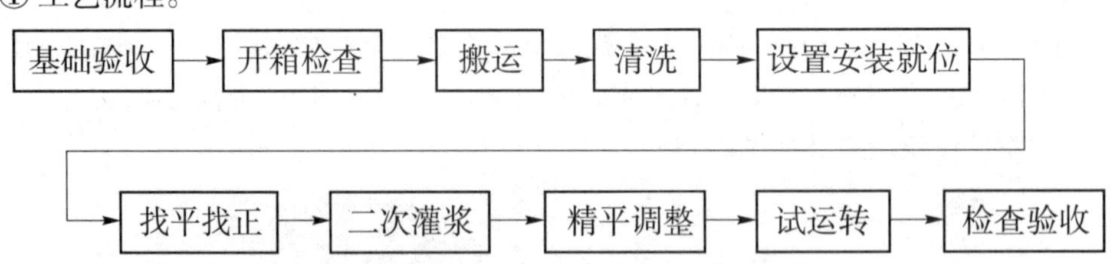

② 注意事项。

a．整体式空调机组安装可分为吊装或落地安装两种方式。机组吊装安装时应保证机组安装平稳，减振吊架牢固可靠，以减少机组运转时的振动。机组安装的坐标位置应正确，并对机组找平找正。

b．整体式空调机组空调机组落地安装时，坐标、位置应准确，采用混凝土基础时基础须达到安装强度，若采用型钢基础，需要校核型钢基础可承载的负荷，基础一般应高出地面100～150mm。

c．空调机组加减振装置时，应严格按设计要求的减振型号、数量和位置进行安装并找平找正。

d．整体式空调机组与冷热水管连接保证严密无渗漏，冷凝水管按设计要求做U形弯水封，保证排水顺畅；整体式空调机组与新风管、回风管、送风管的连接应采用软接头连接。

整体式空调机组吊装如图4-16所示。

图4-16　整体式空调机组的安装图

2．空调器

空调器一般由四部分组成：制冷系统（是空调器制冷降温部分，由制冷压缩机、冷凝器、毛细管、蒸发器、电磁换向阀、过滤器和制冷剂等组成一个密封的制冷循环）、风机系统（是空调器内促使房间空气加快热交换部分，由离心风机、轴流风机等设备组成）、电气系统（是空调器内促使压缩机、风机安全运行和温度控制部分，由电动机、温控器、继电器、电容器和加热器等组成）、箱体与面板（是空调器的框架、各组成部件的支承座和气流的导向部分，由箱体、面板和百叶栅等组成）。

空调器自带送风口与回风口，一般不与空调风管相连，另外，除与冷凝水管相连外，也不与冷热水管相连。

（1）整体式空调器。

1）整体式空调器简介。整体式空调是将所有的零部件都安装在一个箱体内的空调器，又可分为窗式空调器和移动式空调器。按制冷制热方式来分，整体式空调可分为冷风式（单冷）、电热型和热泵型三种。冷风式整体式空调器只有降温、通风、除湿等功能，只用于夏季降温；电热型整体式空调器和热泵型整体式空调器除用于夏季降温外，冬季可用于供热。但它们的供热方式不同，电热型整体式空调器是利用电热丝加热获得热量；而热泵型整体式空调器是利用制冷系统的冷热转换从外界环境获得热量的。

窗式空调器安装在房间的窗台上或墙孔中，接通电源即可使用，其控制开关安装在电器控制面板上。窗式空调器通常有排气门和新风门，可以确保换新风，其制冷剂泄漏的可能性较小。整体式空调器的优点是安装方便、价格便宜；但其缺点是噪声较大，气流组织不很理想。移动式空调器结构与窗式空调器相似，但是省去安装工作，可以在几个房间内移动使用，冷凝器放出的热量通过安装在空调器内水箱中的水来喷淋冷却，然后由一根波纹塑胶管排至室外。窗式空调器的组成如图4-17所示。

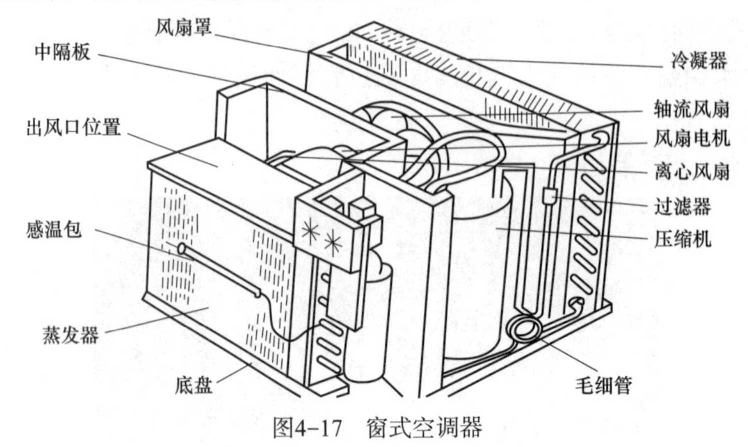

图4-17　窗式空调器

2）整体式空调器施工工艺（以窗式空调器为例）。

① 工艺流程。

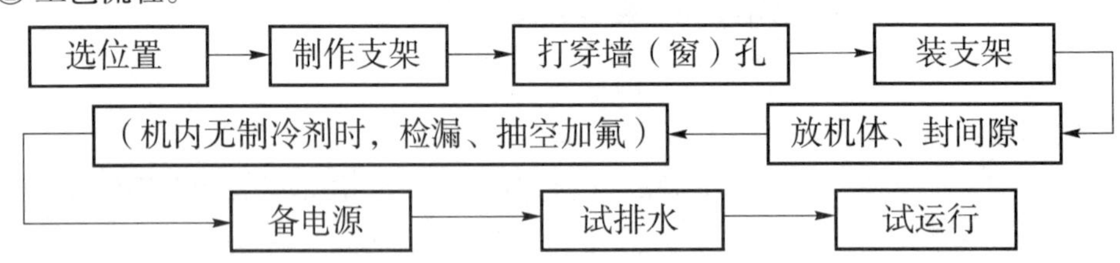

② 注意事项。

a．确定安装位置后，测量空调器的尺寸，并按要求开安装孔。

b．固定安装支架：将附设备带来的安装支架牢固固定在预定安装位置。窗式空调器支架的材料一般为碳钢，成品应经防锈处理，再涂以油漆。空调器安装架一般用30mm×30mm或40mm×40mm的角钢制造。

c．窗式空调器安装宜加垫橡胶防振垫，与窗户连接四周应用密封条封闭，面板平整，并不得倾斜运转时应无明显的窗框振动和噪声。

d．空调器应连接冷凝水管，集中排放。

e．试运行：全部安装结束后可通电进行试运转。窗式空调器一般不需要进行系统的调试，安装人员仅需对声音、功能是否正常进行试验，进出风温差一般大于8℃可视为正常。

窗式空调器安装图如图4-18所示。

（2）分体式空调器。

1）分体式空调器简介。分体式空调器由室内机组和室外机组两部分组成。将噪声较大的压缩机、轴流风扇安装在室外；而电器控制部件和室内换热器等安装在室内机组中，中间通过管路和电线连接。室内机安装位置灵活，可以由一个室外机带多个室内机使用。分体式空调器按室内机的安装形式可分为壁挂式、立柜式、吊顶式、嵌入式等。分体式空调器如图4-19所示。

图4-18　窗式空调器安装图

图4-19　分体式空调器

2）分体式空调器施工工艺。

① 工艺流程。

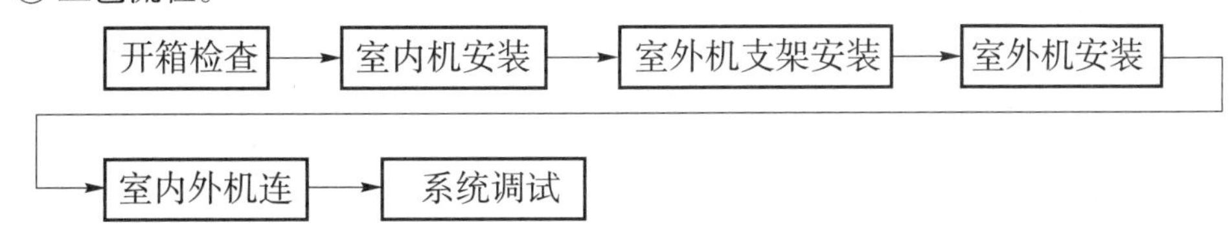

② 注意事项。

a．分体式空调器室内机安装时要注意与墙体之间的预留距离，以方便日后的检修维护。

b．分体式空调器室外机支架用膨胀螺栓或长螺栓固定，室外机通过螺栓与支架相连，同时做好减振减噪措施。在安装室外机时，应选择空气易于流通的位置，出风口选在远离障碍物的位置，以免扩大噪声。

c．分体式空调器室内外机在连接时按照电源线、信号线在上、连接管在中间、水管在下的顺序包扎排水管接口要使用密封材料密封，且任何位置不得弯曲。

d．安装完毕后，须对空调器进行检查调试并且满足相关标准与要求。

分体式空调安装如图4-20所示。

（a）室内机

（b）室外机

图4-20　分体式空调器安装图

3．风机盘管

（1）风机盘管简介。风机盘管是中央空调理想的末端产品，广泛应用于宾馆、办公楼、医院、商住、科研机构。为满足不同场合的设计选用，风机盘管种类有卧式暗装（带回风箱）风机盘管、卧式明装风机盘管、立式暗装风机盘管、立式明装风机盘管及壁挂式风机盘管等多种。

风机盘管机组主要由低噪声电机、盘管等组成。风机盘管主要依靠风机的强制作用，将室内空气或室外混合空气通过冷水（热水）盘管进行冷却或加热后送入室内，迅速使室内气温降低或升高，以满足人们的舒适性要求。另外，为了保证空调房间的新风量的需求，通常需要另设新风系统。卧式风机盘管构造如图4-21所示。

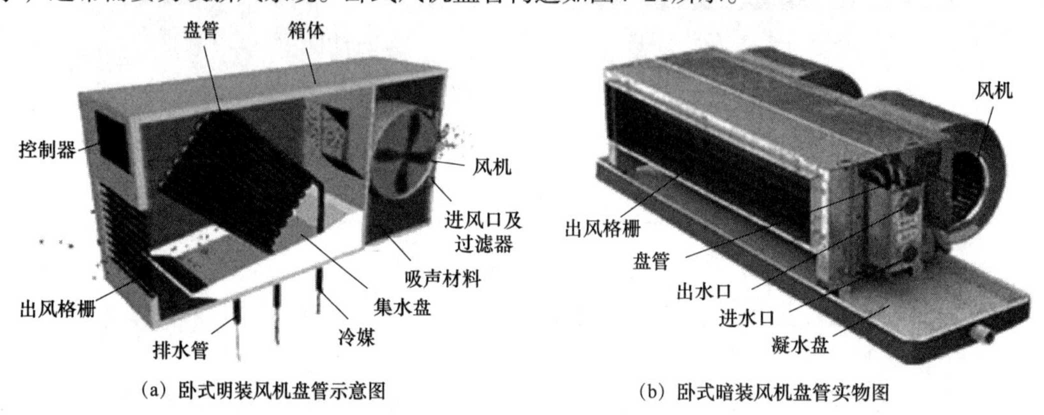

(a) 卧式明装风机盘管示意图　(b) 卧式暗装风机盘管实物图

图4-21　卧式风机盘管构造

（2）风机盘管施工工艺。

1）工艺流程。

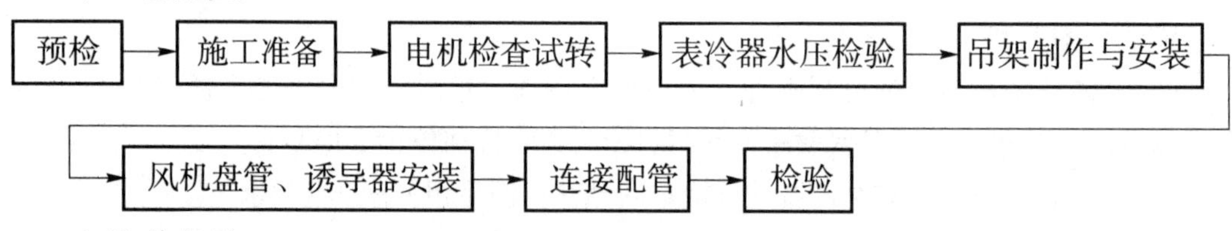

2）注意事项。

① 风机盘管安装前应进行单机三速试运转及水压试验。试验压力为系统工作压力的1.5倍，不漏为合格。

② 风机盘管的支、吊架应做好除锈防腐，安装点应便于拆卸和维修。卧式吊装风机盘管的吊架安装应平整牢固，位置正确，吊杆不应有摆动，吊杆与托盘相连应用双螺母紧固，吊顶应留有活动检查门，便于机组能整体拆卸和维修。

③ 与风机盘管连接的冷热供回水管，应按下供上回的方式接管，以提高空气处理的热工作性能，供、回水阀门靠近风机盘管安装。与风机盘管连接的冷凝水管应坡向排水管，坡度不小于8‰，防止造成冷凝水盘内的积水外溢。所有水管应采用金属软管与风机盘管相连。

④ 风机盘管的冷量一般采用风量调节，也可以采用水量调节。可在盘管回水管上安装电动二通（或三通）阀，通过室温控制器控制阀门的开启，从而调节风机盘管的供冷（热）量。

⑤ 风机盘管与送风管、回风室及风口连接处应严密，需要设置软管接口。

卧式风机盘管安装如图4-22和图4-23所示。

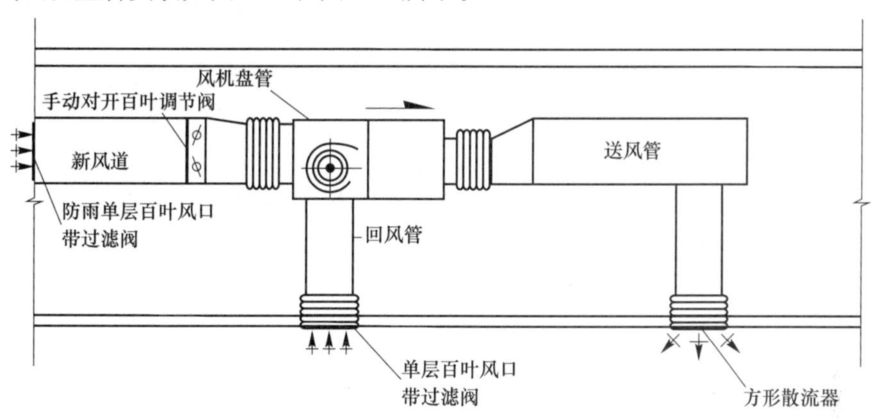

图4-22　卧式风机盘管风管接管示意图

图4-23　卧式风机盘管水管连接图

4. 空气加热器、冷却器

（1）空气加热器。空气加热器是将空气进行加热处理的设备。其可分为抽屉式电加热和表面式加热器两种。抽屉式电加热器是使电流通过电阻丝发热来加热空气的设备，具有结构紧凑、加热均匀、热量稳定、控制方便等优点。由于电费较贵，通常只用于加热量较小的空调机组中。表面式加热器是通过加热器的金属表面与空气进行热湿交换而不直接和被处理的空气接触。空气加热器如图4-24所示。

（2）空气冷却器。空气冷却器是将空气进行冷却处理的设备。其可分为表面式冷却器和喷水室。表面式空气冷却器其结构与表面式加热器相同，只是以冷冻水或制冷剂作为冷媒。喷水室中水与空气直接接触，喷入不同温度的水，可以实现对空气的加热、冷却、加湿和减湿。喷水室处理空气的主要优点是能够实现对空气做多种处理，冬、夏季可以共用一套空气处理设备，具有一定的净化空气的能力，金属耗量小，容易加工制作；缺点是对水质条件要求高、占地面积大、水系统复杂、耗电较多。在空调房间的温度、湿度要求较高的场合，如纺织厂等艺性空调系统中，得到了广泛的应用。空气冷却器构造如图4-25所示。

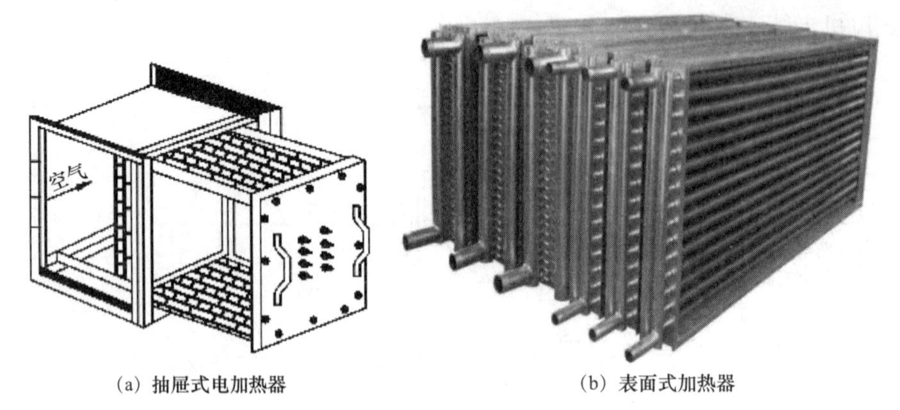

(a) 抽屉式电加热器　(b) 表面式加热器

图4-24　空气加热器

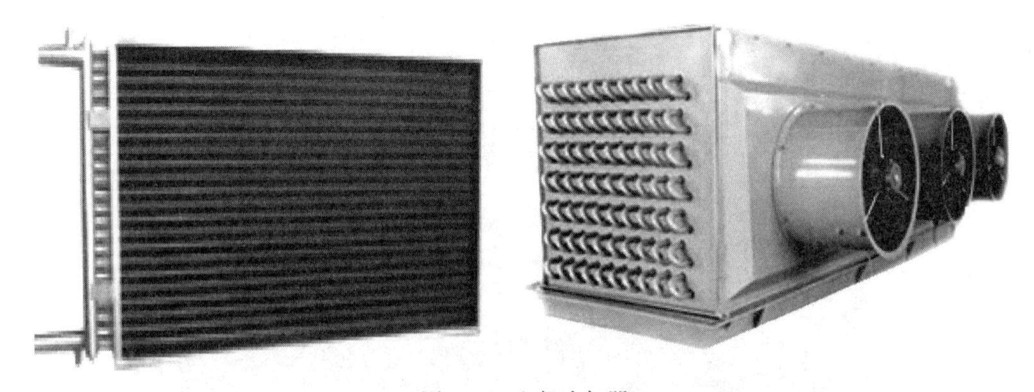

图4-25　空气冷却器

二、通风管道常用材料及施工工艺

1. 通风管道常用材料

通风管道是通风系统的重要组成部分，其作用是输送气体。根据制作所用的材料不同可分为金属材料和非金属材料两种。

（1）金属材料。

1）普通薄钢板。普通薄钢板又称“黑铁皮”，厚度为0.5～1.5mm，结构强度较高，具有良好的加工性能，价格便宜，但表面易生锈，使用时应做防腐处理，如图4-26所示。

2）镀锌薄钢板。镀锌薄钢板又称“白铁皮”，厚度为0.5～1.5mm，是在普通薄钢板表面镀锌而成，既具有耐腐蚀性能，又具有普通薄钢板的优点，广泛应用于一般的通风空调系统中，如图4-27所示。

图4-26　普通薄钢板

图4-27　镀锌薄钢板

3）不锈钢钢板。在普通碳素钢中加入铬、镍等惰性元素，经高温氧化形成一个致密的氧化物保护层，这种钢就称“不锈钢”。不锈钢钢板具有防腐、耐酸、强度高、韧性大、表面光洁等优点，但价格高，常用在化工等防腐要求较高的通风系统中，如图4-28所示。

4）铝板。铝板的塑性好、易加工、耐腐蚀，由于铝在受摩擦时不产生火花，故常用在有防爆要求的通风系统上，如图4-29所示。

5）塑料复合板。在普通薄钢板表面上喷一层0.2～0.4mm厚的塑料层，使之既具有塑料的耐腐蚀性能，又具有钢板强度大的性能，常用在−10～70℃温度下的耐腐蚀通风系统上，如图4-30所示。

图4-28　不锈钢钢板

图4-29　铝板

图4-30　塑料复合板

（2）非金属材料。

1）玻璃钢板。玻璃钢是由玻璃纤维和合成树脂组成的一种新型材料。它具有质轻、强度高、耐腐蚀、耐火等特点，广泛应用在纺织、印染等含有腐蚀性气体以及含有大量水蒸气的排风系统上，如图4-31所示。

2）塑料风管。塑料风管以硬聚氯乙烯树脂为原料，掺入稳定剂、润滑剂等配合后用挤压机连续挤压成型。其适用范围是洁净室及含酸碱的排风系统，塑料风管耐温性较低，不宜用于输送热介质和剧毒性介质，如图4-32所示。

3）砖、混凝土风道。采用混凝土、砖等材料砌筑而成，用于空气流通的通道。常用于正压送风、消防排烟系统，如图4-33所示。

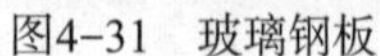
图4-31　玻璃钢板

图4-32　塑料风管

图4-33　风道

2. 碳钢通风管道施工工艺

（1）碳钢通风管道的连接。碳钢通风管道的连接方式有咬口连接、焊接、铆接及无法兰连接等，见表4-1。

表4-1　金属风管的咬接或焊接界限

<table>
<tr><th rowspan="2">板厚/mm</th><th colspan="4">材质</th></tr>
<tr><th>镀锌钢板</th><th>普通钢板</th><th>不锈钢板</th><th>铝板</th></tr>
<tr><td>$\delta \leqslant 1.0$</td><td rowspan="2">咬口连接</td><td rowspan="2">咬口连接</td><td>咬口连接</td><td rowspan="2">咬口连接</td></tr>
<tr><td>$1.0 < \delta \leqslant 1.2$</td><td rowspan="3">氩弧焊及电焊</td></tr>
<tr><td>$1.2 < \delta \leqslant 1.5$</td><td>咬口连接或铆接</td><td rowspan="2">电焊</td><td>铆接</td></tr>
<tr><td>$\delta > 1.5$</td><td>焊接</td><td>气焊或氩弧焊</td></tr>
</table>

1）咬口连接。咬口连接适用于厚度$\delta \leqslant 1.2$mm的薄钢板、铝板，$\delta \leqslant 1.0$mm的不锈钢钢板。

① 单平咬口：主要用于板材的拼接和圆形风管的闭合缝。

② 单立咬口：用于圆形弯管或直管的管节咬口。

③ 转角咬口：用于矩形风管、弯管、三通及四通的转角缝连接，多用于手工咬口。

④ 联合咬口：用于矩形风管、弯管、三通及四通的转角缝连接。

⑤ 按扣式咬口：用于矩形风管的转角闭合缝，漏风量大，铝板风管不采用。

咬口连接的工艺流程如下：

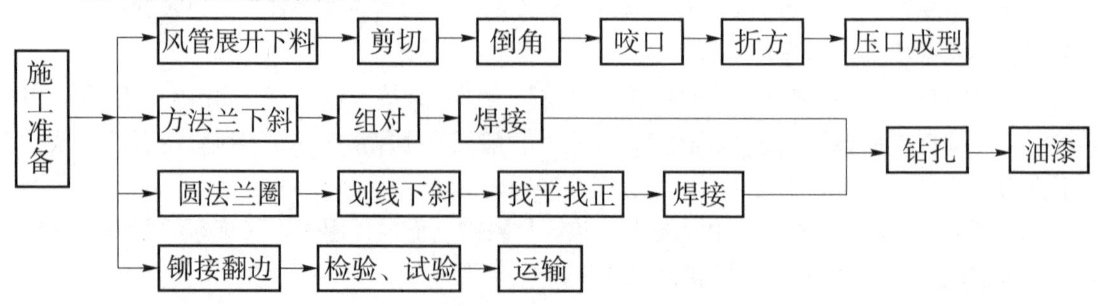

2）焊接连接。焊接连接适用于厚度$\delta>1.2$mm的薄钢板，$\delta>1.5$mm的铝板，$\delta>1.0$mm的不锈钢钢板。电焊用于厚度$\delta>1.2$mm的薄钢板焊接，气焊用于厚度为0.8～3mm钢板的焊接。

焊接连接的工艺流程如下：

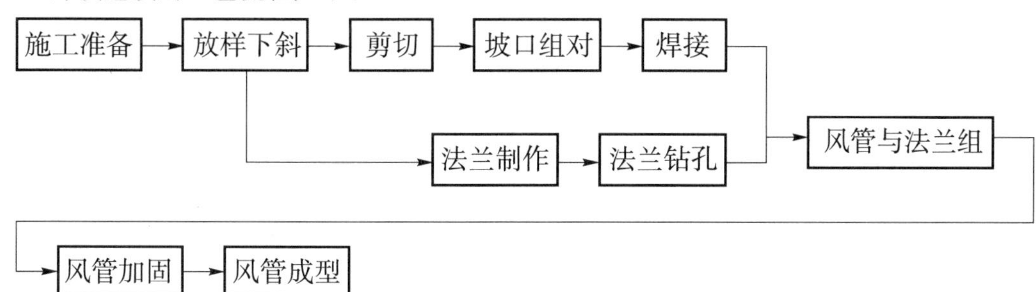

3）无法兰连接。无法兰连接有抱箍连接、承插连接、插条式连接等形式，如图4-34所示。

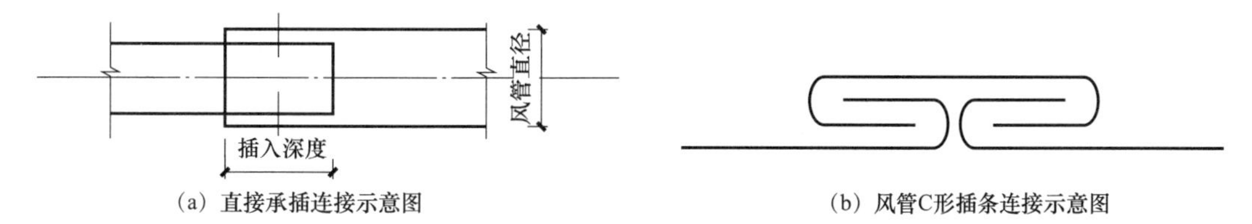

（a）直接承插连接示意图　（b）风管C形插条连接示意图

图4-34　无法兰连接形式

无法兰连接的工艺流程如下：

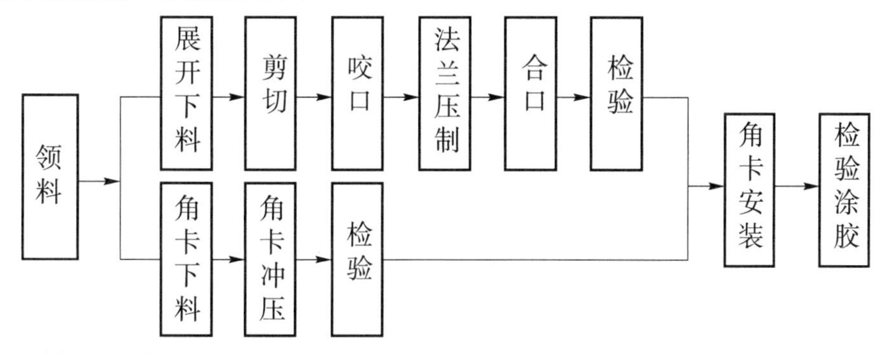

（2）碳钢通风管道的安装。

1）工艺流程。

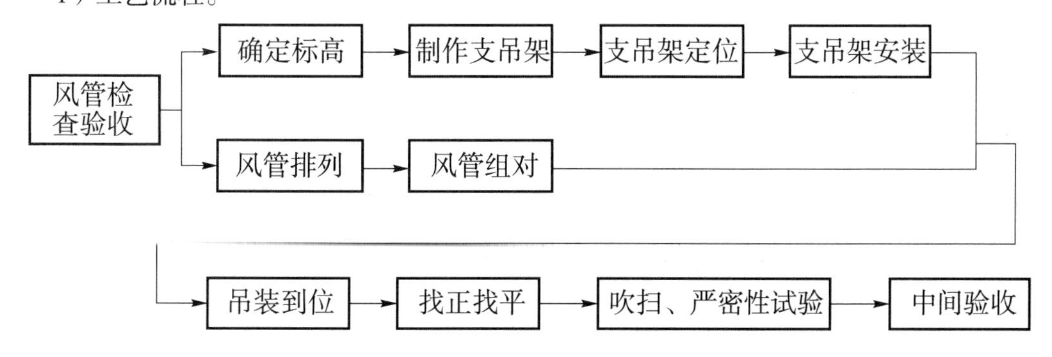

2）风管安装要点。

① 风管支、吊架的焊接应外观整洁漂亮，要保证焊透、焊牢；吊杆圆钢应根据风管安装标高适当截取。

② 风管支、吊架制作完成后，应进行除锈刷漆。埋入墙、混凝土的部位不得刷油漆。

③ 用于不锈钢、铝板风管的支架、抱箍应按设计要求做好防腐绝缘处理，防止电化学腐蚀。

④ 保温风管的支、吊架装置应放在保温层外部，保温风管不得与支、吊、托架直接接触，应点上坚固的隔热防腐材料，其保温度与保温层相同，防止产生“冷桥”。

⑤ 风管的支架形式如图4-35所示。

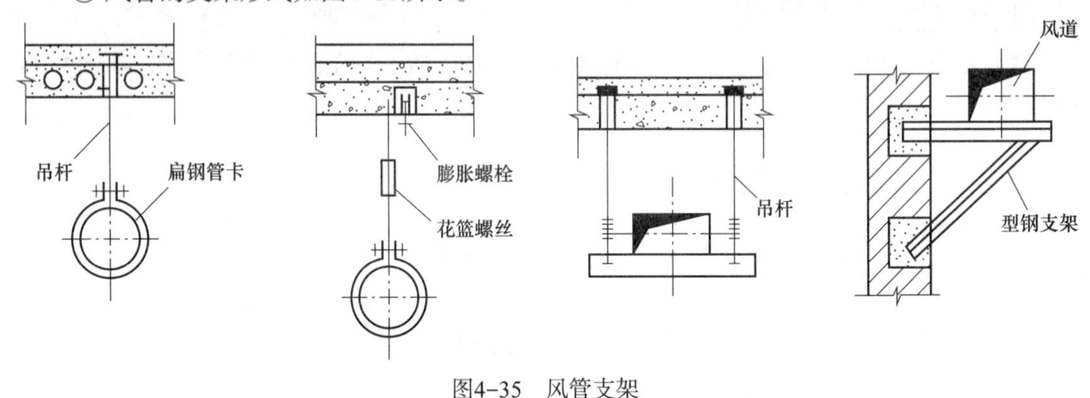

图4-35　风管支架

3）风管的试验。风管制作完成后，进行强度和严密性试验，对其工艺性能进行监测和验证。

① 风管的强度应能满足在1.5倍工作压力下接缝处无开裂。

② 风管的漏光检查。一般采用漏光法检测系统风管严密程度，采用一定强度的安全光源沿着被检测接口部位与接缝做缓慢移动，在另一侧进行观察，做好记录。对发现的条形缝漏光应做严密处理。

③ 风管的漏风检查。系统漏风量测试可以整体或分段进行。测试时，被测系统的所有开口均应封闭，不应漏风。当漏风量超过设计和验收规范要求时，可用听、摸、观察、水或烟检漏，查出漏风部位，做好标记；修补完成后，重新测试，直至合格。

三、通风管道常用部件及施工工艺

1. 通风管道常用部件

（1）风阀。

1）对开式密闭多叶调节阀：主要用于大断面风管，起控制和调节作用。其有手动和电动两种。电动多叶调节阀多安装在新风机组的新风进风处。对开式密闭多叶调节阀如图4-36所示。

2）蝶阀：主要用于小断面风管，起控制和调节作用，一般多安装在进入空调房间的支风道上。这种阀门只要改变阀板的转角就可以调节风量，操作起来很简便。蝶阀如图4-37所示。

图4-36　对开式密闭多叶调节阀

图4-37　蝶阀

3）三通调节阀：矩形三通管或裤衩管处适用于合理配置分支管路的风量，如图4-38所示。

4）插板阀：多用于离心式风机出口处，作为风机启动用，很少用于通风空调管道上。通过拉动手柄来调整插板的位置即可改变风道的空气流量。其调节效果好，但占用空间大，如图4-39所示。

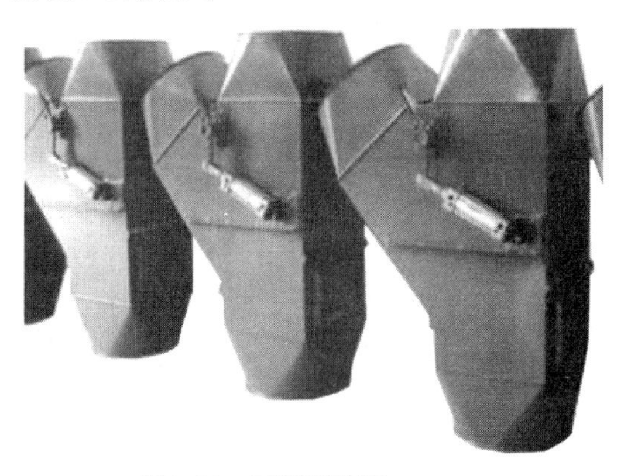

图4-38　三通调节阀

图4-39　插板阀

5）止回阀：其作用是当风机停止运转时，可阻止气流逆向流动，有垂直式和水平式两种。止回阀必须动作灵活，阀板关闭严密。止回阀只有控制功能，如图4-40所示。

6）防火阀：其作用是当发生火灾时，能自动关闭管道，切断气流，防止火灾通过风管蔓延。防火阀是高层建筑空调系统中不可缺少的部件，高级的防火阀可通过风道内的感烟探测器控制，在发生火灾时，可实现瞬时自行关闭。防火阀只有控制功能，如图4-41所示。

7）排烟阀：安装在机械排烟系统各支管端部，平时呈关闭状态并满足漏风量要求，火灾或需要排烟时手动和电动打开，排出室内烟气。排烟阀只有控制功能，如图4-42所示。

图4-40　止回阀　　图4-41　防火阀　　图4-42　排烟阀

（2）风口。风口可分为送风口和回风口。送风口的形式很多，典型的主要有侧送风口、散流器、孔板送风口、喷射式送风口、旋流送风口、条形送风口等。回风口对室内气流组织的影响较小，因而构造简单。常用的回风口有矩形网式、百叶风口、条缝风口等。下面介绍几种常用的风口：

1）百叶送风口：一般用于侧向送风方式的系统中。其可分为单层、双层、三层百叶风口。

① 单层百叶风口：用于精度要求不高的空调工程，也可后面加过滤网做回风口用，如图4-43所示。

② 双层百叶风口：用于精度要求较高的空调工程，常做风机盘管的送风口，如图4-44所示。

图4-43　单层百叶风口

图4-44　双层百叶风口

③ 三层百叶风口：叶片可调节风量和送风方向和射流扩散角，用于高精度空调工程。

2）散流器送风口：散流器是空调系统中常用的送风口、具有均匀散流特性及简洁美观的外形，可根据使用要求制成方形或圆形；根据散流器叶片形式还可以分为直片式和流线型。

① 直片式散流器：适用于舒适性空调的顶送风系统，如图4-45所示。

② 流线型散流器：适用于恒温或洁净度要求高的房间顶送风系统，如图4-46所示。

图4-45　直片式散流器

图4-46　流线型散流器

3）条缝型风口：适用于舒适性空调，常用作风机盘管、诱导器的送风口，如图4–47所示。

4）孔板送风口：适用于高精度、低流速的洁净式空调系统送风，如图4–48所示。

图4–47　条缝型风口

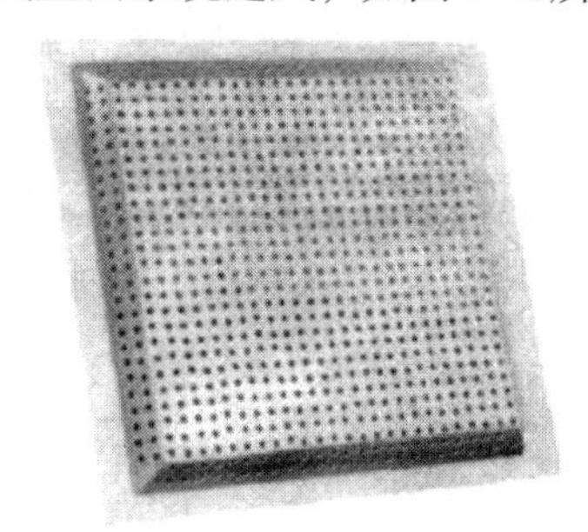

图4–48　孔板送风口

5）蛋格式风口：多作为回风口使用，如图4–49所示。

6）固定百叶风口：主要用于卫生间的回风口，如图4–50所示。

图4–49　蛋格式风口

图4–50　固定百叶风口

7）自垂式百叶风口：自垂式百叶风口用于具有正压的空气调节房间自动排气，通常情况下靠风口的百叶自重而自然下垂，隔绝室内外的空气交换，当室内气压大于室外气压时，气流将百叶吹开而向外排气，反之室内气压小于室外气压时，气流不能反向流入室内，该风口有单向止回作用。多用于卫生间通风排气及楼梯间正压送风，如图4–51所示。

8）旋流风口：送风经旋流叶片形成旋转射流，送风气流与室内空气混合好，速度衰减快。这种送风口很适合于要求送风射程短的体育馆看台及电子计算机房的地面送风，如图4–52所示。

图4–51　自垂式百叶风口

图4–52　旋流风口

（3）风帽。风帽在自然排风、机械排风系统中经常使用，安装在室外，是通风系统的末端设备，主要作用是防止雨雪直接灌入系统风道内，同时，可以适应由于风向的变化而影响排风效果，并保证气体排出口处形成负压而使得气体顺利排出。风帽就是利用室外风力在风帽处形成负压而加强排风能力的一种辅助设备。

风帽按形状可分为伞形风帽、圆形风帽、筒形风帽等类型；按材质可分为碳钢风帽、不锈钢风帽、塑料风帽、铝板风帽、玻璃钢风帽等类型，如图4-53所示。

(a) 伞形风帽　(b) 圆形风帽　(c) 筒形风帽

图4-53　各种风帽

（4）消声器。消声器的构造形式很多，按消声的原理主要有以下几类：

1）阻性消声器。阻性消声器是将多孔松散的吸声材料固定在气流管道内壁，当声波传播时，将激发材料孔隙中的分子振动，由于摩擦阻力的作用，使声能转化为热能而消失，起到消减噪声的作用，如图4-54（a）所示。这种消声器对于高频和中频噪声有良好的消声性能，但对低频噪声的消声性能较差。其适用于消除空调通风系统及以中高频噪声为主的各种空气动力设备噪声。

2）抗性消声器。如图4-54（b）所示，气流通过截面突然改变的风道时，将使沿风道传播的声波向声源方向反射回去而起到消声作用。这种消声器对低频噪声有良好的消声作用。

3）共振消声器。如图4-54（c）所示，小孔处的空气与共振腔内的空气构成一个弹性振动系统。当外界噪声的振动频率与该弹性振动系统的固有频率相同时，引起小孔处的空气柱强烈摩擦，声能就因克服摩擦阻力而消耗。这种消声器有消除低频噪声的性能，但频率范围很窄。

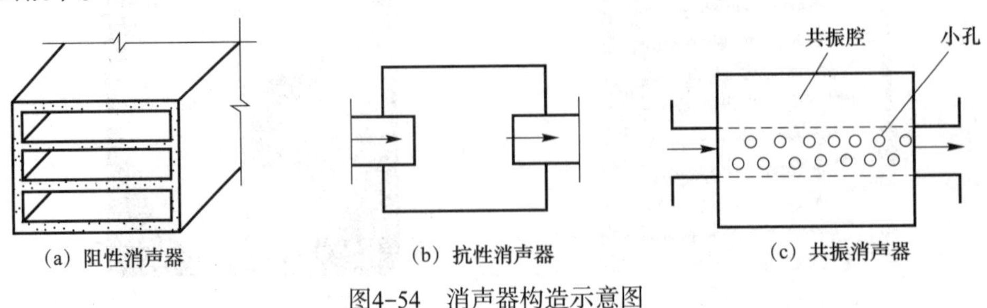

(a) 阻性消声器　(b) 抗性消声器　(c) 共振消声器

图4-54　消声器构造示意图

4）宽频带复合式消声器。宽频带复合式消声器是上述几种消声器的综合体，以便集中它们各自的性能特点以弥补单独使用时的不足。如阻、抗复合式消声器和阻性、共振复合消声器等。这些消声器对于高中低频噪声均有良好的消声作用。

（5）软管接口。为了防止风机的振动通过风管传到室内引起噪声，常在通风机的入口和出口处装设柔性短管，长度为150～200mm。一般通风系统的柔性短管都用帆布做成，输送腐蚀性气体的通风系统用耐酸橡皮或0.8～1.0mm厚的聚氯乙烯塑料布制成，如图4-55所示。

图4-55　软管接口

2. 常用部件施工工艺

（1）风阀安装。

1）工艺流程。

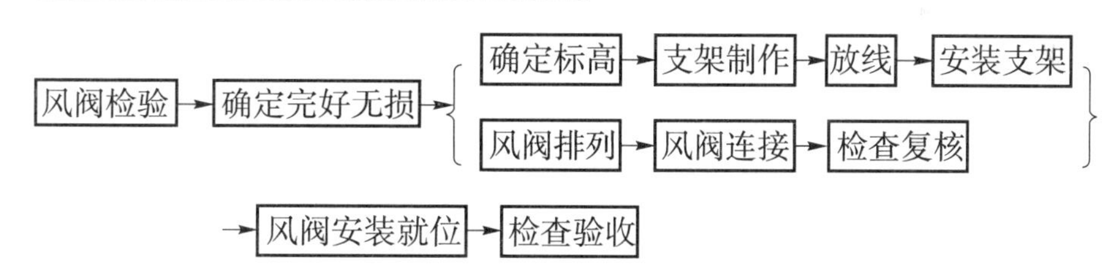

2）注意事项。

① 风阀安装前应检查框架结构是否牢固，调节、制动、定位等装置是否准确灵活。

② 风阀的安装通风管的安装，将其法兰与风管或设备的法兰对正，加上密封垫片，上紧螺栓，使其与风管或设备连接牢固、严密。

③ 风阀安装时，应使阀件的操纵装置便于人工操作。其安装的方向应与阀体外壳标注的方向一致。

④ 安装完的风阀，应在阀体外壳上有明显和准确的开启方向、开启程度的标志。

⑤ 防火阀直径或长边尺寸大于630mm时应设置单独的支架，以防风管在高温下变形影响阀门的功能。易熔片应设置在迎面的一侧。有左式和右式之分，如图4-56所示。

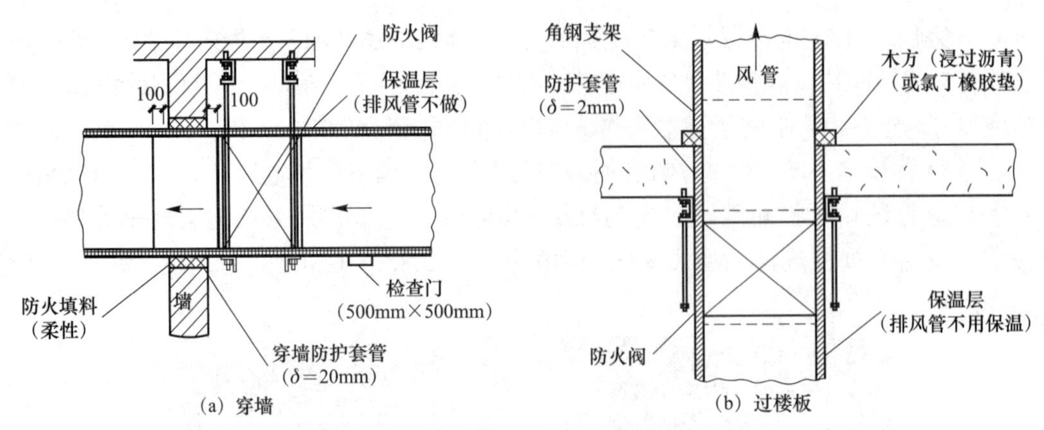

（a）穿墙　　（b）过楼板

图4-56　防火阀安装示意图

（2）风口制作安装。

1）工艺流程。

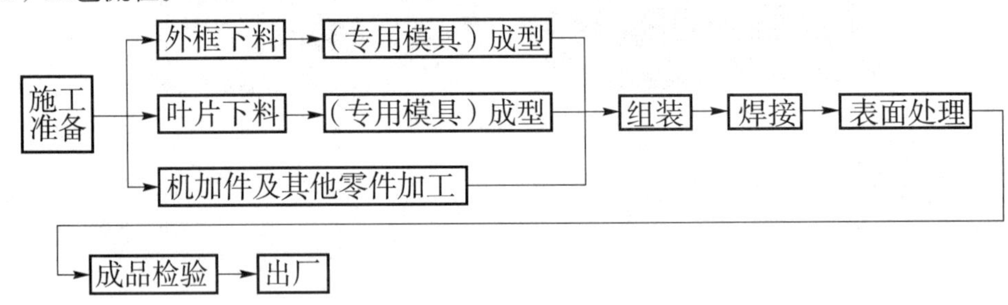

2）注意事项。

① 风口安装应横平、竖直、严密、牢固、表面平整。

② 带风量调解阀的风口安装时，应先安装调解阀框，后安装风口的叶片框。同一方向的风口，其调节装置应设在同一侧。

③ 散流器风口安装时，应注意风口预留空洞要比喉口尺寸大，留出扩散板的安装位置。散流器的扩散环和调节环应同轴，轴向环片间距应分布均匀。

④ 孔板风口的孔口不应有毛刺，孔径一致，孔距均匀，并应符合设计要求。

⑤ 球形风口内外球面间的配合应松紧适度、转动自如、定位后无松动。

⑥ 排烟口与送风口的安装部位应符合设计要求，与风管或混凝土风道的连接应牢固、严密。

⑦ 旋转式风口活动件应轻便灵活，与固定框接合严密，叶片角度调节范围应符合设计要求。

（3）消声器制作安装。

1）工艺流程。

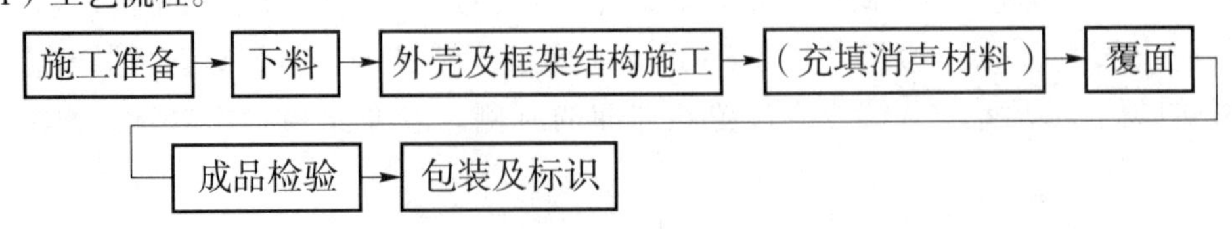

2）注意事项。

① 消声弯管的平面边长大于800mm时，应加设导流吸声片。导流吸声片表面应平滑、圆弧均匀、与弯管连接紧密牢固，不得有松动现象。

② 消声器、消声弯头等在安装时应单独设支、吊架，使风管不承受其重量。

③ 消声器的安装方向必须正确，与风管或管件的法兰连接应保证严密、牢固。

④ 支、吊架应根据消声器的型号、规格和建筑物的结构情况，按照国标或设计图纸的规定选用。消声器在安装前应检查支、吊架等固定件的位置是否正确，预埋件或膨胀螺栓是否安装牢固、可靠。支、吊架必须保证所承担的荷载。

⑤ 当空调系统为恒温，要求较高时，消声器外壳应与风管同样做保温处理。

⑥ 消声器安装就位后，应加强管理，采取防护措施。严禁其他支、吊架固定在消声器法兰及支、吊架上。

四、风机及冷热源施工工艺

1. 风机施工工艺

根据风机的作用原理可将风机分为离心式、轴流式和贯流式三种。通风工程中大量使用的是离心式和轴流式两种。

（1）离心式风机。离心式风机结构如图4-57（a）所示，由叶轮、机壳、风机轴、进气口、排气口、电机等组成。当叶轮在电动机带动下随风机轴一起高速旋转时，叶片间的气体在离心力作用下由径向甩出，同时，在叶轮的吸气口形成真空，外界气体在大气压力作用下被吸入叶轮内，以补充排出的气体，由叶轮甩出的气体进入机壳后被压向风道，如此源源不断地将气体输送到需要的场所。

（2）轴流式风机。轴流式风机机构如图4-57（b）所示，主要由叶轮、外壳、电动机和支座等部分组成。轴流风机叶轮与螺旋桨相似，当电动机带动它旋转时，空气产生一种推力，促使空气沿轴向流入圆筒形外壳，并沿机轴平行方向排出。

(a) 离心式风机

(b) 轴流式风机

图4-57　风机

轴流式风机产生的风压较小，很适合无须设置管道的场合以及管道的阻力较小的通风系统，而离心式风机常用在阻力较大的系统中。

（3）风机施工工艺。

1）工艺流程。

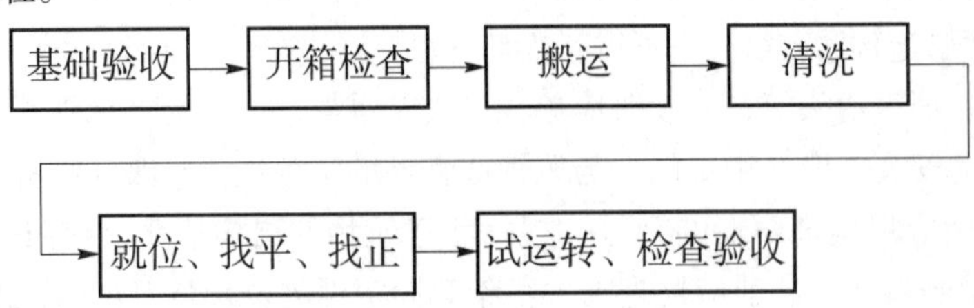

2）注意事项。

① 风机安装前应根据设计图纸对设备基础进行全面检查，坐标、标高及尺寸应符合设备安装要求。风机安装前，应在基础表面铲出麻面，以使二次浇灌的混凝土或水泥能与基础紧密结合。

② 风机安装前，应将轴承、传动部位及调节机构进行拆卸、清洗，使其转动灵活。用煤油或汽油清洗轴承时严禁吸烟或用火，以防发生火灾。

③ 整体安装的风机，搬运和吊装的绳索不得捆绑在转子和机壳或轴承盖的吊环上。风机吊至基础上后，有垫铁找平，垫铁一般应放在地脚螺栓两侧，斜垫铁必须成对使用。风机安装好后，同一组垫铁应点焊在一起，以免受力时松动。

④ 风机安装在无减振器的支架上时，应垫上4～5mm厚的橡胶板，找平找正后固定牢固。

⑤ 风机安装在有减振器的机座上时，地面要平整，各组减振器承受的荷载压缩量应均匀，不偏心，安装后采取保护措施，防止损坏。

⑥ 通风机出口的接出风管应顺叶轮旋转方向接出弯管。在现场条件允许的情况下，应保证出口至弯管的距离A大于或等于风口出口长边尺寸1.5～2.5倍（图4-58）。如果受现场条件限制达不到要求，应在弯管内设导流叶片弥补。

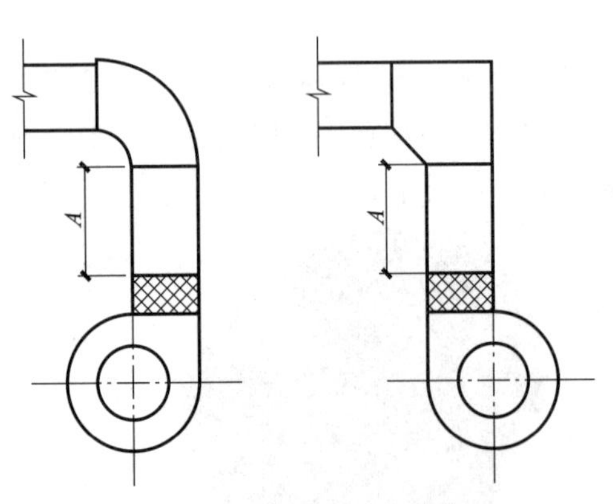

图4-58　通风机接出风管弯管示意图

⑦ 风机试运转：经过全面检查，手动盘车，确认供应电源相序正确后方可送电试运转，运转前轴承箱必须加上适当的润滑油，并检查各项安全措施；叶轮旋转方向必须正确；在额定转速下试运转时间不得少于2h。运转后，在检查风机减振基础又无位移和损坏现象，做好记录。

⑧ 减少系统噪声的措施主要有以下几项：

a．选用低噪声风机，并尽量使其工作点接近最高效率点。

b．电动机与风机的传动方式最好用直接传动，如不可能，则采用带式传动。

c．适当降低风道中空气流速，对一般消声要求的系统，主风道中的流速不宜超过8m/s，有严格消声要求的系统不宜超过5m/s。

d. 将风机安在减振基础上，并且进、出口与风道之间采用柔性连接（软接）。

e. 在空调机房内和风道中粘贴吸声材料，以及将风机安装在单独的小室内等。

2. 冷热源施工工艺

（1）制冷机组。制冷机组接管示意图如图4-59所示。

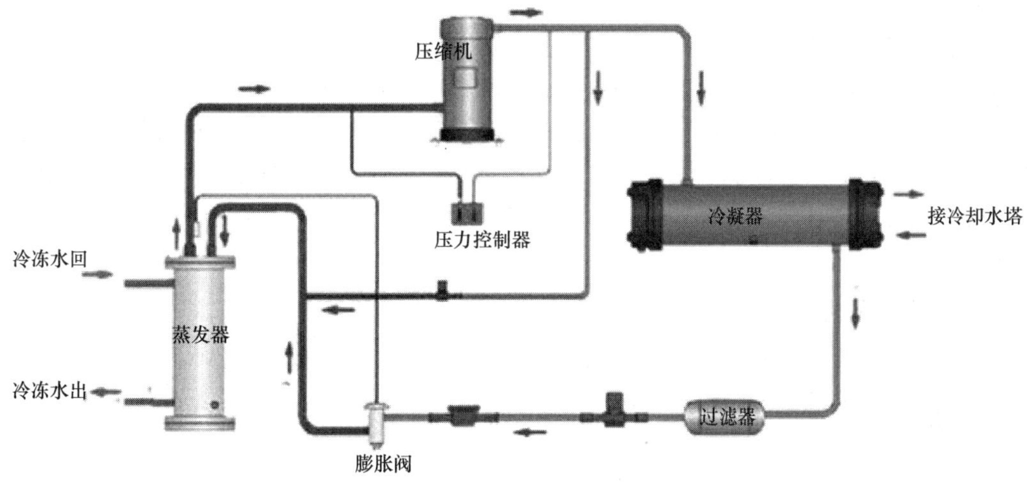

图4-59　制冷机组接管示意图

1）工艺流程。

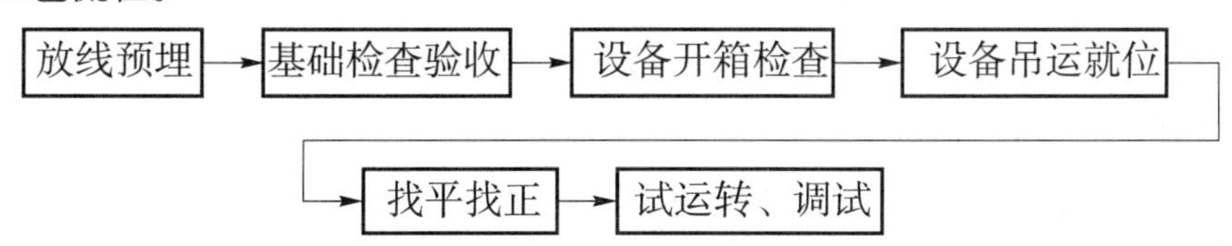

2）注意事项。

① 利用制冷站房轴线划出制冷机组的纵向中心线，在四个预埋垫板位置划出机组四个底座纵、横中心线。预埋好四个垫板，将四个弹性减振支座置于预埋的垫板之上。

② 机组应设混凝土基础，基础不得有裂纹、蜂窝、空洞、露筋等缺陷。地脚螺栓孔的距离及深度、预埋件等要符合相应的要求。

③ 机组的二次运输可考虑采用大平板拖车等运输工具，但应尽可能将机组直接卸至吊装预留口或预安装位置，机组牵引至吊装口附近后，用吊车或借助龙门架、巴杆等结构将机组吊至安装位置，再用千斤顶和卷扬机滚杠牵拉机组进行就位。

④ 在机组找平找正时，还需要注意，调整四个弹性减振支座的压缩量时，应在调整前用垫铁垫住机组，使减振器的弹簧处于自然伸缩状态，使其所受压缩均匀。

⑤ 开动油泵，调节油压；点动主电动机，观察其转向是否正确；启动主电动机，使机组空负荷运转2min，检查各部位工作是否正常，有无异常声响。油泵压力应达到0.2MPa以上，油温不超过65℃。停车后的惯性转动时间应不少于45s，机器运转平稳，电流正常；检查机组振动及内部有无异常机械声响，各轴承温度是否符合相关要求。

（2）热交换器。

1）工艺流程。

2）注意事项。

① 热交换器安装时如缺少合格证明时，应进行水压试验。试验压力等于系统最高压力的1.5倍，且不少于0.4MPa，水压试验的观测时间为2～3min，压力不得下降。

② 热交换器的底座为混凝土或砖砌时，由土建单位施工，安装前应检查其尺寸及预埋件位置是否正确。底座如为角钢架，则在现场焊制。支座与混凝土基础有螺栓连接和焊接连接两种方式。热交换器与周围结构的缝隙以及热交换器之间的缝隙，都应用耐热材料堵严。

③ 表冷器的底部应安装滴水盘和泄水管；泄水管应设水封，以防吸入空气。蒸汽加热器入口的管路上，应安装压力表和调节阀，在凝水管路上应安装疏水器。热水加热器的供回水管路上应安装调节阀和温度计，加热器上还应安设放气阀。

（3）冷却塔。冷却塔是水冷中央空调系统中广泛应用的热力设备，也是管理实践中故障易发及重点管理设备。按不同的分类方式分成不同的类型：按通风方式可分为自然通风冷却塔和机械通风冷却塔；按空气与水接触的方式可分为湿式冷却塔和干式冷却塔；按水和空气的流动方向可分为逆流式冷却塔和横流式冷却塔两种。其中，逆流式冷却塔里水自上而下，空气自下而上，横流式冷却塔中水自上而下，空气从水平方向流入。目前广泛使用机械式逆流（横流）冷却塔。

冷却塔系统一般包括：淋水填料、配水系统（布水器）、收水器（除水器）、通风设备、空气分配装置五个部分。其中，淋水填料的作用是使进入冷却塔的热水尽可能地形成细小的水滴或薄的水膜，以增加水与空气的接触面积和接触时间，有利于水和空气的热、质交换。图4-60所示为逆流式方形冷却塔的构造示意图。

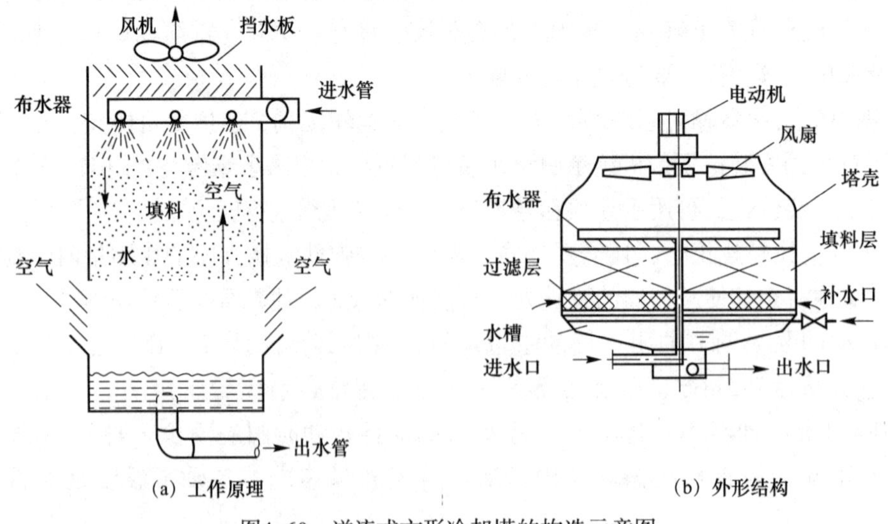

图4-60　逆流式方形冷却塔的构造示意图

1）安放时应平放，不能倾斜，以免散水不均而影响制冷效果。基础螺丝应栓紧。

2）循环水出入水管的配管，向下为佳，避免高突的配管，且不能有高于下方水槽的配管。

3）循环水泵应低装于正常操作中，下部水槽水位以下。

4）冷却塔两台以上并用，而只使用一台水泵时，水槽须另配装一连通管，适量并用的冷却塔的水位同高。

5）10cm以上的循环水出入口接管处宜用防振软管（高塑橡胶管等），以防止塔身因管路的振动，又可避免配管不正而使水槽破裂的损失。

五、通风空调系统的检测、调试

（1）空调水系统的调试运行。空调管道系统安装完毕，正式运行之前必须进行试压。试压的目的是检查管路的机械强度与严密性。为了便于查找泄漏之处，一般采用水泵试压。空调系统试压可以分段，也可以整个系统进行。试验压力按设计要求定。如果设计无明确要求，对空调冷热媒系统，试验压力为系统顶点工作压力加0.1MPa，同时，系统顶点试验压力不小于0.3MPa。高层建筑如果低处水压大于风机盘管或空调箱所能承受的最大试验压力时要分层试压。试压在管道刷油、保温之前，以便进行外观检查和修补。试压用手摇泵或电泵进行。关闭所有的排水阀，打开管路上其他阀门（包括排气阀）。一般从回水干管注入自来水，反复充水、排气，检查无泄漏后，关闭排气阀和注自来水的阀门，再使压力逐渐上升。在5min内压力降不大于0.02MPa为合格。如有漏水处应标好记号，修理好后重新加压，直至合格为止。试压时，应邀请建设单位参加并在试压记录上签字。管道试压时要注意安全，加压要缓慢，事后必须将系统内的水排尽。

管路使用前必须进行清洗，以去除杂物。管路清洗可在试压合格后进行。清洗前，应将管路上的流量孔板、滤网、温度计、止回阀等部件拆下，清洗后再装上。空调冷热媒系统用清水冲洗，如系统较大，管路较长，可分段冲洗，清洗到排水处水色透明为止。

空调冷热媒系统的试运转在试压合格并经过清洗后进行。水源、电源要保证正常供给，修理、排水等工具要齐备。打开最高处放气门，从回水总管充水，当放气门见水后可将充水用的进水处阀门关小，注意反复排气，冲水，使系统中真正充满水后再开启冷（热）源设备。试运行后系统各部分温度不均匀时，要进行初调节。初调节时，一般都是先调节大环路间的流量分配，然后调整各房间风机盘管或空调箱的流量分配，最后调整各支管的流量分配。异程式系统要关小离主立管较近的末端空调设备的阀门开启度；同程式系统应适当关小离主立管最远以及最近处末端空调设备上阀门的开启度，适当开大中间部分的空调末端设备的阀门开启度，使各房间达到设计参数要求。

（2）空调风系统的调试运行。

1）调试前的外观质检。在空调风系统安装完毕后，应对整个空调工程做全面的外观质量检查，主要包括以下几项：

① 风管、管道、设备安装质量是否符合规定，连接处是否符合要求。

② 各类阀门安装是否符合要求，操作调节是否灵活方便。

③ 系统的防腐及保温工作是否符合规定。

2）单机试运转。单机试运转主要包括风机、空调机、水泵、制冷机、冷却塔等的单机试运转。

运转后要检查设备的减振器是否有位移现象。设备的试运转要根据各种设备的操作规程运行，并做好记录。

3）无生产负荷的联合试运转。在单机试运转合格的基础上，可进行设备的联合试运转。联合试运转前须进行以下几项：

① 风机的风量、风压测定：测量空气流动速度的各种仪器、仪表在使用前都须经过认真检验校核，确保其数据准确可靠，常用的仪器、仪表有叶轮风速仪、转杯风速仪和热电风速仪、毕托管、微压计等。

② 风管系统的风量平衡：系统各部位的风量均应调整到设计要求的数值，可用调节阀改变风量进行调整。

调试时可从系统的末端开始，即由距离风机（或空调箱）最远的分支管开始，逐步调整到风机，使各分支管的实际风量达到或接近设计风量。最后当将风机的风量调整到设计要求值时，系统各部分的风量仍应能满足要求。系统风量调平衡后应达到以下规定：

① 风口的风量、新风量、排风量、回风量的实测值与设计风量的允许值不大于10%。

② 新风量与回风量之和应近似等于总的送风量，或各送风量之和。

③ 总的送风量应略大于回风量与排风量之和。

4）综合效能试验。对于空调系统应在人员进入室内及工艺设备投入运行的状态下，进行一次带生产负荷的联合试运转试验，即综合效能试验，检验各项参数是否达到设计要求。

第三节　通风空调工程施工图的识读

一、通风空调施工图的组成

通风空调工程施工图与给水排水工程施工图相同，也是由图文与图纸两部分组成。

图文部分包括：图纸目录、设计施工说明、设备材料明细表；图纸部分包括：通风空调系统平面图、剖面图、系统图、原理图、详图等。

1. 图纸目录

将全部施工图纸按其编号（空施-×）、图名、顺序填入图纸目录表格，同时，在表头上表明建设单位、工程项目、分部工程名称、设计日期等，装订于封面。其作用是核对图纸数量，便于识图时查找。

2. 设计施工说明

设计施工说明主要包括通风空调系统的建筑概况；系统采用的设计气象参数；房间的设计条件（冬季、夏季空调房间的空气温度、相对湿度、平均风速、新风量、噪声等级、含尘量等）；系统的划分与组成（系统编号、服务区域、空调方式等）；要求自控时的设计运行工况；风管系统和水管系统的一般规定、风管材料及加工方法、管材、支吊架及阀门安装要求、保温、减振做法、水管系统的试压和清洗等；设备的安装要求；防腐要求；系统调试和试运行方法和步骤；应遵守的施工规范等。

3. 通风空调系统平面图

通风空调系统平面图包括建筑物各层面通风空调系统的平面图、空调机房平面图、制冷机房平面图等。

（1）系统平面图。主要说明通风空调系统的设备、风管系统、冷热媒管道、凝结水管道的平面布置情况。

1）风管系统。包括风管系统的构成、布置及风管上各部件、设备的位置，并注明系统的编号、送回风口的空气流向。一般用双线绘制。

2）水管系统。包括冷、热水管道、凝结水管道的构成、布置及水管上各部件、仪表、设备位置等，并注明各管道的介质流向、坡度。一般用单线绘制。

3）空气处理设备。包括各处理设备的轮廓和位置。

4）尺寸标注。包括各管道、设备、部件的尺寸大小、定位尺寸以及设备基础的主要尺寸，还有各设备、部件的名称、型号、规格等。

（2）通风空调机房平面图。一般应包括空气处理设备、风管系统、水管系统、尺寸标注等内容。

1）空气处理设备。应注明按产品样本要求或标注图集所采用的空调器组合段代号，空调箱内风机、表面式换热器、加湿器等设备的型号、数量以及该设备的定位尺寸。

2）风管系统。包括与空调箱连接的送、回风管、新风管的位置及尺寸，用双线绘制。

3）水管系统。包括与空调箱连接的冷、热媒管道，凝结水管道的情况，用单线绘制。

4. 通风空调系统剖面图

剖面图与平面图对应，因此，剖面图主要有系统剖面图、机房剖面图、冷冻机房剖面图等。剖面图上的内容应与在平面图剖切位置上的内容对应一致，并标注设备、管道及配件的标高。

5. 通风空调系统图

通风空调系统图应包括系统中设备、配件的型号、尺寸、定位尺寸、数量以及连接于各设备之间的管道在空间的曲折、交叉、走向和尺寸、定位尺寸等，并应注明系统编号。系统图可用单线绘制也可以用双线绘制。

6. 空调系统的原理图

空调系统的原理图主要包括系统的原理和流程；空调房间的设计参数、冷热源、空气处理及输送方式；控制系统之间的相互连接；系统中的管道、设备、仪表、部件；整个系统控制点与检测点之间的联系；控制方案及控制点参数，用图例表示的仪表、控制元件型号等。

二、通风空调施工图的图示

1. 比例

在空调通风工程施工图中，一般常用的比例是：

总平面图：1∶500，1∶1000，1∶2000；

基本图纸：1∶50，1∶100，1∶150，1∶200；

详图（又称大样图）：1∶1，1∶2，1∶5，1∶10，1∶20，1∶50；

工艺流程图和系统图：无比例。

有时，在施工图上，有许多部位并没有标注出相应的尺寸，这就要求读图人员用尺度量出该部位尺寸。并按图上标明的比例尺换算出实际的尺寸大小。

2. 线型

在通风空调施工图中，常用的线型及其主要用途见表4-2。

表4-2　通风空调施工图中线型及其含义

名称		线型	线宽	含义
实线	粗	————	b	风管轮廓线、空调冷（热）水供水管等
	中粗	————	$0.5b$	通风空调设备轮廓线、风管法兰盘线等
	细	————	$0.25b$	土建轮廓线、尺寸线、尺寸界线、引出线、材料图例线、标高符号等
虚线	粗	--------	b	空调冷（热）水回水管、冷凝水管、平（剖）面图中非金属风道（砖、混凝土风道）的内表面轮廓线等
	中粗	--------	$0.5b$	风管被遮挡部分的轮廓线等
	细	--------	$0.25b$	原有风管的轮廓线、地下管沟等
波浪线	中粗	〰〰	$0.5b$	软管
单点画线		—·—·—	$0.25b$	设备中心线、轴心线、风管及部件中心线、定位轴线等
折断线		——⋀——	$0.25b$	断开界线

3. 文字说明与尺寸标注

空调通风施工图由于是专业性图纸，因此除了图形以外，必须有对图形进行说明的文字部分。该文字部分除了图纸上必要的文字部分外，还包括单独的、对设计背景、设计条件等进行说明的单独的文字部分，如设计的气象条件、系统的组成与划分、设备与材料的选择等，都是属于该图纸的必要的文字说明部分。

空调通风施工图上的尺寸标注应遵守前述有关方面的基本规定；除此以外，空调通风施工图的尺寸标注也有着自己的特色。具体地说有以下几类：

（1）定位尺寸标注。平、剖面图中应注出设备、管道中心线与建筑定位轴线间的间距尺寸。

（2）风管规格标注。风管规格用管径或断面尺寸表示。风管管径或断面尺寸宜标注于风管上或风管法兰处延长的细实线上方。圆形风管规格用其外径表示，如ϕ360。矩形风管规格用断面尺寸“（宽）×（高）”表示，前面数字为该视图投影面尺寸。如风管规格标注为120mm×120mm，说明该风管水平方向宽为120，高为120（单位为mm）；风管规格为400mm×120mm，说明该风管水平方向宽为400，高为120（单位为mm）。

（3）标高标注。圆形风管，注管中心标高；矩形风管，注管底标高；有时注出风管距该层地面尺寸以确定高度。

三、通风空调工程施工图常用图例

通风空调工程施工图常用图例见表4–3。

表4–3　通风空调工程施工图常用图例

序号	名称	图例	附注
		系统编号	
1	送风系统	—— S ——	二个系统以上时，应进行系统编号
2	排风系统	—— P ——	
3	空调系统	—— K ——	
4	新风系统	—— X ——	
5	回风系统	—— H ——	
6	排烟系统	—— PY ——	
7	正压送风系统	—— ZS ——	
8	除尘系统	—— C ——	
9	通风系统	—— T ——	
10	净化系统	—— J ——	
11	人防送风系统	—— RS ——	
12	人防排风系统	—— RP ——	
		各类水、汽管	
1	空调供水管	—— L_1 ——	
2	空调回水管	—— L_2 ——	
3	冷凝水管	—— n ——	
4	冷却供水管	—— LG_1 ——	
5	冷却回水管	—— LG_2 ——	

续表

序号	名称	图例	附注
		风管	
1	送风管、新风管		
2	回风管、排风管		
3	混凝土或砖砌风管		
4	异径风管		
5	天圆地方		左边接矩形管，右边接圆形管
6	柔性风管		
7	风管检查孔、测定孔	检 测	
8	矩形三通		
9	弯头		
10	带导流片弯头		
11	软接头		
		风阀及附件	
1	插板阀		
2	蝶阀		
3	手动对开式多叶调节阀		

续表

序号	名称	图例	附注
4	电动对开式多叶调节阀		
5	三通调节阀		
6	防火（调节阀）	70℃	表示70℃动作的防火阀
7	排烟阀	280℃　280℃	左为280℃动作的常闭阀，右为常开阀
8	止回阀		
9	送风口		
10	回风口		
11	方形散流器		
12	圆形散流器		
13	伞形风帽		
14	锥形风帽		
15	筒形风帽		
16	减振器		
17	喷雾排管		
18	挡水板		
通风、空调、制冷设备			
1	离心式通风机	M (1)　M (2)　(3)	（1）平面。左：直联；右：皮带 （2）系统 （3）流程

续表

序号	名称	图例	附注
2	轴流式通风机	(1) (2) (3)	(1)平面 (2)系统 (3)流程
3	风机盘管		
4	消声器		
5	消声弯头		
6	通风空调设备		
7	空气加热器		
8	空气冷却器		
9	空气加湿器		
10	窗式空调器		
11	过滤器		左为初效，中为中效，右为高效
12	电加热器		
13	分体式空调器		
14	离心式水泵	(1) (2) (3)	(1)平面 (2)系统 (3)流程
15	制冷压缩机		用于流程、系统
16	冷水机组		用于流程、系统
17	屋顶通风机		
		水系统附件	
1	自动排气阀		
2	角阀		

续表

序号	名称	图例	附注
3	节流孔板		
4	固定支架		
5	丝堵或盲板		
6	三通阀		
7	四通阀		
8	电磁阀	Σ	
9	电动二通阀	M	
10	电动三通阀	M	
11	减压阀		
12	浮球阀		
13	散热器三通阀		
14	底阀		
15	放风门		
16	疏水器		
17	方形伸缩器		
18	套筒伸缩器		
19	波形伸缩器		
20	弧形伸缩器		
21	球形伸缩器		

续表

序号	名称	图例	附注
22	除污器		
仪表、控制和调节执行机构			
1	手动元件		
2	自动元件		
3	弹簧执行机构		
4	重力执行机构		
5	浮动执行机构		
6	活塞执行机构		
7	膜片执行机构		
8	电动执行机构	M	
9	电磁执行机构	M	
10	遥控	对于……	
传感元件			
1	温度传感元件		
2	压力传感元件		
3	流量传感元件		
4	湿度传感元件		
5	液位传感元件		

续表

序号	名称	图例	附注
仪表			
1	指示器（计）		
2	记录仪		
3	压力表		
4	温度计		
5	流量计		

四、通风空调施工图的特点

1．空调通风施工图的图例有助于对施工图识读

空调通风施工图上的图形不能反映实物的具体形象与结构，它采用了国家规定的统一的图例符号来表示，这是空调通风施工图的一个特点，也是对识读者的一个要求。阅读前，应首先了解并掌握与图纸有关的图例符号所代表的含义。

2．风、水系统环路的独立性

在空调通风施工图中，风管系统与水管系统（包括冷冻水、冷却水系统）按照它们的实际情况出现在同一张平、剖面图中，但是在实际运行中，风系统与水系统具有相对独立性。因此在阅读施工图时，首先将风系统与水系统分开阅读，然后再综合起来。

3．风、水系统环路的完整性

空调通风系统，无论是水管系统，还是风管系统，都可以称之为环路，这就说明风、水管系统总是有一定来源，并按一定方向，通过干管、支管，最后与具体设备相接，多数情况下又将回到它们的来源处，形成一个完整的系统。冷媒管道系统如图4-61所示。

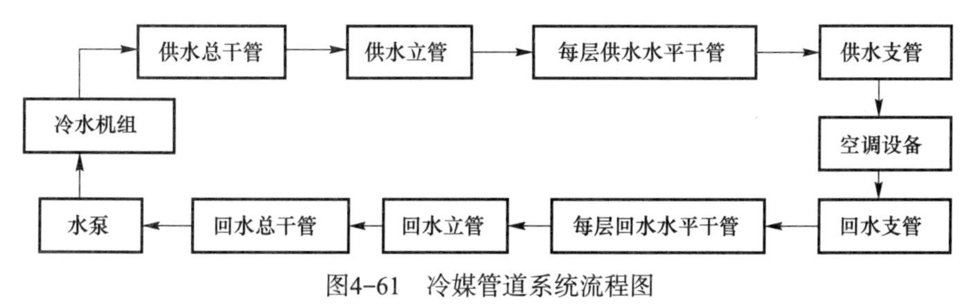

图4-61　冷媒管道系统流程图

可见，系统形成了一个循环往复的完整的环路。我们可以从冷水机组开始阅读，也可

以从空调设备处开始，直至经过完整的环路又回到起点。

风管系统同样可以写出这样的环路，如图4-62所示。

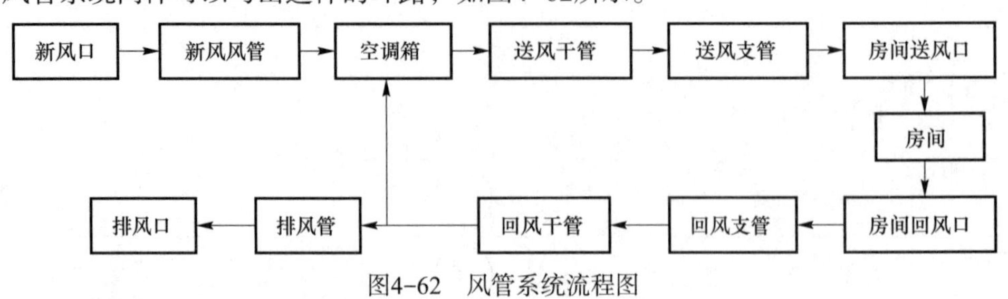

图4-62 风管系统流程图

对于风管系统，可以从空调箱处开始阅读，逆风流动方向看到新风口，顺风流动方向看至房间，再至回风干管、空调箱，再看回风干管到排风管、排风口这一支路。也可以从房间处看起，研究风的来源与去向。

4．空调通风系统的复杂性

空调通风系统中的主要设备，如冷水机组、空调箱等，其安装位置由土建决定，这使得风管系统与水管系统在中间的走向往往是纵横交错，在平面图上很难表示清楚。因此，空调通风系统的施工图中除大量的平面图、立面图外，还包括许多剖面图与轴测图，它们是读懂图纸的重要帮助。

5．与土建施工的密切性

空调通风系统中的设备、风管、水管及许多配件的安装都需要土建的建筑结构来容纳与支撑。因此，在阅读空调通风施工图时，要查看有关图纸，密切与土建配合，并及时对土建施工提出要求。

五、通风空调施工图的识读方法

通风空调系统施工图有其自身的特点，其复杂性要比给水排水施工图大，识读时要切实掌握各图例的含义，把握风系统与水系统的独立性和完整性。识读时要搞清楚系统，摸清楚环路，分系统阅读。

1．认真阅读图纸目录

根据图纸目录了解该工程图纸的概况，包括图纸张数、图幅大小及名称、编号等信息。

2．阅读施工说明

根据施工说明了解该工程概况，包括空调系统的形式、划分及主要设备布置等信息，在此基础上，确定哪些图纸是代表着该工程的特点，是这些图纸中的典型或重要部分，图纸的阅读就从这些重要图纸开始。

3．阅读有代表性的图纸

在第二步中确定了代表该工程特点的图纸，现在就根据图纸目录，确定这些图纸的编号，并找出这些图纸进行阅读。

在空调通风施工图中，有代表性的图纸基本上都是反映空调系统布置、空调机房布置、冷冻机房布置的平面图，因此，空调通风施工图的阅读基本上是从平面图开始的，先阅读总平面图，然后阅读其他的平面图。

4．阅读辅助性图纸

对于平面图上没有表达清楚的地方，就要根据平面图上的提示（如剖面位置）和图纸目录找出该平面图的辅助图纸进行阅读，包括立面图、侧立面图、剖面图等。对于整个系统，可配合系统轴测图阅读。

5．阅读其他内容

在读懂整个空调通风系统的前提下，再进一步阅读施工说明与设备及主要材料表，了解空调通风系统的详细安装情况，同时参考零部件加工、设备安装详图，从而完全掌握图纸的全部内容。

对于初次接触空调施工图的读者，识图的难点在于如何区分送风管与回风管、供水管与回水管。

对于风系统，送风管与回风管的识别在于：以房间为界，送风管一般将送风口在房间内均匀布置，管路复杂；回风管一般集中布置，管路相对简单一些；另一方面，可从送风口、回风口来区别。送风口一般为双层百叶、方形（圆形）散流器、条缝送风口等，回风口一般为单层百叶、单层格栅，较大。有的图中还标示出送回风口气流方向，则更便于区分。还有一点，回风管一般与新风管（通过设于外墙或新风井的新风口吸入）相接，然后一起混合被空调箱吸入，经空调箱处理后送至送风管。

对于水系统，供水管与回水管的区分在于：一般而言回水管与水泵相连，经过水泵接至冷水机组，经冷水机组冷却后送至供水管，有一点至为重要，即回水管基本上与膨胀水箱的膨胀管相连；另一方面，空调施工图基本上用粗实线表示供水管，用粗虚线表示回水管。这就更便于读者区别。

第四节　通风空调工程施工图的识读实例

一、设计说明与施工图纸

多功能厅空调系统施工图如图4-63～图4-66所示。

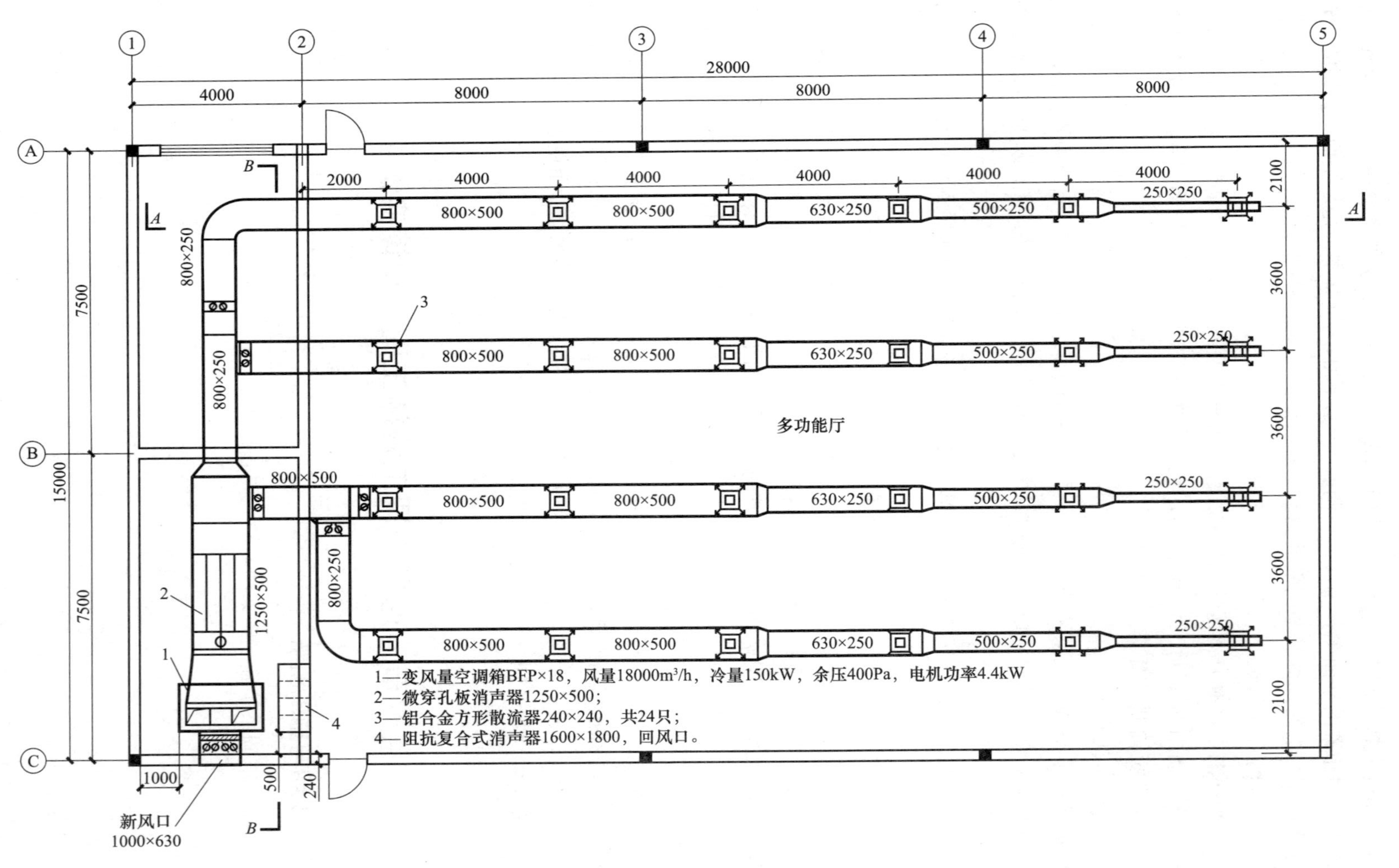

图4-63　多功能厅空调平面图

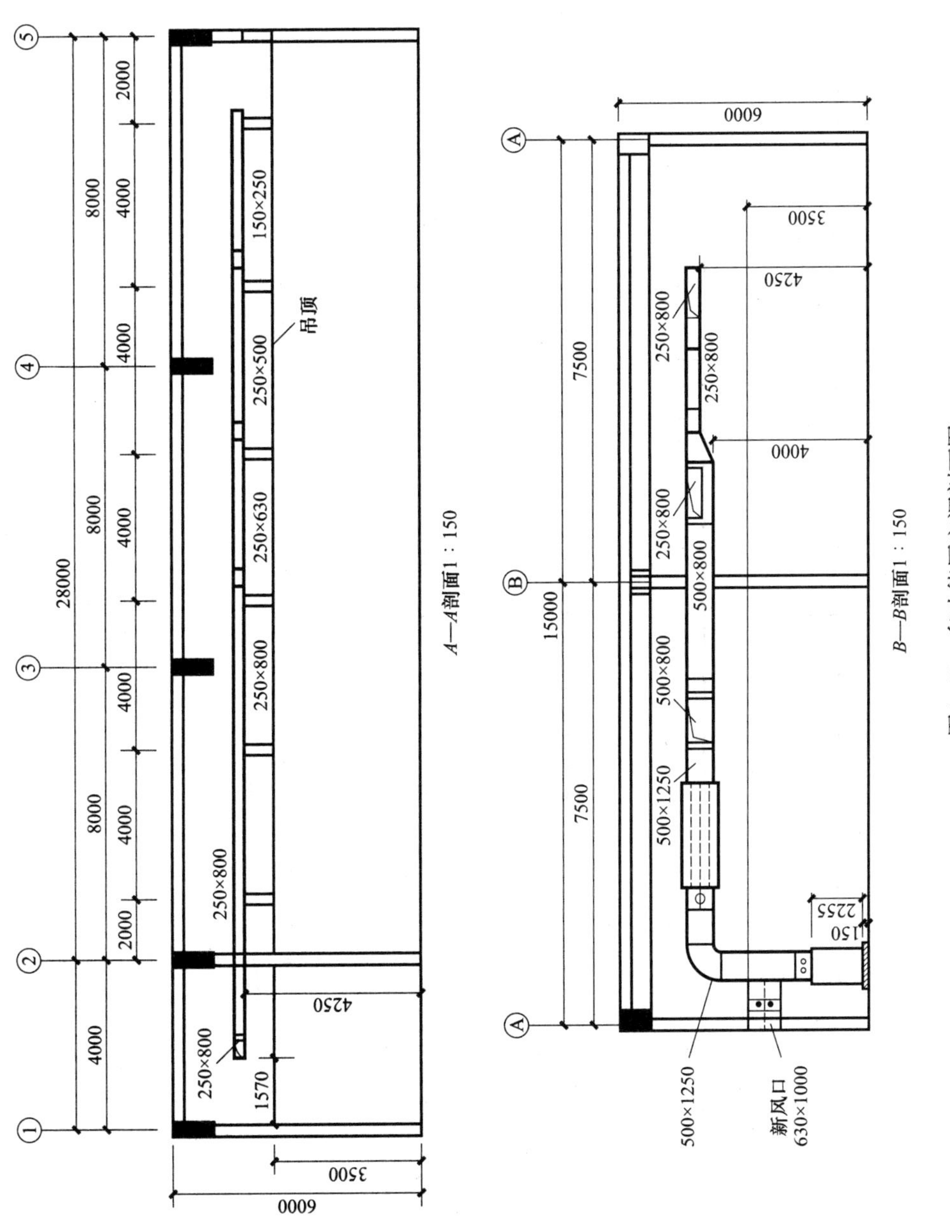

图4-64 多功能厅空调剖面图

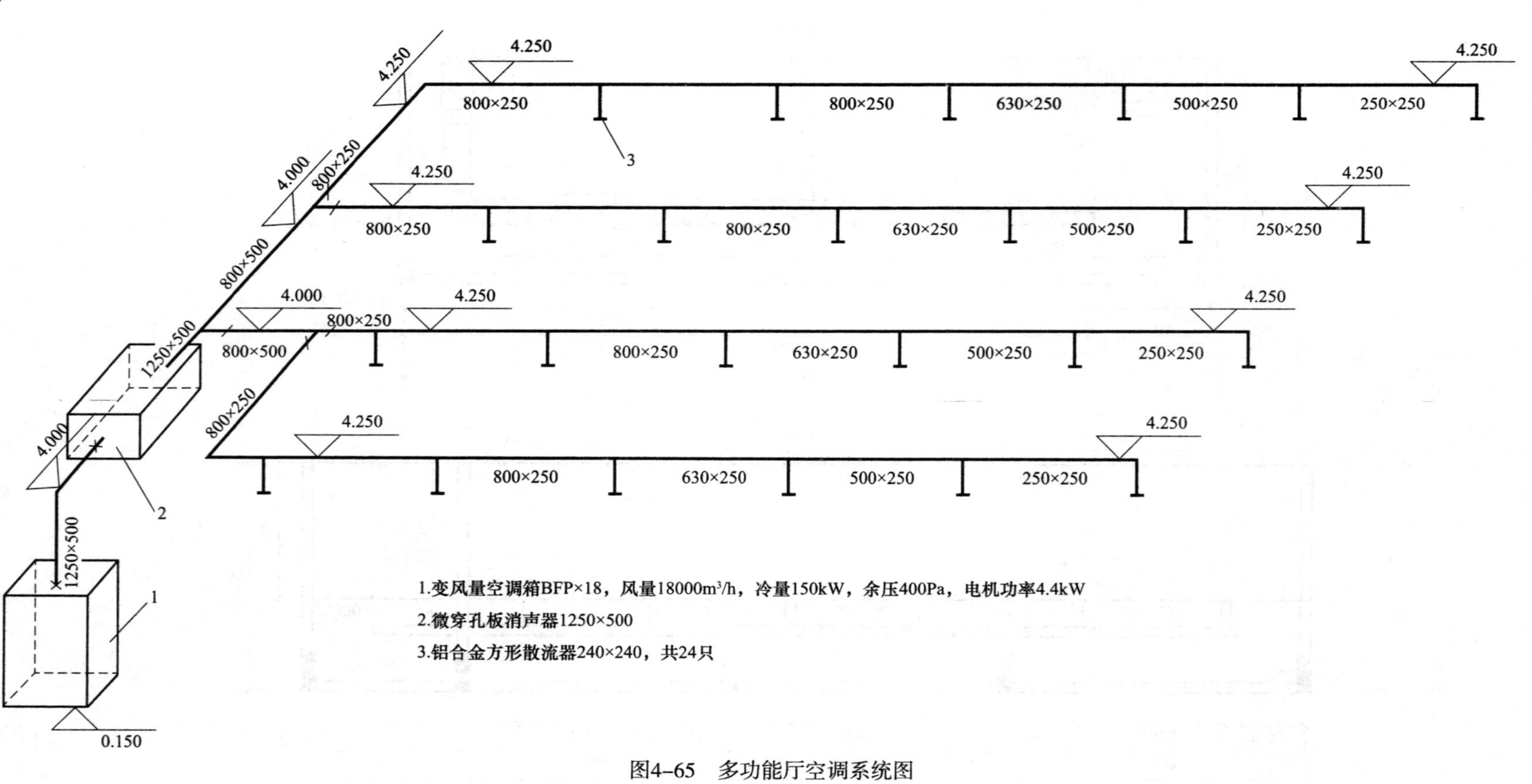

图4-65　多功能厅空调系统图

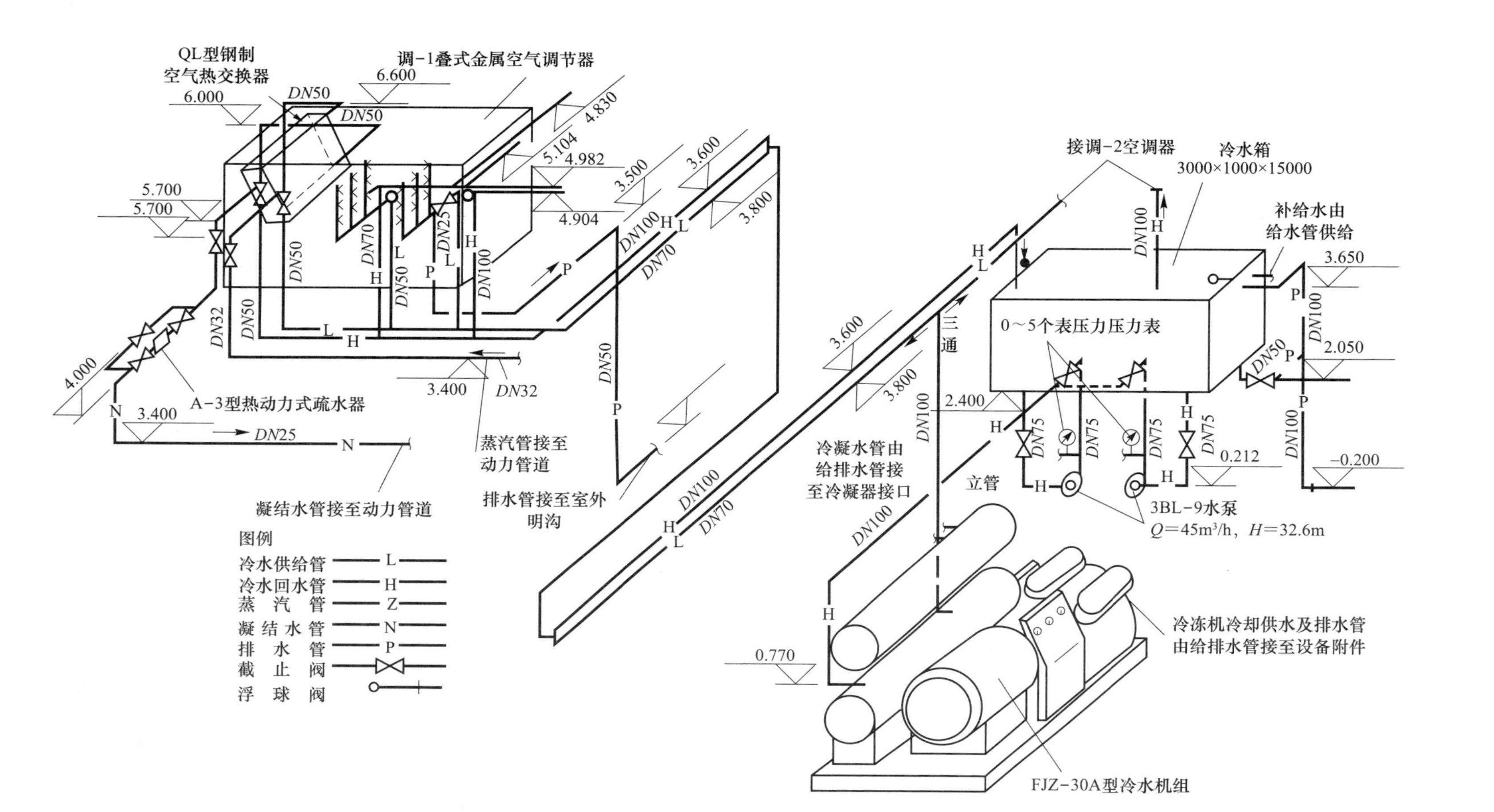

图4-66 冷热媒管道系统图

1．空调风系统的识读

首先，从图4-63～图4-66所示可以看出，该空调系统的空调箱设在机房内。空调机房Ⓒ轴外墙上有一带调节阀的风管及风口，规格为630×1000，这是新风管及新风口，空调系统由此新风管从室外吸入新鲜空气以补充室内人员消耗的氧气。在空调机房②轴内墙上，设有阻抗复合式消声器4做回风口用，规格为1600×800，室内大部分空气由此消声器被吸入送回到空调机房。空调机房内设有空调箱1，新风与回风在空调机房内混合后经进风口被吸入空调箱，在空调箱内经过冷热处理，由空调箱顶部的送风管送出，送风先经过防火阀，然后经过消声器2，进入送风管1250×500，在这里向右分出第一个分支管800×500，直行的送风管通过变径截面缩小为800×500，再次向右分出第2个分支管800×250，继续前行，接变径管截面变为800×250，也即第三个分支管，在第三个分支管上接有240×240方形散流器3共6只，送风便通过这些方形散流器送入多功能厅。然后，大部分回风经消声器2回到空调机房，与新风混合被吸入空调箱1的进风口，完成一次循环，另一小部分室内空气经门窗缝隙渗到室外。

从*A*—*A*剖面图可以看出房间层高为6m，吊顶距离地面高度为3.5m，风管暗装在吊顶内，送风口直接开在吊顶面上，风管底标高分别为4.25m和4m，气流组织为上送下回。

从*B*—*B*剖面图上可以看出，送风管通过软接头直接从空调箱上部接出，沿气流方向风管高度不断减小，从500变成了250。从该剖面图上也可以看到三个送风支管在这根总风管上的具体位置，支管大小分别为500×800、250×800、250×800。

系统的轴测图清晰地表示出该空调系统的构成、管道空间走向及设备的布置情况。

2．空调水系统的识读

对于空气调节送风系统来说，处理空气的空调箱需要供给冷媒水或蒸汽、热水等热媒。要制造冷煤水就需要制冷设备，装设制冷设备的房间称为制冷机房。制冷机制造的冷媒水通过供水管送到空调机房的空气调节箱，将空气冷却后温度上升，然后通过回水管送回制冷机房经过再处理后循环使用。由此可见，制冷机房和空调机房都有许多管径不同的管子，它们分别与各种设备相连接。在识图时要将这些管子和设备相连的情况弄清楚，要综合平面图、剖面图及轴测图来识读。在多数情况下，可利用已在空调机房和制冷机房的有关剖面图，从而省略专门绘制剖面图。由图可知，在平面图中水平方向的管道用单线绘制，竖向的管道画一个小圆圈表示。另外，管道上附有的阀门、压力表之类，也要用图例表示。

二、施工图解读

下面以解答问题的形式，采用引导的方法识读建筑通风空调工程施工图。

1．本例中是哪种空调系统？

答：由平面图和系统图可知，本系统为集中式空调系统。（房间内没有末端装置）

2．本例中的此种空调系统适用于哪种建筑物？

答：此空调系统适用于体育馆、电影院、车站、厂房等公共建筑及工业建筑。

3．本例中的空调系统由哪种介质来承担建筑物的冷热湿负荷？

答：由平面图可知，此空调系统由空气来承担建筑物的冷热湿负荷（多功能厅内没有冷热水管）。

4．如果本例采用半集中式空调系统，则其风管的断面与现风管断面相比哪个大？

答：如果本例采用半集中式空调系统，则其风管的断面与现风管断面相比较小，因为集中式空调系统的风管输送的是整个系统的送风量，而半集中式空调系统的风管输送的只是整个系统的新风量，若新风量为送风量的10%，则采用半集中式空调后，断面可减小90%，对于增加建筑物的使用净空是非常有利的。

5．本系统的机房在哪里？空气处理设备是什么？

答：由平面图可知，机房在Ⓑ轴、Ⓒ轴和①轴、②轴之间；空气处理设备是变风量空调箱BFP×18，风量18000m^3/h。

6．本系统中空调箱接几种风管？分别是什么？

答：由平面图和系统图可知，本系统中的空调箱接三种风管；分别为新风管、回风管和送风管。

7．本系统中空调箱是落地安装还是距地有一定的高度？

答：由冷热媒管道系统图可知，本系统中的空调箱距离地面有150mm，是其基础的高度。

8．本系统中空气的温度处理是通过什么介质进行的？

答：由平面图可知，本系统中空气的温度处理是通过冷热水进行的。

9．空调箱和送风管之间为什么部件？有什么作用？

答：由剖面图可知，空调箱和送风管之间的部件是帆布软接头；其主要作用是用于两个刚性构件的连接，抑制噪音传递。

10．与空调箱相连的新风管为矩形还是圆形风管？断面多大？新风口装在哪个位置？标高为多少？

答：由平面图和剖面图可知，与空调箱相连的新风管为矩形；断面为1000×630；新风口装在Ⓒ轴外墙上；底标高为3.5－0.63=2.87m。

11．本系统的回风管设在哪个位置？断面为多大？

答：由平面图可知，回风管设在②轴墙上靠近Ⓒ轴处，断面为1600×800。

12．送风管上的消声器规格型号是什么？作用是什么？在其前面安装了什么阀？作用是什么？

答：由平面图可知，送风管上的消声器为微穿孔板消声器1250×500；作用是消除噪声；在其前面安装了防火阀；作用是当发生火灾时，防火阀自动关断空调送风系统，防止火灾蔓延。

13．本系统的空调主风管设在哪个位置？管径有哪些规格？有无变径？若有变径，变径点在哪里？

答：由平面图可知，本系统的空调主管设在①、②轴之间；由平面图和系统图可知，管径有三种规格，分别为1250×500、800×500、800×250；送风主管有变径，变径点在三通分支处。

14. 本系统有几个支管？各支管之间有何特点?支管管径有哪些规格？有无变径？若有变径，变径点在哪里？

答：本系统有4个支管，各支管分布相同；支管管径有四种规格，分别为800×250、630×250、500×250、250×250；可见支管有变径，变径点在变径管处。

15. 统计本系统各种阀门的数量。

答： 防火阀 1250×500 1个

对开多叶调节阀 1000×630 1个

对开多叶调节阀 850×500 1个

对开多叶调节阀 850×250 4个

16. 本系统风管的变径采用的是平顶变径还是平底变径?

答：由剖面图可知，本系统风管的变径采用的是平顶变径。

17. 本系统采用的是哪种送风口？标高为多少？是顶送风还是侧送风？共有多少个？可否采用双层百叶风口？

答：由剖面图可知，本系统采用的送风口是铝合金方形散流器；散流器的标高为3.5m；属于顶送风系统；散流器共有24只；不可以采用双层百叶风口，因为散流器主要用于大空间的顶送风，双层百叶风口主要用于风机盘管的送风口，也可以用于侧送风。

18. 本系统主风管的标高为多少？支管的标高为多少？此标高为中心标高还是底标高?

答：由剖面图和空调系统图可知，本系统主风管的标高为4m和4.25m，支管的标高为4.25m，此标高为底标高。

19. 本系统需要在哪些地方预留孔洞?

答：由平面图可知，本系统风管在穿墙处需要预留孔洞：在Ⓒ轴外墙上需要预留新风口孔洞；在Ⓑ轴内墙上需要预留主风管孔洞；在②轴内墙上需要预留三个支管孔洞和一个回风口孔洞。

20. 本系统接散流器立支管的断面为多大？单根长度为多少？立支管的工程量为多少m^2?

答：由剖面图可知，本系统接散流器立支管的断面为240×240；单根长度为4.25−3.5=0.75m；立支管的工程量：0.24×4×（0.75+0.25/2）=0.84m^2

21. 风管在平面图和系统图中的表示方法有何不同?

答：由平面图和系统图可知，风管在平面图上用双线表示，在系统上用单线表示。

22. 本系统的冷水机组设在几层？为哪些空气处理设备提供冷水?

答：由冷热媒管道系统图可知，冷水机组回水管标高为0.77m，可推断出本系统的冷水机组设在一层；为调−1叠式金属空气调节器和调−2空调箱提供冷水。

23. 本空调系统的热源是什么？如何进行冷热源的切换?

答：由冷热媒管道系统图可知，本空调系统的热源是蒸汽；通过阀门切换来进行冷热

源切换。

24．为调–1供水的冷水管和回水管管径分别为多大？热媒管径为多大？热媒管和哪种管道形成一个回路？此管道的管径为多大？

答：为调–1供水的冷水管和回水管管径分别为*DN*70和*DN*100；热媒的管径为*DN*32；热媒管和凝结水管形成一个回路，冷凝水管的管径为*DN*25。

25．若空调机组1出现故障，空调机组2正常运行，则多余的冷水如何处理？

答：由冷热媒管道系统图可知，若空调机组1出现故障，空调机组2正常运行，则多余的冷水通过旁通管回到冷水箱。

26．系统中水泵设在冷水机组前还是后？为了保证冷水机组的安全，需设置什么阀门？

答：由冷热媒管道系统图可知，系统中水泵设在冷水机组前，即装在机组的回水管上；为了保证冷水机组安全，需要设置安全阀。

27．本系统设补给水箱的作用是什么？

答：本系统有喷水段，部分水会被空气带走，使得系统的循环水量减少，所以需要补给水箱为系统补水。

28．水箱的水位是由什么来控制的？

答：水箱的水位由浮球阀来控制。

第五章

建筑电气工程识图与施工工艺

第一节　建筑供配电系统概述

一、供配电系统的组成

电能由发电厂产生，通常将发电机发出的电压经变压器变换后再送至用户。由发电、送配电和用电构成一个整体，即电力系统。建筑供配电系统是电力系统的组成部分。一个完整的供电系统由四个部分组成，即各种不同类型的发电厂、变配电所、输电线路、电力用户。从发电厂到电力用户的送电过程如图5-1所示。

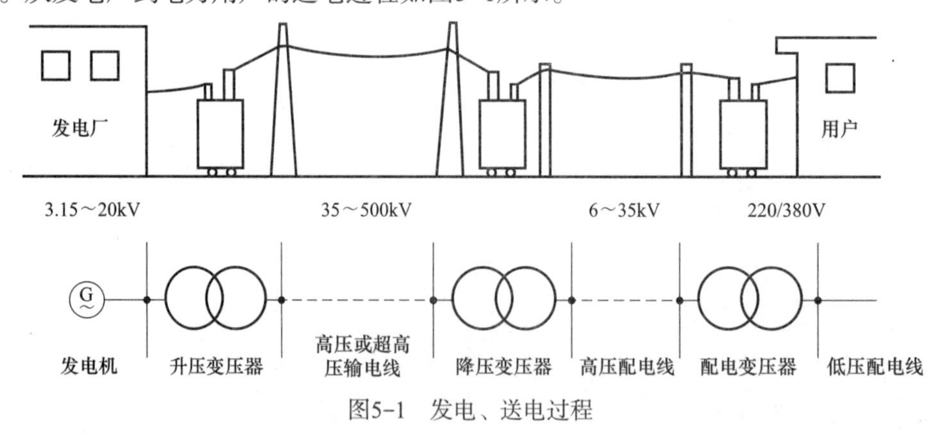

图5-1　发电、送电过程

1．发电厂

将自然界中的一次能源转换成电能的工厂就是发电厂。按一次能源介质划分为火力发电厂、水力发电厂、原子能发电厂等。另外，还有小容量的太阳能发电厂、风力发电厂、地热发电厂和潮汐发电厂等，正在研究的还有磁流体发电和氢能发电等。

2．变、配电所

变、配电所是变换电能电压和接受分配电能的场所。如果仅用以接受电能和分配电能

则称为变电所，仅用以分配电能，则称为配电所。对于变电所来说，可以分为升压变电所和降压变电所。升压变电所是将低电压变成高电压，一般建立在发电厂厂区内；降压变电所是将高电压变成适合用户的低电压，一般建立在靠近用户的中心地点。

3．输电线路

输电线路是输送电能的通道，将发电厂、变配电所和电力用户联系起来。输电线路的形式可以分为架空线路和电缆线路两种。目前，我国主要以架空输电为主，只有在遇到繁华地区、河流湖泊等，才采用电缆的形式。为了减少输送过程的电能损失，通常采用35kV以上的高压线路输电。

4．电力用户

电力用户是供电系统的终端，也称为电力负荷。在供电系统中，一切消耗电能的用电设备均称为电力用户。按照其用途可分为动力用电设备（如电动机等）、工艺用电设备（如电解、电镀、冶炼、电焊、热处理等）、电热用电设备（如电炉、干燥箱、空调器等）、照明用电设备等。它们分别将电能转换成机械能、热能和光能等不同形式，以满足生产和生活的需要。

二、高压部分常用设备

1．高压隔离开关

高压隔离开关主要用于隔离高压电源，以保证其他设备和线路的安全检修。隔离开关没有灭弧装置，所以不能带负荷操作。隔离开关按极数可分为单极和三极；按装设地点可分为户内和户外；按电压可分为高压和低压。户内高压隔离开关如图5-2所示。

2．高压负荷开关

高压负荷开关是一种功能介于高压断路器和高压隔离开关之间的电器。高压负荷开关常与高压熔断器串联配合使用，用于控制电力变压器。高压负荷开关具有简单的灭弧装置，因为能通断一定的负荷电流和过负荷电流，但它不能断开短路电流，所以，一般与高压熔断器串联使用，借助熔断器进行短路保护。高压负荷开关如图5-3所示。

图5-2　户内高压隔离开关

图5-3　高压负荷开关

3．高压断路器

高压断路器是电力系统中最重要的控制保护装置。正常时用以接通和切断负载电源。

在发生短路故障或者严重过载时，在保护装置作用下自动跳闸，切除短路故障，保证电网的无故障部分正常运行。高压断路器按其采用的灭弧方式不同可分为油断路器、空气断路器、真空断路器等。其中使用最广泛的是油断路器，在高层建筑中多采用真空断路器。常见的几种断路器如图5-4所示。

图5-4　高压断路器

4．高压熔断器

高压熔断器主要用于高压电力线路及其设备的短路保护。按其装设场所不同可分为户内式和户外式。在6～10kV系统中，户内式广泛采用RN1/RN2型管式熔断器；户外式则广泛采用RW4等跌落式熔断器。高压熔断器如图5-5所示。

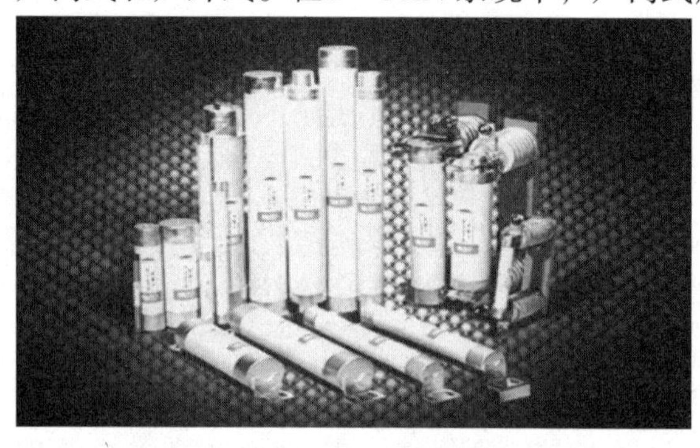

图5-5　高压熔断器

5．高压配电柜

高压配电柜是指用于电力系统发电、输电、配电、电能转换和消耗其通断、控制和保护等作用，电压等级为3.6～550kV之间的电器设备。其主要包括高压断路器、高压隔离开关与接地开关、高压负荷开关、高压自动重合与分段器、高压操作机构、高压防爆配电装置和高压开关柜等几部分。高压配电柜如图5-6所示。

图5-6　高压配电柜

6．高压绝缘子

高压绝缘子用于变配电装置中，在导电部分起绝缘作用。根据安装地点的不同，绝缘子可分为户内和户外，如图5-7所示。

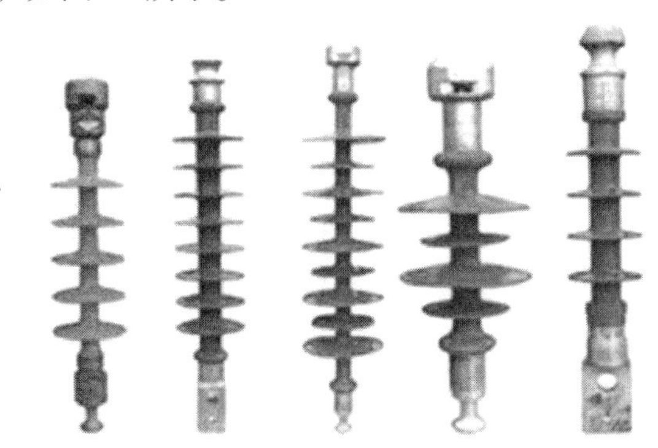

图5-7　高压绝缘子

三、配电变压器

1．配电变压器的作用

配电变压器是一种用于电能转换的电气设备，它可以将一种电压、电流的交流电能转换成相同频率的另一种电压、电流的交流电能。变压器如图5-8所示。

（a）油浸式变压器

（b）干式变压器

图5-8　常见配电变压器

2．配电变压器的铭牌数据

配电变压器的铭牌数据通常包括相数、冷却方式、绕阻线圈材质、额定容量和额定电压等内容，如图5-9所示。

如SJL-1000/10表示该变压器为三相油浸式变压器，其绕阻材质为铝，额定容量为1000kVA，额定电压为10kV。

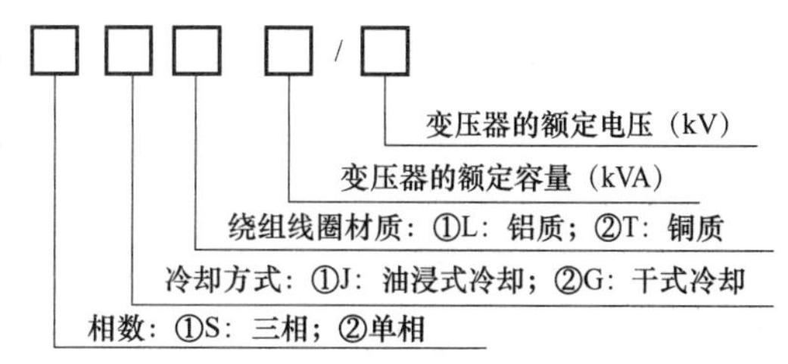

图5-9　配电变压器铭牌数据含义

四、低压部分常用设备

1．低压刀开关

低压刀开关是一种结构较为简单的手动电器，它的最大特点是有一个刀形动触头。其基本组成部分是闸刀（动触头）、刀座（静触头）和底板，接通或切断电路是由人工操纵闸刀完成的。刀开关的型号是以H字母打头的，种类和规格繁多，并有多种衍生产品。按其操作方式分，有单投和双投；按极数分，有单极、双极和三极；按灭弧结构分，有带灭弧罩的和不带灭弧罩的等。刀开关常用于不频繁地接通和切断交流和直流电路，装有灭弧室的可以切断负荷电流，其他的只做隔离开关使用。低压刀开关的外形如图5-10所示。

图5-10　低压刀开关

2．低压断路器

断路器具有良好的灭弧性能，它能带负荷通断电路，可以用于电路的不频繁操作，同时，它又能提供短路、过负荷和失压保护，是低压供配电线路中重要的开关设备。

断路器主要由触头系统、灭弧系统、脱扣器和操作机构等部分组成。它的操作机构比较复杂，主触头的通断可以手动，也可以电动。低压断路器如图5-11所示。

图5-11　低压断路器

3．低压熔断器

低压熔断器是常用的一种简单的保护电器，主要作为短路保护，在一定的条件下也可以起过负荷保护的作用。熔断器工作时是串接于电路中的，其工作的原理是，当线路中出现故障时，通过熔体的电流大于规定值，熔体产生过量的热而被熔断，电路由此而被分断。

常见低压熔断器有瓷插式熔断器、密闭管式熔断器、螺旋式熔断器、填充料式熔断器、自复式熔断器等，如图5-12所示。

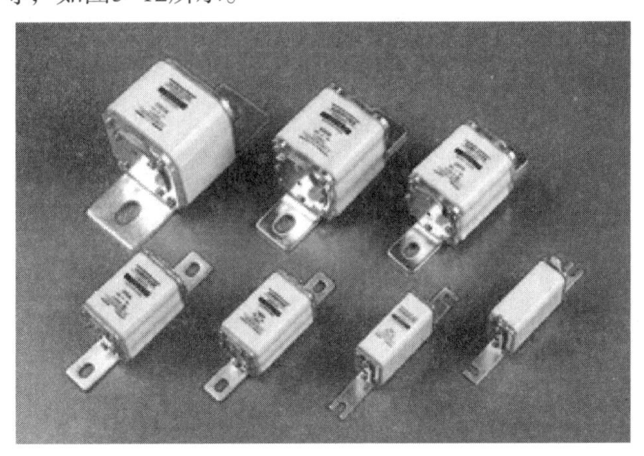

图5-12　低压熔断器

4. 低压配电柜

低压成套开关设备和控制设备俗称低压开关柜，也称低压配电柜。它是指交、直流电压在1000V以下的成套电气装置。生产厂按照电气接线的要求，针对使用场合、控制对象及主要电气元件的特点将相应的低压电器，其中主要包括配电电器（断路器、负荷开关、隔离开关、熔断器等）、控制电器（接触器、起动器、万能转换开关、按钮、信号灯、各种继电器等）、测量电路（电流互感器、测量仪表等）以及母线、载流导体和绝缘子等，按一定的线路方案，装配在封闭式或敞开式的金属柜体内，作为电力系统中接收和分配电能之用。低压配电柜如图5-13所示。

图5-13　低压配电柜

五、建筑低压配电系统

1. 低压配电系统方式

低压配电方式是指低压干线的配线方式。低压配电一般采用380/220V中性点直接接地的系统。低压配电的接线方式常用的有放射式、树干式和混合式三种，如图5-14所示。

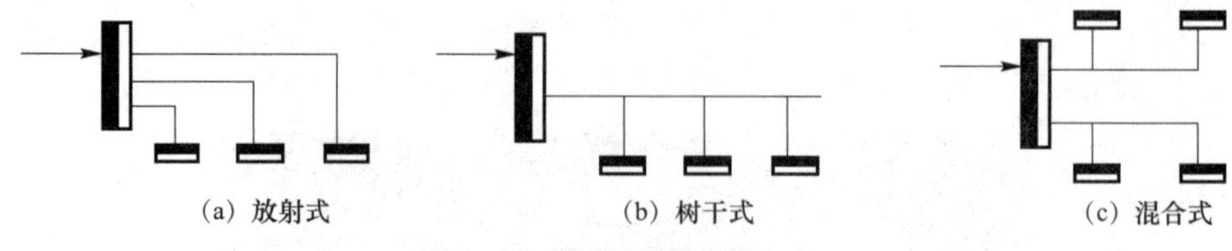

图5-14　常用低压配电方式

（1）放射式配电是一独立负荷或一集中负荷由一单独的配电线路供电，它一般用在供电可靠性要求高或单台设备容量较大的场所以及容量比较集中的地方。放射式的优点是各个独立负荷由配电盘（屏）供电，若某一用电设备或其供电线路发生故障时，则故障范围仅限本回路，对其他设备没有影响，也不会影响其他回路的正常工作；而缺点是所需的开关和线路较多，电能的损耗大，投资费用较高。

（2）树干式配电是指一独立负荷或一集中负荷按它所处的位置依次连接到某一条配电干线上的供电方式。其优点是投资费用低、施工方便，易于扩展；缺点是干线发生故障时，影响范围大，供电可靠性较差。一般适用于用电设备比较均匀、容量不大，又无特殊要求的场合。

（3）混合式是由放射式和树干式相结合配线方式，一般用于楼层的配电。

在实际工程中，照明配电系统不是单独采用某一种形式的低压配电方式，多数是综合形式。例如，在一般民用住宅所采用的配电形式多数为放射式与树干式的结合，其中总配电箱向每个楼梯间配电为放射式，楼梯间向不同楼层间的配电箱为树干式配电。

2．低压配电系统的供电线路

低压供配电线路，是指由市电电力网引至受电端的电源引入线。低压供配电线路是供配电系统的重要组成部分，担负着将变电所380/220V的低压电能输送和分配给用电设备的任务。

由于民用建筑中电力设备通常可分为动力和照明两大类，所以民用建筑的供电线路也可相应地分为动力（负荷）线路和照明（负荷）线路两类。

（1）动力（负荷）线路。在民用建筑中，动力用电设备主要有电梯、自动扶梯、冷库、空调机房、风机、水泵，以及医用动力用电设备和厨房动力用电设备等。动力用电设备部分属于三相负荷，少部分容量较大的电热用电设备如空调机、干燥箱、电炉等，它们虽属于单相负荷，但也归类于动力用电设备。对于上述动力负荷，一般采用三相三线制供电线路，对于容量较大的单相动力负荷，应尽可能平衡地接到三相线路上。

（2）照明（负荷）线路。在民用建筑中，照明用电设备主要有供给工作照明、事故照明和生活照明的各种灯具，还有家用电器中的电视机、窗式空调机、电风扇、电冰箱、洗衣机，以及日用电热电器，如电饭煲、电熨斗、电热水器等，它们一般都由插座进行供电，它们虽不是照明器具，但都是由照明线路供电，所以统归为照明负荷。在照明线路设计和负荷计算中，除应考虑各种照明灯具外，还必须考虑到家用电器和日用电热电器的需要和发展。照明负荷一般都是单相负荷，采用220V两线制线路供电；当单相负荷计算电流超过30A时，应采用380/220V三相四线制线路供电。

六、建筑电气照明系统的组成

（1）接户线和进户线。从室外的低压架空线上接到用电建筑的外墙上铁横担的一段引线为接户线，它是室外供电线路的一部分；从铁横担到室内配电箱的一段称为进户线，它是室内供电的起点。进户线一般设在建筑物的背面或侧面，线路尽可能短，而且便于维修。进户线距离室外地坪高度不低于3.5m，穿墙时要安装瓷管或钢管。

（2）配电箱。配电箱是接受和分配电能的装置，内部装有接通和切断电路的开关和作为防止短路故障保护设备的熔断器，以及度量耗电量的电表等。配电箱的供电半径一般为30m，配电箱的支线数量不宜过多，一般是69个回路，配电箱的安装常见的是明装和暗装两种。明装的箱底距离地面为2m；暗装的箱底距离地面为1.5m。

（3）干线。干线是从总配电箱引至分配电箱的供电线路。

（4）支线。支线是从配电箱引至电灯的供电线路，也称为回路。每条支线连接的灯数一般不超过20盏（插座也按灯计算）。

（5）用电设备或器具。如水泵、风机、机床、灯具、插座等。

从系统图可以看出线路中设有电表和一系列开关，熔断器（保险丝）装置。电源由进户线引入后，首先进入电表。经过电表再与户内线路相通，这样可以计量用电的多少。各熔断器是安全设施，当室外或室内线路由于某种原因引起电流突然增大时，熔断器内的熔丝将立即熔断，断开电路，以避免损坏设备和引起火灾，造成严重事故。各用电设备的开关是使用控制电流的通断，各支路设开关可以控制支路电流的通断，与电表相连的总开关可控制整个线路系统。

第二节　建筑电气工程常用设备、材料及施工工艺

一、建筑电气工程常用设备及施工工艺

1. 配电柜

（1）配电柜的组成及分类。配电柜主要由柜体、仪表、母线、电器元件、隔板等组成，如图5-15所示。

配电柜按结构特征和用途主要分为固定面板式开关柜、防护式（封闭式）开关柜、抽屉式开关柜、动力和照明配电箱等。

（2）配电柜安装施工工艺。

1）工艺流程。

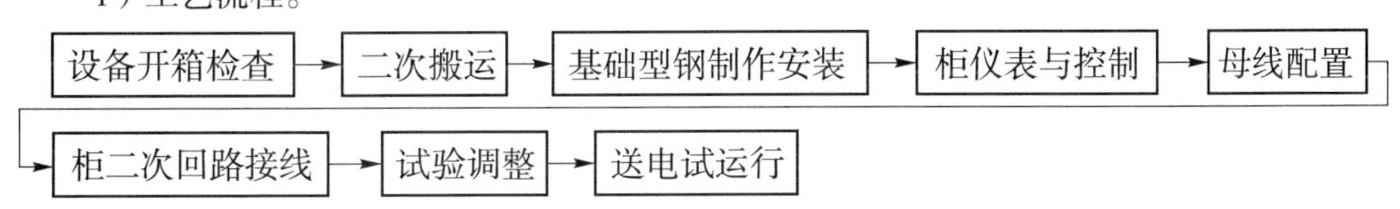

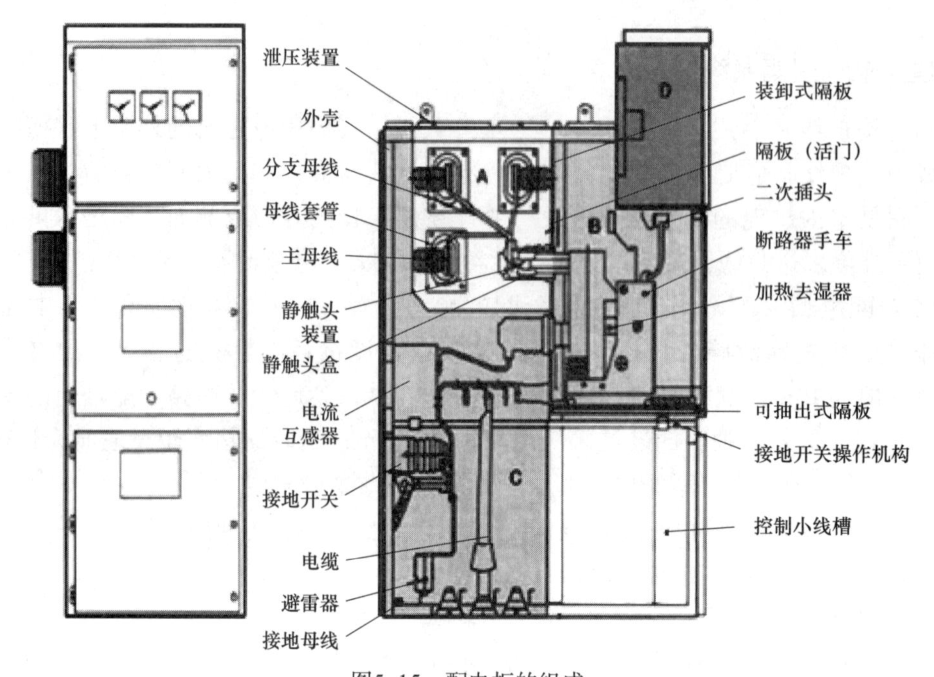

图5-15　配电柜的组成

A—母线室；B—（断路器）手车室；C—电缆室；D—断电器仪表室

2）注意事项。

① 配电柜通常安装在槽钢或者角钢制成的基础上，在土建施工时按图纸要求埋设在混凝土当中，埋设前型钢需要调直除锈，按图下料钻孔，按设计标高固定找正。

② 配电柜与基础连接多采用螺栓固定或焊接固定。

③ 配电柜的基础型钢应当作良好接地，一般才采用扁钢将其与接地网焊接，且接地不应少于两处。对于型钢露出地面的部分还应当涂刷一层防锈漆。

④ 配电柜安装、固定、接线、接地等工作全部结束之后，须进行柜内设备和总体调试。

配电柜的安装如图5-16所示。

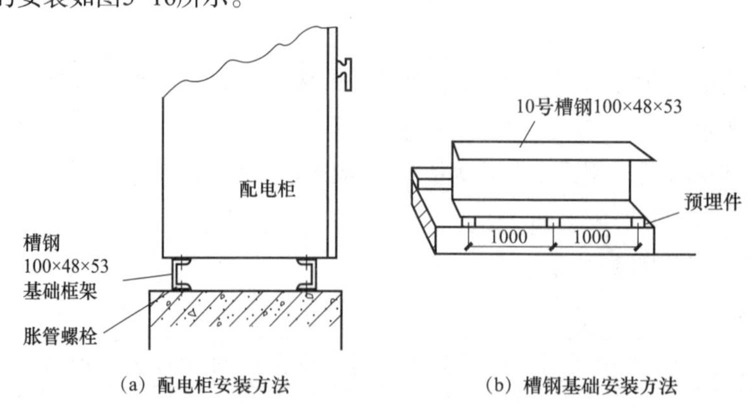

图5-16　配电柜安装示意图

2. 配电箱

（1）配电箱的组成及分类。配电箱是接受和分配电能的装置，内部装有接通和切断电路的开关和作为防止短路故障保护设备的熔断器，以及度量耗电量的电表等。

配电箱按用途不同可分为电力配电箱和照明配电箱；按安装方式不同可分为悬挂式、嵌入式、落地式三种；按是否成套可分为成套配电箱和非成套配电箱。常见配电箱如图5-17所示。

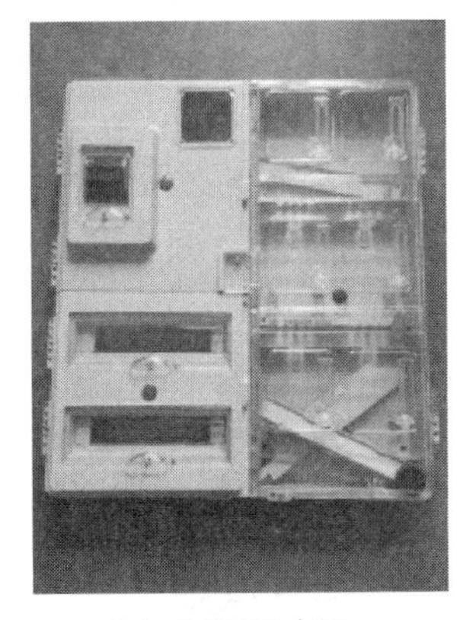

（a）悬挂式配电箱

（b）嵌入式配电箱

（c）落地式配电箱

图5-17 常见配电箱

（2）配电箱安装施工工艺。

1）工艺流程。

成套配电箱箱体的现场预埋 → 管与箱体连接 → 安装盘面 → 装盖板（贴脸或者箱门）

2）注意事项。

① 照明配电箱的安装高度应符合施工图纸要求。若无要求时，一般暗装配电箱底边距离地面为1.5m，明装配电箱底边距离地面为2m；箱上应注明用电回路名称；导线进入配电箱要穿管保护。

② 配电箱的金属框架及基础型钢必须可靠接地（PE）或接零（PEN）。

③ 配电箱内保护导体应有裸露的连接外部保护导体的端子。

④ 配电箱内配线应当整齐，无绞接现象，导线连接应紧密，不伤芯线。

3. 变压器

（1）变压器的分类。变压器是变控电源电压的一种电气设备。变压器按相数分类可分为单相变压器和三相变压器；按变压器的冷却介质可分为油浸式变压器、干式变压器、充气式变压器、充胶式变压器和填砂式变压器等。

（2）变压器安装施工工艺。

1）工艺流程。

开箱检查 → 本体吊装就位 → 垫铁及止轮器安装 → 附件安装 →

接地 → 补漆 → 配合电气试验 → 试运行

2）注意事项。

① 变压器的安装形式有杆上安装、户外露天安装、室内变压器安装等，安装应当位置正确，附件齐全，油浸式变压器油位正常，无渗油现象。

② 装接高、低压母线时，母线中心应与套管中心线相符。在母线连接前都要进行母线接触面处理。铜母线打好孔之后应做好防锈处理；铝母线要做好铜铝过渡接触面的处理，达到接触面接触良好。

③ 变压器试验应就变压比、线圈绝缘电阻和吸收比、接线组别、耐压等试验测量，保证变压器在交换运输过程中性能稳定。

④ 变压器试运行是指变压器开始通电并带一定负荷运行24h所经历的过程。当无任何异常情况，即为试运行合格。

变压器安装如图5-18所示。

图5-18　变压器安装示意图

4．电动机

（1）电动机的分类。电动机按电动机工作电源的不同，可分为直流电动机和交流电动机。其中，交流电动机还可分为单相电动机和三相电动机；按结构及工作原理可分为异步电动机和同步电动机；按用途可分为驱动用电动机和控制用电动机。

（2）电动机安装施工工艺。

1）工艺流程。

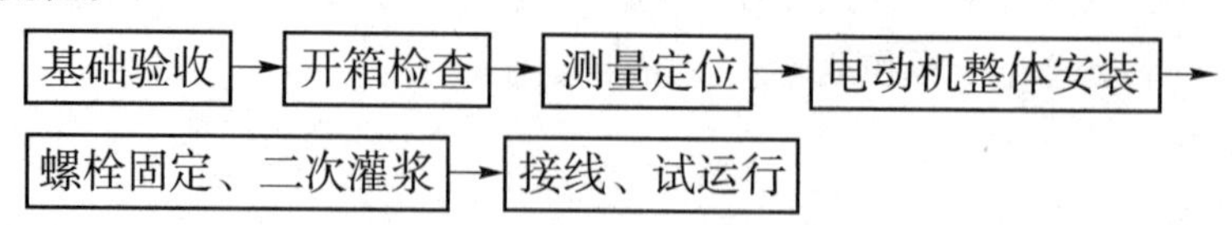

2）注意事项。

① 基础承重量应达到设计要求，基础各边应超出电动机底座边缘100～105mm；若基础不满足平整度要求，应对基础进行二次找平，保证电动机顺利安装。

② 电动机开箱检查包括对电动机的功率、型号、外壳、风罩、风叶的检查以及电动机的各相绕组与机壳之间的绝缘电阻是否满足相关要求。

③ 电动机吊装就位后，应进行二次测量找正，再用地脚螺栓将其固定牢靠，同时，还应加装隔振垫，安装完毕之后用对应强度水泥砂浆进行二次灌浆。

④ 电动机还应接线试运行。第一次试运行应空载运行，观察电动机运转情况，无异响、工作正常即为合格。

电动机安装及基础如图5-19所示。

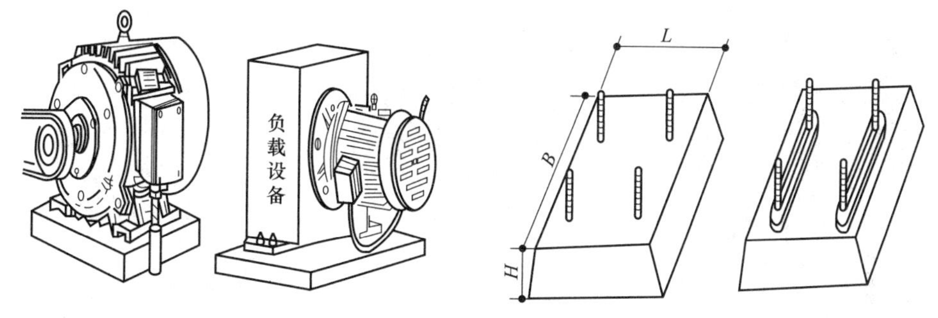

图5-19　电动机安装及基础

B—基础宽；L—基础长；H—基础高

二、建筑电气工程常用材料及施工工艺

1．电气配管

（1）电气配管常用材料。电气配管常用的管材有焊接钢管、电线管、PVC塑料管、紧定管、普里卡金属管以及金属软管等。

1）焊接钢管。焊接钢管是指用钢带或钢板弯曲变形为圆形、方形等形状后再焊接成的、表面有接缝的钢管。其适用于有机械外力或轻微腐蚀的场所如图5-20所示。

2）电线管。电线管适用于干燥场所，如图5-21所示。

3）PVC塑料管。PVC塑料管适用于室内有腐蚀性介质的场所，如图5-22所示。

图5-20　焊接钢管

图5-21　电线管

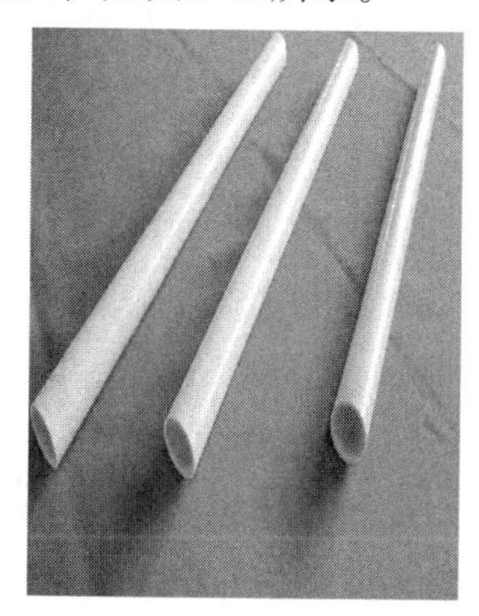

图5-22　PVC塑料管

4）紧定管。紧定管全称是套接紧定式钢导管，如图5-23所示。

5）普里卡金属套管。普利卡管是一种可挠金属软管，用于各种明暗配场所的可挠性套管，如图5-24所示。

6）金属软管。金属软管是现代工业设备连接管线中的重要组成部件。金属软管用作电线、电缆、自动化仪表信号的电线电缆保护管和民用淋浴软管，规格从3～150mm，多用于弯曲部位较多的场所，如图5-25所示。

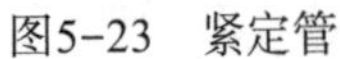

图5-23　紧定管

图5-24　普里卡金属套管

图5-25　金属软管

（2）电气配管安装施工工艺。

1）工艺流程。

选管 → 管道加工 → 按使用场所刷防腐漆 → 进行部分管与盒的连接 → 配合土建施工逐层逐段预埋管道 → 管与管、管与盒的连接 → 接地跨接线焊接

2）注意事项。

① 管道加工包括除锈、涂漆、切割、套丝、弯曲等一系列工序。对于钢管在配管前应做除锈刷油，埋入有腐蚀的介质的钢管还应当作防腐处理；管道切割时，管口应平滑，无毛刺；管道弯曲应根据施工需要，尽量减少弯头，为便于穿线，管子的弯曲角度一般不小于90° ，为满足穿线，在电线管路长度超过下列数值时，中间应增设接线盒或加大管径：

a．管子长度每超过30m，无弯时；

b．管子长度每超过20m，有一个弯时；

c．管子长度每超过15m，有两个弯时；

d．管子长度每超过8m，有三个弯时；

e．暗配管两个接线盒之间不允许出现四个弯。

② 钢管无论明敷还是暗敷一般均采用管箍连接，连接时要用圆钢或者扁钢作跨接线焊在接头处使管子之间有良好的电气连接，保证接地可靠。

③ 当电线管路遇到建筑物伸缩缝、沉降缝时，暗敷应装设补偿盒；明敷应采用软管

进行补偿。

④ 管道与设备连接时，应将管道敷设到设备内；不能直接进入时，应在出口处加金属软管或塑料软管引入设备。金属软管和接线盒等的连接均要使用软管接头。

2．桥架

（1）桥架的分类。架设电缆的构架称为电缆桥架。电缆桥架按结构形式可分为托盘式、梯架式、组合式、全封闭式；按材质可分为钢电缆桥架和铝合金电缆桥架。常见桥架如图5-26所示。

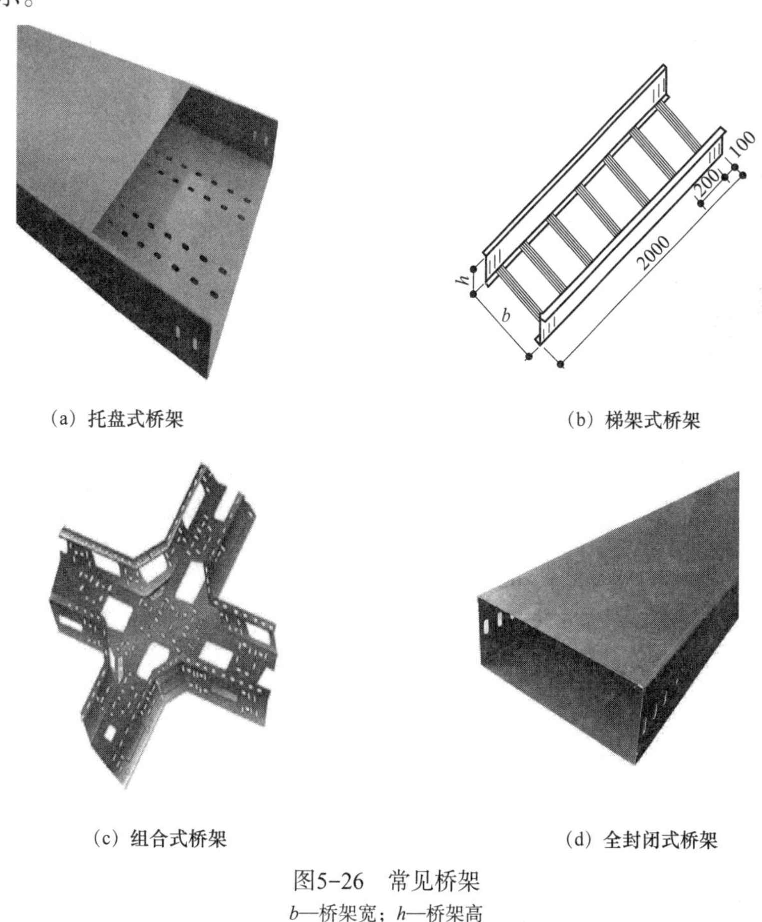

（a）托盘式桥架　（b）梯架式桥架

（c）组合式桥架　（d）全封闭式桥架

图5-26　常见桥架

b—桥架宽；*h*—桥架高

（2）桥架安装施工工艺。

1）工艺流程。

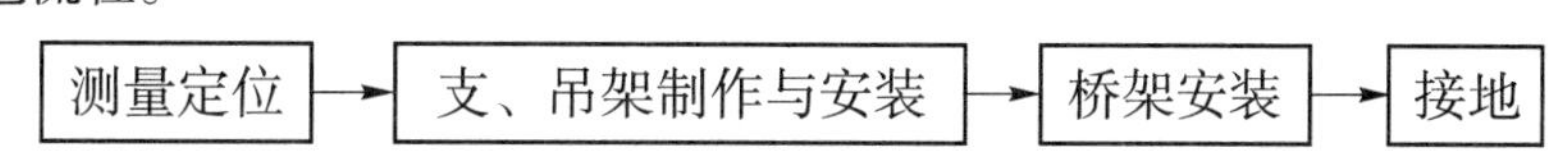

2）注意事项。

① 电缆桥架安装必须考虑其机械强度，吊架、支架、支持点间距按设计及产品荷载技术要求敷设，电缆桥架标高尺寸，施工前与相关专业施工图严格复核，防止与风管、风口、冷冻、消防管道碰阻。桥架的距离地面高度一般不宜低于2.5m，无孔托盘桥架距离地

面高度不宜低于2.2m，垂直敷设时应不低于1.8m，而且要符合施工规范、设计要求。

② 电缆桥架连接板的螺栓应紧固，连接片和连接螺母应位于电缆桥架的外侧，桥架接口应平直，盖板齐全、平整、无翘角。当每侧连接螺母数量大于4个时，可利用连接片作接地跨接线；否则，应用专用接地卡作明显的接地跨接，电缆桥架必须至少将两端加接地保护，在桥架内加设一条平行镀锌扁钢40mm×4mm作为接地体。

③ 电缆桥架安装必须横平竖直，整齐美观及牢固可靠。

④ 由电缆桥架引出的配管应使用钢管，当托盘式桥架需要开孔时，应用开孔器开孔，开孔应切口整齐，管孔径吻合，严禁用气、电焊割孔。钢管与桥架连接时，应使用管接头固定。

⑤ 电缆桥架在穿过防火墙及防火楼板时，应采取防火隔离措施。

⑥ 为保证线路运行安全，下列情况的电缆不宜敷设在同一层桥架上：

a．1kV以上和1kV以下的电缆；

b．同一路径向一级负荷供电的双路电源电缆；

c．应急照明和其他照明的电缆；

d．强电和弱电电缆。

桥架的安装如图5-27所示。

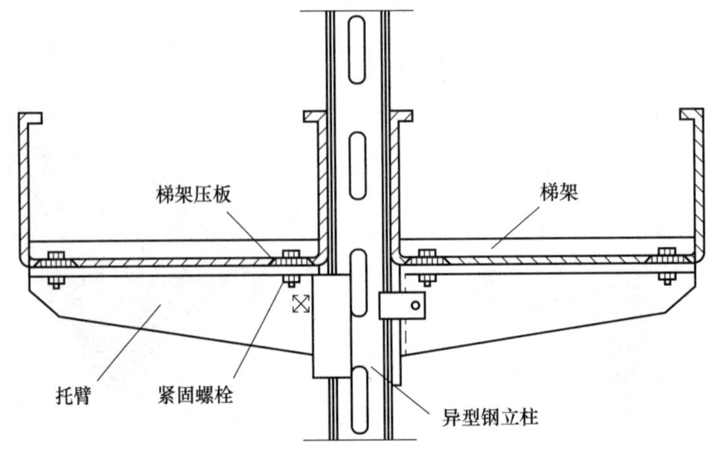

图5-27　桥架的安装示意图

3．母线

（1）母线的分类。母线是指发电厂、变电站、配电房中某一电压等级连接输电线路和变电设备、用于回流的专用道线。母线一般可分为硬母线和封闭插接母线。

1）硬母线通常作为变配电装置的配电母线，一般多采用硬铝母线。当安装空间较小，电流较大或者有特殊要求时，可采用硬铜母线。硬母线还可作为大型车间和电镀车间的配电干线。硬母线如图5-28（a）所示。

2）封闭插接母线是一种以组装插接方式引接电源的新型电气配线装置，用于额定电压380V，额定电流2500A及以下的三相四线配电系统中。封闭母线是由封闭外壳、母线本体、进线盒、出线盒、插座盒、安装附件等组成。封闭母线有单相二线制、单相三线制、三相三线制、三相四线制及三相五线制式。封闭插接母线如图5-28（b）所示。

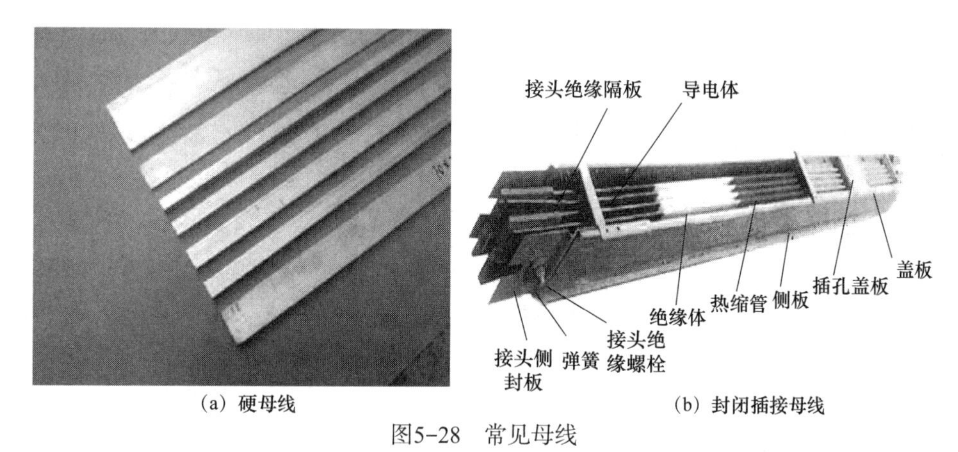

（a）硬母线　　（b）封闭插接母线

图5-28　常见母线

（2）母线安装施工工艺。

1）工艺流程。

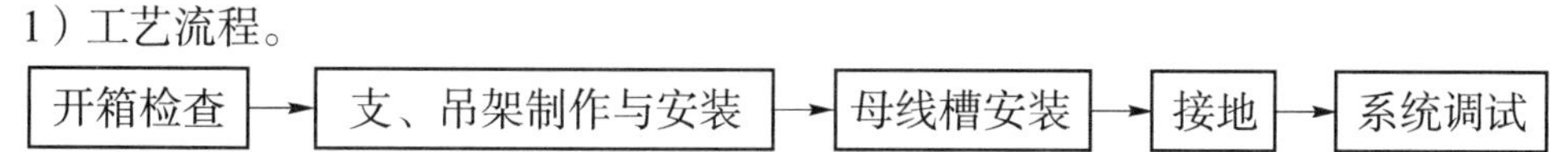

2）注意事项。

① 安装前对母线槽检查时，应注意母线槽分段标志清晰齐全，外观无损伤变形，内部无损伤，母线螺栓固定搭接截面应平整。

② 母线槽的支架一般可采用角钢、槽钢或圆钢制作，形式可以为L形、“一”字形等。母线槽在拐弯处必须设置支架。安装母线槽时应放线定位，按照规定的间距布置支架，且牢固可靠。

③ 母线安装时应做到横平竖直，母线连接时应将母线槽的小头插入另一节母线槽的大头中去，在母线间及母线外侧垫上配套的绝缘板，再穿上绝缘螺栓加平垫片，然后拧上螺母，用扳手紧固，达到规定要求。

④ 母线安装好后，应进行相应的调试。母线槽送电调试前，要将母线槽全线进行认真清扫，母线槽上不得连挂杂物和积有灰尘，检查母线之间的连接螺栓以及紧固件等有无松动现象。通电测试各指标满足要求后方能投入运行。

母线槽安装如图5-29所示。

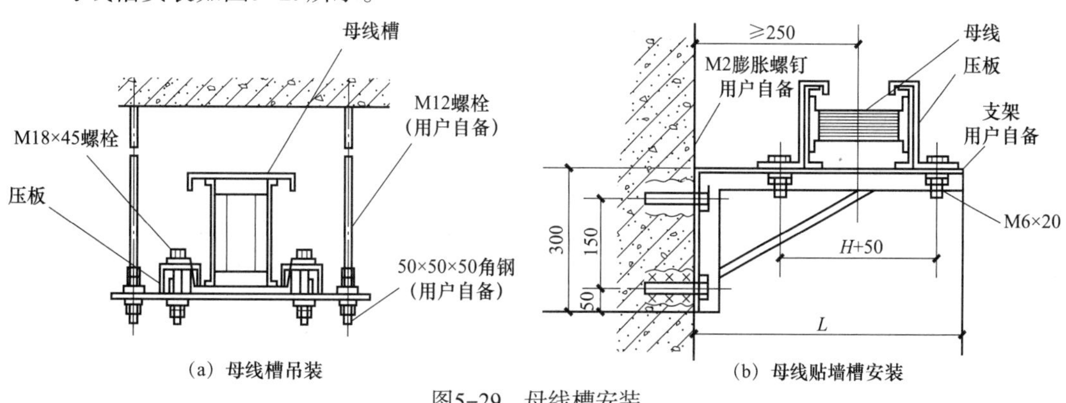

（a）母线槽吊装　　（b）母线贴墙槽安装

图5-29　母线槽安装

H—母线槽宽；*L*—支架长

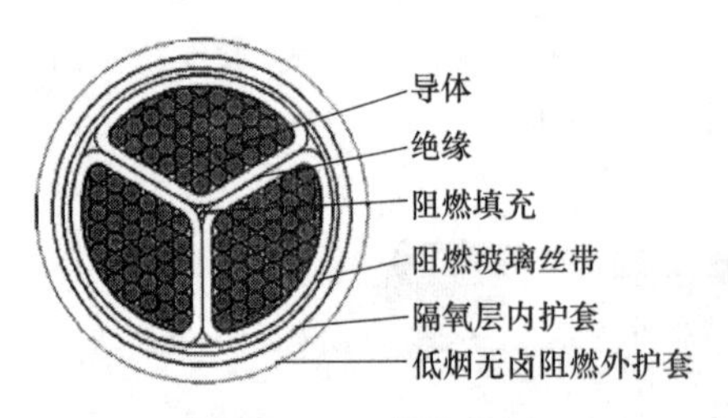

图5-30 电缆结构图

4. 电缆

（1）电缆的组成。电缆是一种多芯导线，即在一个绝缘软套内裹有多根相互绝缘的线芯。电缆的基本结构是由缆芯、绝缘层、保护层三部分组成的。电缆结构如图5-30所示。

（2）电缆的表示方法。电力电缆用来输送和分配电能，按其绝缘材料及保护层的不同可分为纸绝缘电缆（代号为Z）、塑料绝缘电缆（代号为V）、橡胶绝缘电线（代号为X）。电缆型号的组成和含义见表5-1。

表5-1 电缆型号的组成和含义

性能	类别	电缆种类	线芯材料	内护层	其他特征	外护层	
						第一个数字	第二个数字
ZR—阻燃	电力电缆不表示	Z—油浸纸绝缘	T—铜	Q—铅护套	D—不滴流	2—双钢带	1—纤维护套
NH—耐火	K—控制电缆	X—橡皮	L—铝	L—铝护套	F—分相铅包	3—细圆钢丝	2—聚氯乙烯护套
	Y—移动式软电缆	V—聚氯乙烯		H—橡套	P—屏蔽	4—粗圆钢丝	3—聚乙烯护套
	P—信号电缆	Y—聚乙烯		（H）F—非燃性橡套	C—重型		
	H—市内电话电缆	YJ—交联聚乙烯		V—聚氯乙烯护套			
				Y—聚乙烯护套			

例如，VV是塑料绝缘铜芯塑料护套电缆，ZLQ是纸绝缘铝芯铅包电力电缆。型号中的Q表示保护层为铅包，铝包则为L。

常用电缆的型号见表5-2。

表5-2 常用绝缘电缆

型号	名称	型号	名称	备注
VV	铜芯聚氯乙烯绝缘聚氯乙烯护套电力电缆	YJV	铜芯交联聚乙烯绝缘聚氯乙烯护套电力电缆	第一个数字： 2：表示钢带铠装 3：细钢丝铠装 4：粗钢丝铠装 5：裸粗钢丝铠装 第二个数字： 2：聚氯乙烯 3：聚乙烯 9：内铠装
VLV	铝芯聚氯乙烯绝缘聚氯乙烯护套电力电缆	YJLV	铝芯交联聚乙烯绝缘聚氯乙烯护套电力电缆	
VV_{22}	铜芯聚氯乙烯绝缘、钢带铠装聚氯乙烯护套电力电缆	YJV_{22}	铜芯交联聚乙烯绝缘、钢带铠装聚氯乙烯护套电力电缆	
VV_{29}	铜芯聚氯乙烯绝缘、内钢带铠装聚氯乙烯护套电力电缆	YJV_{32}	铜芯交联聚乙烯绝缘、钢丝铠装聚氯乙烯护套电力电缆	

（3）常用电线电缆线芯的规格及表示。电线电缆的线芯一般采用铜芯和铝芯，国家标准中，线芯的额定截面面积规格有：0.2，0.3，0.4，0.5，1.0，1.5，2.5，4.0，6.0，10，16，25，35，50，70，95，120，185，240，300，单位是mm^2。

在电气工程图中，表示导线的截面面积的还应同时表示出电线电缆的型号、线路的额定电压。如BLV-500-3×16+1×10，表示铝芯塑料绝缘电线，额定电压为500V，三根相线截面面积均为16mm^2，一根中性线的截面面积为10mm^2。

（4）电缆安装施工工艺。

1）工艺流程。

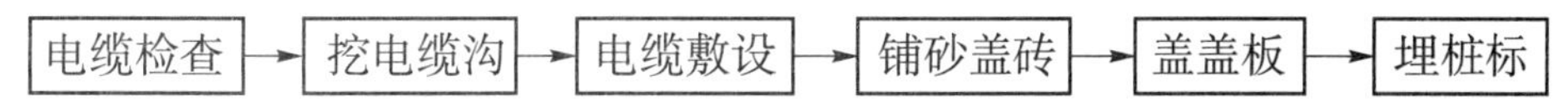

2）注意事项。

① 直埋电缆时，电缆表面埋设深度不应小于0.7m，穿越农田时不应小于1m。在寒冷地区，电缆应埋设于冻土层以下。电缆沟的形状一般为梯形。

② 电缆通过有振动和承受压力的地段应穿保护管。直埋电缆与道路交叉时，保护管应超出保护区路基或街道路面两边各1m，管的两端宜伸出道路路基两边各2m，而且应超出排水沟边0.5m；在城市街道应伸出车道路面。

③ 电缆与建筑物平行敷设时，电缆应埋设在建筑物的散水坡外。电缆进入建筑物时，所穿保护管应超出建筑物散水坡100mm。

电缆直埋如图5-31所示。

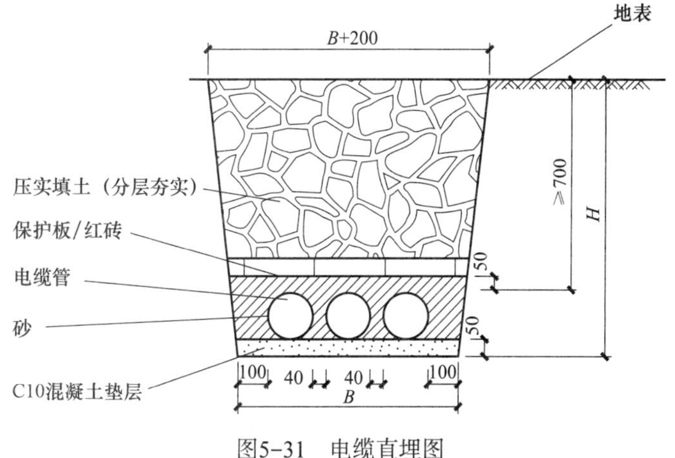

图5-31　电缆直埋图

B—直埋电缆；*H*—直埋电缆壕沟的深度壕沟底部宽度

5. 电线

（1）电线的组成。电线由线芯和保护层组成。常见电线如图5-32所示。

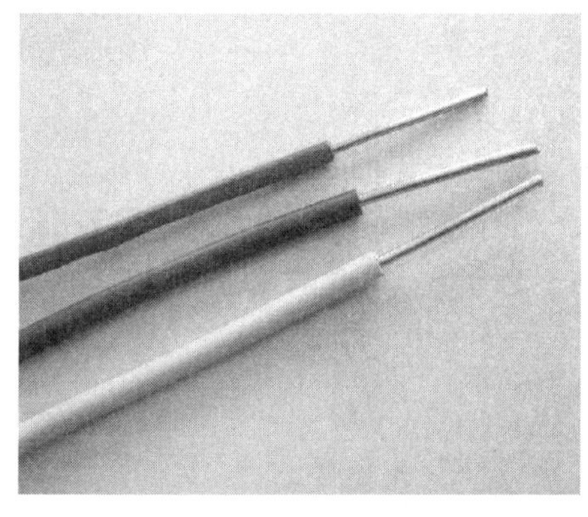

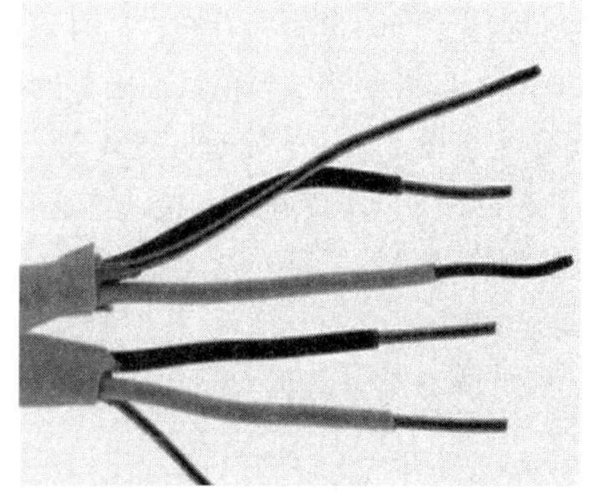

图5-32　常见电线

（2）电线的表示方法。绝缘电线用于低压供电线路及电气设备的连线，常用绝缘电线的种类及型号见表5-3。

电线的型号如下：

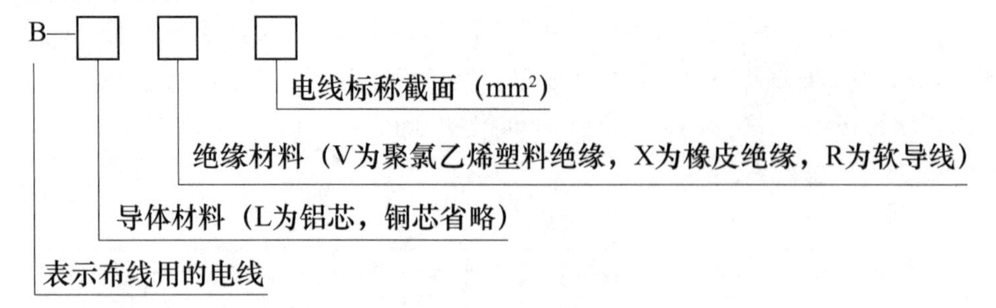

表5-3　常用绝缘电线

型号	名称	主要用途	型号	名称	主要用途
BX	铜芯橡皮线	固定敷设用	BVV	铜芯塑料护套线	固定敷设用
BLX	铝芯橡皮线		BLVV	铝芯塑料护套线	
BXR	铜芯橡皮软线		BXF	铜芯氯丁橡皮线	
BV	铜芯塑料线		RVS	铜芯塑料绞形软线	用于盘内配线及小功率用电设备中
BLV	铝芯塑料线		RVB	铜芯塑料平行软线	
BVR	铜芯塑料软线				

（3）电线安装施工工艺。

1）工艺流程。

选择导线→穿带线→扣管→放线→导线与带线的绑扎→带护口→导线连接、导线焊接→导线包扎→线路检查

2）注意事项。

① 不同回路、不同电压等级和交流与直流的电线，不应穿于同一导管内；同一交流回路的电线应穿于同一金属导管内，而且管内电线不得有接头，管内导线包括绝缘层在内的总截面面积不应大于管子内空截面面积的40%。

② 当导线与设备端子连接时，接线端子可采用锡焊和压接。

③ 所有导线线芯连接好后，接线前必须逐一进行绝缘检查、记录，不合格的线路必须拔出重新更换，确保线路安全无隐患。

6．灯具

（1）灯具的分类。灯具大致可以分为普通灯具、工厂灯、装饰灯、高度标志灯、医疗专用灯等。

1）普通灯具包括圆球吸顶灯、半圆球吸顶灯、方形吸顶灯、软线吊灯、座灯头、吊

链灯、防水吊灯、壁灯等。常见普通灯具如图5-33所示。

2）工厂灯包括工厂罩灯、防水灯、防尘灯、碘钨灯、投光灯、泛光灯、混光灯、密闭灯等。碘钨灯如图5-34（a）所示；防水防尘灯如图5-34（b）所示。

(a) 圆球吸顶灯

(b) 半圆球吸顶灯

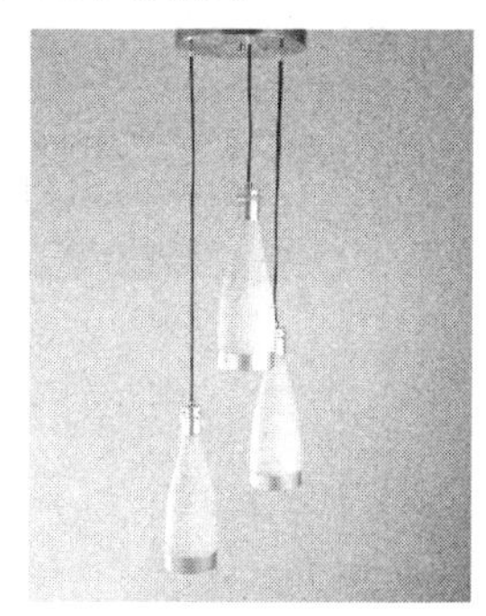
(c) 吊链灯

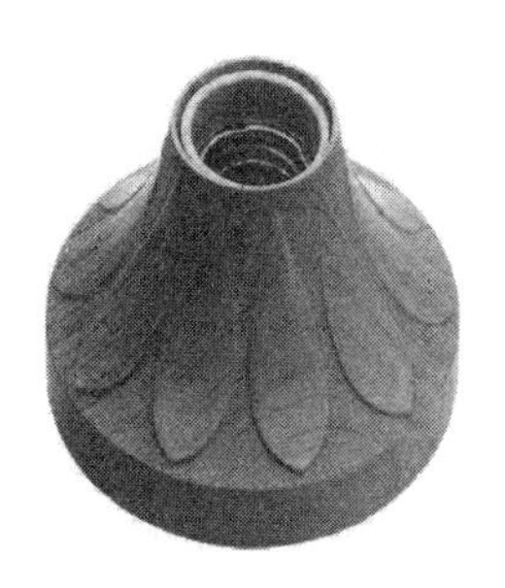
(d) 座灯头

(e) 壁灯

图5-33　常见普通灯具

(a) 碘钨灯

(b) 防水防尘灯

图5-34　常见工厂灯

3）装饰灯包括吊式艺术装饰灯、吸顶式艺术装饰灯、荧光艺术装饰灯、几何型组合艺术装饰灯、标志灯、诱导装饰灯等。常见装饰灯如图5-35（a）所示。

4）高度标志灯主要有烟囱标志灯、高塔标志灯、高层建筑屋顶障碍指示灯等。常见高度标志灯如图5-35（b）所示。

5）医疗专用灯包括病房指示灯、病房暗脚灯、紫外线杀菌灯、无影灯等。常见医疗专用灯如图5-35（c）所示。

(a) 装饰灯

(b) 高度标志灯

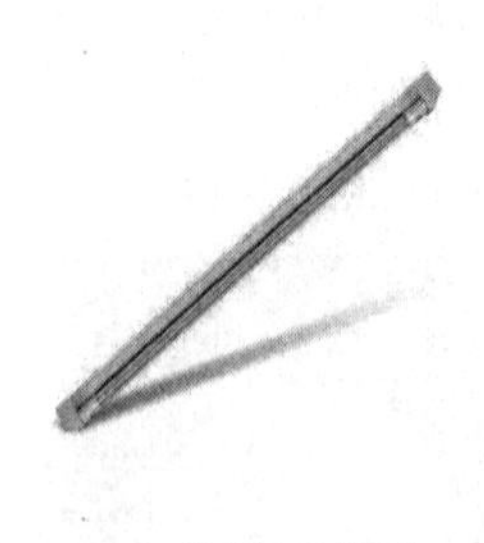

(c) 紫外线杀菌灯

图5-35 常见装饰灯、高度标志灯以及医疗专用灯

（2）灯具安装方式。灯具安装包括普通灯具安装、装饰灯具安装、荧光灯具安装、工厂灯及防水防尘灯安装、工厂其他灯具安装、医院灯具安装和路灯安装等。常见安装方式有悬吊式、壁装式、吸顶式、嵌入式等。悬吊式又可分为软线吊灯、链吊灯、管吊灯。

（3）灯具安装施工工艺。

1）工艺流程。

清理→测定打眼→埋螺栓→安装灯具→接线→通电试运行

2）注意事项。

① 吊灯应当固定牢固可靠。对于软线吊灯，灯具质量在0.5kg及以下时，采用软电线自身吊装；大于0.5kg的灯具采用吊链吊装。

② 壁灯可安装在墙上或柱上。安装在墙上时一般用预埋螺栓或膨胀螺栓固定；安装在柱上时一般固定在预埋的金属构件上。同一工程中成排安装的壁灯，安装高度应一致。

③ 荧光灯安装时，应注意灯管、镇流器、启动器、电容器的相互匹配，不能随意代用，接线正确，否则会烧坏灯管。

吊灯安装如图5-36所示。

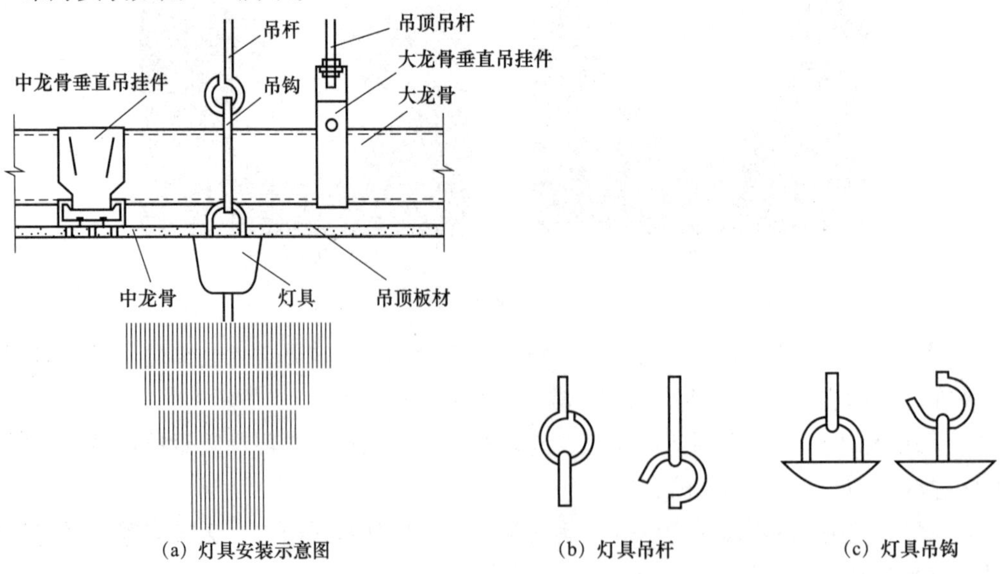

(a) 灯具安装示意图　(b) 灯具吊杆　(c) 灯具吊钩

图5-36 吊灯安装示意图

7. 开关

（1）开关的分类。开关按安装方式可分为明装开关和暗装开关；按其开关操作方式可分为拉线开关、扳把开关、跷板开关、声光控开关、节能开关、床头开关等；按其控制方式可分为单控开关和双控开关；按开关面板上的开关数量可分为单联开关、双联开关、三联开关和四联开关等。常见的开关如图5-37所示。

(a) 扳把开关

(b) 单联单控开关

(c) 双联单控开关

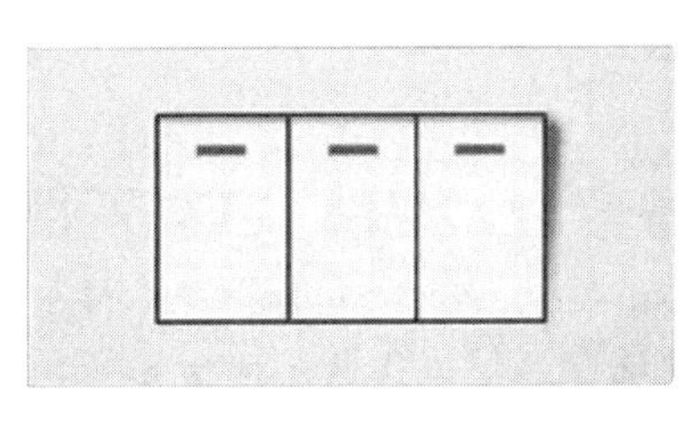

(d) 三联单控开关

(e) 拉线开关

图5-37　常见开关

（2）开关安装施工工艺。

1）工艺流程。

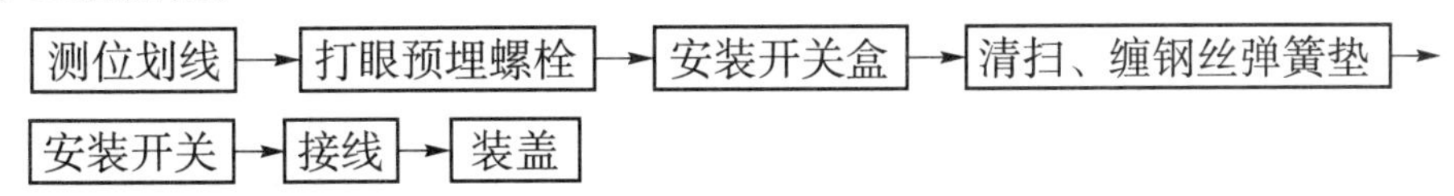

2）注意事项。

① 开关安装位置应便于操作，开关边缘与门框的距离宜为0.15～0.2m；开关距离地面高度宜为1.3m；拉线开关距离地面高度宜为2～3m，距离顶部为0.1m，而且拉线出口应垂直向下。

② 安装在同一建筑物、构筑物内的开关宜采用同一系列的开关，同种型号的开关安装距离地面高度应一致；并列安装的开关相邻距离不应小于20mm。

③ 跷板式开关只能暗装；扳把开关可以明装也可以暗装，但不允许横装。扳把向上时表示开灯，向下时表示关灯。

开关安装如图5-38所示。

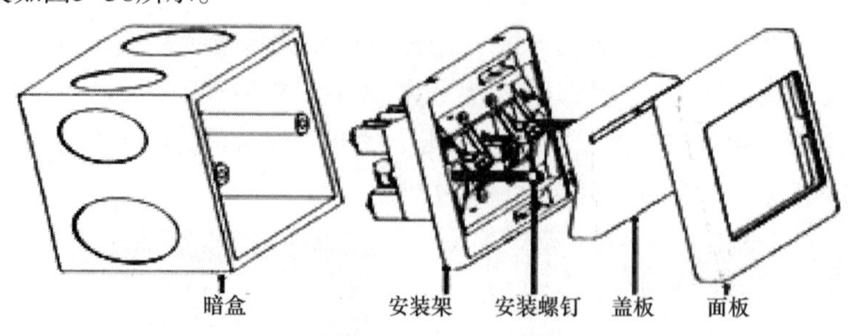

图5-38　开关安装示意图

8．插座

（1）插座的分类。插座是各种移动电器的电源接取口，插座的分类有单相双孔插座、单相三孔插座、三相四孔插座、三相五孔插座、防爆插座、地插座、安全型插座等。

（2）插座安装施工工艺。

1）工艺流程。

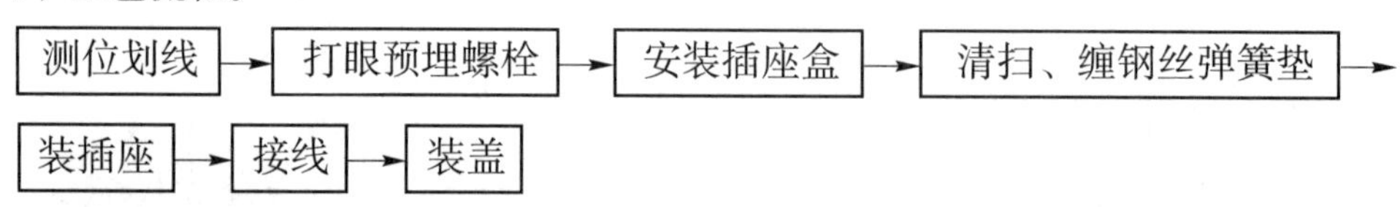

2）注意事项。

① 插座的距离地面安装高度一般不小于0.3m；当不采用安全型插座时，儿童活动场所距离地面安装高度不小于1.8m；同一室内插座距离地面安装高度应一致。

② 插座面板应与地面齐平或紧贴地面，盖板牢固可靠，密封良好。

③ 插座的接地端子不应与零线端子直接连接，接地（PE）或接零（PEN）线在插座间不得串联连接。

插座安装如图5-39所示。

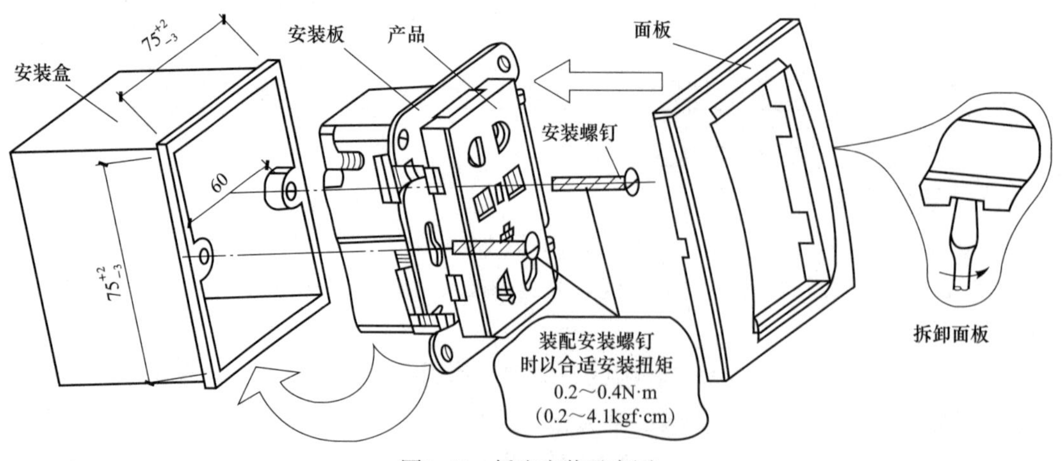

图5-39　插座安装示意图

9．电扇

（1）电扇的分类。电扇可分为吊扇、壁扇、轴流排气扇。吊扇是住宅、公共场所、工业建筑中常见的设备。吊扇有三叶吊扇、三叶带照明灯吊扇和四叶带照明灯吊扇等。

（2）电扇安装施工工艺。

1）工艺流程。

2）注意事项。

① 吊扇安装应对预埋的挂钩检查是否安装牢固，挂钩的直径不得小于吊扇悬挂销钩的直径，且应有防振橡胶垫；挂销的防松零件齐全、可靠。

② 吊扇扇叶距离地面高度不小于2.5m。

③ 吊扇应接线正确，运转时扇叶应无明显颤动和异常声响。

④ 壁扇安装时其下侧边缘距离地面高度不小于1.8m。

第三节　建筑电气照明工程施工图的识读

一、建筑电气照明工程施工图的组成

室内电气照明施工图一般由图纸目录、设计总说明、电气平面图、电气系统图和电气大样图及说明组成。

1．图纸目录

图纸目录主要内容包括：图纸、所选用的标准图集的编号和名称。

2．设计说明

图纸中未尽事宜，要在“说明”中提出。“说明”一般是说明设计的依据，设计的规模与范围、工程概况，电气材料的选择和施工要求说明，主要设备的型号与规格，对施工、材料或制品提出要求，如干线与支线的敷设方式和部位、导线种类及截面面积，说明图中未尽事宜等。

3．电气照明平面图

电气照明平面图是电力工程图中最重要的图纸，它集中表示建筑物内动力、照明设备和线路平面布置的图纸。这些图纸是按照建筑物不同标高的楼层分别画出的，并且动力与照明分开。它反映建筑物平面形状、大小、墙柱的位置、厚度、门窗的类型，以及建筑物内配电设备、动力、照明设备等平面布置、线路走向等情况。

电气照明平面图主要表示动力及照明线路的敷设位置、方式、导线型号规格、根数、穿管管径等，同时，还标出了各种用电设备（如各种灯具、电动机、电风扇、插座等）及配电设备（如配电箱、开关等）的数量、型号和相对位置。

电气照明平面图上的土建平面是完全按比例绘制的，电气部分的导线和设备通常采用图形符号表示，导线与设备间的垂直距离和空间位置一般也不另用立面图表示，而是采用文字标注安装标高或附加必要的施工说明的方法加以示出。绘图时，常用细实线绘出建筑物平面的墙体、门窗、工艺设备等外形轮廓，用中粗线绘制出电气部分。

4. 电气照明系统图

供电系统图是根据用电量和配电方式画出来的，它是表明建筑物内配电系统的组成与连接的示意图。从图中可看出，电源进户线的型号、敷设方式，全楼用电的总容量；进户线、干线、支线的连接与分支情况；配电箱、开关、熔断器的型号与规格；配电导线的型号、截面、采用管径及敷设方式等。

5. 电气详图

凡在照明平面图、供电系统图中表示不清而又无通用图可选的图样，才绘制施工大样图。一般均有通用图可选，图中只标注所引用的通用图册代号及页数等即可。作为施工人员应对常用的通用图册十分熟悉，并能记住它们的构造尺寸、所用材料及施工操作方法。

6. 设备材料表

为了便于施工单位计算材料、采购电气设备、编制工程概预算和施工组织设计，电气照明工程图纸上要列出主要设备材料表。其包括的主要内容有主要电气设备材料的规格、型号、数量以及有关的重要数据，要求与图纸一致，并按序号编号。

二、建筑电气工程施工图常用图例

建筑电气工程施工图常用图例见表5-4。

表5-4 建筑电气工程施工图常用图例

图例	名称	备注	图例	名称	备注
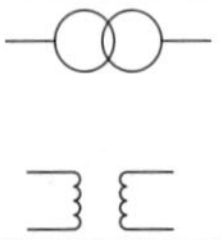	双绕组 变压器	形式1 形式2		动力或动力-照明配电箱	
				照明配电箱（屏）	
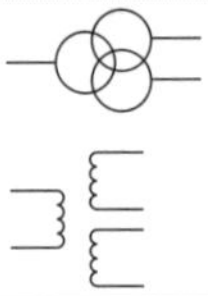	三绕组 变压器	形式1 形式2	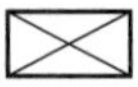	事故照明配电箱（屏）	
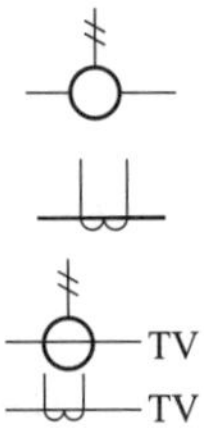 TV TV	电流互感器 脉冲变压器 电压互感器	形式1 形式2 形式1 形式2		灯具一般符号	
				球形灯	
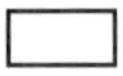	屏、台、箱柜 一般符号			顶棚灯	

续表

图例	名称	备注	图例	名称	备注
⊗	花灯			熔断器式隔离开关	
	单管荧光灯			避雷器	
	三管荧光灯		MDF	总配线架	
5	五管荧光灯		IDF	中间配线架	
	壁灯			壁龛交接箱	
	防水防尘灯			分线盒 一般符号	
	明装单相插座			明装单联 单控开关	
	暗装单相插座			暗装单联 单控开关	
	明装防水插座			明装双联 单控开关	
	防爆插座			暗装双联 单控开关	
	明装带保护 接点插座			明装三联 单控开关	
	暗装带保护 接点插座			暗装三联 单控开关	
	插座箱			延时开关	
EEL	应急疏散 指示标志灯			电铃	
EL	应急疏散 照明灯			扬声器 一般符号	
	电源自动切换箱 （屏）		3	三根导线	形式1 形式2
	隔离开关		n	n根导线	
	接触器（在非动作位置触点断开）		P	电话线路	
	断路器		V	视频线路	
	熔断器一般符号		B	广播线路	
	熔断器式开关				

三、建筑电气工程施工图的特点

（一）动力和照明线路在图上的表示

1. 线路敷设方式的文字符号表示

线路敷设方式的文字符号表示见表5-5。

表5-5　线路敷设方式的文字符号表示

敷设方式	符号	敷设方式	符号
明敷	E	穿阻燃半硬塑料管敷设	FPC
暗敷	C	电线管敷设	TC
瓷瓶敷设	K	焊接钢管敷设	SC
铝卡线敷设	AL	硬塑料管敷设	PC
瓷夹敷设	PL	金属线槽敷设	MR
塑料夹敷设	PCL	塑料线槽敷设	PR
钢索敷设	M	电缆桥架敷设	CT
金属软管敷设	FMC	直埋敷设	DB
电缆沟敷设	TC	混凝土排管敷设	CE

2. 线路敷设部位的文字符号表示

线路敷设部位文字符号表示见表5-6。

表5-6　线路敷设部位文字符号表示

敷设部位	符号	敷设部位	符号
沿或跨梁（屋架）敷设	BE	暗敷设在墙内	WC
暗敷设在梁内	BC	沿顶棚或顶板面敷设	CE
沿或跨柱敷设	CLE	暗敷设在屋面或顶板内	CC
暗敷设在柱内	CLC	吊顶内敷设	SCE
沿墙面敷设	WE	地板或地面下暗敷设	FC

3. 线路功能的文字符号表示

线路功能文字符号表示见表5-7。

表5-7　线路功能文字符号表示

<table>
<tr><th rowspan="2">名称</th><th colspan="3">符号</th><th rowspan="2">名称</th><th colspan="3">符号</th></tr>
<tr><th>单字母</th><th>双字母</th><th>三字母</th><th>单字母</th><th>双字母</th><th>三字母</th></tr>
<tr><td>控制线路</td><td rowspan="5">W</td><td>WC</td><td></td><td>电力线路</td><td rowspan="5">W</td><td>WP</td><td></td></tr>
<tr><td>直流线路</td><td>WD</td><td></td><td>广播线路</td><td>WS</td><td></td></tr>
<tr><td>应急照明线路</td><td>WE</td><td></td><td>电视线路</td><td>WV</td><td></td></tr>
<tr><td>电话线路</td><td>WF</td><td></td><td>插座线路</td><td>WX</td><td></td></tr>
<tr><td>照明线路</td><td>WL</td><td></td><td></td><td></td><td></td></tr>
</table>

4. 线路的表示方法

（1）导线根数在图上的表示。动力及照明线路在平面图上均用图线加文字符号来表示。图线通常用单线表示一组导线，同时，在图线上打上短线表示根数，例如，-///-表示3根导线；也可画一条短斜线，在短斜线旁标注数字来表示导线的根数，例如，-/ⁿ-表示n根导线（$n\geqslant3$）。对于两根导线，可用一条图线表示，不必标注根数，这在动力及照明平面图中已成惯例。导线根数的表示方法如图5-40所示。

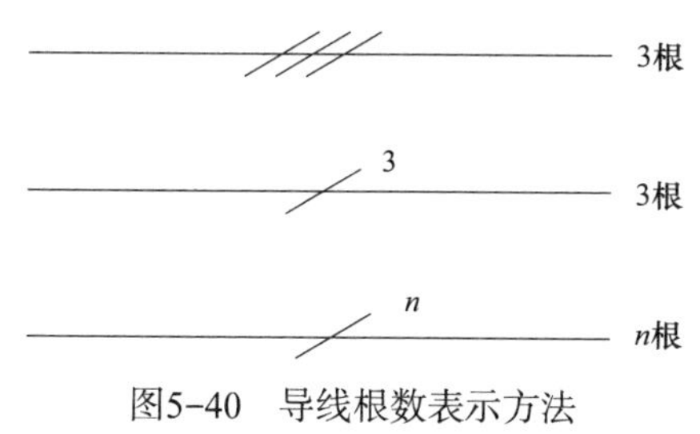

图5-40　导线根数表示方法

（2）线路标注的一般格式。在平面图上用图线表示动力及照明线路时在图线旁还应标注一定的文字符号，以说明线路的编号、导线型号、规格、根数、线路敷设方式及部位等。其标注的一般格式如下：

$$a-d-(e\times f)-g-h$$

式中　a——线路编号或线路功能的符号；

d——导线型号；

e——导线根数；

f——导线截面面积mm^2，（不同的截面面积应分别表示）；

g——导线敷设方式或穿管管径；

h——导线敷设部位。

图5-41所示为动力和照明线路在平面图上表示方法的示例。

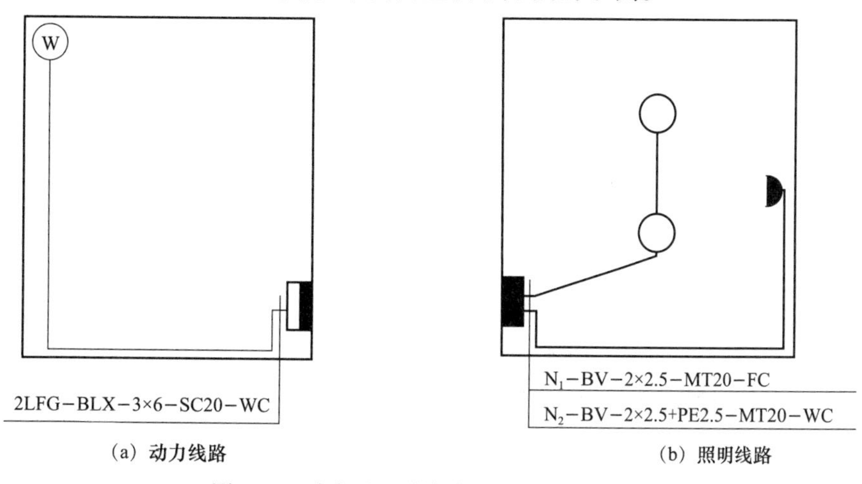

图5-41　动力及照明线路的表示方法示意图

图5-41（a）中的“2LFG－BLX－3×6－SC20－WC”表示2号动力分干线，导线型号为铝芯橡皮绝缘线，由3根截面面积各为6mm²的导线，穿管径为20mm的钢管沿墙暗敷。

图5-41（b）中“N1－BV－2×2.5－MT20－FC”，表示为N1回路，导线型号为铜芯塑料绝缘线，2根截面面积均为2.5mm²的导线，穿管径为20mm的电线管，沿地板暗敷。图中到插座的导线：“N2－BV－2×2.5+PE2.5－MT20－WC”比N1回路多一根截面面积为2.5mm²的保护线，敷设方法改为沿墙暗敷。

在有一些平面图上，为了减少图面的标注量，将配电箱通往各用电设备的线路上反映导线型号、规格及敷设方式的文字符号不直接在平面图上进行标注，而是采用管线表的标注方法，即在平面图上只标注线路的编号，如N12、N512等，另外再提供一个线路管线表，表中列出编号管线的导线型号、规格、长度、起点、终点、敷设方式、管径大小等。在读图时，看到图上线路的编号，只要通过管线表，即可查出所需要的数据。这种标注方法可提高识读图纸的清晰度。

（二）常用动力及照明设备在图上的表示方法

1. 配电箱的型号表示及文字标注

配电箱是动力和照明工程中的主要设备之一，是由各种开关电器、仪表、保护电器、引入引出线等按照一定方式组合而成的成套电器装置，用于电能的分配和控制。主要用于动力配电的称为动力配电箱；主要用于照明配电的称为照明配电箱；两者兼用的称为综合式配电箱。配电箱的安装方式有明装、暗装（嵌入墙体内）及立式安装等几种形式。配电箱在平面图上用图形和文字标注两种方法表示。

（1）配电箱的图形符号见表5-8。

表5-8　配电箱的图形符号

序号	图形符号	说明
1	▭	柜、屏、箱、盘一般符号
2	（下半部涂黑的矩形）	动力或动力—照明配电箱
3	■	照明配电箱（屏）
4	⊠	事故照明配电箱（屏）
5	（矩形内带⊗）	信号板、信号箱（屏）
6	（对角线下方涂黑的矩形）	多种电源配电箱（屏）

（2）配电箱的型号表示及文字标注。

1）照明配电箱型号的表示方法及含义如下：

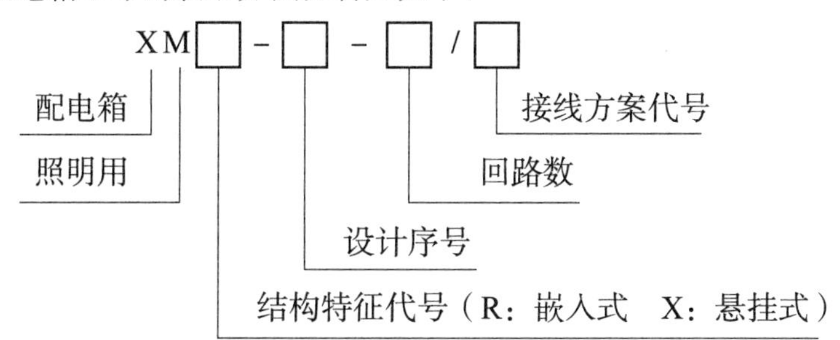

2）动力配电箱型号的表示方法及含义如下：

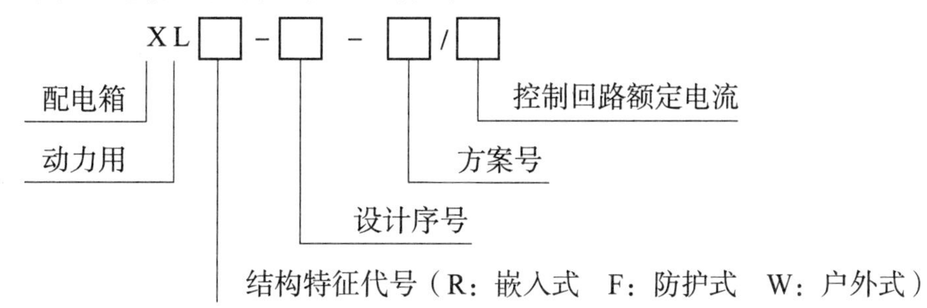

配电箱的文字标注格式一般为$a\frac{b}{c}$或a－b－c。当需要标注引入线的规格时，则应标注为

$$a\frac{b-c}{d\ (e\times f)\ -g}$$

式中 a——设备编号；

b——设备型号；

c——设备容量kW；

d——导线型号；

e——导线根数；

f——导线截面面积mm^2；

g——导线敷设方式及部位。

如在配电箱旁标注$2\frac{XMR201-08-1}{12}$，表示2号照明配电箱，型号为XMR201－08－1，嵌入式安装，容量为12kW。若标注为$2\frac{XMR201-08-1-12}{BV-5\times16-SC40-WC}$则表示2号照明配电箱，型号为XMR201－08－1，容量为12kW，配电箱进线采用4根截面为16mm^2的塑料铜芯线，穿管径为40mm的钢管，另有一根截面为16mm^2的保护接地线，沿墙暗敷。

2．常用照明灯具的文字标注

照明灯具在平面图上也是采用图形符号和文字标注两种方法表示。

（1）常用照明灯具的图形符号见表5-9。

表5-9　常用照明灯具的图形符号

序号	图形符号	说明	序号	图形符号	说明
1		灯或信号灯的一般符号	9		壁灯
2		投光灯的一般符号	10		花灯
3	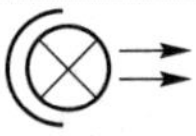	聚光灯	11		弯灯
4		防水防尘灯	12		安全灯
5		球形灯	13		隔爆灯
6		吸顶灯	14		自带电源的事故照明灯
7	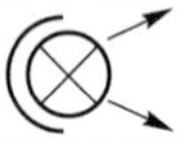	泛光灯	15		气体放电灯的辅助设备
8	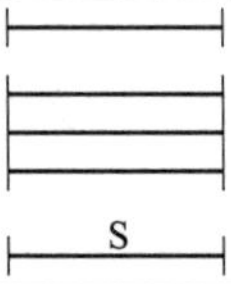 S	荧光灯一般符号 三管荧光灯 五管荧光灯	16		矿山灯
			17	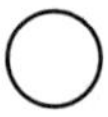	普通型吊灯

（2）常用照明灯具的文字标注。照明灯具的文字标注格式一般为

$$a-b\frac{c\times d\times l}{e}f$$

灯具吸顶安装时为

$$a-b\frac{c\times d\times l}{-}$$

式中　a——同类照明灯具的个数；

b——灯具的型号或编号；

c——照明灯具的灯泡数；

d——灯泡或灯管的功率，W；

e——灯具的安装高度，m；

f——灯具的安装方式；

l——电光源的种类（一般不标注）。

常用电光源的种类及其代号见表5-10。

表5-10　常用电光源的种类及其代号

点光源类型	代号	点光源类型	代号
白炽灯	IN	汞灯	Hg
荧光灯	FL	钠灯	Na
碘钨灯	I		

常用灯具类型及其代号见表5-11。

表5-11　常用灯具类型及其代号

灯具类型	代号	灯具类型	代号	灯具类型	代号
花灯	H	荧光灯	Y	柱灯	Z
吸顶灯	D	防水防尘灯	F	投光灯	T
壁灯	B	搪瓷伞罩灯	S		
普通吊灯	P	隔爆灯	G		

照明灯具安装方式及其代号见表5-12。

表5-12　照明灯具安装方式及其代号

灯具安装方式	代号	灯具安装方式	代号
线吊式	CP	吸顶式	C
链吊式	CH	吸顶嵌入式	CR
管吊式	P	墙装嵌入式	WR
壁装式	W		

如：6-S$\frac{1\times 60\times CH}{2.5}$表示6盏搪瓷伞罩灯，每个灯内装有1个60W的白炽灯，链吊式安装，高度为2.5m。

又如：5-Y$\frac{2\times 40}{—}$表示有5盏荧光灯，每盏荧光灯有2个40W的灯管，吸顶安装。

3．开关的文字标注

照明开关主要是指对照明电器进行控制的各类开关，常用的有翘板式和拉线式两种。在电气照明平面图上，照明开关通常只用图形符号表示。常用照明开关的图形符号见表5-13。

表5-13　常用照明开关的图形符号

序号	名称	图形符号	说明	序号	名称	图形符号	说明
1	开关		开关一般符号	3	双极开关		分别表示明装、暗装、密闭（防水）、防爆双极极开关
2	单极开关		分别表示明装、暗装、密闭（防水）、防爆单极开关	4	多拉开关		用于不同照度控制

续表

序号	名称	图形符号	说明	序号	名称	图形符号	说明
5	单极拉线开关			7	单极双控拉线开关		
6	三极开关		分别表示明装、暗装、密闭（防水）、防爆双极极开关	8	双控开关		
				9	带指示灯开关		
				10	定时开关		用于延寿节能开关

其他开关及熔断器的文字标注。

开关及熔断器的文字标注格式一般为

$$a\frac{b}{c/i} \quad 或 \quad a-b-c/i$$

当需要同时标注引入线的规格时其标注格式为

$$a\frac{b-c/i}{d(e\times f)-g}$$

式中　a——设备编号；

b——设备型号；

c——额定电流，A；

d——导线型号；

e——导线根数；

f——导线截面，mm^2；

g——导线敷设方式及部位；

i——整定电流，A。

例如：某开关标注为2-DZ10-100/3-100/60表示2号设备是型号为DZ10-100/3的自动空气开关，其额定电流值为100A，脱扣器的整定电流值为60A。

又如：某开关标注为

$$4\frac{HH_3-100/3-100/80}{BLX-3\times 25-SC40-FC}$$

表示4号设备是一型号为HH3－100/3的铁壳开关，其额定电流值为100A，开关内装设的熔断器熔体的额定电流为80A，开关进线是3根截面面积均为25mm^2的铝芯橡皮导线，穿管径为40mm的钢管埋地暗敷。

4．插座的文字标注

插座主要用来插接照明设备和其他用电设备，也常用来插接小容量的三相用电设备，常见的有单相两孔和单相三孔（带保护线）插座和三相四孔插座。

在动力和照明平面图中，插座往往采用图形符号来表示，工程中常见插座的图形符号见表5-14。

表5-14　常用插座的图形符号

序号	名称	图形符号	说明	序号	名称	图形符号	说明
1	插座		插座或插孔的一般符号，表示单极	4	多个插座		示出三个
2	单相插座		分别表示明装、暗装、密闭（防水）、防爆单相插座	5	三相四孔插座		分别表示明装、暗装、密闭（防水）、防爆三相四孔插座
3	单相三孔插座		分别表示明装、暗装、密闭（防水）、防爆单相三孔插座	6	带开关插座		带一个单极开关

5. 用电设备的文字标注

（1）图形符号表示法。在电气照明平面图上，一些固定安装用电设备如电风扇、空调器、电铃等也需要在图上表示出来。其图形符号见表5-15。

表5-15　其他常用电气设备的图形符号

序号	名称	图形符号	说明	序号	名称	图形符号	说明
1	电风扇		若不致引起混淆，方框可不画	4	电钟		
2	空调器			5	电阻加热装置		
3	电铃			6	电热水器		

（2）文字标注表示法。用电设备的文字标注表示的一般格式为

$$\frac{a}{b} \quad 或 \quad \frac{a \mid c}{b \mid d}$$

式中　a——设备编号（或型号）；

b——设备额定功率，kW；

c——电源线路首端熔断器片或自动开关释放器的电流，A；

d——安装标高，m。

如：电动机出线口标注$\frac{4}{7.5}$表示电动机编号为4号，额定功率为7.5kW。

四、建筑电气照明工程图的识读方法

建筑电气照明工程图的识读方法：先看图纸目录，再看施工说明，了解图例符号，系统结合平面。

（一）先看图纸目录

根据图纸目录了解该工程图纸的概况，包括图纸张数、图幅大小及名称、编号等信息。

（二）再看施工说明

在照明平面图和供电系统图上表示不出来的内容，可通过阅读设计及施工说明获得信息。如各种照明配电箱、开关、插座的安装高度，以及细部做法要求等。

（三）看供电系统图

供电系统图表示接线方式、总配电箱、分支回路的配电箱情况。供电系统图仅仅起到的是示意图作用，不表示具体位置，也不能由系统图确定电线电缆的长度。系统图作为电气施工图的总领，反映的是建筑整体的配电方式，表示整个照明供电线路的全貌和连接关系，首先必须看懂系统图，才能根据其回路在平面图上找到相应的内容，顺藤摸瓜，读懂平面图。

（四）看电气照明平面图

照明平面图在读图时，可依照电流入户方向，即按进户点—配电箱—支路—支路上的用电设备的顺序来阅读。在阅读时应掌握以下几个要点。

1. 照明平面图表示的主要内容

照明平面图描述的主要对象是照明电气线路和照明设备，通常包括以下内容：

（1）电源进线和电源配电箱与各分配电箱的形式、安装位置以及电源配电箱内的电气系统。

（2）照明线路中导线的根数、型号、规格、线路走向、敷设方式及位置等。

（3）照明灯具的类型、灯泡灯管功率、灯具的安装方式、安装位置等。

（4）照明开关的类型、安装位置及接线等。

（5）插座及其他日用电器的类型、容量、安装位置及接线等。

（6）进户线处设置的一组重复接地装置，以及接地装置的位置和施工方法。

2. 照明设备及线路在图上的表示

照明设备及线路在平面图上不能用实物来描述，只能采用图形符号和文字符号来表示，因此，要熟悉图形符号和各种文字符号的应用。

3. 照明设备和线路位置的确定

在照明平面图上照明设备和线路必须标注其安装和敷设的位置，可分为平面位置和垂直位置。

（1）平面位置：可以根据建筑平面图的定位轴线以及图上的某些构筑物（如门窗

等）来确定照明设备和线路布置的平面位置。

（2）垂直位置：照明设备和线路的安装和敷设的高度在平面图上可采用以下几种方式表示：

1）标高：一般标注安装高度。

2）文字符号标注：如灯具安装高度在符号旁按一定方式标注出具体尺寸。

3）图注：用文字方式标注出某些共同设备的安装高度，在注释中加以说明，如“所有照明开关距离地面1.3m”。

第四节　建筑电气工程施工图的识读实例

一、设计说明与施工图纸

某教学楼电气照明工程施工图如图5-42～图5-44和表5-16所示。

说　明

1．本工程为教学楼局部照明，层高为3m。

2．配电箱ALZ1 为落地式安装，并加装10＃基础槽钢；配电箱AL1-1为嵌入式安装，底边距地为1.5m，所有配电箱、等电位端子箱均成套供应。

3．卫生间及走道均要吊顶，吊顶高度为2.5m。

4．如线管为钢管，其接线盒采用钢质接线盒；如线管为塑料管，其接线盒采用塑料接线盒。

图5-42　设计说明

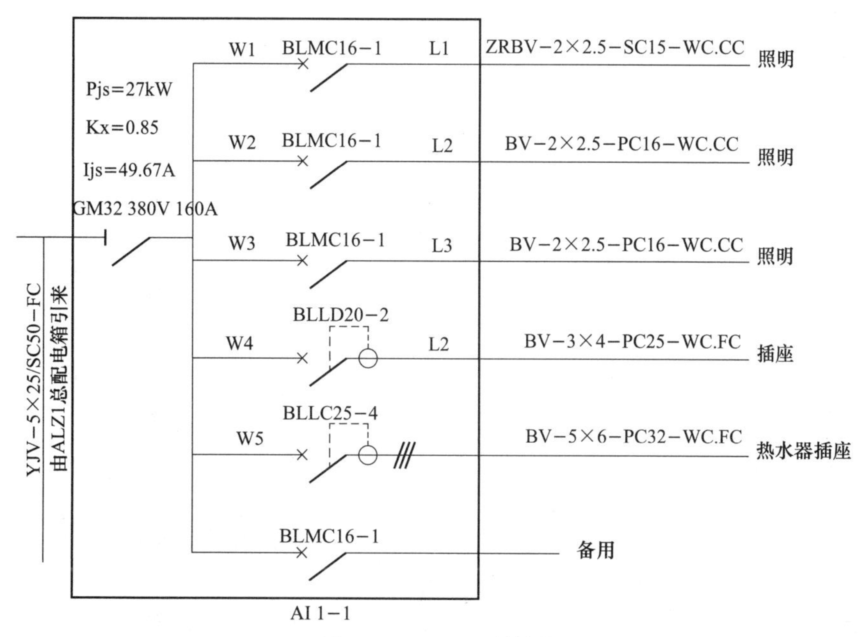

图5-43　AL1-1系统图

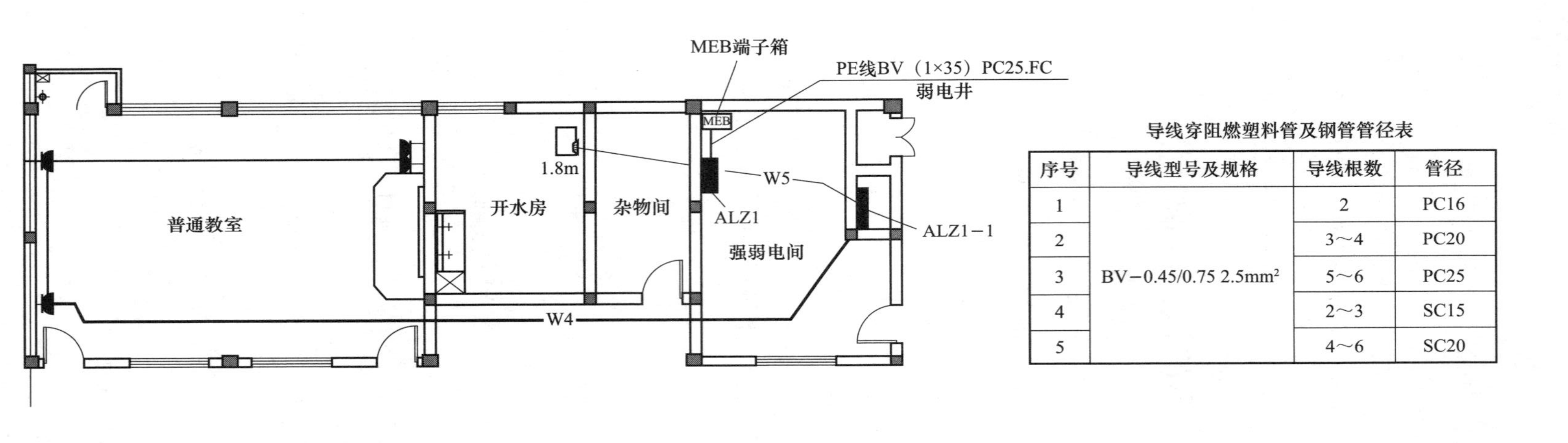

导线穿阻燃塑料管及钢管管径表

序号	导线型号及规格	导线根数	管径
1	BV－0.45/0.75 2.5mm²	2	PC16
2		3～4	PC20
3		5～6	PC25
4		2～3	SC15
5		4～6	SC20

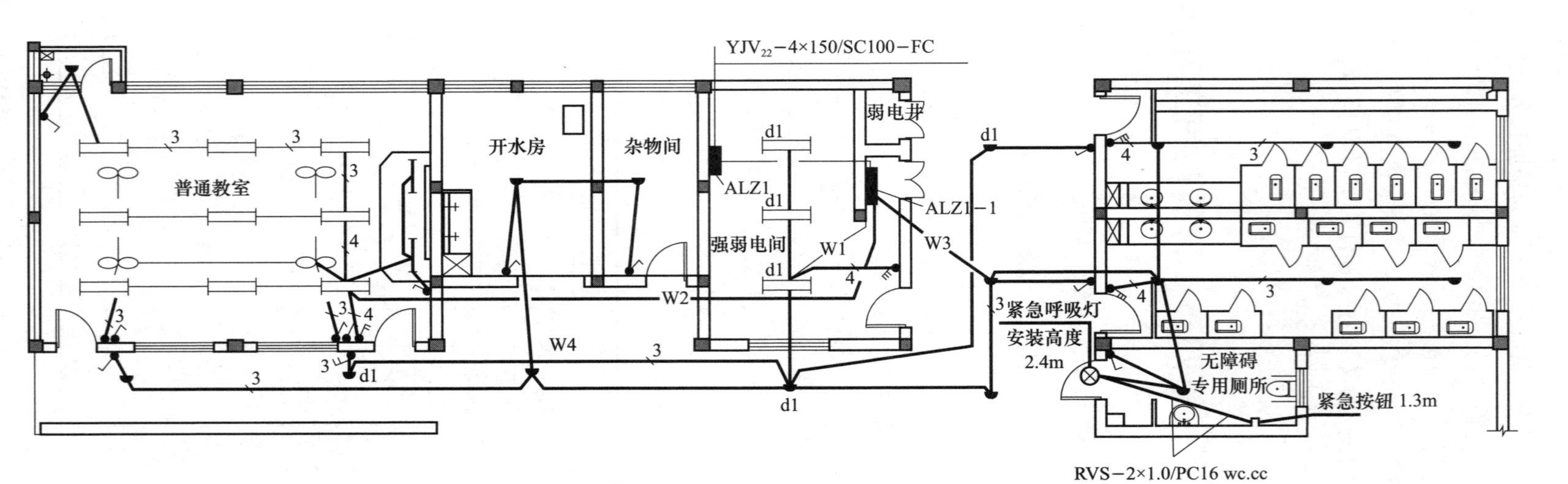

图5-44 局部照明平面图1：100

表5-16　主要材料设备表

序号	图例	设备名称	型号规格	单位	备注
1		配电箱（电磁总控制开关）	XL-21　1600×600×400（高×宽×厚）	台	ALZ1配电箱落地安装
2		配电箱（普通控制开关）	PX（R）　400×600（高×宽）	台	AL1-1配电箱装距地1.5
3		五极暗插座	380V　20A	套	暗装。距地1.8m
4		二加三极暗插座	E426/10V　250V　10A	套	暗装。距地0.3m
5		三联翘板式暗开关	E33/1/2A　250V　10A	套	暗装。距地1.3m
6		双联翘板式暗开关	E32/1/2A　250V　10A	套	暗装。距地1.3m
7		单联翘板式暗开关	E31/1/2A　250V　10A	套	暗装。距地1.3m
8		吸顶灯	XD-1　220V　60W　Φ250mm	套	吸顶安装
9	d1	吸顶灯	XD-1　220V　60W　Φ250mm	套	带蓄电池
10	⊗	紧急呼叫灯		套	壁装。距地2.4m
11	d1	成套型管吊式荧光灯	YG2-1　220V　2×40W	套	距地2.7m　带蓄电池
12		成套型管吊式荧光灯	YG2-1　220V　2×40W	套	距地2.7m
13		成套型管吊式荧光灯	YG1-1　220V　40W	套	距地2.8m
14		吊扇	FC4-1　900 mm	台	距地2.6m
15	MEB	总等电位箱	300×200（高×宽）	台	暗装。距地0.3m
16		紧急按钮	E31BPA　2/3　250V　3A	个	暗装。距地1.3m
17		吊扇调速器		个	暗装。距地1.3m

二、施工图解读

现以某教学楼电气照明工程施工图为例进行识读，施工图如图5-42～图5-44、表5-6所示。下面以解答问题的形式，详细说明如何识读建筑电气照明工程施工图。

1．ALZ1的位置在哪里？型号规格是什么？安装方式是什么？是照明配电箱还是动力配电箱？

答：由平面图可知ALZ1在强弱电间；由材料设备表知ALZ1型号规格为XL-21，1600（高）×600（宽）×400（厚）；由说明知安装方式为落地安装，并加装10＃槽钢基础；由图例知ALZ1是照明配电箱。

2．引入ALZ1的线路是什么？含义是什么？

答：由平面图可知，引入ALZ1的线路为YJV22-4×150/SC100-FC，含义为：4芯截面为150mm^{2}的铜芯交联聚乙烯绝缘聚氯乙烯护套钢带铠装电力电缆，穿*DN*100的焊接钢管，埋地敷设。

3．AL1-1的位置在哪里？型号规格是什么？安装方式是什么？是照明配电箱还是动力配电箱？

答：由平面图可知，AL1-1位于弱电井隔壁房间内；由材料设备表知AL1-1型号规格为PX（R），600（高）×400（宽）；由说明知安装方式为嵌墙式安装，距离地面高度为1.5m；由图例知AL1-1是照明配电箱。

4．AL1-1的进线是什么？含义是什么？由哪里引来？

答：由系统图可知，AL1-1的进线是YJV-5×25/SC50-FC，含义为：5芯截面为25mm^{2}的铜芯交联聚乙烯绝缘聚氯乙烯护套电力电缆，穿*DN*50的焊接钢管，埋地敷设；由ALZ1总配电箱引来。

5．AL1-1共有几个回路？分别是什么作用？

答：由系统图可知，AL1-1共有6个回路，W1-W3回路是照明回路，W4回路是插座回路，W5回路是热水器插座回路，最后一个是备用回路。

6．第一个回路的编号是什么？线路敷设代号是什么？含义是什么？是单相还是三相？是动力线路还是照明线路？

答：由系统图可知，第一个回路的编号是W1，线路敷设代号是ZRBV-2×2.5-SC15-WC.CC，含义是：2根截面为2.5mm^{2}的铜芯阻燃塑料绝缘导线穿*DN*15的焊接钢管沿墙、沿顶板暗敷；是单相电，照明回路。

7．第二个回路的编号是什么？线路敷设代号是什么？含义是什么？是单相还是三相？是动力线路还是照明线路？

答：由系统图可知，第二个回路的编号是W2，线路敷设代号是BV-2×2.5-PC16-WC.CC，含义是：2根截面为2.5mm^{2}的铜芯塑料绝缘导线穿ϕ16的PVC管沿墙、沿顶板暗敷；是单相电，照明回路。

8．第三个回路的编号是什么？线路敷设代号是什么？含义是什么？是单相还是三相？是动力线路还是照明线路？

答：由系统图可知，第三个回路的编号是W3，线路敷设代号是BV-2×2.5-PC16-WC.CC，含义是：2根截面为2.5mm^{2}的铜芯塑料绝缘导线穿ϕ16的PVC管沿墙、沿顶板暗敷；是单相电，照明回路。

9．第四个回路的编号是什么？线路敷设代号是什么？含义是什么？是单相还是三相？是动力线路还是照明线路？

答：由系统图可知，第四个回路的编号是W4，线路敷设代号是BV-3×4-PC25-WC.FC，含义是：3根截面为4mm^{2}的铜芯塑料绝缘导线穿ϕ25的PVC管沿墙、沿地板暗敷；是单相电，照明回路。

10．第五个回路的编号是什么？线路敷设代号是什么？含义是什么？是单相还是三相？是动力线路还是照明线路？

答：由系统图可知，第五个回路的编号是W5，线路敷设代号是BV-5×6-PC32-WC.FC，含义是：5根截面为6mm^{2}的铜芯塑料绝缘导线穿ϕ32的PVC管沿墙、沿地板暗敷；是三相电，动力回路。

11．对照平面图，找到W1回路，回路为哪些部位供电？回路上共有哪些用电器具？

答：回路为强弱电间和走道供电。回路上用电器具为成套型吊管式荧光灯、吸顶灯。

12．W1回路上接有哪些灯具？分别有几套？各种灯具的安装高度为多少？

答：W1回路上灯具有成套型吊管式双管荧光灯、吸顶灯，均有3套，安装高度吊管式荧光灯距地2.7m，吸顶灯吸顶安装为吊顶高度2.5m。

13．W1回路上的双管荧光灯由几个开关控制？此开关是几极开关？开关的安装高度为多高？各灯具间的导线为几根？灯具到开关的线是几根？为什么？

答：有1个开关控制，为三极开关，安装高度距离地面1.3m，各灯具间导线分别为3根、2根，因为开关到每个灯具都需要一根控制线。

14．W1回路上的吸顶灯由几个开关控制？此开关是几极开关？开关的安装高度为多高？各灯具间的导线为几根？灯具到开关的线是几根？为什么？

答：吸顶灯有两个开关控制，一个单极开关，一个是双极开关。开关安装高度距离地面1.3m，吸顶灯之间左边为3根导线，右边为2根导线。到双控开关为3根导线，到单控开关为2根。因为开关到每个灯具都需要一根控制线。

15．W1回路为什么要采用SC15作为配管？可否采用PC15管？

答：因为W1回路导线为阻燃导线，所以采用SC15作为配管，不可采用PC15管。

16．综上问题，照明线路上的导线根数是一直不变还是可以变化的？系统图上的导线根数代表哪处的根数？

答：可以变化。代表从配电箱出来的导线根数及图示未特殊注明的导线根数。

17．对照平面图，找到W2回路，回路为哪些部位供电？回路上共有哪些用电器具？

答：为普通教室供电，回路用电器具有成套型吊管式单管荧光灯、双管荧光灯、吊扇、吸顶灯。

18．W2回路上接有哪些灯具？分别有几套？各种灯具的安装高度为多少？

答：成套型吊管式单管荧光灯，2套，安装高度距离地面2.8m；成套型吊管式双管荧光灯，9套，安装高度距离地面2.7m；吊扇，4套，安装高度距离地面2.6m；吸顶灯，1套，安装高度距离地面3m。

19．W2回路上的双管荧光灯由几个开关控制？此开关是几极开关？各灯具间的导线为几根？灯具到开关的线是几根？分别是什么线？图上有无错误？

答：双管荧光灯由1个开关控制，由三极开关控制。各灯具间导线根数，三极开关到灯具，4根，1火3控；横向第一排，2根，1零1控；竖向第一段，4根，1火1零2控；横向第二排2根，1零1控；竖向第二段，3根，1火1零1控；第三排，3根，1火1零1控。图上无错误。

20．W2回路上的单管荧光灯由几个开关控制？此开关是几极开关？各灯具间的导线为几根？灯具到开关的线是几根？分别是什么线？

答：单管荧光灯由1个开关控制，单极开关。各灯具间的导线为2根，为1零1控，灯具到开关的线是2根，1火1控。

21．W2回路上的吸顶灯由几个开关控制？此开关是几极开关？灯具到开关的线是几根？分别是什么线？此灯具的电源从哪里引来？

答：W2回路上的吸顶灯由1个开关控制，单极控制。灯具到开关的线是2根，1火1控。电源从配电箱AL1-1引来。

22．对照平面图，找到W3回路，回路为哪些部位供电？回路上共有哪些用电器具？

答：W3回路为卫生间、杂物间、开水房、走廊供电，用电器具有吸顶灯，紧急呼叫灯。

23．W3回路上接有哪些灯具？分别有几套？各种灯具的安装高度为多少？

答：灯具有吸顶灯，13套，吸顶安装卫生间、走廊安装高度距离地面2.5m，开水房、杂物间安装高度距离地面3m；紧急呼叫灯，1套，安装高度距离地面2.4m。

24．W3回路上走廊的吸顶灯由几个开关控制？此开关是几极开关？各灯具间的导线为几根？灯具到开关的线是几根？分别是什么线？

答：W3回路上走廊的吸顶灯由2个开关控制，为单极开关。各灯具之间的导线从左至右第一段3根，1火1零1控；第二段2根，1火1零；第三段3根，1火1零1控。灯具到开关为2根导线，1火1控。

25．W3回路上卫生间的吸顶灯由几个开关控制？开关是几极开关？各灯具间的导线为几根？灯具到开关的线是几根？分别是什么线？无障碍厕所的紧急呼叫灯如何控制？

答：W3回路上卫生间的吸顶灯由3个开关控制，1个单极开关，2个三极开关。各灯具之间的导线，从无障碍专业厕所吸顶灯向上，第一段2根，1火1零；横向第一排从左向右，第一段3根，1零2控，第二段2根，1零1控；竖向2根，1火1零；横向第二排从左向右，第一段3根，1零2控，第二段2根，1零1控。灯具到单极开关的线为2根，1火1控；灯具到三极开关的线均为4根，1火3控。无障碍厕所的紧急呼叫灯由紧急按钮控制。

26．W3回路上无障碍厕所的紧急呼叫灯到紧急控制开关的导线敷设含义是什么？

答：直径为1mm的RVS型双绞线穿直径为16mm的塑料管沿墙沿顶板暗敷。

27．对照平面图，找到W4回路，回路为哪些部位供电？回路上共有哪些用电器具？该用电器具的安装高度为多少？试统计数量。

答： W4回路为普通教室供电，用电器具有插座。安装高度距离地面0.3m，数量为4个。

28. W4回路上的导线根数为几根？沿程有无变化？插座的线分别是什么线？

答： 3根，沿程没有变化，分别是1火1零1接地。

29. 对照平面图，找到W5回路，回路为哪些部位供电？回路上共有哪些用电器具？该用电器具的安装高度为多少？试统计数量。

答： W5回路为开水房供电，有1个五极暗插座，安装高度距离地面1.8m。

30. W5回路上的导线根数为几根？分别是什么线？

答： 5根，分别是3火1零1接地。

31. 总等电位箱MEB的位置在哪里？规格是什么？安装方式是什么？高度为多高？作用是什么？与配电箱ALZ1如何连接？

答： 总等电位箱MEB的位置在强弱电间左上角，规格是300mm×200mm。安装方式是暗装，距离地面0.3m。作用是消除建筑物内不同金属部件间的电位差。与配电箱ALZ1用一根截面为35mm^{2}的PE导线穿直径为25mm的塑料管沿地板暗敷连接。

32. 若配电箱ALZ1与MEB的中心距为1.5m，试计算配管长为多少？配线长为多少？

答： 配管长为：0.1（基础高度）+0.1（埋地）+1.5（中心距）+0.3（MEB距地高度）+0.1（埋地）=2.1。配线长为：2.1+（1.6+0.6）=4.3m。

第六章

防雷接地工程识图与施工工艺

第一节　防雷接地工程概述

一、雷电的分类及危害

1．雷电的种类

（1）直击雷。当天空中的雷云飘近地面时，就在附近地面特别是凸出的树木或建筑物上感应出异性电荷。电场强度达到一定值时，雷云就会通过这些物体与大地之间放电，发生雷击。这种直接击在建筑物或其他物体上的雷电叫作直击雷。直击雷使被击物体产生很高的电位，引起过电压和过电流，不仅会击毙人畜、烧毁或劈倒树木、破坏建筑物，而且还会引起火灾和爆炸，如图6–1所示。

（2）感应雷。当建筑上空有雷云时，在建筑物上便会感应出相反电荷。在雷云放电后，云与大地电场消失了，但聚集在屋顶上的电荷不能立即释放，此时屋顶对地面便有相当高的感应电压，造成屋内电线、金属管道和大型金属设备放电，引起建筑物内的易爆危险品爆炸或易燃物品燃烧，损坏电气设备。这里的感应电荷主要是由于雷电流的强大电场和磁场变化产生的静电感应和电磁感应造成的，所以称为感应雷或感应过电压，如图6–2所示。

图6–1　直击雷

图6–2　感应雷

（3）雷电波入侵。由于直击雷或感应雷而产生的高电压雷电波，沿架空线路或管道侵入变电所或用户，称为雷电侵入波。可毁坏电气设备的绝缘，使高压窜入低压，造成触电事故，如图6-3所示。

图6-3　雷电波入侵

2. 雷电的危害

雷电的形成伴随着巨大的电流和极高的电压，在它的放电过程中会产生极大的破坏力。雷电的危害主要是以下几个方面：

（1）雷电的热效应。雷电产生强大的热能使金属熔化，烧断输电导线，摧毁用电设备，甚至引起火灾和爆炸。

（2）雷电的机械效应。雷电产生强大的电动力可以击毁电杆，破坏建筑物，人畜也不能幸免。

（3）雷电的闪络放电。雷电产生的高电压会引起绝缘子烧坏，断路器跳闸，导致供电线路停电。

3. 建筑物易受雷击部位

建筑物易受雷击部位与多种因素有关，特别是建筑物屋顶坡度与雷击部位关系较大。建筑物易受雷击部位，如图6-4所示。

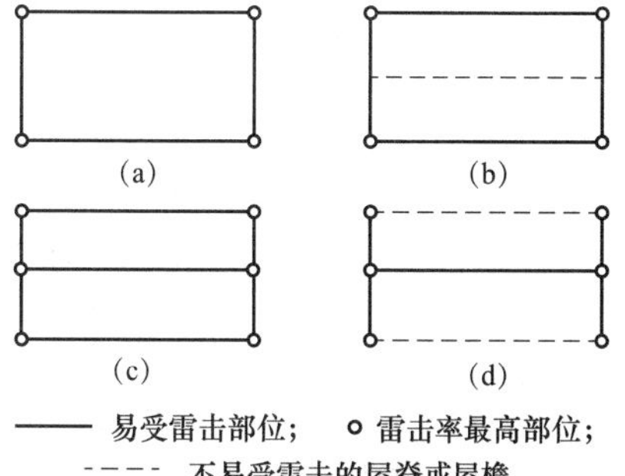

图6-4　建筑物易受雷击部位

（1）平屋顶或坡度不大于1/10的屋顶，如檐角、女儿墙、屋檐。

（2）坡度大于1/10且小于1/2的屋顶，如屋角、屋脊、檐角、屋檐。

（3）坡度不小于1/2的屋顶，如屋角、屋脊、檐角。

知道了建筑物易受雷击的部位，设计时就可对这些部位重点保护。

二、建筑防雷措施

由于雷电有不同的危害形式，所以相应采取不同的防雷措施来保护建筑物。

1. 防直击雷的措施

防直击雷采取的措施是引导雷云对防雷装置放电，使雷电流迅速流入大地，从而保护建（构）筑物免受雷击。防直击雷的装置有避雷针、避雷带、避雷网、避雷线等。在建筑物屋顶易受雷击部位，应装设避雷针、避雷带、避雷网进行直击雷防护。一般优先考虑采用避雷针。当建筑上不允许装设高出屋顶的避雷针，同时屋顶面积不大时，可采用避雷带；若屋顶面积较大时，采用避雷网。

（1）第一类防雷建筑物防直击雷的措施主要有：装设独立避雷针或架空避雷网（线），网格尺寸不应大于5m×5m或6m×4m。引下线不应少于2根，并应沿建筑物四周均匀或对称布置，其间距不应大于12m，每根引下线的冲击电阻不应大于10Ω。当建筑物高于30m时，应采取防侧击雷的措施，即从30m起每隔不大于6m沿建筑物四周设水平避雷带并与引下线相连，同时30m及以上外墙上的栏杆、门窗等较大的金属物应与防雷装置连接。

（2）第二类防雷建筑物防直击雷的措施主要有：宜采用装设在建筑物上的避雷网（带）或避雷针或由其混合组成的接闪器，并应在整个屋面组成不大于10m×10m或12m×8m的网格，所有的避雷针应与避雷带相互连接。引下线不应少于2根，并应沿建筑物四周均匀或对称布置，其间距不应大于18m。当仅利用建筑物四周的钢柱或柱子钢筋作为引下线时，可按跨度设引下线，但引下线的平均间距不应大于18m。钢筋或圆钢仅为1根时，其直径不应小于10mm，每根引下线的冲击电阻不应大于10Ω。当建筑物高于45m时，应采取防侧击雷和等电位保护措施。

（3）第三类防雷建筑物防直击雷的措施主要有：宜采用装在建筑物上的避雷网（带）或避雷针或由其混合组成的接闪器，并应在整个屋面组成不大于20m×20m或24m×16m的网格。平屋面的建筑物，当其宽度不大于20m时，可仅沿周边敷设一圈避雷带。引下线不应少于2根，但周长不超过25m且高度不超过40m的建筑物可只设一根引下线。引下线应沿建筑物四周均匀或对称布置，其间距不应大于25m。当仅利用建筑物四周的钢柱或柱子钢筋作为引下线时，可按跨度设引下线，但引下线的平均间距不应大于25m。

2. 防雷电感应的措施

防止由于雷电感应在建筑物上聚集电荷的方法是在建筑物上设置收集并泄放电荷的装置（如避雷带、网）。防止建筑物内金属物上雷电感应的方法是将金属设备、管道等金属物，通过接地装置与大地做可靠的连接，以便将雷电感应电荷迅速引入大地，避免雷害。

3. 防雷电波侵入的措施

防止雷电波沿供电线路侵入建筑物，行之有效的方法是安装避雷器将雷电波引入大地，以免危及电气设备。但对于有易燃易爆危险的建筑物，当避雷器放电时线路上仍有较高的残压要进入建筑物，还是不安全。对这种建筑物可采用地下电缆供电方式，这就根本上避免了过电压雷电波侵入的可能性，但这种供电方式费用较大。对于部分建筑物可以采用一段金属铠装电缆进线的保护方式，这种方式不能完全避免雷电波的侵入，但通过一段电缆后可以将雷电波的过电压限制到安全范围之内。

4．防止雷电反击的措施

所谓反击，就是当防雷装置接受雷击时，在接闪器、引下线和接地体上都产生很高的电位，如果防雷装置与建筑物内外的电气设备、电线或其他金属管线之间的绝缘距离不够，它们之间就会发生放电，这种现象称为反击。反击也会造成电气设备绝缘破坏，金属管道烧穿，甚至引起火灾和爆炸。

防止反击的措施有两种，一种是将建筑物的金属物体（含钢筋）与防雷装置的接闪器、引下线分隔开，并且保持一定的距离；另一种是当防雷装置不易与建筑物内的钢筋、金属管道分隔开时，则将建筑物内的金属管道系统，在其主干管道处与靠近的防雷装置相连接，有条件时，宜将建筑物每层的钢筋与所有的防雷引下线连接。

三、建筑防雷装置的组成

建筑物的防雷装置一般由接闪器、引下线和接地装置三部分组成。其作用原理是：将雷电引向自身并安全导入地中，从而使被保护的建筑物免遭雷击。建筑物防雷装置示意图如图6-5所示。

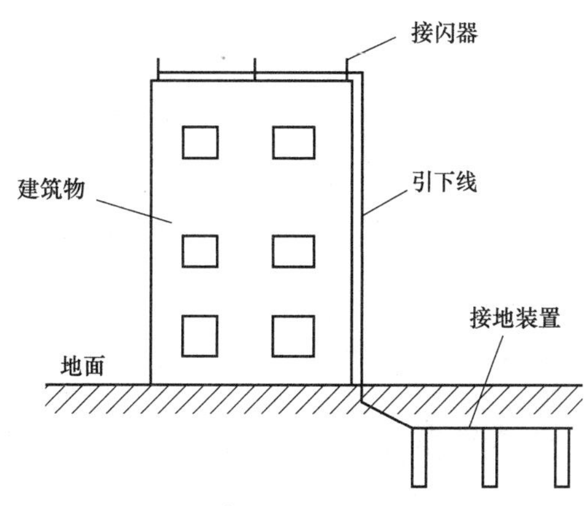

图6-5 建筑物防雷装置示意图

1．接闪器

接闪器是专门用来接受雷击的金属导体。通常有避雷针、避雷带、避雷网以及兼作接闪的金属屋面和金属构件（如金属烟囱、风管等）等。所有接闪器都必须经过接地引下线与接地装置相连接。

（1）避雷针。避雷针是安装在建筑物凸出部位或独立装设的针形导体。它能对雷电场产生一个附加电场（这是由于雷云对避雷针产生静电感应引起的），使雷电场畸变，因而，将雷云的放电通路吸引到避雷针本身，由它及与它相连的引下线和接地体将雷电流安全导入地中，从而保护了附近的建筑物和设备免受雷击。避雷针的形状如图10-3所示。避雷针通常采用镀锌圆钢或镀锌钢管制成。当针长为1m以下，圆钢直径≥12mm，钢管直径≥20mm；当针长为1～2m时，圆钢直径≥16mm，钢管直径≥25mm；烟囱顶上的避雷针，圆钢≥20mm。当避雷针较长时，针体则由针尖和不同直径的管段组成。针体的顶端均应加工成尖形，并用镀锌或搪锡等方法防止其锈蚀。它可以安装在电杆（支柱）、构架或建筑物上，下端经引下线与接地装置焊接。各种形状的避雷针及保护范围示意如图6-6所示。

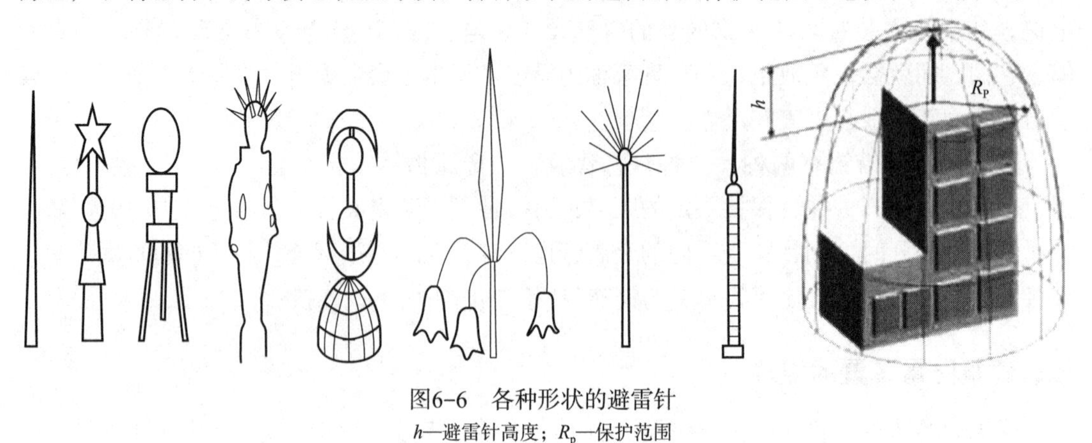

图6-6　各种形状的避雷针

h—避雷针高度；R_p—保护范围

（2）避雷带和避雷网。避雷带就是用小截面圆钢或扁钢装于建筑物易遭雷击的部位，如屋脊、屋檐、屋角、女儿墙和山墙等。避雷网相当于纵横交错的避雷带叠加在一起，形成多个网孔，它既是接闪器，又是防感应雷的装置，如图6-7所示。

避雷网也可以做成笼式避雷网，就是将整个建筑物的梁、柱、板、基础等主要结构钢筋连成一体。对于一级防雷建筑，避雷网格不大于5m×5m；对于二级防雷建筑，避雷网格不大于10m×10m；对于三级防雷建筑，避雷网格不大于20m×20m。

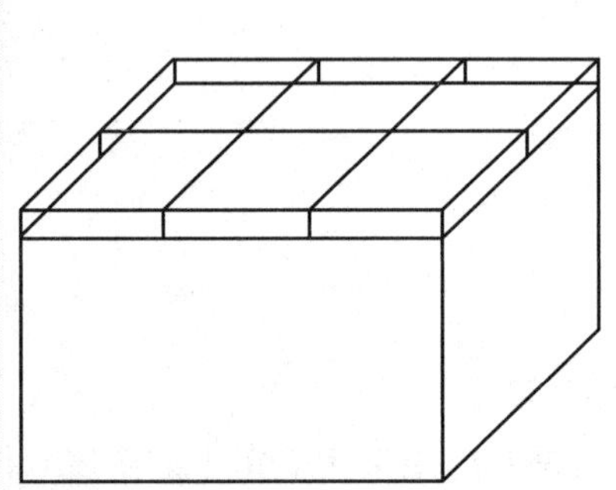

图6-7　避雷带和避雷网

（3）避雷线。避雷线一般采用截面不小于35mm^{2}的镀锌钢绞线，架设在架空线路之上，以保护架空线路免受直接雷击。

（4）金属屋面。除一类防雷建筑物外，金属屋面的建筑物宜利用其屋面作为接闪器，但应符合有关规范的要求。

2．引下线

引下线是连接接闪器和接地装置的金属导体，将接闪器承受的雷电流顺利的引到接地装置。一般采用圆钢或扁钢，优先采用圆钢。

（1）引下线的选择：采用圆钢时，直径不应小于8mm，采用扁钢时，其截面不应小

于$48mm^2$，厚度不应小于4mm。烟囱上安装的引下线，圆钢直径不应小于12mm，扁钢截面不应小于$100mm^2$，厚度不应小于4mm。

建筑物的金属构件、金属烟囱、烟囱的金属爬梯、混凝土柱内的钢筋、钢柱等都可以作为引下线，但其所有部件之间均应连成电气通路。在易受机械损坏和人身接触的地方，地面上1.7m至地面下0.3m的一段引下线应采取暗敷或用镀锌角钢、改性塑料管等保护措施。

暗装引下线利用钢筋混凝土中的钢筋作引下线时，最少应利用四根柱子，每柱中至少用到两根主筋。

（2）断接卡子：为便于运行、维护和检测接地电阻，须设置断接卡子。采用多根专设引下线时，宜在各引下线上距离地面0.3～1.8m设置断接卡，断接卡应有保护措施。

当利用混凝土内钢筋、钢柱等自然引下线并同时采用基础接地体时，可不设置断接卡子，但利用钢筋作引下线时，应在室内外的适当地点设若干连接板，该连接板可供测量、接人工接地体和做等电位联结用。当仅利用钢筋做引下线并采用埋于土壤中的人工接地体时，应在每引下线上距离地面不低于0.3m处设接地体连接板，采用埋于土壤中的人工接地体时应设断接卡子，其上端应与连接板焊接，连接板处应有明显标志。引下线设置如图6-8～图6-11所示。

图6-8　明敷引下线与断接卡子

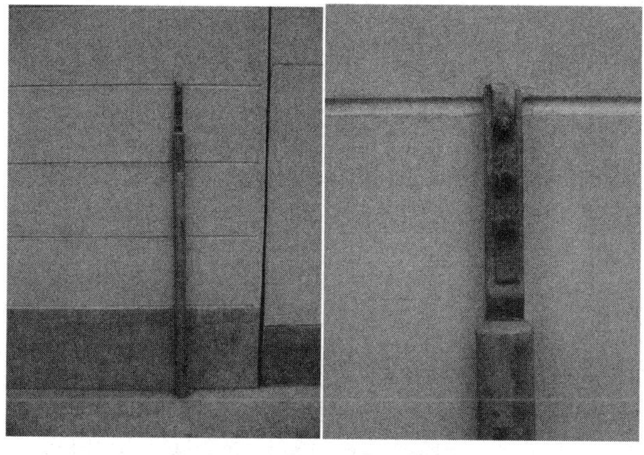

图6-9　暗敷引下线与断接卡

图6-10　暗敷引下线，明测试卡

图6-11　暗敷引下线，暗装测试盒

3．接地装置

接地装置是接地体（又称接地极）和接地线的总称，它将引下线引下的雷电流迅速流散到大地土壤中。

（1）接地体：埋入土壤中或混凝土基础中做散流用的金属导体叫作接地体，按其敷设方式可分为垂直接地体和水平接地体。

（2）接地线：接地线是从引下线断接卡子或换线处至接地体的连接导体，也是接地体与接地体之间的连接导体。接地线一般为镀锌扁钢或镀锌圆钢，其截面应与水平接地体相同。

接地干线：室内接地母线，12mm × 4mm镀锌扁钢或直径6mm镀锌圆钢。接地线跨越变形缝时应设补偿装置（裸铜软绞线50mm^{2}做成U形或扁钢U形套焊接）。多个电气设备均与接地干线相连时，不允许串接。

接地支线：室内各电气设备接地线多采用多股绝缘铜导线，与接地干线连接时用并沟线夹。

与变压器中性点连接的接地线，户外一般采用多股铜绞线，户内多采用多股绝缘铜导线。

（3）基础接地体：在高层建筑中，常利用柱子和基础内的钢筋作为引下线和接地体。将设在建筑物钢筋混凝土桩基和基础内的钢筋作为接地体常称为基础接地体。基础接地体可分为以下两类：

1）自然基础接地体：利用钢筋混凝土基础中的钢筋或混凝土基础中的金属结构作为接地体。

2）人工基础接地体：把人工接地体敷设在没有钢筋的混凝土基础内。有时候，在混凝土基础内虽有钢筋，但由于不能满足利用钢筋作为自然基础接地体的要求（如由于钢筋直径太小或钢筋总截面面积太小），也需在这种钢筋混凝土基础内加设人工接地体，这时所加入的人工接地体也称为人工基础接地体。人工接地体设置如图6-12所示。

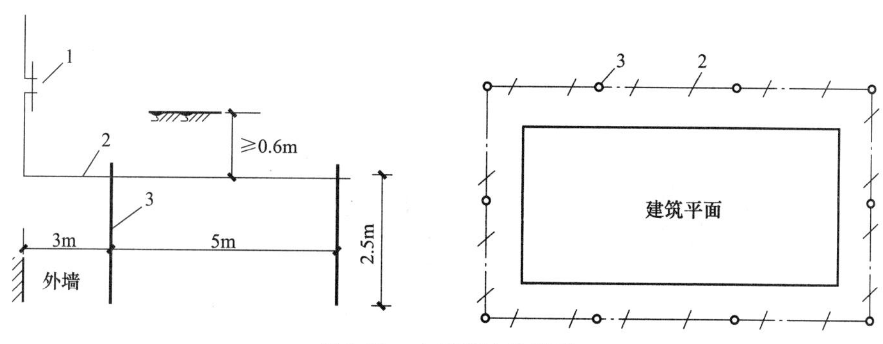

图6-12　人工接地体设置

1—断接卡子；2—接地母线；3—接地板

利用基础接地时，要将各段地梁的钢筋连成一个环路，并将地梁内的主筋与基础主筋连接起来，综合组成一个完整的接地系统，其接地装置应满足冲击接地电阻要求。

在高层建筑中，推荐利用柱子、基础内的钢筋作为引下线和接地装置。其主要优点是：接地电阻低；电位分布均匀，均压效果好；施工方便，可省去大量土方挖掘工程量；节约钢材；维护工程量少。其连接示意图如图6-13所示。

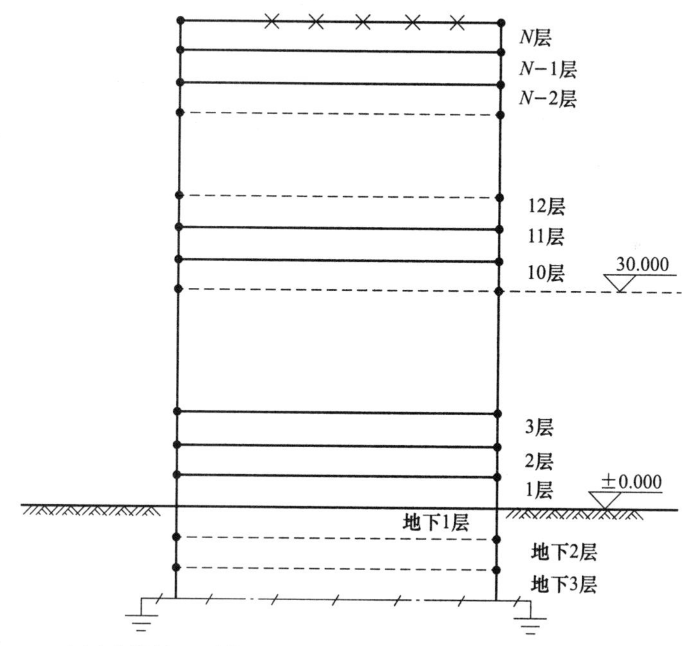

图6-13　高层建筑物避雷带、均压环、自然接地体与避雷引下线连接示意图

（4）接地装置检验与涂色：接地装置安装完毕后，必须按施工规范检验合格后方能正式运行，检验除要求整个接地网的连接完整牢固外，还应按照规定进行涂色，标志记号应鲜明齐全。明敷接地线表面应涂以15～100mm宽度相等的黄绿相间条纹，在接地线引向建筑物入口处和在检修用临时接地点处，均应刷白色底漆后标以黑色接地符号。

（5）接地电阻测量：接地装置除进行必要的外观检验外，还应测量其接地电阻，目前使用最多的是接地电阻仪（图6-14）。接地电阻的数值应符合规范要求，一般为30Ω、

20Ω、10Ω，特殊情况要求在4Ω以下，具体数据按设计确定，如不符合要求则应采取措施直至满足要求为止。

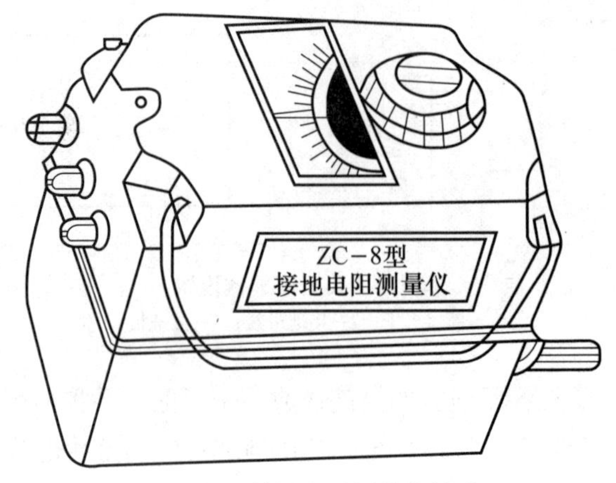

图6-14　接地电阻测量仪外形

四、接地工程

1．接地与接零

（1）工作接地。在正常情况下，为保证电气设备的可靠运行并提供部分电气设备和装置所需要的相电压，将电力系统中的变压器低压侧中性点通过接地装置与大地直接相连，该方式称为工作接地。工作接地如图6-15所示。

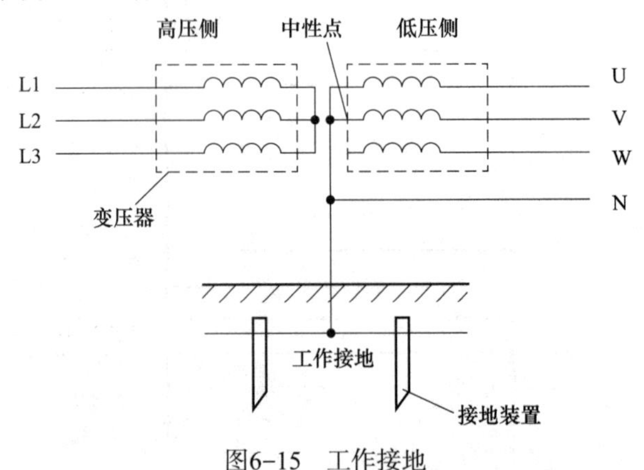

图6-15　工作接地

（2）保护接地。为了防止电气设备由于绝缘损坏而造成的触电事故，将电气设备的金属外壳通过接地线与接地装置连接起来，这种为保护人身安全的接地方式称为保护接地。其连接线称为保护线（PE），如图6-16所示。

（3）工作接零。当单相用电设备为获取单相电压而接的零线，称为工作接零。其连接线称中性线（N），与保护线共用的称为PEN线。工作接零如图6-17所示。

（4）保护接零。为防止电气设备因绝缘损坏而使人身遭受触电危险，将电气设备的金属外壳与电源的中性线用导线连接起来，称为保护接零。其连接线称为保护线（PE）

或保护零线。保护接零如图6-18所示。

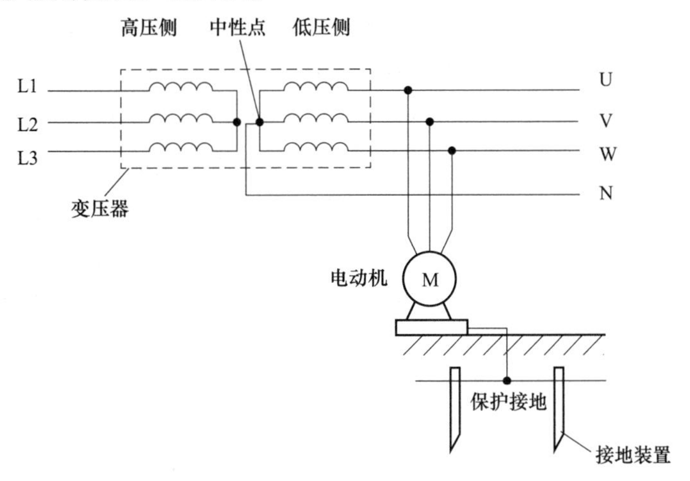

图6-16　保护接地

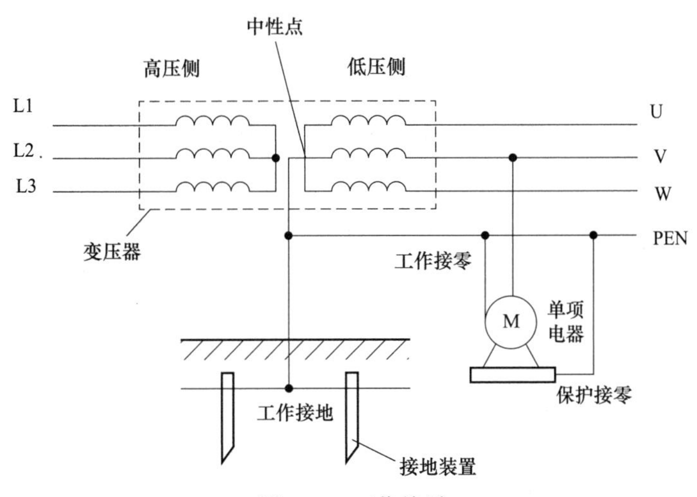

图6-17　工作接零

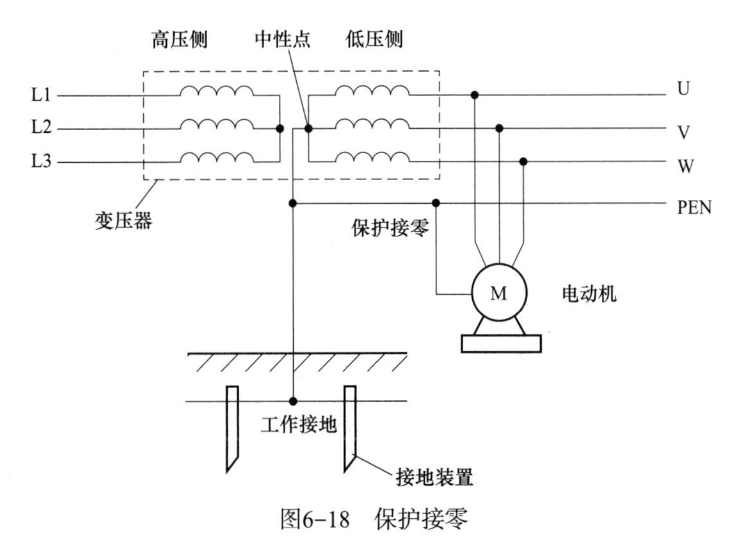

图6-18　保护接零

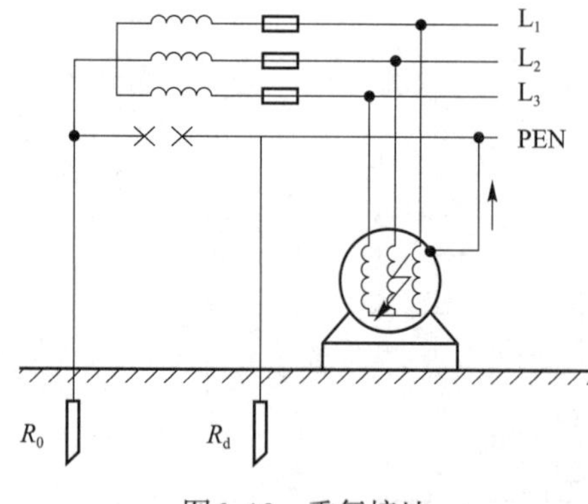

图6-19 重复接地

（5）重复接地。当线路较长或接地电阻要求较高时，为尽可能降低零线的接地电阻，除变压器低压侧中性点直接接地外，将零线上一处或多处再进行接地，则称为重复接地，如图6-19所示。

2. 低压配电系统的接地形式

低压配电系统接地的形式根据电源端与地的关系、电气装置的外露可导电部分与地的关系可分为TN、TT、IT系统。其中，TN系统又分为TN-S、TN-C、TN-C-S系统。

以拉丁文字作代号形式的意义为：第一个字母表示电源与接地的关系：T：表示电源有一点直接接地；I：表示电源端所有带电部分不接地或有一点通过阻抗接地。第二个字母表示电气装置的外露可导电部分与接地的关系：N：表示电气装置的外露可导电部分与电源端有直接电线连接；T：表示电气装置的外露可导电部分直接接地，此接地点在电气上独立于电源端的接地点。

（1）TN系统。TN电力系统电源侧有一点直接接地，负荷侧电气设施的外露可导电部分用保护线与该点连接。按中性线与保护线的组合情况，TN系统有以下三种形式：

1）TN-S系统（图6-20）：整个系统的中性线和保护线是分开的。

2）TN-C系统（图6-21）：整个系统的中性线和保护线是合一的。

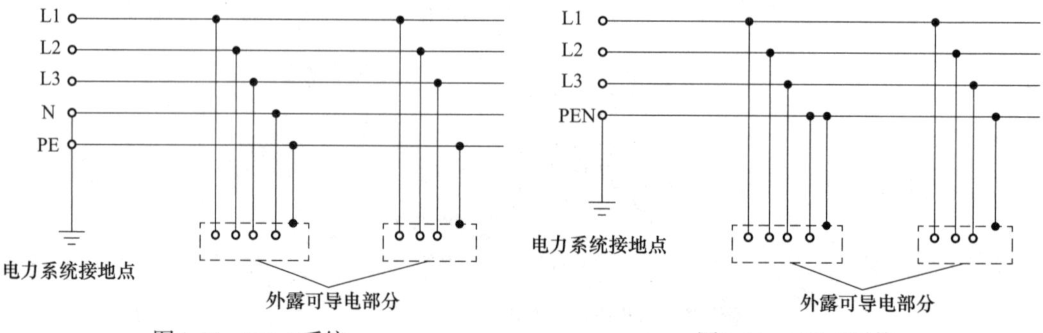

图6-20 TN-S系统　　图6-21 TN-C系统

3）TN-C-S系统（图6-22）：系统中有一部分中性线和保护线是合一的。

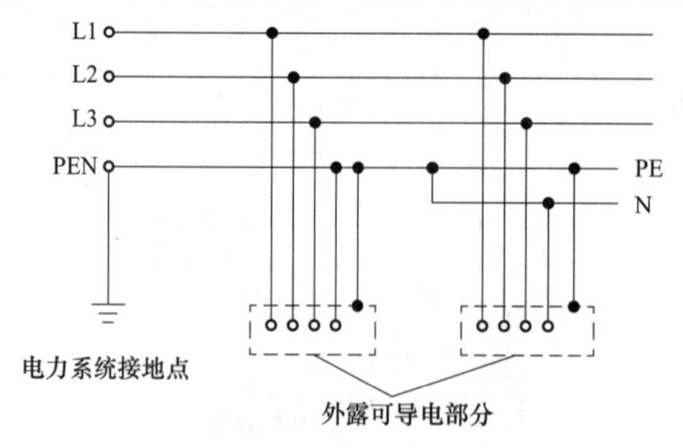

图6-22 TN-C-S系统

（2）TT系统、IT系统。TI系统、IT系统分别如图6-23和图6-24所示。

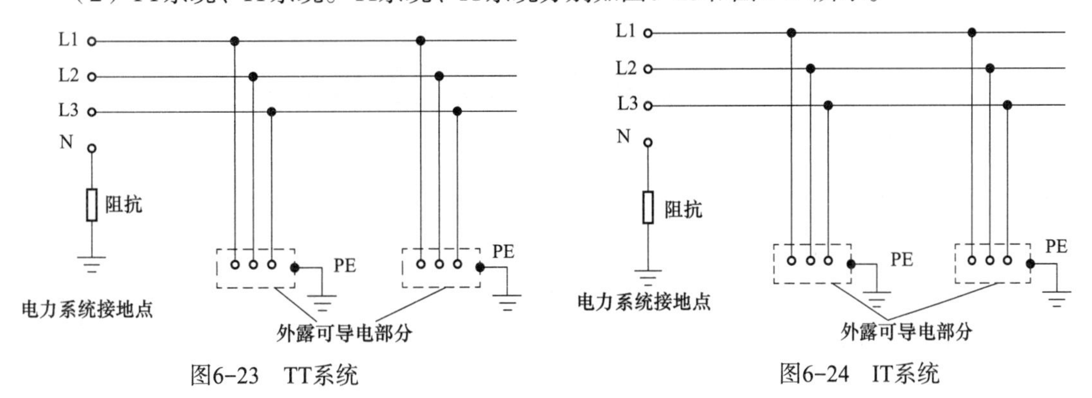

图6-23　TT系统　　　图6-24　IT系统

3．等电位联结

建筑物等电位联结作为一种安全措施多用于高层建筑和综合建筑中。《建筑电气工程施工质量验收规范》（GB 50303—2015）规定，建筑物等电位联结干线应从与接地装置有不少于2处直接连接的接地干线或总等电位箱引出，等电位联结干线或局部等电位箱间的连接线形成环行网路，环行网路应就近与等电位联结干线或局部等电位箱连接。支线间不应串联连接。等电位联结是将建筑物内的金属构架、金属装置、电气设备不带电的金属外壳和电气系统的保护导体等与接地装置作可靠的电气联结。等电位联结可分为总等电位联结（图6-25）和辅助（或局部）等电位联结（图6-26）。

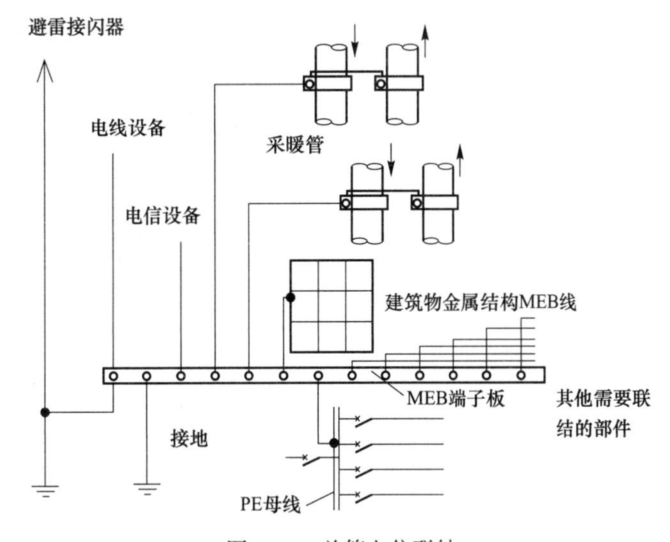

图6-25　总等电位联结

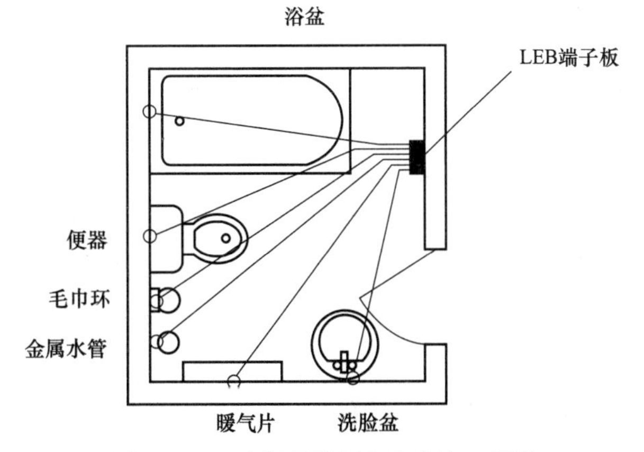

图6-26　卫生间局部等电位联结示意图

第二节　防雷接地常用材料及施工工艺

一、人工接地体

1．常用材料

垂直接地体可采用边长或直径50mm的角钢或钢管，长度宜为2.5m，每间隔5m埋一根，顶端埋深不应小于0.6m，用水平接地线将其连成一体。角钢厚度不应小于4mm，钢管壁厚不应小于3.5mm，圆钢直径不应小于10mm。如采用钢管打入地下应根据土质加工成一定的形状，遇松软土壤时，可切成斜面形；为了避免打入时受力不均使管子歪斜，也可加工成扁尖形；遇土质很硬时，可将尖端加工成锥形。

水平接地体可采用25mm×4mm～40mm×4mm的扁钢做成，埋深一律为0.5～0.8m。在腐蚀性较强的土壤中，应采取热镀锌等防腐措施或加大截面。埋接地体时，应将周围填土夯实，不得回填砖石灰渣之类杂土。通常接地体均应采用镀锌钢材，土壤有腐蚀性时，应适当加大接地体和连接线截面，并加厚镀锌层。

人工接地体（极）的最小尺寸见表6-1。

表6-1　钢接地体和接地线的最小规格

种类、规格及单位		地上		地下	
		室内	室外	交流电流回路	交流电流回路
圆钢直径/mm		6	8	10	12
扁钢	截面面积/mm^2	60	100	100	100
	厚度/mm	3	4	4	6
角钢厚度/mm		2	2.5	4	6
钢管管壁厚度/mm		2.5	2.5	3.5	4.5

2．人工接地体施工工艺

（1）根据设计图要求，对接地体（网）的线路进行测量弹线，在此线路上挖掘深为0.8～1m，宽为0.5m的沟，沟上部稍宽，底部如有石子应清除。

（2）沟挖好后，应立即安装接地体和敷设接地扁钢，防止土方坍塌。先将接地体放在沟的中心线上，打入地中，一般采用手锤打入，一人扶着接地体，另一人用大锤敲打接地体顶部。为了防止将接钢管或角钢打劈，可加一护管帽套入接地管端。使用手锤敲打接地体时要平稳，锤击接地体正中，不得打偏，应与地面保持垂直，当接地体顶端距离地600mm时停止打入。

（3）接地体埋设位置距离建筑物不宜小于1.5m；遇在垃圾灰渣等埋设接地体时，应换土，并分层夯实。

（4）接地体（线）的连接应采用焊接，焊接处焊缝应饱满并有足够的机械强度，不得有夹渣、咬肉、裂纹、虚焊、气孔等缺陷，焊接处的药皮敲净后，刷沥青做防腐处理。

（5）采用搭接焊时，其焊接长度如下：

1）镀锌扁钢不小于其宽度的2倍，三面施焊（当扁钢宽度不同时，搭接长度以宽的为准）。敷设前扁钢需调直，煨弯不得过死，直线段上不应有明显弯曲，并应立放。

2）镀锌圆钢焊接长度为其直径的6倍并应双面施焊（当扁钢宽度不同时，搭接长度以宽的为准）。敷设前扁钢须调直，煨弯不得过死，直线段上不应有明显弯曲，并应立放。

3）镀锌圆钢焊接长度为其直径的6倍并应双面施焊（当直径不同时，搭接长度以直径大的为准）。

4）镀锌圆钢与镀锌扁钢连接时，其长度为圆钢直径的6倍。

5）镀锌扁钢与镀锌钢管（或角钢）焊接时，为了连接可靠，除应在其接触部位两侧进行焊接外，还应直接将扁钢本身弯成弧形（或直角形）与钢管（或角钢）焊接。

二、引下线

1. 常用材料

（1）利用型钢作为引下线。一般采用圆钢或扁钢，优先采用圆钢。采用圆钢时，直径不应小于8mm，采用扁钢时，其截面不应小于48mm^2，厚度不应小于4mm。烟囱上安装的引下线，圆钢直径不应小于12mm，扁钢截面不应小于100mm^2，厚度不应小于4mm。

（2）利用柱主筋作引下线。利用钢筋混凝土柱中的钢筋作引下线时，最少应利用四根柱子，每柱中至少用到两根主筋。

2. 引下线施工工艺

（1）避雷引下线暗敷设做法。

1）首先将所需扁钢（或圆钢）用手锤（或钢筋扳子）进行调直或扳直。将调直的引下线运到安装地点，按设计要求随建筑物引上、挂好，及时将引下线的下端与接地体焊接，或与断接卡子连接，随着建筑物的逐步增高，将引下线敷设于建筑物内至屋顶，并凸出屋面一定长度，以备与避雷网连接。如需接头则应进行焊接，焊接后应敲掉药皮并刷防锈漆（现浇混凝土除外）及银粉，最后请有关人员进行隐检验收，做好记录。

2）利用主筋作暗敷设引下线时，每条引下线不得少于两根主筋，每根主筋直径不能小于ϕ12。按设计要求找出全部主筋位置，用油漆做好标记，距离室外地面0.5m处焊接断接卡子，随钢筋逐层串联焊接至顶层，并焊接出屋面一定长度的引下线镀锌扁钢40×4或ϕ12的镀锌圆钢，以备与避雷网连接。每层各引下点焊接后，隐蔽之前，均应请有关人员进行隐检，同时应填写隐检记录。

（2）避雷引下线明敷设做法。引下线如为扁钢，可放在平板上用手锤调直；如为圆钢可将圆钢放开，一端固定在牢固地锚的机具上，另一端固定在绞磨（或倒链）的夹具上进行冷拉直。将引下线用大绳提升到最高点，然后由上而下逐点固定，直至安装断接卡子处。如需接头或安装断接卡子，则应进行焊接，焊接后清除药皮，局部调直，刷防锈漆（或银粉）。

将引下线地面以上2m段套上保护管，用镀锌螺栓将断接卡子与接地体连接牢固。

三、均压环

避雷均压环主要是高层建筑物为防止雷击而设计的环绕建筑物周边的水平避雷带。在建筑设计中当高度超过滚球半径时（一类建筑30m，二类建筑45m，三类建筑60m），每隔6m设一均压环。要求每隔6m设一均压环，其目的是便于将6m高度内上下两层的金属门、窗与均压环连接。

1．常用材料

（1）利用型钢作均压环。均压环可采用不小于$\phi 8$的镀锌圆钢，或不小于24mm×4mm的镀锌扁钢设置。

（2）利用圈梁钢筋作均压环。利用圈梁内主筋作均压环接地连线，每根圈梁内至少用到两根主筋焊接成闭合圈，此闭合圈必须与所有引下线连接。

2．均压环施工工艺

均压环施工工艺与引下线基本相似。均压环沿建筑物的四周暗敷设，并与各根引下线相连接。铝制门窗与均压环连接处，至少有一处连接，如果门窗高度或宽度超过2m时，就需要2处连接。外檐金属门、窗、栏杆、扶手、玻璃幕、金属外挂板等预埋件的焊接点不应少于两处，与引下线连接。焊接时搭接长度扁钢＞$2b$、圆钢＞$6D$、圆钢和扁钢＞$6D$（注：b为扁钢宽度，D为圆钢直径，扁钢搭接应焊3个棱边，圆钢应焊接双面）。

四、避雷带（网）

1．常用材料

用作避雷带和避雷网的圆钢直径不应小于8mm，扁钢截面面积不应小于48mm^2，其厚度不得小于4mm；装设在烟囱顶端的避雷环，其圆钢直径不应小于12mm，扁钢截面面积不得小于100mm^2，其厚度不得小于4mm。

2．避雷带（网）施工工艺

（1）避雷带（网）的安装顺序为圆钢调直→弹线→钻孔，装卡子→敷设圆钢→焊接→清理焊缝→刷防锈漆、面漆→测试。

（2）避雷线如为扁钢，可放在平板上用手锤调直；如为圆钢，可将圆钢放开一端固定在牢固地锚的夹具上，另一端固定在绞磨（或倒链）的夹具上，进行冷拉调直。

（3）避雷带可以暗敷设在建筑物表面的抹灰层内，或直接利用结构钢筋，并应与暗敷的避雷网或楼板的钢筋相焊接。

（4）避雷带明敷设时，支架的高度为10～20cm，其各支点的间距不应大于1.5m。

（5）建筑物屋顶上有凸出物，如金属旗杆、透气管、金屑天沟、铁栏杆、爬梯、冷却水塔、电视天线等，这些部位的金属导体都必须与避雷网焊接成一体。顶层的烟囱应做避雷带或避雷针。

（6）在建筑物的变形缝处应做防雷跨越处理。

第三节　防雷接地工程施工图的识读

一、防雷接地工程施工图的组成

建筑物防雷接地工程图包括防雷工程图和接地工程图两部分。其主要由建筑防雷平面图、立面图和接地平面图表示。

防雷设计是根据雷击类型、建筑物的防雷等级等确定，防雷保护包括建筑物、电气设备及线路的保护，接地系统包括防雷接地、设备保护接地和工作接地等。

二、防雷接地工程施工图的识读方法

建筑防雷接地施工图的识读方法可以分为以下几个步骤：

（1）通过工程概况及施工说明，明确建筑物的雷击类型、防雷等级以及防雷措施。

（2）在防雷采用方式确定之后，从防雷平面图和立面图中分析接闪器、均压环等的安装方式，明确引下线的路径及末端连接方式等。

（3）通过接地平面图，明确接地装置的设置和安装方式。

（4）明确防雷接地装置采用的材料、尺寸及型号，各组成部分之间的连接方法，施工时的注意要点等。

第四节　防雷接地工程施工图的识读实例

一、设计说明与施工图纸

图6-27所示为某住宅建筑防雷平面图和立面图；图6-28所示为该住宅建筑的接地平面图，图纸附施工说明如下。

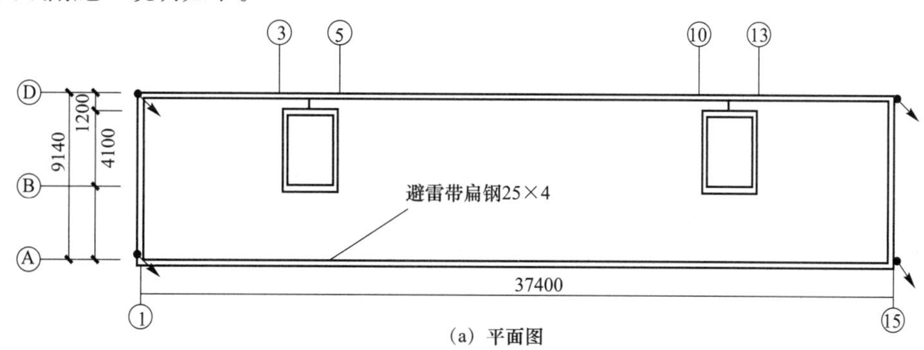

（a）平面图

图6-27　住宅建筑防雷平面图、立面图

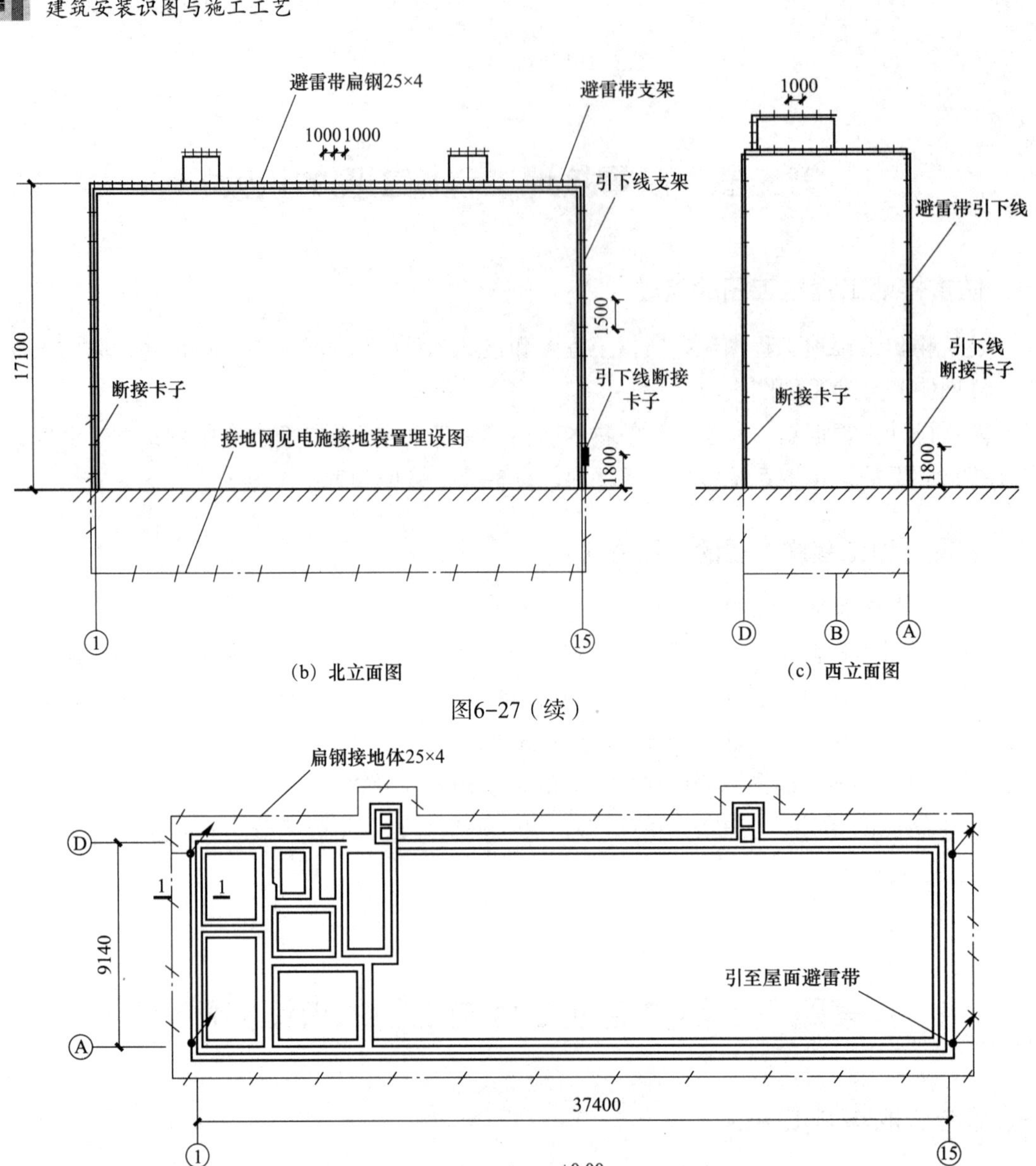

图6-27（续）

图6-28　住宅建筑接地平面图

（1）避雷带、引下线均采用−25×4扁钢，镀锌或做防腐处理。

（2）引下线在地面上1.7m至地面下0.3m一段，用ϕ50硬塑料管保护。

（3）本工程采用−25×4扁钢做水平接地体、围建筑物一周埋设，其接地电阻不大于10Ω。施工后达不到要求时，可增设接地极。

（4）施工采用国家相关标准图集并应与土建密切配合。

（5）屋顶楼梯间尺寸为4100（长）×3600（宽）×2800（高）。

（6）通风井凸出外墙1m。

二、施工图解读

下面以解答问题的形式，详细说明如何识读建筑防雷接地施工图。

1．该住宅楼建筑高度为多少米？屋顶楼梯间的高度计入建筑高度吗？

答：由北立面图可知，该住宅楼建筑高度为17.1m，屋顶楼梯间的高度不得计入建筑高度。

2．该建筑物的接闪器是什么？材质是什么？敷设在哪里？敷设方式是什么？

答：由平面图、北立面图和设计说明可知，该建筑物的接闪器为避雷带，避雷带采用−25×4扁钢，镀锌或做防腐处理。

3．该建筑物的避雷带敷设在哪里？如何安装？

答：由平面图和北立面图可知，该建筑物的避雷带明敷在屋顶女儿墙和屋顶楼梯间顶部周边。在女儿墙上和楼梯间顶部四周埋设支架，间距为1m，转角处为0.5m，然后将避雷带与扁钢支架焊为一体。

4．描述避雷带的安装思路。

答：首先分别在屋顶女儿墙和屋顶楼梯间顶部周边敷设避雷带，然后从屋顶楼梯间的北墙设置一条竖向避雷带，与屋顶女儿墙上的避雷带焊接为一个整体。

5．计算该建筑物避雷带的工程量。

答：避雷带的工程量为

$$[(37.4+9.14)\times2+(4.1+3.6)\times2\times2+2.8\times2+1.2\times2]\times(1+3.9\%)=137.02\text{m}$$

3.9%——避雷网转弯、搭接头等所占长度的附加值。

6．该建筑物有几处引下线？材质是什么？明敷还是暗敷？如何安装？

答：由平面图和北立面图可知，该建筑物共有4处引下线，分别在建筑物的四个角。引下线采用−25×4扁钢，镀锌或做防腐处理。敷设方式为沿墙明敷，固定引下线支架间距为1.5m，引下线敷设在支架上固定安装。

7．该建筑物测试电阻的装置是什么？安装在哪里？距离地面高度是多少？共有几个？

答：由立面图可知，该建筑物测试电阻的装置为断接卡子，安装在引下线上，距地高度为1.8m，共有4个。

8．该建筑物引下线有何保护做法？保护管长度为多少？

答：由设计说明可知，引下线在地面上1.7m至地面下0.3m一段，用ϕ50硬塑料管保护。保护管长度为

$$(1.7+0.3)\times 4=8\text{m}$$

9．防雷接地装置的组成是什么？各部分的作用是什么？

答：防雷接地装置由接闪器、引下线和接地装置组成。

接闪器是是专门用来接受雷击的金属导体。

引下线是连接接闪器和接地装置的金属导体，将接闪器承受的雷电流顺利的引到接地装置。

接地装置的作用是接收引下线传来的雷电流，并以最快的速度泄入大地。

10．本建筑物的接地装置采用何种形式？材质是什么？

答：本建筑物的接地装置采用人工水平接地体，材质是−25×4扁钢。

11．水平接地体埋设位置在哪里？本建筑物室内外高差是多少？水平接地体埋设深度为多少？与基础中心距离为多少？

答：由接地平面图可知，接地体沿建筑物基础四周埋设，埋设深度为：1.65−0.68=0.97m，（室外地坪以下）与基础中心距离为0.2+0.45=0.65m。

12．本工程引下线与接地装置的分界在哪里？计算本工程引下线的长度。

答：本工程引下线与接地装置的分界为断接卡子，断接卡子以上为引下线，以下计入接地装置。本工程引下线长度为

$$(17.1-1.8)\times 4\times(1+3.9\%)=63.59\text{m}$$

13．计算本工程水平接地体的工程量。

答：本工程水平接地体的工程量为

$$[(37.4+0.65\times 2+9.14+0.65\times 2)\times 2+1\times 4+0.65\times 4+(0.97+1.8)\times 4]\times(1+3.9\%)=120.48\ (\text{m})$$

14．本工程的接地电阻要求是多少？与土建基础工程如何配合？

答：本工程的接地电阻要求不大于10Ω。该住宅建筑接地体为水平接地体，一定要注意配合土建施工，在土建基础工程完工后，未进行回填土之前，将扁钢接地体敷设好。并在与引下线连接处，引出一根扁钢，做好与引下线连接的准备工作。扁钢连接应焊接牢固，形成一个环形闭合的电气通路，摇测接地电阻达到设计要求后，再进行回填土。

15．接地电阻如果达不到要求，可采取哪些措施？

答：在接地电阻达不到要求时，可以通过加“降阻剂”降低接地极与大地的接触电阻；也可以通过增加接地极的数量，相当于电路并联可降低其等效电阻；也可以通过更换接地极的位置满足要求。

第七章

综合布线系统识图与施工工艺

第一节　综合布线系统概述

一、综合布线系统的作用与结构

1．综合布线系统的作用

综合布线系统是一个用于语音、数据、影像和其他信息技术的标准结构化布线系统，是建筑物或建筑群内的传输网络，使语音和数据通信设备、交换设备和其他信息管理设备彼此相连。

2．综合布线系统的结构

综合布线系统的结构为星型拓扑结构，其可分为以下两种：

（1）集中式（MDF）。整个系统仅为一个设备间，无主干。常用于小型的单体建筑，如小宾馆、小办公楼等。

（2）分布式。

1）二级星型（MDF+*n*IDF）。整个系统有1个设备间，*n*个楼层配线间组成，各楼层配线间与设备间通过室内主干连接。常用于大型的行政办公楼、酒店等单体大楼。

2）三级星型（HDF+*m*MDF+*n*IDF）。整个建筑群由1个建筑群中心机房，*m*个设备间，*n*个楼层配线间组成。各楼层配线间与设备间之间通过室内主干连接；各楼栋的设备间与中心机房通过室外主干连接。常用于学校等园区建筑。

综合布线系统拓扑结构如图7-1所示。

六类常用综合布线拓扑图如图7-2所示。

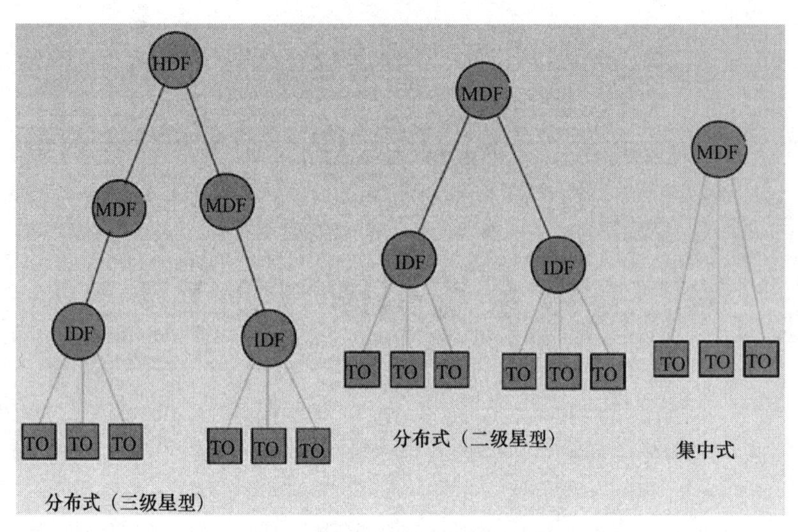

图7-1　综合布线系统拓扑结构

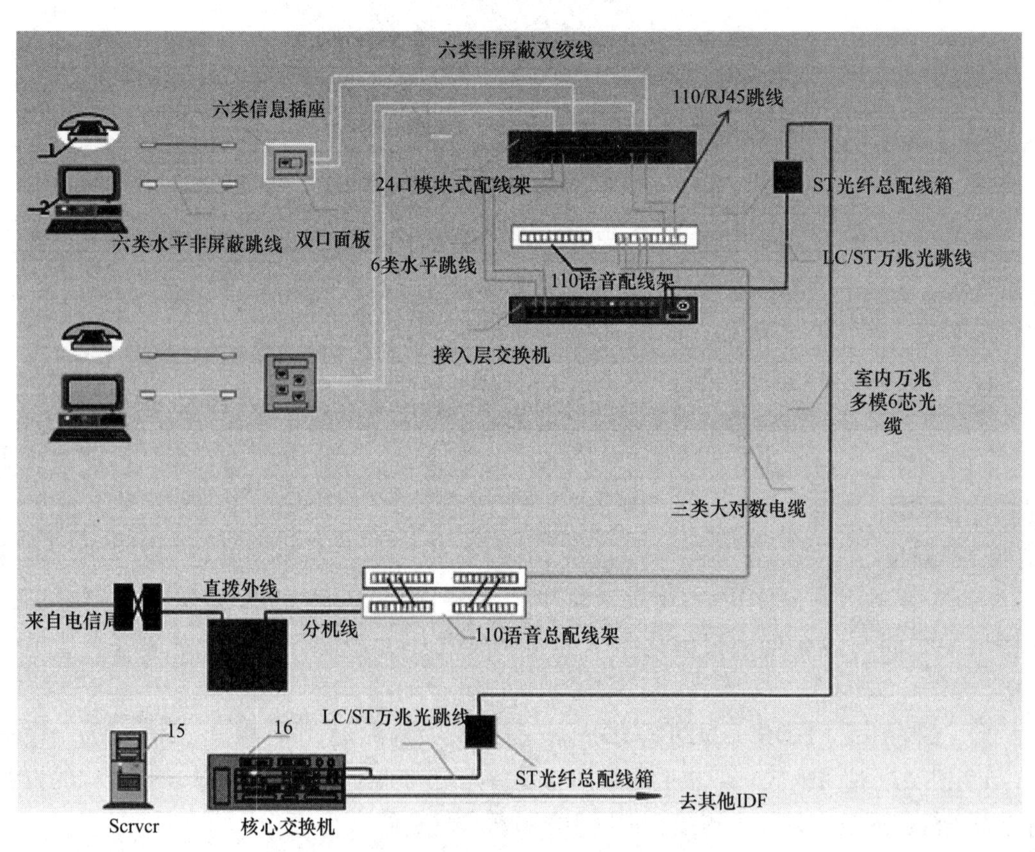

图7-2　六类综合布线系统拓扑结构

二、综合布线工程的组成

综合布线系统的组成如图7-3所示。

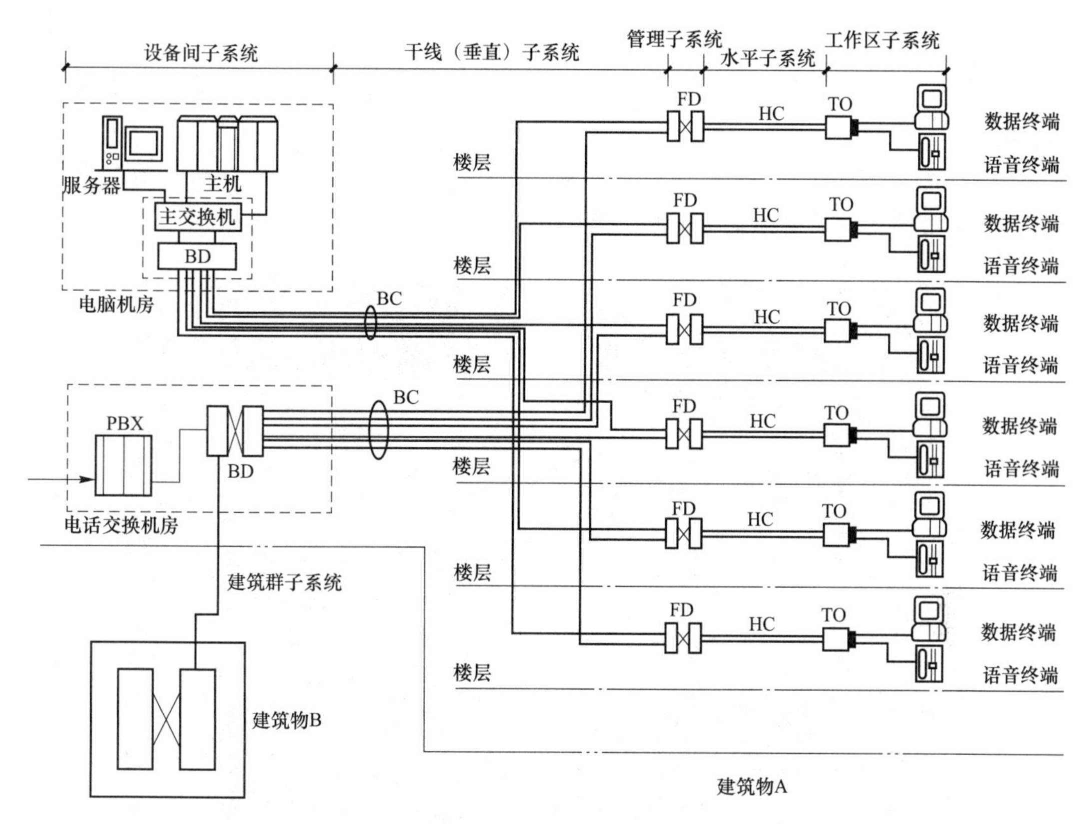

图7-3　综合布线系统的组成示意图

由图可知，综合布线系统建筑群子系统、设备间子系统、垂直干线子系统、管理间子系统、水平布线子系统、工作区子系统组成。

1. 建筑群子系统

建筑群（如商业建筑群、大学校园、住宅小区、工业园区等）中各建筑物之间的语音、数据、监视等的信息传递，可通过微波通信、无线通信及有线通信手段互相连接来实现。通常，有线通信以综合布线方式进行建筑群子系统的信息传递，其线缆及布线方式如下：

（1）线缆：一类为铜缆，采用双绞线缆、同轴线缆或一般铜芯线缆；另一类为光纤缆。

（2）布线方式：室外布线有架空、直埋、穿埋地导管及电缆沟等方式敷设，按设计及施工验收标准要求，线缆长度不得超过1500m。

2. 设备间子系统

在建筑物设备间（也称主配线间MDF）内，采用主配线架连接各种公共设备，如计算机数字程控交换主机（PBX）或计算机式小型电话交换机（CBX）、各种控制系统以及网络互联设备等。设备间外接进户线内连主干线，是网络管理人员值班的场所。因人量主要设备安置其间，故称为设备间子系统。

（1）设备间的设备。

1）一般设备间，机柜中安装有网络交换机、服务器、配线架、理线器、数据跳线和光纤跳线等。

2）大型设备间，设备数量较多，需设置专业机柜。如语音端接机柜、数据端接机柜、应用服务机柜等。机柜安装布置如图7-4所示。

图7-4　机柜安装布置图

（2）设备供电系统。供电系统采用三相五线制供电电源，有市电直供电源、不间断电源UPS、普通稳压器、柴油发电机组等供电设备。

（3）设备间的安全及环境要求。

1）电气保护。在建筑物5m外设置一个接地电阻＜4Ω的独立接地系统，用不小于150mm的铜板（排）或铜缆作接地线引入室内。金属管槽、机架、配线架及屏蔽电缆均应等电位接地，另外，需设置适当数量的等电位接地口。

2）防雷设备，有防静电、防雷击、防电磁干扰的电子防雷设备。

3）防火及灭火报警设施。

4）防水、防潮、防尘、吸声及空调设施及设备。

3．垂直干线子系统

垂直干线子系统也称干线系统，提供建筑物的干线电缆，负责连接各楼层管理间子系统与设备间子系统，一般使用光缆或选用大对数的非屏蔽双绞线，沿桥架敷设或穿管敷设。垂直干线子系统如图7-5所示。

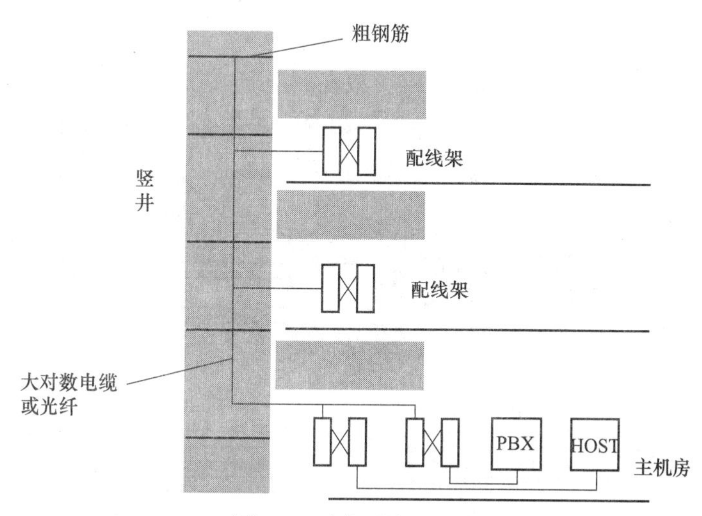

图7-5　垂直干线子系统

（1）垂直干线系统敷设方式。垂直方向电缆一般敷设在电缆竖井中，沿桥架、线槽或导管敷设；水平方向电缆采用线槽、托盘、桥架或导管等沿走廊墙面、平顶敷设。

（2）垂直干线系统线缆。垂直干线系统线缆一般采用大对数电缆和光缆。线缆应具有足够的长度，即应有备用和弯曲长度（净长的10%），还要有适量的端接容量。按配线标准要求，双绞线长度应＜100m，多模光缆长度在500m或2km内，单模光纤长度应＜3km。

1）数据干线：常用五类、超五类、六类及六类以上大对数线缆（STP、UTP）或用四芯、十二芯的多模室内光缆。

2）语音干线：常用三类大对数线缆或市话局专用大对数线缆。

3）电视干线：常用低损耗50Ω同轴射频电缆或室内光缆。

（3）线缆防火要求。线缆从竖井穿过楼层或穿过墙时，必须作防火处理，做法如图7-6和图7-7所示。

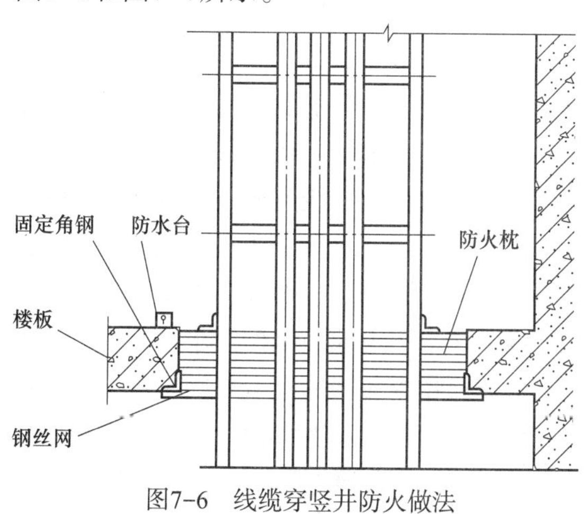

图7-6　线缆穿竖井防火做法

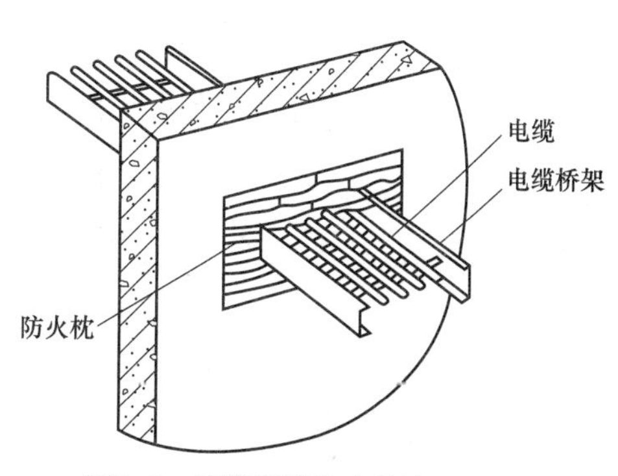

图7-7　线缆穿墙防火做法

4. 管理间子系统

设置在建筑物每层楼的配线间内，也可放在弱电竖井中，其主要功能是将垂直干线子系统与水平布线子系统连接起来，其主要设备有配线架（双绞线或光纤配线架）、HUB（集线器或网络设备）、机柜及电源等，如图7-8所示。

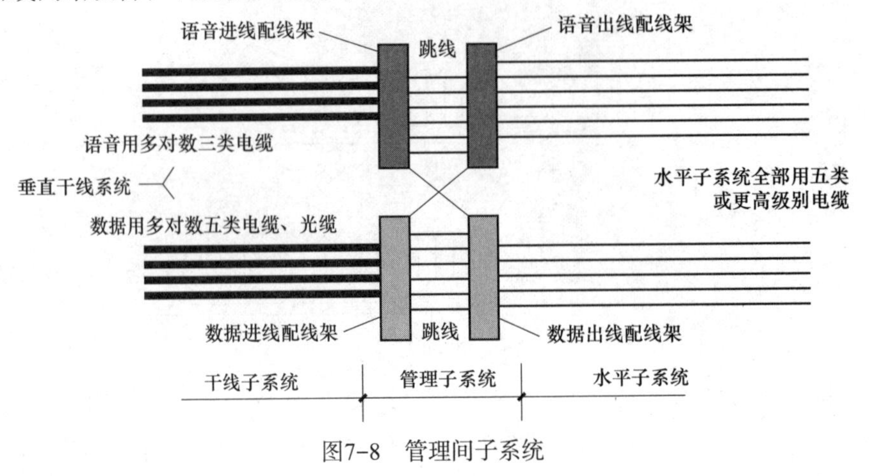

图7-8　管理间子系统

（1）机柜（配线柜、盘、盒）：有挂式、落地式箱柜，光纤接线盘及盒，网络交换机等。

（2）配线架：是管理间子系统中最重要的组件，是实现垂直干线和水平干线两个子系统交叉连接的枢纽。通过附件将语音与数据配线与跳线相连接，可以全线满足UTP、STP、同轴射频电缆、光纤、音视频的需要。

配线架有双绞线配线架和光纤配线架，常用110系列与跳线架、理线器、RJ45接口配套使用。配线架可安装在机柜内、墙上、吊架上或钢框架上，如图7-9所示。

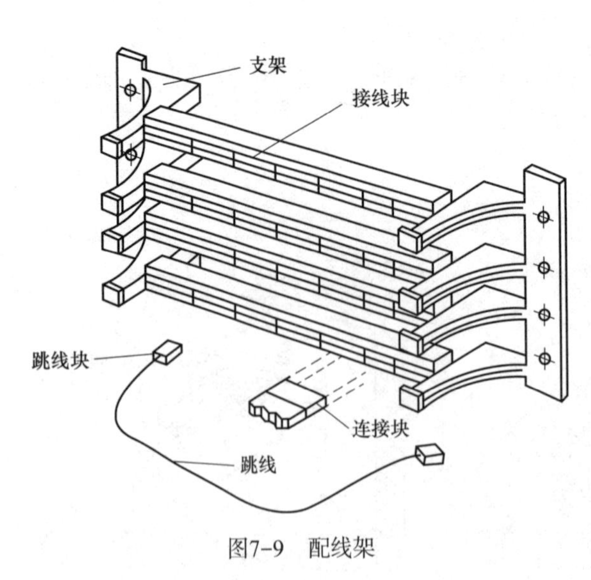

图7-9　配线架

（3）线缆：主要是跳线，用屏蔽、非屏蔽双绞线及光缆做成RJ45接口跳线、RJ45转110跳线与配线架相配。

5. 水平干线子系统

水平干线子系统从工作区的信息插座开始到管理间子系统的配线架止，一般为星形结构。水平干线子系统一般在一个楼层上，在综合布线系统中仅与信息插座、管理间连接。水平干线子系统用线一般为双绞线，必须走线槽或在天花板吊顶内布线，尽量不走地面线槽。水平干线子系统由建筑物内各层的配电之间至各工作子系统（信息插座）之间的配管、配线和配线架等组成。水平干线子系统如图7-10所示。

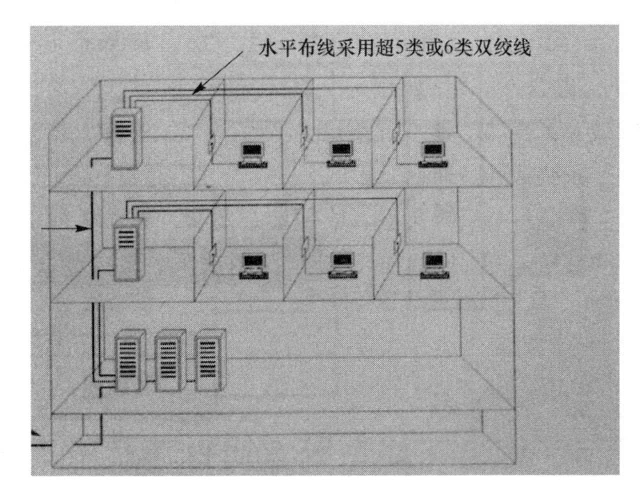

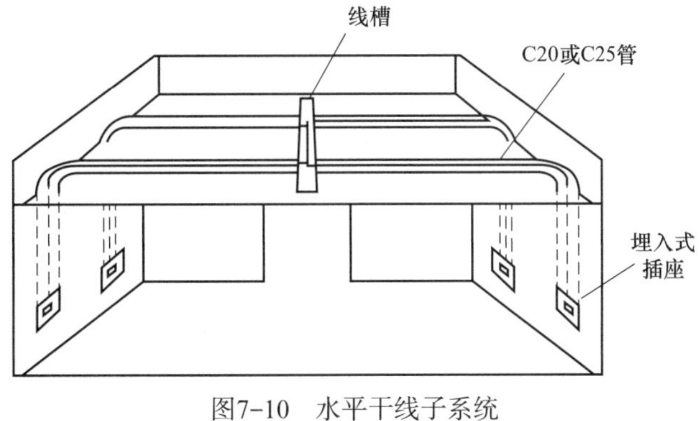

图7-10　水平干线子系统

（1）配管：导管（线管）可以用金属、非金属管或线槽，沿墙或沿地面敷设。

（2）配线：常用无屏蔽双绞线缆（UTP，4对100Ω）、屏蔽双绞线缆（STP，2对150Ω）、同轴射频电缆（50Ω或75Ω）、多模光纤缆（62.5μm/125μm）。

（3）接地口：为了保证系统安全，每一个管理间必须设置适当的等电位接地口。

6. 工作区子系统

工作区子系统是由终端设备到信息插座之间的一个工作区间，由信息插座、跳线、终端设备组成，如图7-11所示。

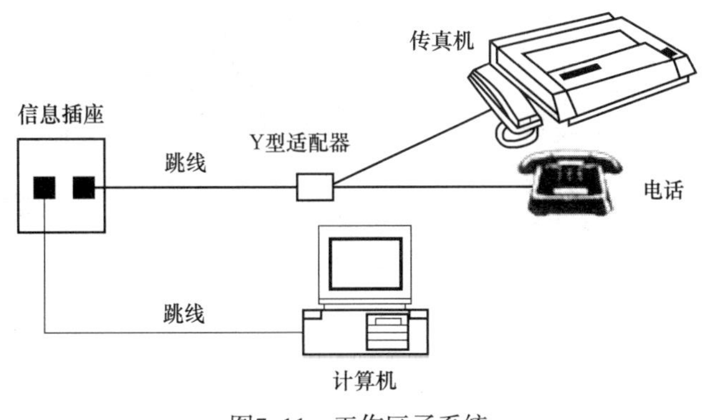

图7-11　工作区子系统

（1）终端设备：指通用和专用的输入和输出设备，如语音设备（电话机）、传真机、电视机、计算机、监视器、传感器等。

（2）线缆或跳线：配三类、五类或超五类双绞线缆，配接RJ45插头的光缆或铜缆直通式数据跳线或电视同轴射频电缆连接线等，一般长度不超过3m。

（3）线缆插头、插座：与线缆配套，有明装、暗装，墙面、地板上安装。

（4）导线分支与接续：可用Y型适配器、两用盒、中途转点盒、RJ45标准接口、无源或有源转接器等。

第二节　综合布线系统常用材料及施工工艺

一、机柜

1. 机柜规格

综合布线机柜，是一种用来将众多信号线聚集管理的设备。机柜比以前能容纳更多的设备，这种设备密度的增加更加需要机柜内外井井有条的电缆管理。机柜有增强电磁屏蔽、削弱设备工作噪声、减少设备占地面积等优点，常用于布线配线设备、计算机网络设备、通信设备、电子设备等的叠放。机柜有宽度、高度和深度三个常规指标，一般将19英寸1in≈2.54（m）的机柜叫作标准机柜，有立式和墙柜式两种。常见的成品19英寸机柜高度为1.0m、1.2m、1.6m、1.8m、2.0m和2.2m，机柜的深度为500mm、600mm和800mm，机柜的宽度为600mm和800mm。常见机柜如图7-12所示。

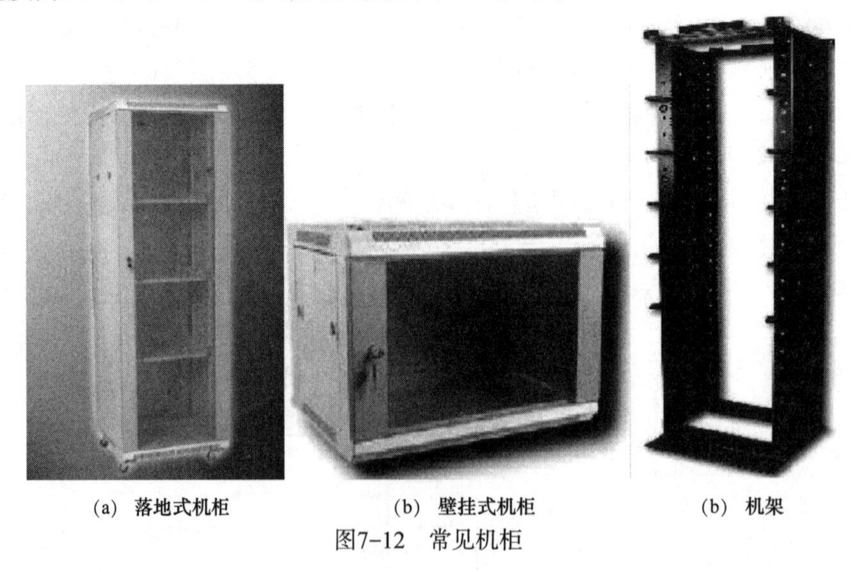

(a) 落地式机柜　　(b) 壁挂式机柜　　(b) 机架

图7-12　常见机柜

2. 机柜安装施工工艺

（1）机柜台安装位置应符合设计要求，机柜应距离墙1m，便于安装和施工。

（2）底座安装应牢固，应按设计图的防振要求进行施工。

（3）机柜安放应竖直，柜面水平，垂直偏差不大1‰，水平偏差不大于3mm，机柜之间缝隙不大于1mm。

（4）机台表面应完整，无损伤，螺丝坚固，每平方米表面凹凸度应小于1mm。

（5）机内接插件和设备接触可靠。

（6）机内接线应符合设计要求，接线端子各种标识应齐全，保持良好。

（7）台内配线设备、接地体、保护接地、导线截面、颜色应符合设计要求。

（8）所有机柜应设接地端子，并良好连接接入大楼接地端排。

二、配线架、理线器

1. 配线架作用

配线架是用于终端用户线或中继线，并能对它们进行调配连接的设备。配线架是管理子系统中最重要的组件，是实现垂直干线和水平布线两个子系统交叉连接的枢纽。配线架通常安装在机柜或墙上。通过安装附件，配线架可以全线满足UTP、STP、同轴电缆、光纤、音视频的需要。

配线架主要是用在局端对前端信息点进行管理的模块化设备。前端的信息电线缆（超5类或者6类线）进入设备间后首先进入配线架，将线打在配线架的模块上，然后用跳线（RJ45接口）连接配线架与交换机。总体来说，配线架是用来管理的设备，例如，如果没有配线架，前端的信息点直接接入到交换机上，那么若线缆一旦出现问题，就面临要重新布线。另外，管理上也比较混乱，多次插拔可能引起交换机端口的损坏。配线架的存在就解决了这个问题，可以通过更换跳线来实现较好的管理。

在网络工程中，常用的配线架有双绞线配线架和光纤配线架。根据使用地点、用途的不同，可分为总配线架和中间配线架两大类，如图7-13所示。

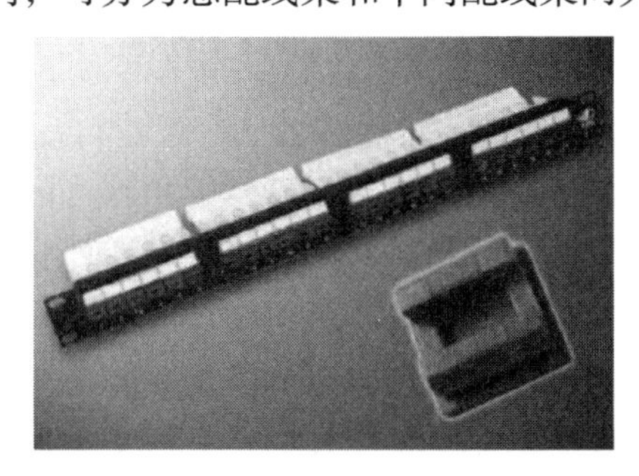

(a) RJ45模块式配线架

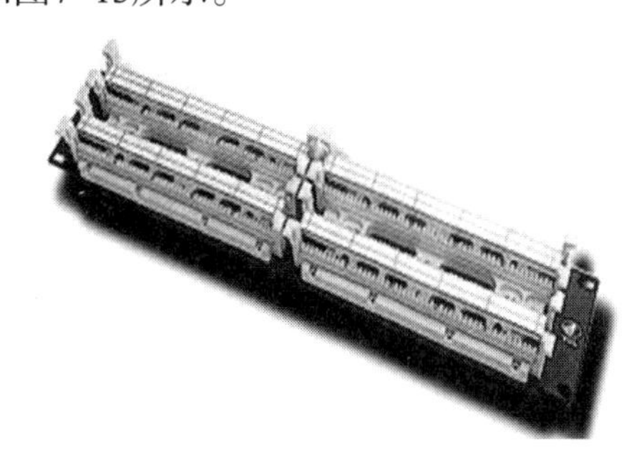

(b) 110配线架

图7-13　常见配线架

光纤配线架（ODF）用于光纤通信系统中局端主干光缆的成端和分配，可方便地实现光纤线路的连接、分配和调度。其主要用于光缆终端的光纤熔接、光连接器安装、光路的调接、多余尾纤的存储及光缆的保护等，它对于光纤通信网络安全运行和灵活使用有着重要的作用。随着网络集成程度越来越高，出现了集ODF、DDF、电源分配单元于一体的光纤混合配线架。其适用于光纤到小区、光纤到大楼、远端模块局及无线基站的中小型配线系统。光纤配线架如图7-14所示。

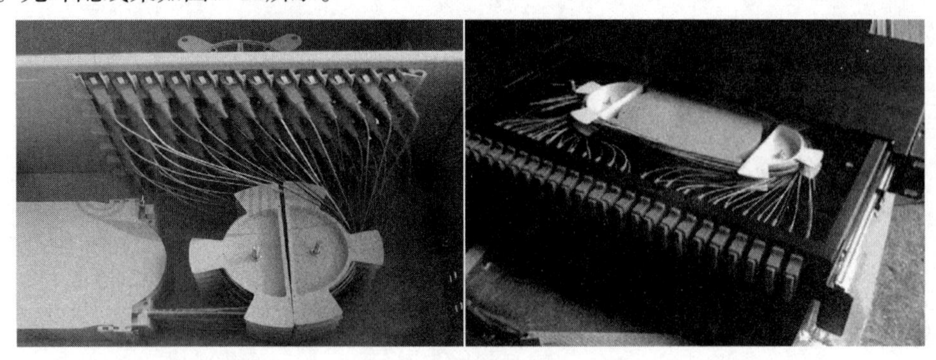

图7-14　光纤配线架

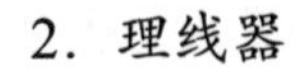

2. 理线器

理线器的作用是为电缆提供平行进入RJ45模块的通路，使电缆在压入模块之前不再多次直角转弯，减少了电缆自身的信号辐射损耗，同时，也减少了对周围电缆的辐射干扰。由于理线器使水平双绞线有规律地、平行地进入模块，因此在今后线路扩充时，将不会因改变了一根电缆而引起大量电缆的更动，使整体可靠性得到保证，即提高了系统的可扩充性。理线器如图7-15所示。

图7-15　理线器

三、光纤

光纤是光缆的核心部分，也称纤芯，质地脆，易断裂，因此需要外加一层保护层。光缆主要是由很多根光纤（细如头发的玻璃丝）和塑料保护套管及塑料外皮构成的。

1. 光纤的作用

随着光纤和光纤设备价格的不断下降，光纤被越来越多地应用于局域网布线。由于光纤具有链路带宽高、传输距离长的特点，因此，除被应用于楼宇间的布线外，还被广泛用于服务器机房布线，以实现中心交换机与骨干交换机，以及中心交换机与服务器之间的高速连接。由于光纤在传输信息时使用光信号，而不是电信号，所以，光纤传输的信息不会受到电磁干扰的影响。另外，光纤功率损失少、传输衰减小、保密性强，并有极大地传输带宽，因此，被广泛应用于综合布线的建筑群主干布线子系统和建筑物主干布线子系统。

光纤通常是由石英玻璃制成，其横截面是很小的双层同心圆柱体。质地脆，易断裂，由于这一缺点，需要外加一层保护层。光纤剖面结构如图7-16所示。

保护层
纤芯
保护层

图7-16　光纤剖面结构示意图

2. 光纤的分类

光纤主要有两大类，即传输点模数类和折射率分布类。传

输点模数类根据工艺不同可分为多模光纤和单模光纤两类。折射率分布类光纤可分为跳变式（阶跃式）光纤和渐变式光纤。

（1）多模光纤。中心玻璃芯较粗（50μm或62.5μm），可传多种模式的光。但其模间色散较大，这就限制了传输数字信号的频率，而且随着距离的增加会更加严重。多模光纤与单模光纤相比，多模光纤传输性能较差，常采用发光二极管LED作为光源。多模光纤如图7-17所示。

（2）单模光纤。中心玻璃芯很细（芯径一般为9μm或10μm），单一的传播路径，只能传一种模式的光。因此其模间色散很小，适用于远距离通信。传输频带宽，传输容量大，常采用激光二极管LD作为光源。单模光纤如图7-18所示。

图7-17　多模光纤

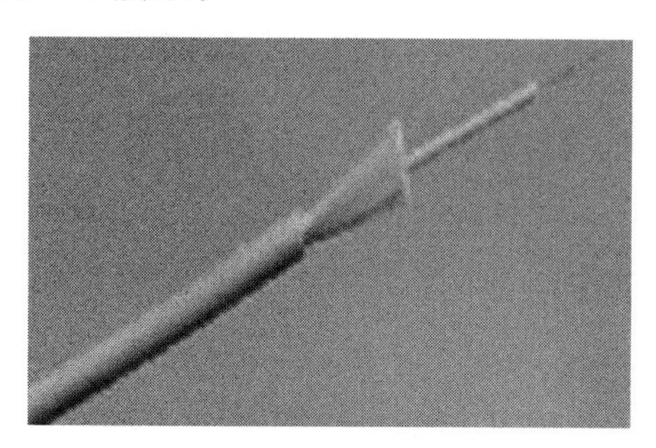

图7-18　单模光纤

3. 光纤连接器与适配器

光纤连接器，是用于连接两根光纤或光缆形成连接光通路的可以重复使用的无源器件，已经广泛应用在光纤传输线路、光纤配线架和光纤测试仪器、仪表中，是目前使用数量最多的光纤器件。光纤适配器是两端可插入不同接口类型的光纤连接器。光纤连接器与适配器如图7-19、图7-20所示。

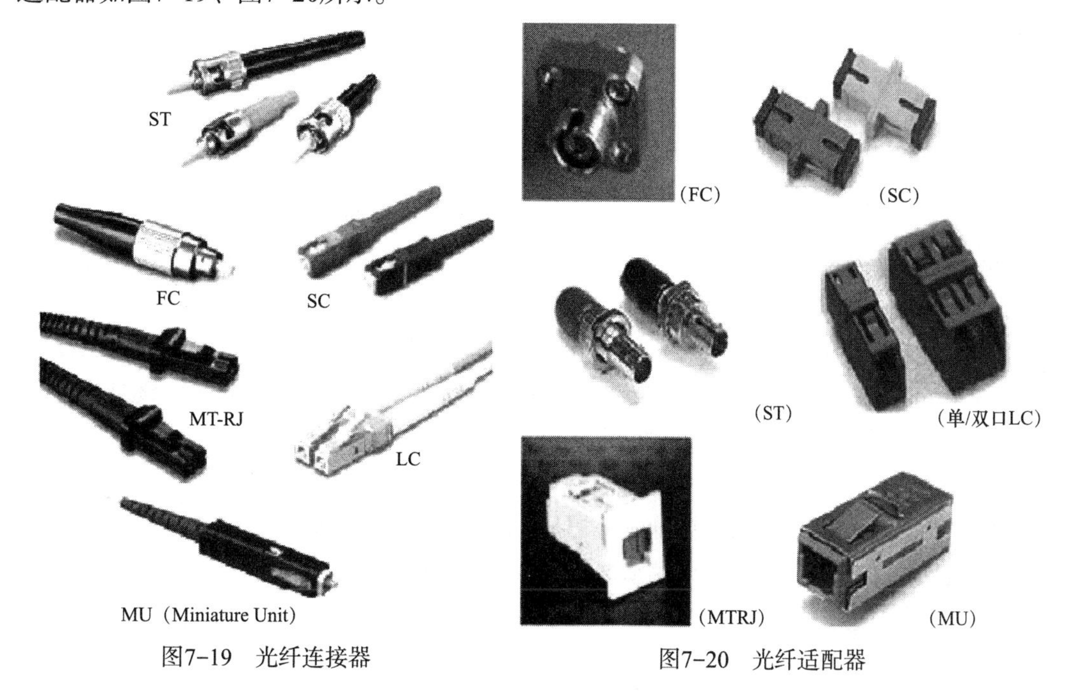

图7-19　光纤连接器　　图7-20　光纤适配器

4. 光纤安装施工工艺

光缆的敷设可分为管道、架空和直埋三种。

（1）管道。在城市中常采用的方式，一般在城市的街道上敷设，由于街道往往有拐弯与起伏，一般在转弯处设立一个人孔，以利于光缆的牵引，每段光缆长为1～2km，在两段光缆间的人孔完成接续，在接续的人孔里，光缆须预留8～10m，挂在人孔壁上。

（2）架空。在省二级干线（市、地区的本地网络）常采用架空敷设，因为野外空旷。吊线托挂方式是国内最常用的一种，即采用在电杆上布钢丝吊线，用挂钩挂住光缆。架空光缆一般采用黑色外护套，以经受阳光的暴晒。一般在100m的间距竖立2根电杆，在电杆间安装5～10个挂钩，为了防止气候的变化，一般在杆下设置伸缩弯，在接续处也保留一定的预留。

（3）直埋。在国家一级干线（部级干线）和二级干线（省一级干线）采用直埋方式，直埋时中继段往往大于70km，目前甚至到达140km，光缆段长度往往采用4m，缆沟要求1.2m深，光缆段进行光纤接续后用接头盒密封，保证对地绝缘、防水、防蚁等检查后，直接埋入地下，进行回填土，一般在光缆的路由上每50m设置标石，在接续处有绝缘监测点。

5. 光纤的连接

光缆从传输机房外的电杆或人孔进入，经布线室到机房的光缆终端盒或分配盒（ODP），与一个跳线进行热接（冷接），光缆预留长度一般为15～20m，光纤在收容盘内还预留80cm，光跳线的FC/PC接头在ODF架上接在珐琅盘上。

机房外光纤的连接采用熔接，过程是：准备接头盒，开缆，每段为80cm，安装到接头盒，固定加强芯，除去松套管，防水油膏，准备光纤和热缩管，进行熔接，热缩，固定到收容盘，密封接头盒，安放接头盒。

建筑物内垂直敷设时，应特别注意光缆的承重问题，一般每两层要将光缆固定一次。光缆穿墙或穿楼层时，要加带护口的保护用塑料管，并且要用阻燃的填充物将管子填满。在建筑物内也可以预先敷设一定量的塑料管道，待以后要敷设光缆时再用牵引或真空法布光缆。

四、大对数电缆

图7-21 大对数电缆

1. 大对数电缆的组成

大对数电缆一般分为3类大对数和5类大对数，又可分为5对、10对、20对、25对、30对、50对、100对、200对和300对等。一般来说，大对数电缆在弱电工程中用作语音主干比较常用。大对数电缆如图7-21所示。

2. 大对数电缆安装施工工艺

（1）利用剥线钳将大对数电缆两端的外绝缘护套剥去（大概剥去25cm），在剥护套过程中不能对线芯的绝缘层或者线芯造成损伤或者破坏。

（2）按照对应颜色拆开25对双绞线，将25对单绞线分别拆开相同长度，将每根线轻轻拉直，将线依照颜色排好线序（白、红、黑、黄、紫）。

（3）对大对数电缆进行端接，把25对双绞线放到线架中，然后将双绞线从左到右按颜色顺序排列。排完后，把模块分别打上去，然后将多余的线头用剪刀剪掉，最后完成大对数电缆的排列与端接。

五、双绞线缆

双绞线缆是网络综合布线施工中最常用的一种传输介质。它采用了一对互相绝缘的金属导线相互绞合的方式来抵御一部分外界电磁波干扰。双绞线价格低廉、连接可靠、维护简单，可用于数据传输，还可以用于语音和多媒体传输。双绞线可分为屏蔽双绞线和非屏蔽双绞线，如图7-22所示。

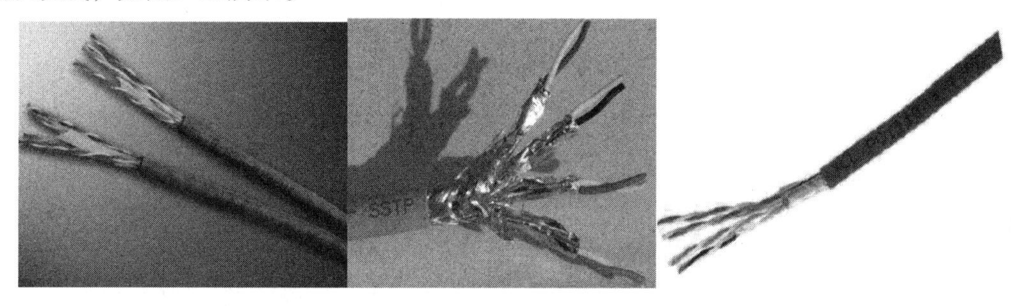

（a）非屏蔽4对对绞线缆UTP　（b）屏蔽4对对绞线缆STP　（c）屏蔽4对对绞线缆FTP

图7-22　双绞线示意图

六、信息插座

信息插座是终端设备与水平子系统连接的接口设备，同时，也是水平线的终结，为用户提供网络和语音接口。对于UTP电缆而言，通常使用T568A或T568B标准的8针模块化信息插座，型号为RJ45，采用8芯接线，符合ISDN标准；对光缆来说，规定使用具有SC/ST连接器的信息插座。信息插座由面板、信息模块和底盒组成，如图7-23所示。

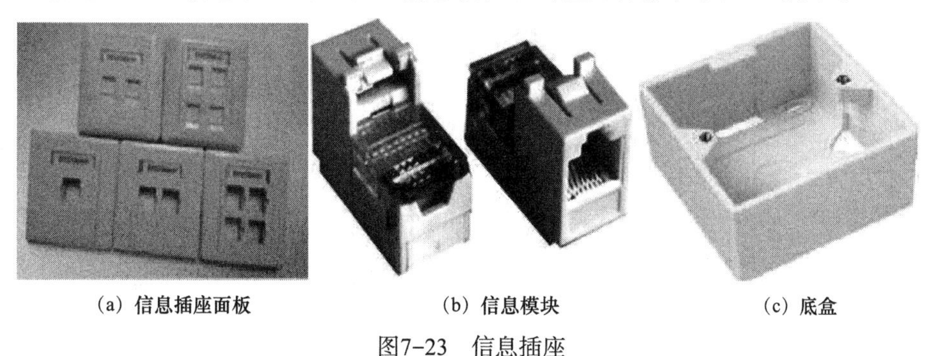

（a）信息插座面板　（b）信息模块　（c）底盒

图7-23　信息插座

七、跳线

跳线就是连接电路板（PCB）两需求点的金属连接线，因产品设计不同，其跳线使用材料、粗细都不一样。大部分跳线是用于同等电势电压传输，也有用于保护电路的参考电压。对于有精密电压要求的，一点点的金属跳线所产生的压降也会使产品性能产生很大影响。常用的有光纤跳线和双绞线跳线，如图7-24所示。

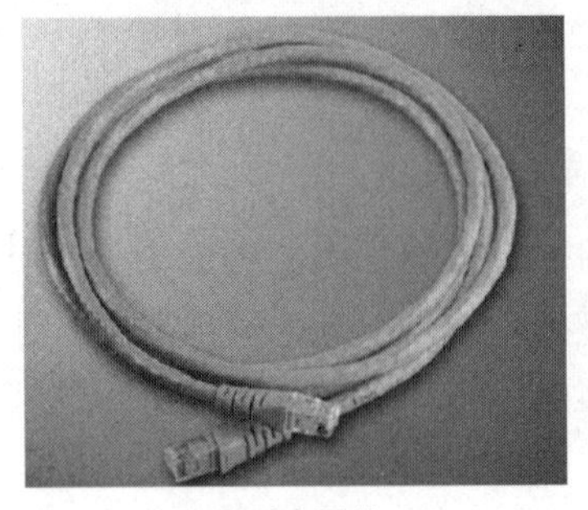
(a) 光纤跳线

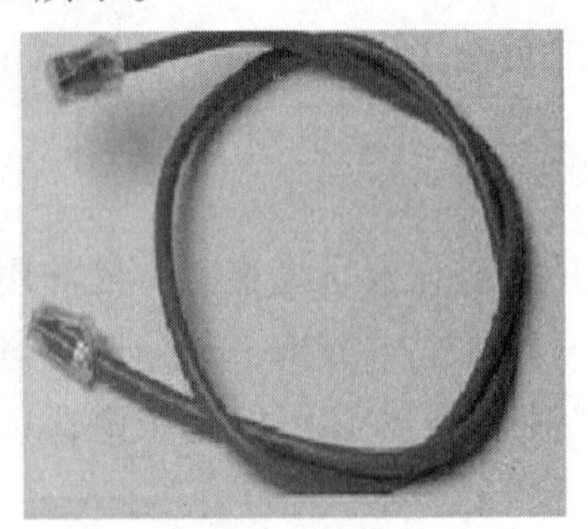
(b) 双绞线跳线

图7-24　常见跳线

跳线的制作包括下料、剥线、排序、捋线、剪齐、推入、压线、测试和标识等几个过程。

八、光电转换设备

图7-25　光电转换器

光电转换器指的是将光信号转换为电信号，那么其中的电信号有很多种，可分为E12M信号和以太网信号。这种光电转换器称之为光纤收发器，也称为光纤交换机，如图7-25所示。

光纤收发器是将光信号转换为以太网信号就是俗称的光猫。光纤收发器其实也是一种光电转换设备，光信号转换为E1信号的设备称为光端机。光电转换器是用局域网中光电信号的转换，而仅仅是信号转换，没有接口协议的转换。一般用在园区网内较长距离，不适用于布双绞线的环境。设备连接如图7-26所示。

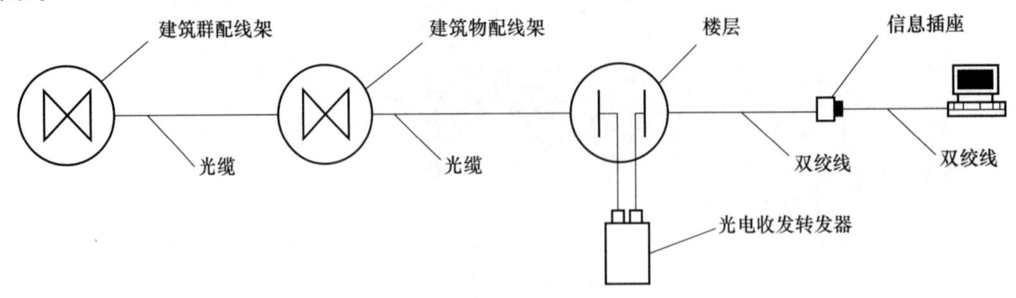

图7-26　设备连接

九、链路测试

1．永久链路（90m）测试

永久链路测试由90m电缆和两端接头组成，不含两端测试软跳线，对这段链路进行物理性能测试，如图7-27所示。

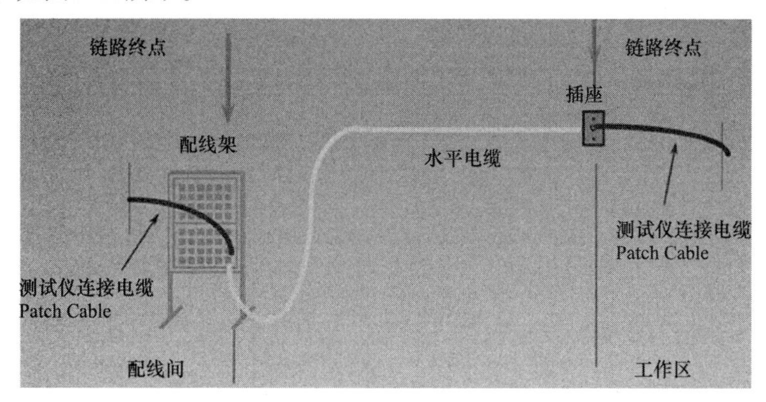

图7-27　永久链路测试示意图

2．基本链路（94m）测试

基本链路（94m）测试由94m水平缆线，两端信息插座、配线架、两端测试跳线（2m）组成，不包括用户端使用的电缆，如图7-28所示。

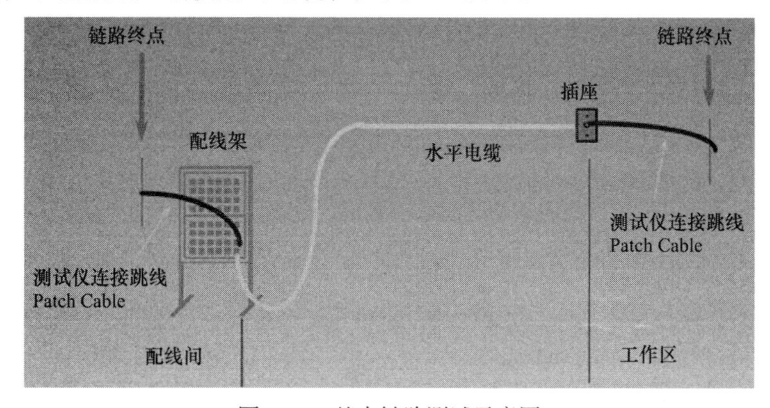

图7-28　基本链路测试示意图

3．通道测试

通道测试作为一个完整的端到端链路定义，它包括了连接网络站点和集线器的全部链路。其中用户的末端电缆必须是链路的一部分，必须与测试仪相连，如图7-29所示。

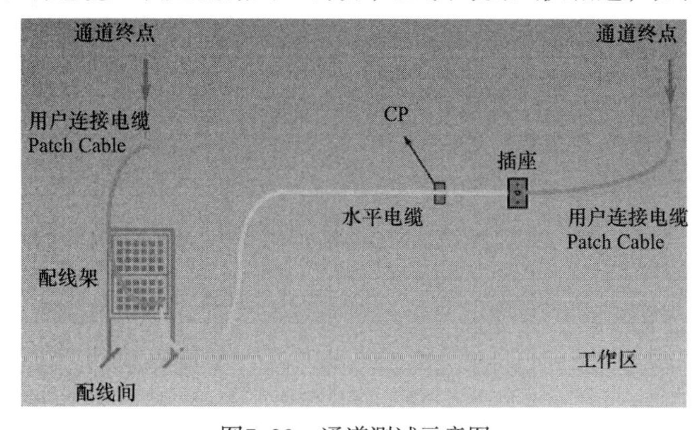

图7-29　通道测试示意图

十、综合布线清单配置

1. 工作区计算

确定信息点的数量：每10m^{2}布置1个数据点和1个语音点。

跳线数=数据点数

模块数=数据点数+语音点数（为方便，用统一的）

面板：

双口=数据点数

单口=数据点数+语音点数

如每层楼建筑面积为1200m^2，实际可用面积约为1000m^2，则可得到合计信息点和语音点各100个。数据和语音跳线分别为100条。

2. 水平区计算

水平线缆计算：

每根水平电缆平均长度按公式：（最长+最短）/2×1.1+2×层高（冗余量）。

换算单位：305m/箱。

设各信息点到楼层管理间的水平线缆最长为50m，最短为10m，线缆从天花板上走，数据系统及语音系统均可采用超五类系统。

所需2口墙上型8602面板100个。

所需CAT5+铜缆：

水平子系统平均距离：（50+10）/2×1.1+2×4=41m。

每箱可拉水平线根数：305/39=7.4（取7根）。

每层所需线缆箱数：200/7+1=29箱。

每层所需超五类模块200个。

3. 管理间子系统

数据只能采用RJ45配线架，语音可以采用RJ45配线架也可以采用110配线架。

数据配线架数（包括模块）=楼宇数据总点数/24或48

100对110配线架数（包括模块）=楼宇语音总点数/100

理线架数=数据配线架数×2（交换机也要用到）

RJ45-110跳线=楼宇语音总点数

RJ45-RJ45跳线=楼宇数据总点数

光纤配线架=光纤芯数（一般一个12口ST机架）

光纤跳线（ST-LC）=光纤芯数

光纤尾纤（ST）=光纤芯数

光纤耦合器（ST）=光纤芯数

例：

水平数据接入采用24口数据配线架=100/24=5个，RJ45-RJ45跳线100条。

水平语音接入采用24口数据配线架=100/24=5个，RJ45-110跳线100条。

垂直数据接入用光配线架（24口）1个，12口耦合器面板1个，ST光纤接口6个（6芯光纤），FC20A-2耦合器6个，FFL2EP-SC跳线 3根，LIU光纤分线盒1个。

垂直语音接入用110配线架=100对/100=1个，与水平子系统跳接用2轴FCCW-F1或100根F110P2CAT5-5B。

4. 垂直干线计算

光纤长度=从楼宇的核心机房至各个楼层管理间的距离

大对数电缆长度=从楼宇的核心机房至各个楼层管理间的距离

25对大对数电缆根数=语音信息点数×（1+10%）/25

5. 设备间子系统

数据配线架数（包括模块）=机房预留数据总点数/24或48

110配线架数（包括模块）=机房预留语音总点数/100

理线架数=数据配线架数×2（交换机也要用到）

RJ45-110跳线=机房预留语音总点数

RJ45-RJ45跳线=机房预留数据总点数

核心机房（垂直系统为铜缆时）：

数据配线架数（包括模块）=管理间数/24

110配线架数（包括模块）=楼宇语音总点数/100

理线架数=数据配线架数×2（交换机也要用到）

RJ45-110跳线=楼宇语音总点数

RJ45-RJ45跳线=管理间数

核心机房（垂直系统为光纤时）：

光纤配线架数（包括模块）=管理间数×光纤芯数

光纤跳线（ST-LC）=管理间数×光纤芯数

光纤尾纤（ST）=管理间数×光纤芯数

光纤耦合器（ST）=管理间数×光纤芯数

光纤接头：24个。

需600A-24LIU光纤分线盒1个。

6. 建筑群子系统

光纤数量=各楼宇间距离+适量冗余

大对数双绞线数量=各楼宇间距离+适量冗余

光纤配线架数（包括模块）=楼宇间数×光纤芯数

光纤跳线（ST-LC）=楼宇间数×光纤芯数

光纤尾纤（ST）=楼宇间数×光纤芯数

光纤耦合器（ST）=楼宇间数×光纤芯数

第三节　综合布线施工图的识读

一、综合布线工程施工图的组成

综合布线工程施工图与其他弱电图纸组成基本一致，包括首页、综合布线系统图、综合布线平面图、大样图、设备材料表等。

1. 首页

首页内容包括综合布线工程图的图纸目录、图例、设备明细表、设计说明等。图纸目录一般先列出新绘制的图纸，后列出本工程选用的标准图，最后列出重复使用的图。内容有序号、图纸名称、编号、张数等；图例一般是列出本套图纸涉及的一些特殊图例；设备明细表只列出该综合布线工程一些主要电气设备的名称、型号、规格和数量等；设计说明主要阐述建筑物的区位，建筑物的总面积、总高度、建筑物的类别、级别、工程意义及建筑物的功能、用途等，叙述该综合布线工程设计的依据、基本指导思想与原则，补充那些在图样中不易表达的或可以用文字统一说明的问题，如工程上的土建概况，工程的设计范围，工程的类别，防火、防雷、防爆及负荷级别，电源概况，导线，自编图形符号，施工安装要求和注意事项等。

2. 综合布线系统图

系统图用单线绘制，图中虚线所框的范围为一个配电箱或控制箱。各配电箱、控制箱应标明其标号及箱体的型号、规格。传输线路应用规定的文字符号标明导线的型号、截面、根数、敷设方式（如果是穿管敷设还要表明管材和管径）。对各支路部分标出其回路编号、设备名称、设备个数等。

系统图只表示综合布线系统回路中各元器件的连接关系，不表示元器件的具体情况、具体安装位置和具体接线方法。大型工程的每个配电箱、控制箱应单独绘制其系统图。一般工程设计，可将几个系统图绘制到一张图上以便查阅。对小型工程或较简单的设计，可将系统图和平面图绘制在同一张图上。

3. 综合布线平面图

综合布线平面图是表示不同系统设备与线路平面位置的，进行建筑综合布线设备安装的重要依据。综合布线平面图是决定设备、元件、装置和线路平面布局的图纸。平面图包括总系统平面图和各子系统平面图。总平面图是以建筑总平面图为基础，绘制出各子系统配线间、电缆线路、子系统设备等的具体位置，并注明有关施工方法的图纸。在有些总平面图中还注明了建筑物的面积、弱电井位置等。各子系统平面图是在建筑平面图的基础上绘制的，由于平面图缩小的比例较大，因此不能表示综合布线设备的具体位置，只能反映设备之间的相对位置关系。

4. 综合布线大样图

大样图又称安装接线图，表示某一设备内部各种电器元件之间位置关系和接线关系，用于设备安装、接线、设备检修。它是与电路图相对应的一种图。

5．设备材料表及预算

设备材料表是将某一工程综合布线系统所需主要设备、元件、材料和有关数据列成表格，表示其名称、符号、型号、规格、数量、备注等内容，应与图联系起来阅读。

二、综合布线工程施工图的图示

综合布线系统文字符号表见表7-1。

表7-1　综合布线系统文字符号

符号	中文名称	符号	中文名称
FD	楼层配线架	FDDI	光纤分布式数据接口
BD	建筑物配线架	IDF	分配线架
CD	建筑群配线架	MMO	多媒体插座
MDF	主配线架	MIO	多用户信息插座

三、综合布线工程施工图的识读方法

弱电系统图和平面图是弱电工程图的主要图纸，是编制工程造价和施工方案、进行安装施工和运行维修的重要依据之一。由于建筑弱电平面图涉及的知识面较宽，在阅读弱电系统图和平面图时，除要了解系统图和平面图的特点与绘制基本知识外，还要掌握一定的电工基本知识和施工基本知识。一套建筑弱电工程图包含很多内容，图纸也有很多张、一般应按照以下顺序依次阅读，必要时需相互对照参阅。具体的读图方法如下。

1．标题栏和图纸目录的识读

了解工程名称、项目内容、设计日期等。

2．设计说明的识读

了解工程总体概况及设计依据，了解图纸中未能表达清楚的有关事项，如线路敷设方式、设备安装方式、补充使用的非国标图形符号、施工时应注意的事项等。有些分项局部问题是在各分项工程的图纸上说明的，看分项工程图纸时，也要先看设计说明。

3．系统图的识读

看系统图的目的是了解系统的基本组成，主要电气设备、元件等的连接关系及它们的规格、型号、参数等，掌握该系统的基本情况。

4．电路图和接线图的识读

阅读电路图和接线图是为了了解系统中弱电设备的自动控制原理，用来指导设备的安装和控制系统的调试。因为电路多是采用功能布局法绘制的，看图时应该根据功能关系从上至下或从左至右逐个回路阅读，在进行控制系统的配线和调试工作中，还可以配合阅读接线图进行。

5．平面布置图的识读

平面布置图是建筑弱电工程图纸中的重要图纸之一，是用来表示设备安装位置、线路敷设部位、敷设方法及所用电缆导线型号、规格、数量、管径大小的，是安装施工、编制工程预算的主要依据图纸，必须熟读。

6．安装接线图的识读

安装接线图是按照机械制图方法绘制的用来详细表示设备安装方法的图纸，也是用来指导施工和编制工程材料计划的重要图纸。

7. 设备材料表的识读

设备材料表是提供该工程所使用的设备、材料的型号、规格和数量，编制购置主要设备、材料计划的重要依据之一。

总之，识读图纸的顺序没有统一的规定，可根据需要，灵活掌握，并有所侧重，在识读方法上、可采取先粗读、后细读、再精读的步骤。

粗读就是先将施工图从头到尾大概浏览一遍，主要了解工程的概况，做到心中有数。细读就是按照读图程序和要点仔细阅读每一张施工图，有时一张图需要阅读多遍。为更好地利用图纸指导施工，使安装质量符合要求，阅读图纸时，还应配合阅读有关施工与检验规范、质量检验评定标准以及全国通用弱电系统装置标准图集，以详细了解安装技术要求及具体安装方法等。精读就是将施工图中的关键部位及设备、贵重设备及元件、机房设施、复杂控制装置的施工图仔细阅读，系统掌握中心作业内容和施工图要求。

第四节　综合布线工程施工图的识读实例

一、设计说明与施工图纸

某综合布线工程施工图如图7-30所示。

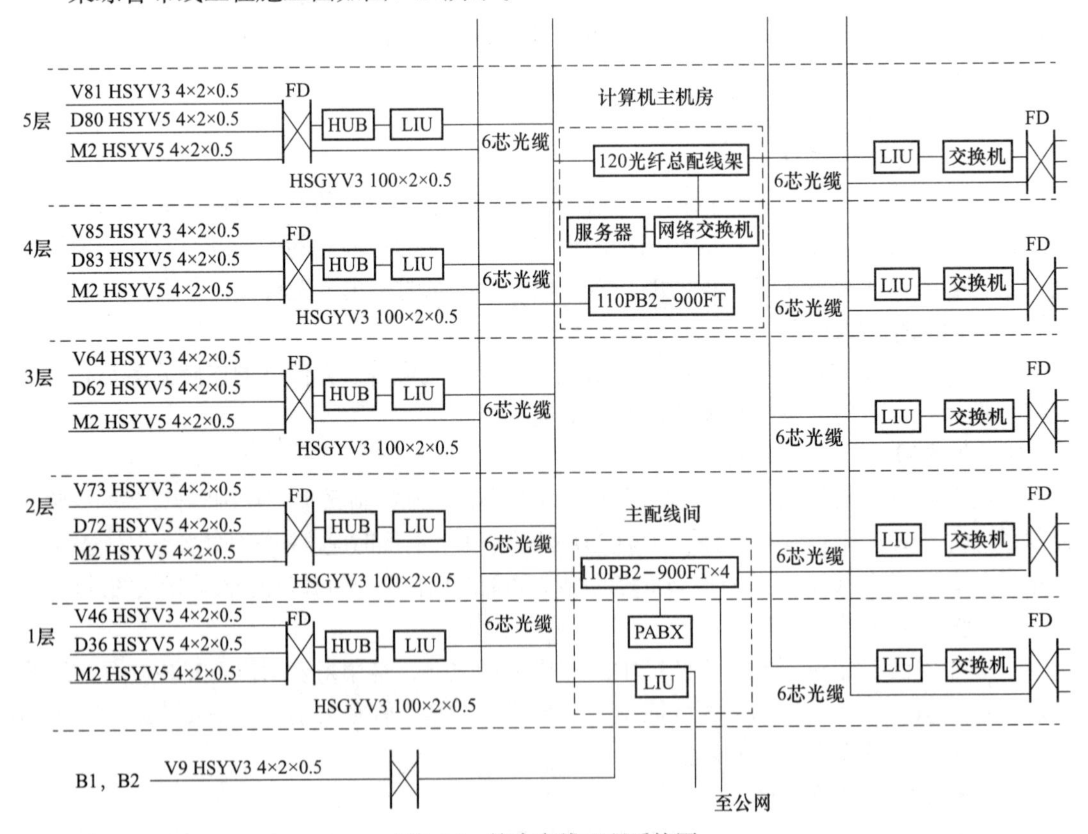

图7-30　综合布线工程系统图

二、施工图解读

下面以解答问题的形式，详细说明如何识读综合布线工程施工图。

1. 本建筑物地上和地下各有几层？

答：由图可知，本建筑物地上有5层，地下有2层。

2. 本工程语音信号由哪里引入？接入哪种设备？

答：语音信号由户外公网引入，接至主配线间的110配线架。

3. 主配线间内有哪些设备？

答：由图可知，机房内有4台110PB2-900FT型配线架和1台用户交换机（PABX），此外还有一个光纤配线架LIU。

4. 本工程中数字信号在哪里进行处理？机房中还有哪些相关设备？

答：数字信号由主机房中的计算机进行处理。主机房中有服务器、网络交换机、1台110PB2-900FT配线架以及1台120芯光纤总配线架。

5. 本工程垂直干线子系统采用哪种线缆进行信号的传输？

答：垂直干线子系统中数字信号采用6芯光纤传输，语音信号采用100对3类大对数电缆HSGYV5 100×2×0.5进行传输。

6. 描述管理间中数字信号和语音信号的传递路线。

答：光缆先接入光纤配线架（LIU），转换成电信号后，再经集线器（HUB）或交换机分路后，接入楼层配线架（FD）。语音信号直接接入楼层配线架。

7. 描述水平干线子系统采用的传输介质。

答：用户使用3类（HSYV3 4×2×0.5）和5类（HSYV5 4×2×0.5）4对电话电缆接入信息插座。其中语音信号采用3类4对电话电缆传输，数字信号采用5类4对电话电缆传输。

8. 统计本工程信息插座的数量。

答：V表示语音线出口，D表示数据出线口，M表示视像监控口。

V语音线出口：81+85+64+73+46+9=358个

D数据出线口：80+83+62+72+36=333个

M视像监控口：2+2+2+2+2=10个

第八章

电视电话工程识图与施工工艺

第一节　电视电话工程概述

一、电视系统

共用天线电视系统应用广泛，已深入到千家万户生活之中。有线电视系统CATV是用射频电缆、光缆、多路微波及其组合来传输、分配和交换声音、图像与数据信号的电视系统。也就是说是将一组高质量的音、视频信号源设备输出的多套电视信号经过一定的处理，利用同轴电缆、光缆或微波传送给千家万户的公共电视传输系统，也称开路系统。而将能播送自办节目或传递各种声响、图像的系统称为闭路电视系统，简称CCTV系统。在CATV前端加一些设备，如录像机、录音机、调制器等，就可具备CCTV系统的功能。CATV系统示意图如图8-1所示。

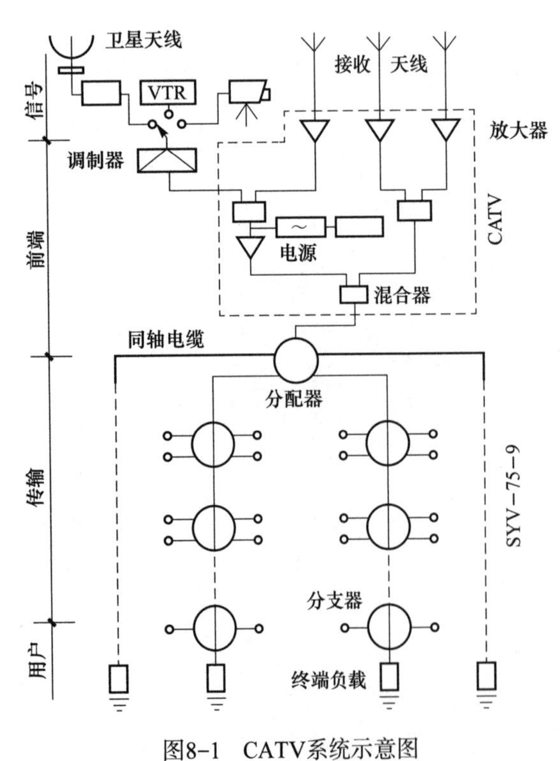

图8-1　CATV系统示意图

由图可知，CATV系统由以下4个主要部分组成：

（1）信号接收系统。信号接收系统有无线接收天线、卫星电视地球接收站、微波站（MMDS）和自办节目源等，用电缆输入CATV的前端系统。

（2）前端系统。前端设备是接在信号源与干线传输网络之间的设备。它将接收

来的电视信号进行处理后，再把全部电视信号经混合器混合，然后送入干线传输网络，以实现多信号的单路传输。前端系统有信号处理器、A音频/V视频解调器、信号电平放大器、滤波器、混合器及前端18V稳压供电电源，自办节目的录像机、摄像机、VCD、DVD及特殊服务设备等，将信号调制混合后送出高稳定电平信号的设备。前端输出可接电缆干线，也可接光缆和微波干线。

（3）信号传输系统。信号传输系统包括传输网络和分配网络。传输网络处于前端设备和用户分配网络之间，其作用是将前端输出的各种信号不失真地、稳定地传输给用户分配部分。传输媒介可以是射频同轴电缆、光缆、微波或它们的组合，当前使用最多的是光缆和同轴电缆混合（HFC）传输。有线电视的分配网络在支线上连接分配器、分文器、线路放大器，采用电缆传输。其作用是将放大器输出信号按一定电平分配给楼栋单元和用户。我国常用同轴射频电缆SYV-75-5、SWV-75-5及单模光缆作为电视信号传输系统的干线和支线。

（4）用户终端。用户终端是接到千家万户的用户端口，用户端口与电视机相连。目前，用户端口普遍采用单口用户盒或双口用户盒，或串接一分支。未来用户终端包括机顶盒、电缆调制解调器、解扰器等。

二、电话系统

电话通信系统有三个组成部分：一是电话交换设备；二是传输系统；三是用户终端设备。电话交换网是专门用来处理话音通信而开发的。通常电话交换网络如图8-2所示。

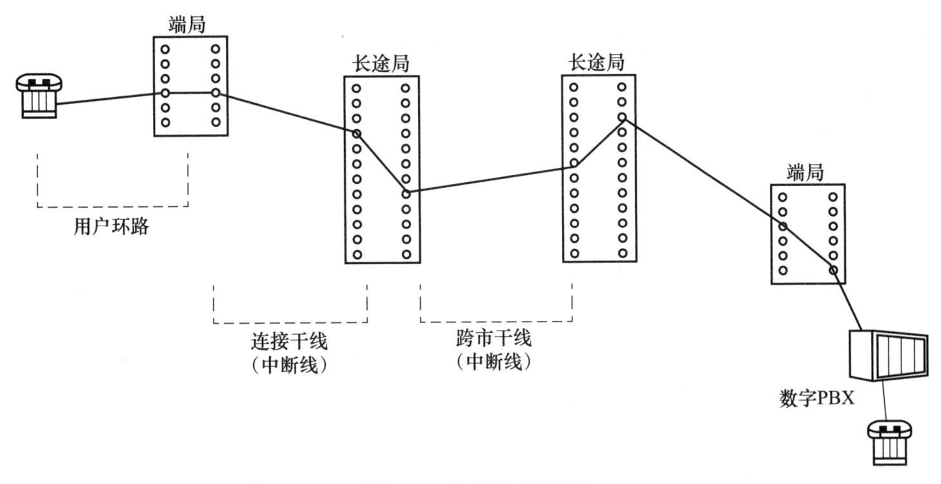

图8-2　电话交换网络

由图8-2可知，电话系统由以下几部分组成：

（1）电话交换设备。交换设备主要是电话交换机，是接通电话用户之间通信线路的专用设备，一台用户电话机能拨打其他任意一台用户电话机，使人们的信息交流能在很短的时间内完成。

（2）传输系统。传输系统是用户与电话交换设备的联系通路，包括中继线和用户线。中继线直接连接两个交换系统之间的全部线路和所属设备，用户线路是将用户终端设备连接到所属端局交换机的线对。用户线路由主干电缆、配线电缆、用户引入线及其附属设备等组成。用户线路如图8-3所示。

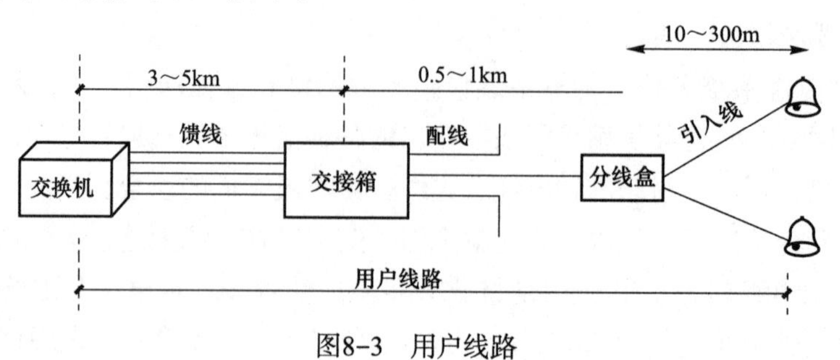

图8-3　用户线路

（3）用户终端。用户与网络连接的设备，通常为电话机。

室内电话系统由以下环节组成：进户→电话组线箱→电话管线→电话插座。

第二节　电视电话工程常用设备、材料及施工工艺

一、电视工程常用设备及施工工艺

1. 卫星接收天线

（1）卫星天线简介。卫星天线是接收电视信号的设备。根据结构可以分为板状和网状；根据馈源的安装位置可以分为前馈式抛物面天线、后馈式抛物面天线和偏馈式天线。前馈式抛物面天线如图8-4所示。

（2）卫星天线选择。

1）板状结构天线的优点是增益较高，应用广泛；缺点是价格较贵。

2）网状天线的优点是抗风能力强，价格低廉；缺点是增益比板状天线低，容易变形，适用于风力较大的地区。

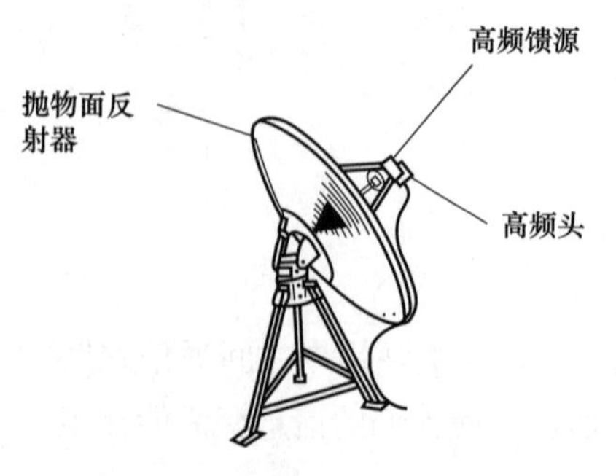

图8-4　前馈式抛物面天线

3）前馈式抛物面天线的优点是价格便宜；缺点是效率较低。后馈式抛物面天线的优点是效率较高、结构结实；缺点是价格较贵。

（3）卫星天线安装工艺。

1）按地基图浇筑钢筋混凝土天线基础，埋设地脚螺栓，待基础彻底固化后，才能进行安装程序。

2）按照厂家的安装图安装天线构件，安装避雷设施。

3）进行方位、俯仰调整，检查运行是否正常，即进行天线的调试。

2. 前端设备

（1）前端设备组成。

1）电视调制器。作用是将视频信号V和音频信号A调制转换成射频电视信号RF，输入的视频、音频信号通常来自卫星电视接收机、解调器以及各种自办节目设备，如摄像机、DVD机等。电视调制器如图8-5所示。

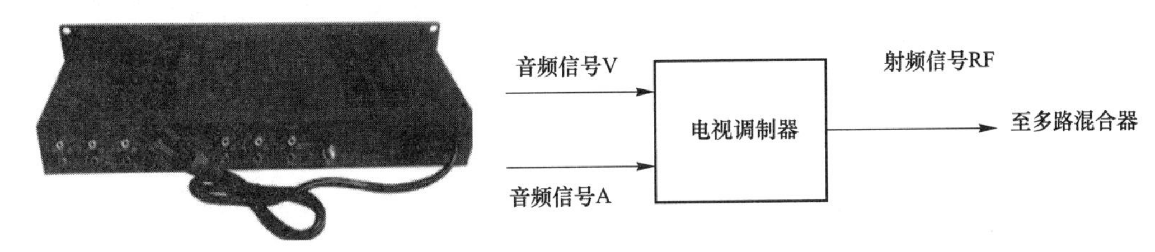

图8-5　电视调制器

2）频道处理器。其输入信号通常是开路射频电视信号，经过相应处理后，输出有线电视频道信号，即射频-射频变换。频道处理器如图8-6所示。

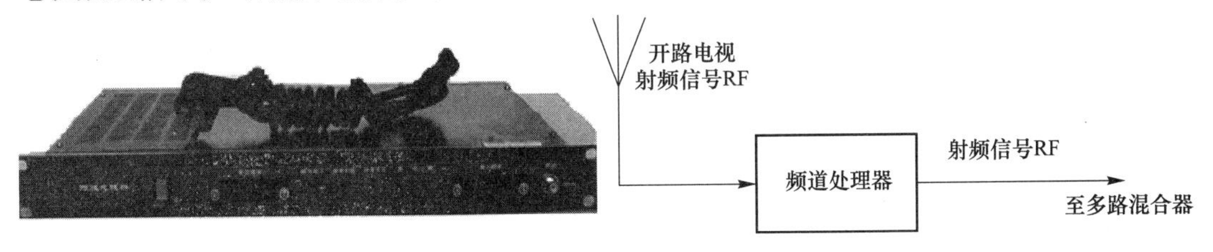

图8-6　频道处理器

3）电视解调器。其作用是将输入的射频电视信号调解为视频和音频信号，并将其送入电视调制器，配合完成频道处理器的功能。此处理方式对信号进行视频和音频处理，信号质量比频道处理器好，并可加入如字幕、马赛克等特技效果，是高质量前端普遍采用的处理方式。电视解调器如图8-7所示。

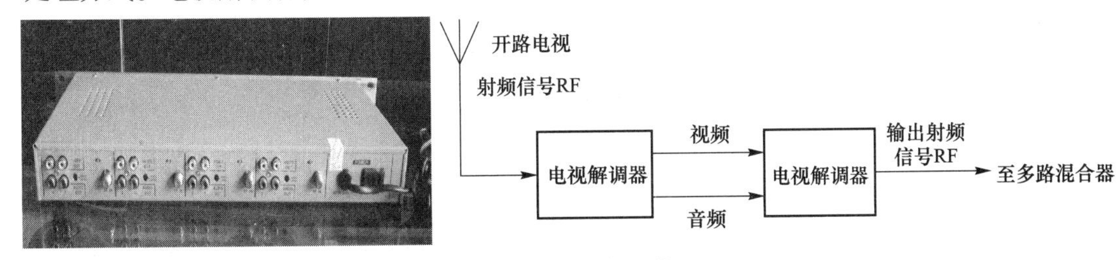

图8-7　电视解调器

4）多路混合器。其作用是将前端设备输出的多路射频电视信号混合成一路，送至同一根电缆，以达到多路复用的目的。多路混合器如图8-8所示。

5）电视前端箱。就是有线电视系统进入建筑物楼栋的进入点时所设置的进线箱，主要起到往各单元或楼层分配出线转换的作用，必须设置，如图8-9所示。

图8-8 多路混合器

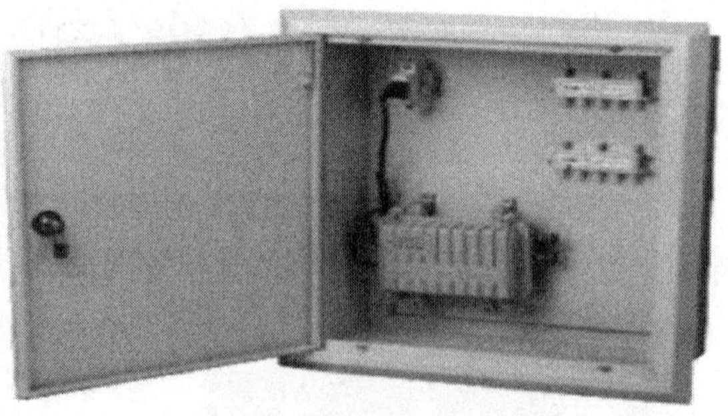
图8-9 有线电视前端箱

（2）前端设备安装。接收机、调制器、解调器、混合器、放大器、高频头、净化电源、机柜等应安装在专用的机房内，设备应符合设计要求选型，设备外观应完整无损，配件应齐全，并应有产品合格证及“CCC”认证标识。

1）机柜安装。

① 按机房平面布置图进行机柜定位，制作基础槽钢并将机柜稳装在槽钢基础上。

② 机柜安装完毕，垂直度偏差不应大于2mm，水平偏差不应大于2mm；成排柜顶部平直度不应大于4mm。

③ 机柜前面应留有1.5m空间，机柜背面与墙距离应不小于0.8m，以便于操作和检修。

2）设备安装。

① 在机柜上安装设备应根据使用功能进行有机的组合排列。使用随机柜配置的螺钉、垫片和弹簧垫片将设备固定在机柜上。

② 每个设备的上下应留有不小于50mm的空间，以保证设备的散热，空隙处采用专用空白面板封装。

③ 对于非标准机柜安装的设备，可采用标准托盘安装。

3）设备接地。室外架空电缆应先经过避雷器后才能引入机房设备。机房内的避雷器、机柜（箱）、设备金属外壳、电缆金属护套（或屏蔽层）的接地线均应汇接在机房总接地母排上。前端机房的总接地装置接地电阻不大于1Ω。

3．分配网络

分配网络是有线电视系统中直接与用户终端相连接的部分，是指从分配点至系统输出口（即用户终端）之间的传输网络。分配点是指从干线取出信号并馈送给支线和分支线的连接点。

（1）分配网络的组成。

1）分配器。分配器通常由一个输入端和两个或两个以上输出端。根据输出端的多少可将其称为二分配器、三分配器等。分配器的主要作用是将一路输入信号电平平均地分成几路输出。分配器如图8-10所示。

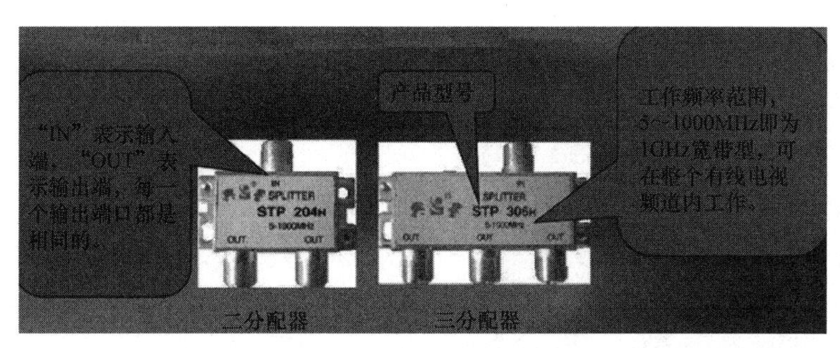

图8-10　分配器

2）分支器。分支器通常由一个主输入端、一个主输出端以及一个或多个分支输出端。根据分支输出端的多少将其称为一分支器、二分支器、三分支器等。分支器的作用是将主输入端信号分成几路输出，但是各路信号电平不完全相等，大部分信号通过主输出端送至主干线，另一小部分则通过分支输出端进入支线。分支器如图8-11所示。

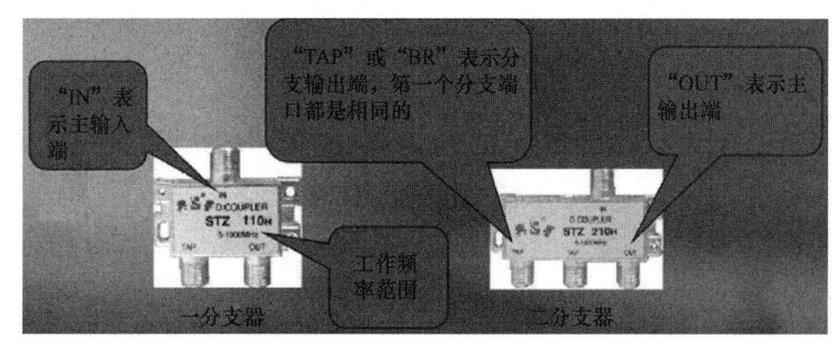

图8-11　分支器

分支器与分配器最大的区别就在于输出到电视的输出口不同，分支器输出到电视的是BR输出口，而分配器是OUT输出口。分支器的OUT输出口是输出给下路需要接分支分配器用的输出口，因为分支器的OUT输出口的衰减很小，所以作为干路的分支设备，使后面串联线路中的电视信号衰减减小，配合干路放大器使整个线路中的信号均衡。分支器可以连接，而分配器则不能连接。

3）衰减器。衰减器大多用在放大器的输入端和输出端，调节输入、输出端信号电平，使其保持在适当的范围内。衰减器一般按衰减量是否可调分为固定式和可调式，如图8-12所示。

4）均衡器。均衡器是用来补偿电缆衰减倾斜特性的。其实质是一个衰减量随频率变化的衰减器，能较多地衰减低频部分而较少地衰减高频部分，衰减特性与电缆正好相反。

5）有线电视信号放大器。有线电视信号放大器的主要作用来补偿有线电视信号在电缆传输过程中造成的衰减，以便使信号能够稳定地、优质地、远距离传输。放大器是有线电视系统中常用的一种有源器件（需要供电的器件）。可安装在干线上，分为干线放大器、干线桥接放大器、分配放大器等。也可安装在用户分配网络中，分为线路延长放大器、楼栋放大器等。有线电视放大器如图8-13所示。

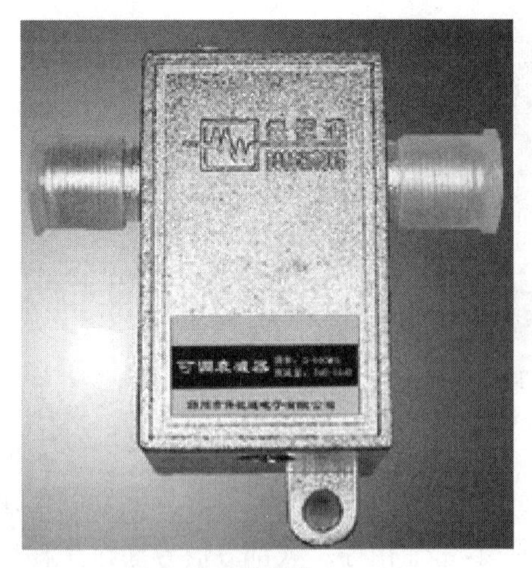

图8-12　衰减器

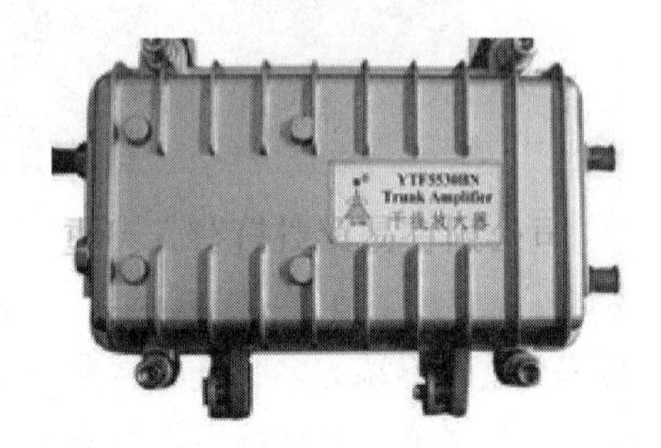

图8-13　有线电视放大器

线路中各级放大器的作用如图8-14所示。

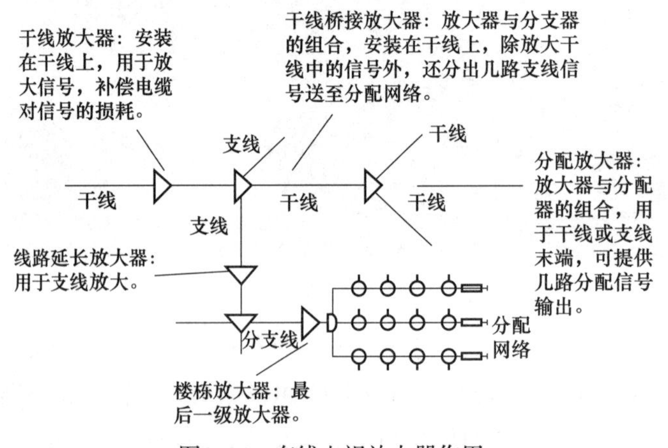

图8-14　有线电视放大器作用

（2）分配网络安装。

1）有源设备（干线放大器、分支干线放大器、延长放大器、分配放大器）的安装。

① 野外型放大器应采用密封橡皮垫圈防水密封，并采用散热良好的铸铝外壳，外壳的连接面宜采用网状金属高频屏蔽圈，保证良好接地。

② 不具备防水条件的放大器及其他器件要安装在防水金属箱内。

③ 放大器箱内应留有检修电源。

2）分支分配器的安装。分支分配器应安装在分支分配器箱内或放大器箱内，并用机螺钉固定在箱内配电板上；箱体尺寸应根据箱内设备的数量而定，箱体采用铁制，可装有单扇或双扇箱门，箱体内预留接地螺栓。

4. 用户终端

用户终端是有线电视系统与用户电视机之间的接口，按输出口数目可分为单输出口（TV）和双输出口（TV、FM），如图8-15所示。

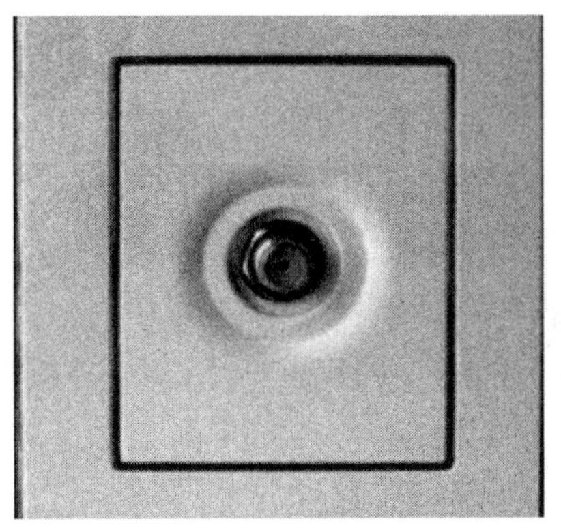
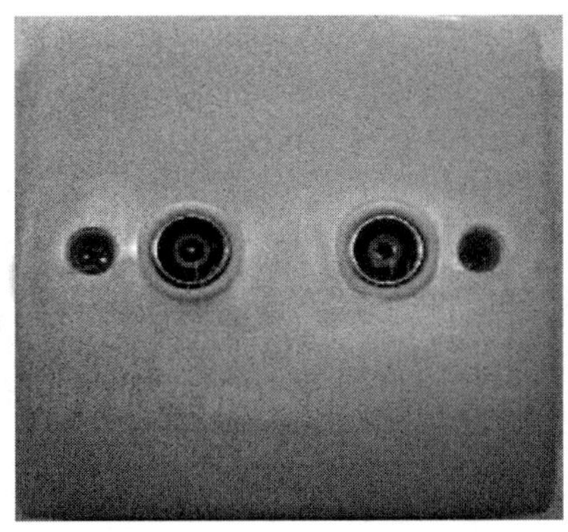

图8-15　有线电视插座

（1）检查修理盒口：用户终端盒可分为明装和暗装，暗装盒可分为塑料盒和铁盒两种。检查盒口是否平整。暗盒的外口应与墙面齐平；盒子标高应符合设计要求，若无要求时，电视用户终端插座距离地面宜为0.3m。

（2）接线压接：先将盒内电缆剪成100～150mm的长度，然后将25mm的电缆外绝缘护套剥去，再将外导线铜网打散，编成束，留出3mm的绝缘台和12mm芯线，将芯线压住端子，用线卡压牢铜网处。

（3）固定面板：用户终端面板可分为单孔和双孔，用户插座的阻抗为75Ω，用机螺钉将面板固定。

二、电视工程传输系统常用材料及施工工艺

传输系统位于前端和用户分配网络之间，其作用是将前端输出的各种信号稳定且不失真地传输至用户分配网络系统。传输系统的传输媒介主要包括电缆、光缆和微波。

1. 同轴射频电缆

（1）同轴射频电缆简介。同轴射频电缆由内导体、绝缘介质、外导体（屏蔽层）和护套组成，如图8-16所示。

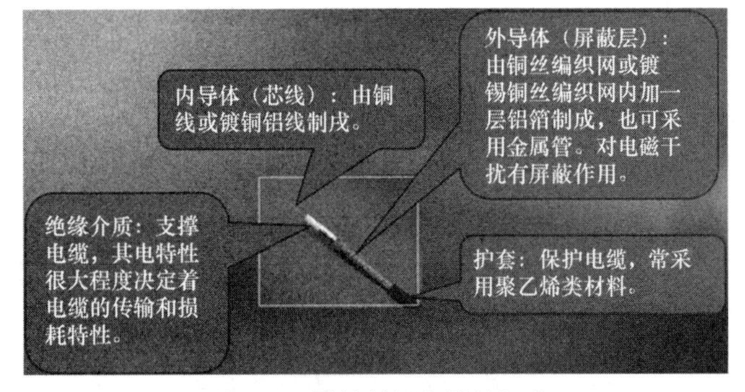

图8-16　同轴射频电缆的组成

我国对同轴射频电缆的型号与规格实行了统一的命名，具体方法如图8-17所示。

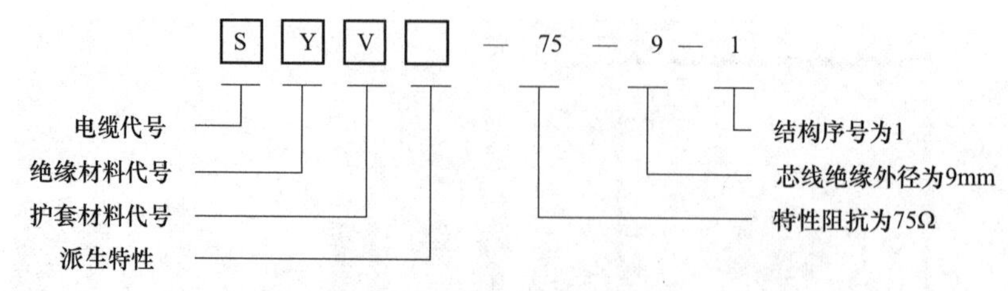

图8-17　同轴射频电缆命名图示

同轴射频电缆名称代号含义见表8-1。

表8-1　同轴射频电缆名称代号及含义

电缆代号		绝缘材料		护套材料		派生特性	
符号	含义	符号	含义	符号	含义	符号	含义
S	同轴射频电缆	D	稳定聚乙烯-空气	B	玻璃丝编织浸硅有机漆	P	屏蔽
SE	对称射频电缆	F	氟塑料	F	氟塑料	Z	综合
SJ	强力射频电缆	I	聚乙烯-空气	H	橡胶		
SG	高压射频电缆	W	稳定聚乙烯	M	棉纱编织		
SZ	延迟射频电缆	X	橡皮	V	聚氯乙烯		
ST	特性射频电缆	Y	聚乙烯	Y	聚乙烯		
SS	电视射频电缆	YK	聚乙烯纵孔				

（2）同轴射频电缆安装。

1）电缆架空铺设时，应利用挂钩、挂带将电缆安装在钢绞吊线上。

2）电缆从墙体打孔进入建筑时，孔内应有带防水弯的护管保护，以免雨水进入。墙体内暗敷也要加管保护。护管可采用钢管或硬质塑料管。

3）电缆明装要留滴水弯，因为水分会使电缆的损耗急剧增大，同轴电缆要长期使用，防水、防潮性能尤为重要。

4）电缆沿墙面明线铺设时，应采用电缆线卡固定电缆。线卡可分为金属线卡和塑料线卡，间距一般在0.5m左右。

5）当架空电缆或沿墙敷设电缆引入地下时，在距离地面不小于2.5m的地方采用钢管保护；钢管应埋入地下0.3～0.5m。

6）直埋电缆时，必须用具有铠装层的电缆，其埋深不得小于0.8m。紧靠电缆处要用细土覆盖100mm，盖好沟盖板，并做标记。在寒冷的地区应埋在冻土层以下。

同轴射频电缆安装如图8-18所示。

2. 光缆

光缆的传输信号是光信号而不是电信号，并且是一种特殊的光——激光。光纤是由导光材料制成的纤维丝，是光波的传输介质。光缆的外形结构如图8-19所示。

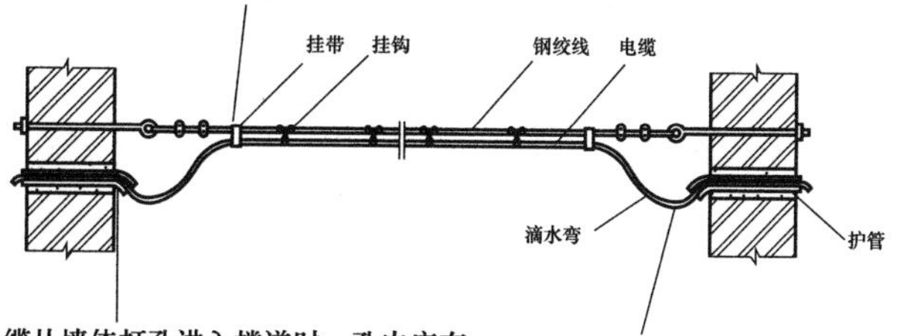

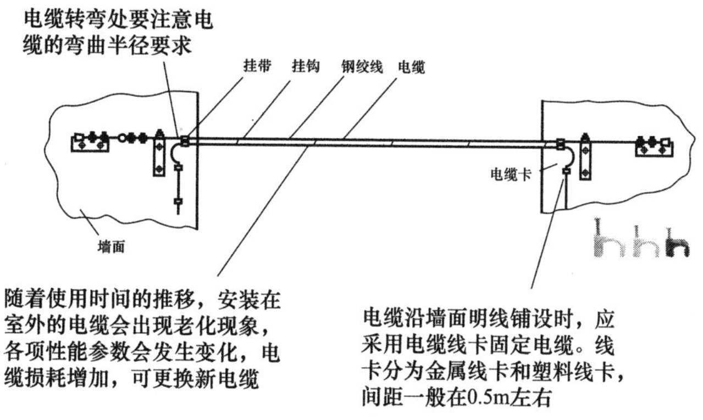

图8-18　同轴射频电缆安装

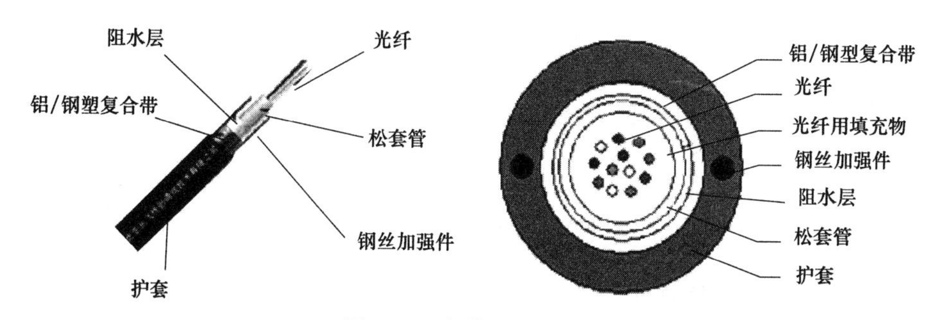

图8-19　光缆的外形结构

由于电子设备只能接收电信号而不能接收光信号，因此，必须经过光电转换，光缆才能与电子设备和同轴电缆相连接。光缆传输原理如图8-20所示。

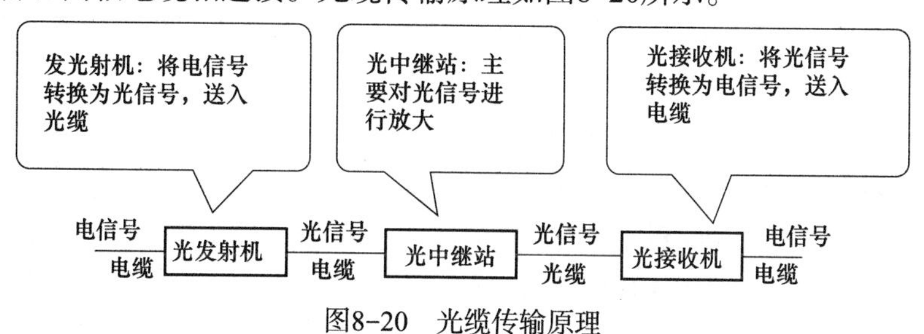

图8-20　光缆传输原理

光纤的传输损耗非常小，无须加入均衡器，不受磁场干扰。具有完全抗电磁性，所需中继站极少，信号不易泄露，保密性好，质量轻，便于铺设。然而，全光缆有线电视系统由于造价昂贵，目前还无法普遍使用。大中型有线电视系统通常采用光缆和电缆混合传输（HFC），其中光缆用于干线传输，一般是星形结构，电缆用于分配网络，与用户终端相连接，一般是树形结构。

3．微波

微波一般是指波长从1mm～1m的电磁波，相应的频率范围是0.3～300GHz。微波属于直线传播，传输距离很大程度上取决于发射功率和发射、接收天线的架设高度。通过微波中继站可延伸传播距离，覆盖更大的区域。

微波传输时用于地形较复杂以及建筑物和街道的分布使铺设电缆光缆较为困难的地区。微波传输的建造费用少，建网时间短，维护方便，具有较高的性价比。另外，微波抗天电干扰和工业干扰的能力较强，但是容易受雨、雪等气候现象干扰，易受障碍物阻挡。

微波有线电视系统通常采用微波和电缆混合传输模式，微波用于干线传输，电缆用于分配网络。

三、电视工程系统调试

1．天线调试

（1）开路天线架设完毕，应检查各接收频道的安装位置是否正确；卫星电视天线的俯仰角和方位角是否正确。

（2）用场强仪测量天线接收信号的电平值，微调天线的方向，使场强仪的电平指示达到最大。同时，观察接收的电视图像品质和伴音质量为最佳时，固定天线，并将天线的信号引下馈线绑扎整齐。

2．前端设备调试

（1）将各频道的电视信号接入混合器，用场强仪测试混合器的检测口，调整各频道的输出电平值，使各频道的输出电子差在2dB以内。若调整混合器的调整旋钮无法达到2dB的电平差时，可对电子值高的频道增加衰减器。

（2）调整设置卫星接收机的接收频率及其他参数，适当调整调制器的输出电平至该设备的标称电平值，并通过混合器的输出检测口测试，再适当调整混合器的信道调谐旋钮和放大器输出电平，最终使混合器的输出电平差为±1dB，且电子值符合设计要求。

（3）机房前置放大器（或干线放大器）的调试：按设计要求，调整放大器的输出电平旋钮、均衡旋钮（或更换适当衰减值、均衡值插片）达到设计的电平值。通常做法：放大器的输出电平不宜大于100dB，对于系统规模大、传输链路长的系统，建议采用更低电平。相邻频道的电平差为±0.75dB以内，各频道间的电平差在±2dB以内。

（4）前端设备调试合格后，应填写前端测试记录表，并将信号传输至干线系统。

3. 干线放大器的调试

依据设计的电平值进行调试，调整输出电平及输出电子的斜率，并填写放大器电平测试记录表。

4. 分配网的调试

按照设计要求，调整分配放大器的输出电子和斜率，填写放大器电平测试记录表。

检测用户终端电平，并填写用户终端电平记录表，用户终端电平应控制在（64±4）dB。使用彩色监视器，观察图像品质是否清晰，是否有雪花或条纹、交流电干扰等。

四、电话工程常用设备及施工工艺

1. 程控交换机

（1）程控交换机的作用。程控电话交换机的主要任务是实现用户之间通话的接续。基本划分为话路设备和控制设备两大部分。话路设备主要包括各种接口电路（如用户线接口和中继线接口电路等）和交换（或接续）网络；在程控交换机中，控制设备为电子计算机，包括中央处理器（CPU）、存储器和输入/输出设备。程控交换机实质上是采用计算机进行“存储程序控制”的交换机，它将各种控制功能与方法编成程序，存入存储器，利用对外部状态的扫描数据和存储程序来控制，管理整个交换系统的工作。

程控电话交换机的作用就是为企业构架的内部通信网络，帮助企业内部与外界信息的传递与交流、生产调度与指令的传达，节省了内部相互通话的费用（内部电话无须支付电话费，无月租费，无承诺话费），更重要的在于企业提高工作效率，又降低了办公费用。程控交换机如图8-21所示。

图8-21　程控交换机

（2）程控交换机安装。

1）一般在机房内落地明装，须设置基础槽钢，基础槽钢与主接地网连接可靠。

2）金属铠装缆线从机房外引入时，缆线外铠装必须与机架接地相连，音频电缆芯线必须经过过电流、过电压保护装置方能接入设备。

3）交换机机房应干燥、通风，无腐蚀气体，无强电磁干扰；交换机周围空间不要太拥挤，以利于散热。

2. 电话分线箱

（1）电话分线箱的作用。电话系统干线电缆与用户连接使用电话分线箱，也称为电话组线箱或电话交接箱。电话组线箱只用来连接导线，有一定数量的接线端子。在大型建筑物内，一般设置落地配线架，作用与电话组线箱相同。一般建筑物内的分线箱暗装在楼道中，高层建筑安装在电缆竖井中。电话分线箱如图8-22所示。

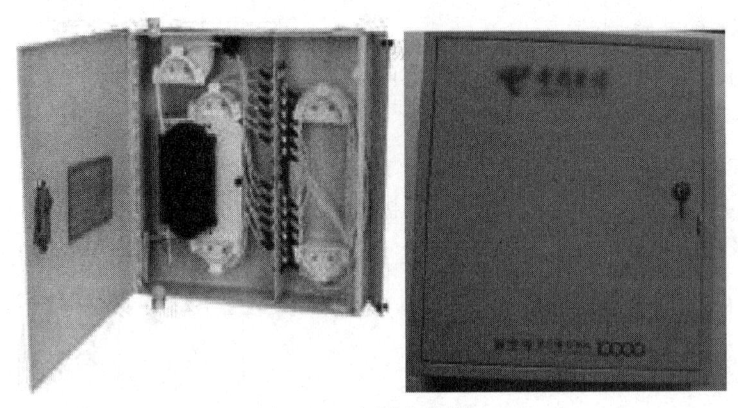

图8-22　电话分线箱

（2）电话分线箱的安装。

1）组线箱与电力、照明线路及设施、煤气管道、热力管道等的最小距离为300mm。

2）引入组线箱的钢管采用丝扣与箱体连接，锁母固定，并采用护口进行保护。丝扣露出锁紧螺母的丝扣为2～3扣。组线箱门应开启灵活，油漆完好。

3）箱体应压接好保护接地线，接地电阻不应大于1Ω。

4）电话分线盒明装在相应楼层的弱电井墙壁上，安装高度距离地面0.2m。

3．电话插座

电话插座也称电话出线盒，用来连接用户室内电话机。根据面板不同，可分为单口电话插座（图8-23）和双口电话插座（图8-24），每个电话插座需配一个插座盒。

图8-23　单口电话插座

图8-24　双口电话插座

（1）电话插座面板接线时，将预留在盒内的导线剥出适当长度的芯线，压接在面板端子上，将多余导线盘回盒内，使用配套螺钉将面板固定，将接好线的面板找平找正。

（2）面板安装的标高和位置应符合图纸设计要求。一般明装插座盒距离地面高度为1.8m；暗装插座距地为0.3m。

（3）插座盒上方位置有暖气管时，其间距应大于200mm；下方有暖气管时，其间距应大于300mm。

五、电话工程传输系统常用材料

1. 电话电缆

电话电缆是由一根或多根相互绝缘的导体外包绝缘和保护层组成的，用来传输语音信号。常用的电缆有HYA型综合护层塑料绝缘电缆和HPVV铜芯全聚氯乙烯电缆。在选择电缆时，电缆对数要比实际设计用户多20%左右，作为线路增容和维护使用。电话电缆如图8-25所示。

图8-25　电话电缆

2. 电话线

管内暗敷使用的电话线，常用的是RVB型塑料并行软导线（图8-26）或RVS型双绞线（图8-27），要求较高的系统使用HPVV型并行线，也可以使用HBV型绞线。

图8-26　RVB型塑料并行软导线

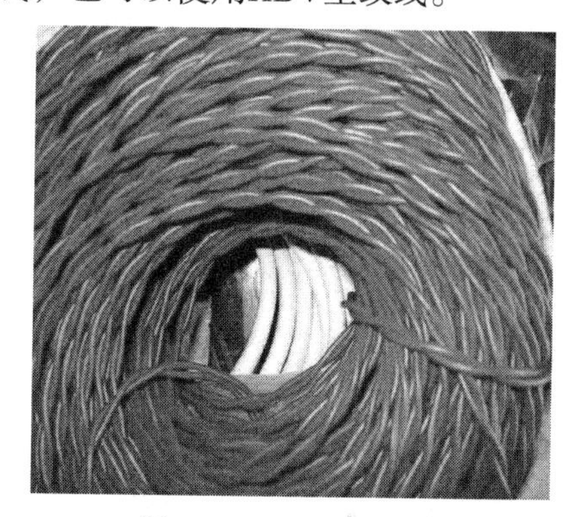

图8-27　RVS型双绞线

第三节　电视电话工程施工图的识读

一、电视电话工程施工图的组成

电视电话工程施工图与其他弱电图纸组成基本一致，包括首页、系统图、平面图、大样图、设备材料表等。

1. 首页

首页内容包括电视电话工程图的图纸目录、图例、设备明细表、设计说明等。

2. 系统图

电视电话工程系统图用单线绘制。系统图只表示电视电话系统回路中各元器件的连接及分配关系，不表示元器件的具体情况、具体安装位置和具体接线方法。

3. 平面图

电视电话工程平面图用以表示不同系统设备与线路的平面位置及走向，是进行电视电话工程设备安装的重要依据。

4．大样图

大样图又称安装接线图，表示某一设备内部各种电器元件之间位置关系和接线关系，用于设备安装、接线、设备检修。

5．设备材料表

设备材料表是将电视电话系统所需主要设备、元件、材料和有关数据列成表格，表示其名称、符号、型号、规格、数量、备注等内容，应与其他图纸联系起来阅读。

二、电视电话工程施工图的图示

（1）常用电视系统图例符号见表8-2。

表8-2　有线电视系统常用图例

图例	名称	图例	名称
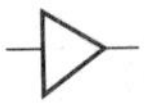	放大器一般符号	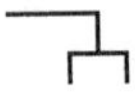	TV-电视用户插座
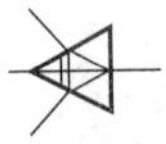	延长放大器		二分支器
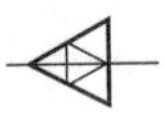	用户放大器	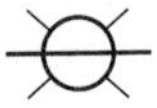	四分支器
	两分配器		六分支器
	三分配器		终端电阻
FX	集中分线盒	DMT	多媒体箱

（2）常用电话系统图例符号见表8-3。

表8-3　电话系统常用图例

图例	名称	图例	名称
	架空交接箱		室内分线盒
	落地交接箱		室外分线盒
	壁龛交接线	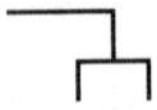	TP-电话出线口

三、电视电话工程施工图的识读方法

在阅读电视电话工程系统图和平面图时，除要了解系统图和平面图的特点与绘制基本知识外，还要掌握一定的电工基本知识和施工基本知识。电视电话系统要分开阅读，首先阅读系统图，熟悉对整个系统的组成和分配方式，然后再阅读平面图。具体的读图方法如下。

1. 设计说明的识读

了解工程的总体概况及设计依据，了解线路的敷设方式、设备安装方式、施工图中用到的图例、施工时应注意的事项以及其他说明等。

2. 系统图的识读

看系统图的目的是了解系统的基本组成，主要电气设备、元件等的连接关系及它们的规格、型号、参数等，掌握该系统的基本情况。了解整个系统的组成和分配情况，以及各部分配管配线情况等。

3. 平面布置图的识读

平面布置图是建筑电视电话工程图纸中的重要图纸之一，是用来表示各系统设备安装位置、线路敷设部位、敷设方法及所用电缆导线型号、规格、数量、管径大小的，是安装施工、编制工程预算的主要依据图纸，必须熟读。

4. 大样图的识读

大样图是指针对某一特定区域进行特殊性放大标注，较详细的表示出来。在整体图中不便表达清楚时，可移出另画大样图，施工图中的局部放大图也称为“详图”。

5. 设备材料表的识读

设备材料表是提供该工程所使用的设备、材料的型号、规格和数量，编制购置主要设备、材料计划的重要依据之一。在识图时应进行核对，确保设备及材料用量的准确。

总之，识读图纸的顺序没有统一的规定，可根据需要，灵活掌握，并有所侧重，在识读方法上、可采取先粗读、后细读、再精读的步骤。

第四节　电视电话工程施工图的识读实例

一、设计说明与施工图纸

某建筑共用天线电视系统及电话系统施工图如图8-28～图8-31所示。所有配管暗敷，插座距离地面高度为0.3m，接线箱及分线盒距离地面高度为0.5m。

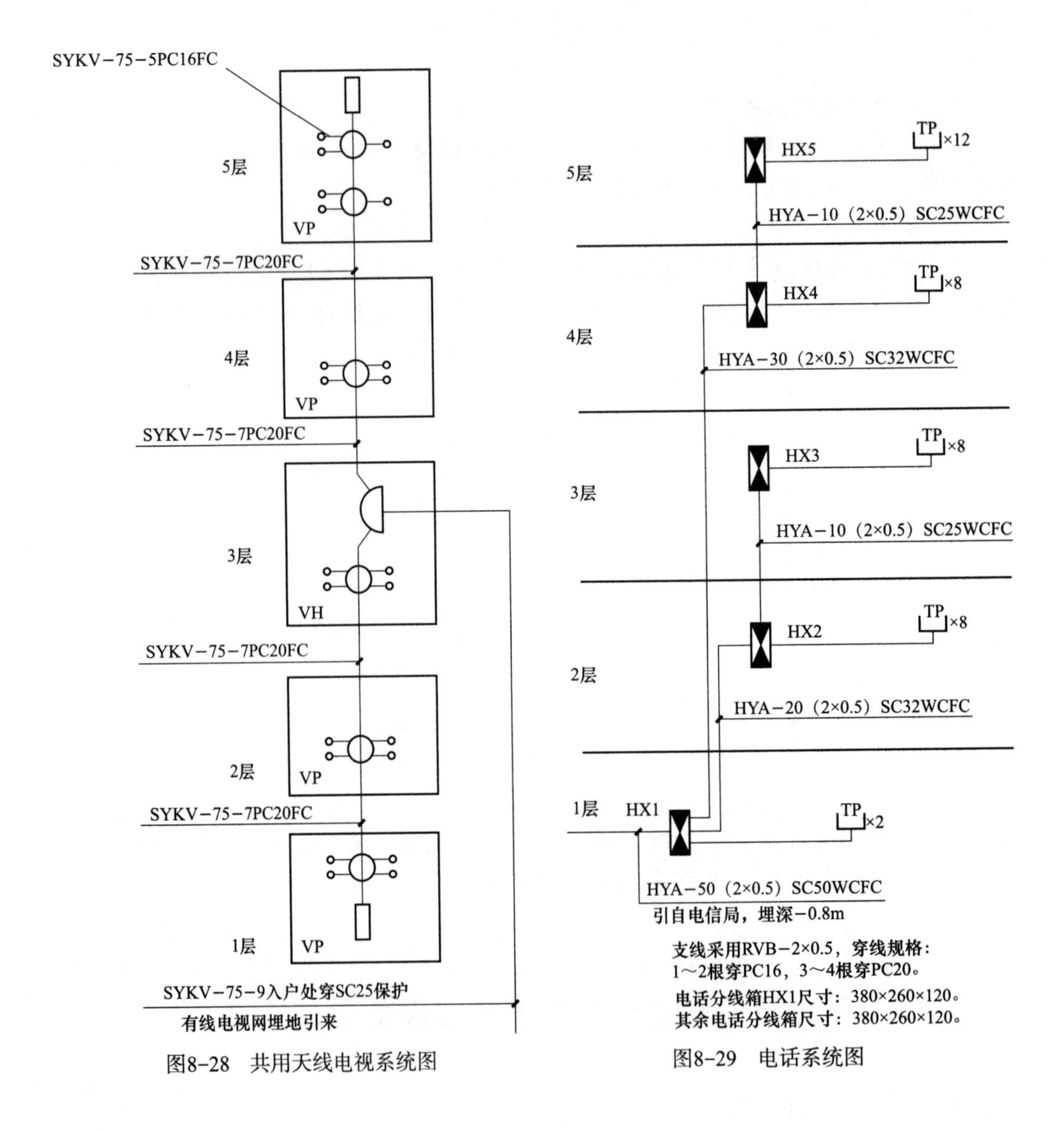

图8-28　共用天线电视系统图

图8-29　电话系统图

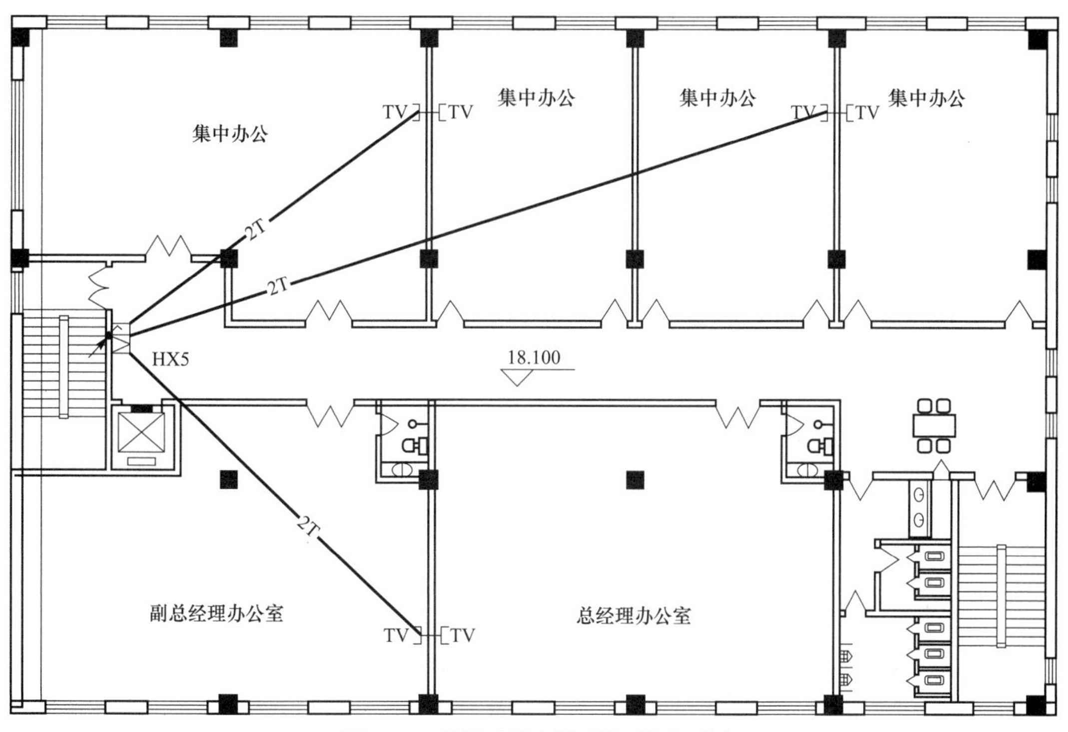

图8-30　共用天线电视系统5楼平面图

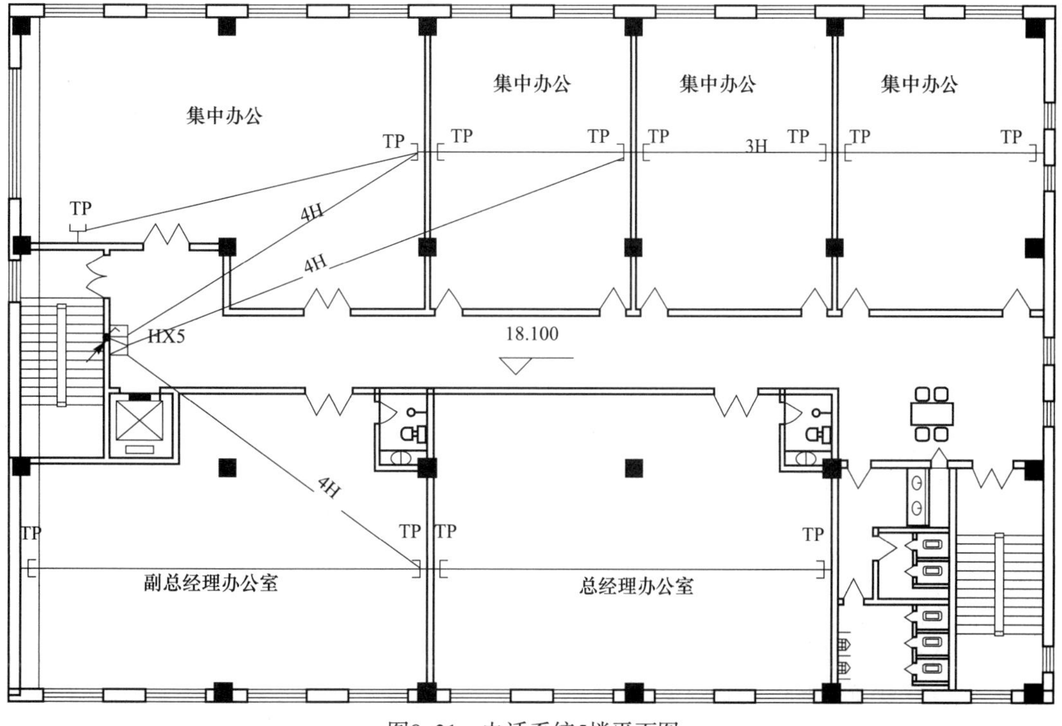

图8-31　电话系统5楼平面图

二、施工图解读

下面以解答问题的形式，详细说明如何识读电视电话工程施工图。

1．本建筑物共有几层?

答：由图可知，本建筑物共有5层。

2．电视系统的前端箱位于几层？电视信号从哪里引来?

答：电视系统的前端箱位于第3层，电视信号由电视信号网埋地引来。

3．描述电视信号引入线及配管的含义。

答：由电视系统图可知，电视信号引入线选用SYKV-75-9，含义为阻抗75Ω，芯线绝缘外径为9mm的同轴射频电缆，穿*DN*25的焊接钢管埋地暗敷。

4．描述电视系统的分配传输过程。

答：电视信号干线接入第三层的电视前端箱，通过二分配器将信号分为2路，1路向上传输至4层和5层的分线盒，1路向下传输至2层和1层的分线盒。各层信号通过分线盒中的分支器进行传输，送至电视系统终端——电视插座。

5．电视前端箱和各层分线盒中有哪些电气元件?

答：电视前端箱中有一个二分配器和一个四分支器，2层和4层的分线盒中有一个四分支器，1层的分线盒中有一个四分支器和一个75Ω终端电阻，5层的分线盒中有两个三分支器和一个75Ω终端电阻。

6．描述电视前端箱和各层分线盒之间配管配线的含义。

答：电视前端箱和各层分线盒之间分支线采用SYKV-75-7，含义为阻抗75Ω，芯线绝缘外径为7mm的同轴射频电缆，穿管径为20mm的硬塑料管沿地暗敷。

7．描述各层电视信号传输配管配线的含义。

答：各层信号传输采用SYKV-75-5，含义为阻抗75Ω，芯线绝缘外径为5mm的同轴射频电缆，穿管径为16mm的硬塑料管沿地暗敷。

8．描述5层平面图电视系统的布置情况。

答：由5层电视平面图可知，电视信号通过5层的分线盒进行分配，共有6条支路，分别连接6个电视插座，6条支路中两两并行。

9．电话系统的主分线箱位于几层？电话信号从哪里引来?

答：电话系统的主分线箱位于第1层，电话信号由电信局引来。

10．描述电话信号引入线及配管的含义。

答：由电话系统图可知，电话通信系统采用HYA-50（2×0.5）SC50WCFC，含义为50对截面为0.5mm^{2}的铜芯双绞线大对数电话电缆，穿*DN*50的焊接钢管埋地引入建筑物，埋设深度为0.8m。

11．描述电话系统的分配传输过程。

答：电话信号干线接入第1层的电话分接线箱HX1，然后分为3条电话信号线路，其中一条供本楼层电话使用，一条引至2层和3层电话分接线箱，还有一条供给4层和5层电话分接线箱。各层电话信号通过分线箱进行分配，送至电话系统终端——电话插座。

12. 描述电话分线箱HX1和HX2之间配管配线的含义。

答：由系统图可知，电话分线箱HX1和HX2之间配管配线为HYA-20（2×0.5）SC32WCFC，含义为20对截面为0.5mm^{2}的铜芯双绞线大对数电话电缆，穿*DN*32的焊接钢管沿墙沿地暗敷。

13. 描述电话分线箱HX2和HX3之间配管配线的含义。

答：由系统图可知，电话分线箱HX2和HX3之间配管配线为HYA-10（2×0.5）SC25WCFC，含义为10对截面为0.5mm^{2}的铜芯双绞线大对数电话电缆，穿*DN*25的焊接钢管沿墙沿地暗敷。

14. 描述各层电话信号传输配管配线的含义。

答：由系统图可知，各层电话信号传输采用RVB-2×0.5，含义为2对截面为0.5mm^{2}的铜芯塑料绝缘并行软导线，1～2根穿管径为16mm的硬塑料管暗敷，3～4根穿管径为20mm的硬塑料管暗敷。

15. 描述5层平面图电话系统的布置情况。

答：由5层电话平面图可知，电话信号通过5层的分线箱HX5进行分配，共有12条支路，分别连接12个电话插座，12条支路中4条共管并行。

16. 统计电视插座和电话插座的工程量。

答：由系统图可知，

电视插座：4×4+6=22个

电话插座：2+8×3+12=38个

第九章

火灾报警及消防联动工程识图与施工工艺

第一节　火灾报警及消防联动工程概述

一、火灾自动报警系统的组成

火灾自动报警系统主要由火灾探测器、火灾报警控制器和报警装置组成。火灾探测器将现场火灾信息（烟、温度、光、可燃气体等）转换成电气信号传送至火灾报警控制器，火灾报警控制器将接收到的火灾信号经过处理、运算和判断后认定火灾，输出指令信号，启动火灾报警装置（如声、光报警器等），也可以启动消防联动装置和连锁减灾系统（如关闭空调系统，启动防排烟系统，启动消防水泵，启动疏散指示系统和火灾事故广播等）。

1．火灾探测器

火灾探测器是火灾自动报警控制系统最关键的部件之一，它是以探测物质燃烧过程中产生的各种物理现象为依据，是整个系统自动检测的触发器件，能不间断地监视和探测被保护区域的初期火灾信号。

2．手动火灾报警按钮

手动火灾报警按钮主要安装在经常有人出入的公共场所中明显和便于操作的部位。当有人发现火灾时，手动按下按钮，向报警控制器送出报警信号。

3．火灾报警控制器

火灾报警控制器是火灾报警系统的心脏，是分析、判断、记录和显示火灾的设备。为了防止探测器失灵或线路发生故障，现场人员发现火灾也可以通过安装在现场的手动报警按钮和火灾报警电话直接向控制器发出报警信号。

（1）火灾报警控制器的分类。

1）按用途可分为区域、集中和双用火灾报警控制器。

2）按结构形式可分为台式、柜式和挂式火灾报警控制器。

3）按内部电路可分为传统型和微机型火灾报警控制器。

4）按信号处理方式可分为开关量和模拟量火灾报警控制器。

5）按系统连线方式可分为多线制和总线制火灾报警控制器。

（2）火灾报警控制器的功能。

1）故障报警：检查探测器回路断路、短路、探测器接触不良或探测器自身故障等，并进行故障报警。

2）火灾报警：将火灾探测器、手动报警按钮或其他火灾报警信号单元发出的火灾信号转换为火灾声、光报警信号，指示具体的火灾部位和时间。

3）火灾报警优先：在系统存在故障的情况下出现火警，则报警控制器能由故障报警自动转变为火灾报警，当火警被清除后，又自动恢复原故障报警状态。

4）火灾报警记忆：当控制器收到火灾探测器送来的火灾报警信号时，能保持并记忆，不会随火灾报警信号源的消失而消失，同时，也能继续接收、处理其他火灾报警信号。

5）声光报警消声及再响：火灾报警控制器发出声、光报警信号后，可通过控制器上的消声按钮人为消声，如果停止声响报警时又出现其他报警信号，火灾报警控制器应能进行声光报警。

6）时钟单元：当火灾报警时，能指示并记录准确的报警时间。

7）输出控制单元：用于火灾报警时的联动控制或向上一级报警控制器输送火灾报警信号。

4．火灾报警装置

在火灾自动报警系统中，用以发出区别于环境声、光的火灾警报信号的装置称为火灾报警装置。它以光和声音的方式向报警区域发出火灾警报信号，以警示人们安全疏散、采取灭火救灾措施。火灾报警装置主要包括火灾应急照明、疏散指示标志、火灾事故广播、紧急电话系统和火灾警铃等。

火灾应急照明和疏散指示标志要保证在发生火灾时，重要的房间或部位能继续正常工作，大厅、通道应指明出入口方向，以便有秩序地进行疏散。应急照明灯和疏散指示标志，可采用蓄电池做备用电源，而且连续供电时间不少于20min，高度超过100m的高层建筑连续供电时间不少于30min。

火灾发生后为了便于组织人员安全疏散和通知有关救灾事项，应设置火灾事故广播，消防中心控制室应能对它进行遥控自动开启，并能在消防中心直接用话筒播音。未设置火灾应急广播的火灾自动报警系统，应设置火灾警报装置。每个防火分区至少应设一个火灾警报装置，其位置宜设在各楼层走道靠近楼梯出口处。在环境噪声大于60dB的场所设置火灾警报装置时，其声警报器的声压级应高于背景噪声15dB。

紧急电话是与普通电话分开的独立系统，用于消防中心控制室与火灾报警设置点及消防设备机房等处的紧急通话。

5．系统供电电源

火灾自动报警系统的主电源按一级负荷考虑，在消防控制室能够进行自动切换，同时，还有直流备用电源。直流备用电源宜采用火灾报警控制器的专用蓄电池或集中设置的蓄电池。

二、火灾自动报警系统的分类与应用

1. 区域报警系统

区域报警系统由火灾探测器、手动火灾报警按钮、区域火灾报警控制器、火灾报警装置和电源等组成，如图9-1所示。

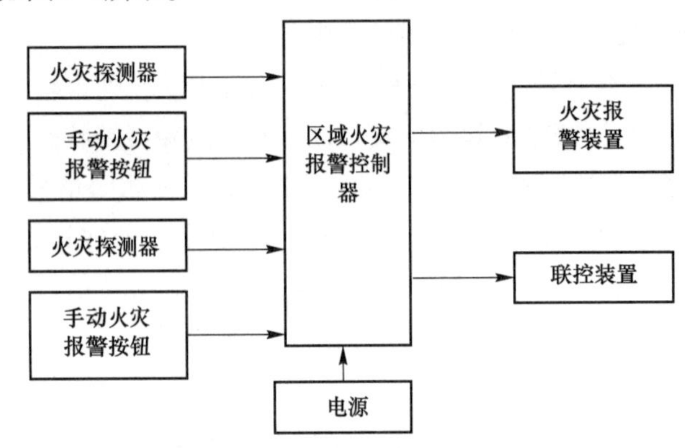

图9-1　区域火灾报警系统示意图

区域报警系统的保护对象为建筑物中某一局部范围。系统中区域火灾报警控制器不应超过两台；区域火灾报警控制器应设置在有人值班的房间或场所，如保卫室、值班室等。

系统中也可设置消防联动控制设备。当用一台区域火灾报警控制器或一台火灾报警控制器警戒多个楼层时，应在每个楼层的楼梯口或消防电梯前室等明显部位，设置识别着火楼层的灯光显示装置。区域火灾报警控制器或火灾报警控制器安装在墙上时，其底边距离地面高度宜为1.3～1.5m。

2. 集中报警系统

集中报警系统主要由火灾探测器、区域火灾报警控制器、集中火灾报警控制器、手动火灾报警按钮、电源等组成，如图9-2所示。

集中报警系统一般适用于保护对象规模较大的场合，如高层住宅、商住楼和办公楼等。集中火灾报警控制器是区域火灾报警控制器的上位控制器，它是建筑消防系统的总监控设备，其功能比区域火灾报警控制器更加齐全。

系统中应设置消防联动控制设备。集中火灾报警控制器应能显示火灾报警部位信号和控制信号，也可进行联动控制。集中火灾报警控制器应设置在有专人值班的消防控制室或值班室内。集中火灾报警控制器、消防联动控制设备等在消防控制室或值班室内的布置，应符合下列要求：设备面盘前的操作距离：单列布置时不应小于1.5m，双列布置时不应小于2m；在值班人员经常工作的一面，设备面盘与墙的距离不应小于3m；设备面盘后的维修距离不宜小于1m；设备面盘的排列长度大于4m时，其两端应设置宽度不小于1m的通道。

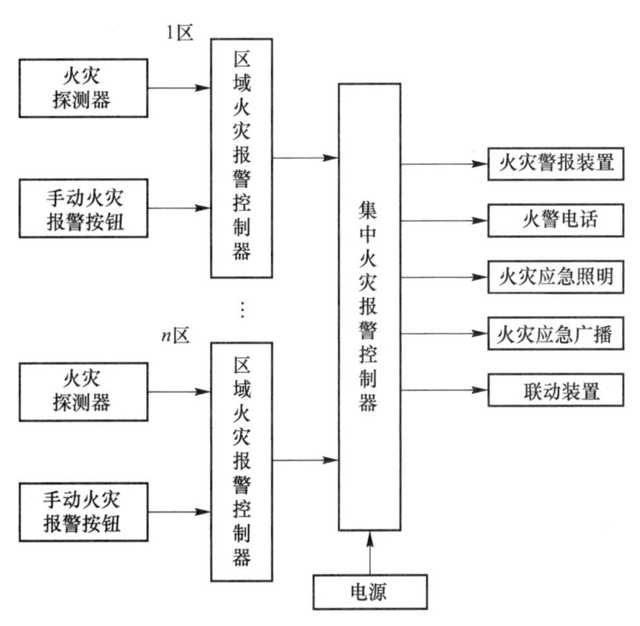

图9-2　集中火灾报警系统示意图

3. 控制中心报警系统

控制中心报警系统由火灾探测器、手动火灾报警按钮、区域火灾报警控制器、集中火灾报警控制器、消防联动控制设备、电源及火灾报警装置、火警电话、火灾应急照明、火灾应急广播和联动装置等组成，如图9-3所示。

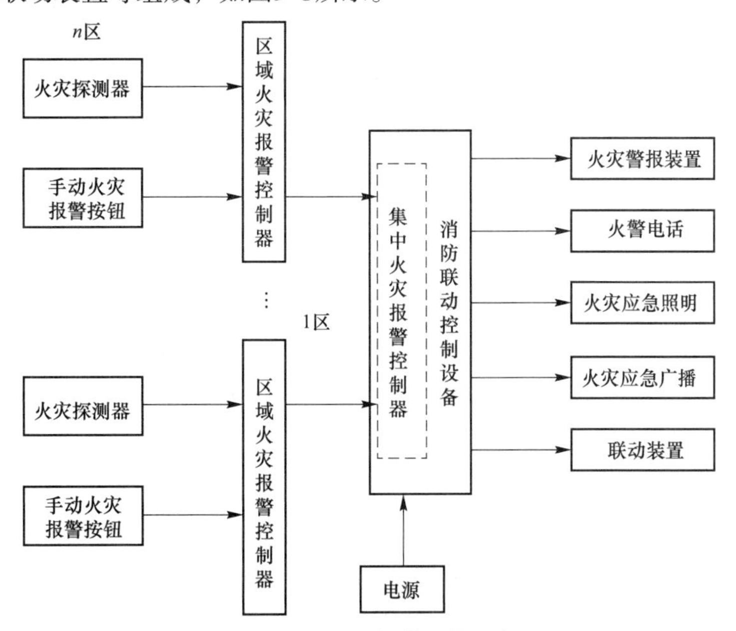

图9-3　控制中心报警系统示意图

这类系统进一步加强了对消防设备的监测和控制，系统能集中显示火灾报警部位信号和联动控制状态信号；系统中集中火灾报警控制器和消防联动控制设备设置在消防控制室内。

控制中心报警系统适用于大型建筑群、高层及超高层建筑以及大型商场和宾馆等，因该类型建筑规模大，防火等级高，消防联动控制功能较多。它可以对建筑物中的各种消防设备（如消防泵、消防电梯、防排烟风机等）实现联动控制和自动转换。控制中心报警系统在值班室内的布置与集中报警系统要求基本相同。

三、消防联动控制

当接收到来自触发器件的火灾报警信号时，能自动或手动启动相关消防设备以及显示其状态的设备，称为消防联动控制。

1．消防联动控制的设备

消防联动控制设备是火灾自动报警系统的执行部件，消防控制室接到火警信息后应能够自动或手动启动相应的消防联动设备，并对以下各设备运行状态进行监控：

（1）火灾警铃与应急广播：火灾发生时警示或通知人员安全疏散。

（2）消防专用电话系统：火灾报警、查询情况，应急指挥，能与119直通。

（3）非消防电源控制，备用电源控制，火灾应急照明和安全疏散指示标指控制。

（4）室内消火栓系统、自动喷水灭火系统和水喷雾灭火系统控制。

（5）消防电梯运行控制，燃气泄漏报警监控。

（6）管网气体灭火系统，泡沫灭火系统和干粉灭火系统控制。

（7）防火门、防火卷帘、防火阀的控制：火灾时实施防火分隔，防止火灾蔓延。

（8）防、排烟设施、空调通风设备、排烟防火阀：防止烟气蔓延提供安全救生保障。

（9）消防疏散通道控制，确保疏散通道畅通：正压送风系统、避难梯。

消防控制设备一般设置在消防控制中心，以便于实行集中统一控制和管理。也有的消防控制设备设置在被控消防设备所在现场，但其动作信号必须返回消防控制室，实行集中与分散相结合的控制方式。

2．消防联动控制的方式

根据工程规模、管理体制、功能要求，消防联动控制可采取以下两种方式：

（1）集中控制。集中控制是指消防联动控制系统中的所有控制对象，都是通过消防控制室进行集中控制和统一管理。此控制方式特别适用于采用计算机控制的楼宇自动化管理系统。

（2）分散与集中控制相结合。分散与集中控制相结合是指在消防联动控制系统中，对控制对象多且控制位置分散的情况下采取的控制方式。该方式主要是对建筑物中的消防水泵、送排风机、排烟防烟风机，部分防火卷帘和自动灭火控制装置等进行集中控制、统一管理。对大量而又分散的控制对象，一般是采用现场分散控制，控制反馈信号传送到消防控制室集中显示并统一进行管理。如果条件允许，也可考虑集中设置手动应急控制装置。

3．消防联动对灭火设施的控制功能

（1）室内消火栓系统。

1）控制系统的启、停。

2）显示消火栓按钮启动的位置。

3）显示消防水泵的工作状态和故障状态。

（2）自动喷水灭火系统。

1）控制系统的启、停。

2）显示报警阀、闸阀及水流指示器的工作状态。

3）显示消防水泵的工作状态、故障状态。

（3）泡沫、干粉灭火系统。

1）控制系统的启、停。

2）显示系统的工作状态。

（4）有管网的卤代烷、二氧化碳等灭火系统。

1）控制系统的紧急启动和切断装置。

2）由火灾探测器联动的控制设备具有延迟时间为可调的延时机构。

3）显示手动、自动工作状态。

4）在报警、喷淋各阶段，控制室应有相应的声、光报警信号，并能手动切除声响信号。

5）在延时阶段，应能自动关闭防火门、窗，停止通风，关闭空气调节系统。

四、火灾自动报警和消防联动系统信号传输网络

火灾自动探测自动报警自动消防联动控制系统的组成如图9-4所示。

火灾自动报警和消防联动系统信号传输网络有多线制和总线制两类。

1．多线制

四线制：4指公用线的根数，分别为电源线V（24V）、地线G、信号线S、自诊断线T，另外，每个探测器设1根选通线ST，共5根线，由于线多管径大已不再使用。

二线制：1根为公用地线G，1根承担其余功能。

如果各个探测器各占一个点，则探测器数位报警控制器的点数。

如果探测器并联，则并联在一起的探测器只占一个点数。

2．总线制

四总线制：4根总线为P（探测器电源编码选址信号线）、T、S、G，另外加1根电源线，探测器到区域报警器的布线为5根。

二总线制：2根总线G、P应用最广泛。其有树枝型和环型。

多线制处于淘汰状态，而总线制采用地址编码技术，整个系统只用2～4根导线构成总线回路，所有探测器相互并联于总线回路上，系统构成极其简单，成本较低，施工量也大为减少，无论用传统布线方式或综合布线方式的传输网络系统都广泛采用这种线制。

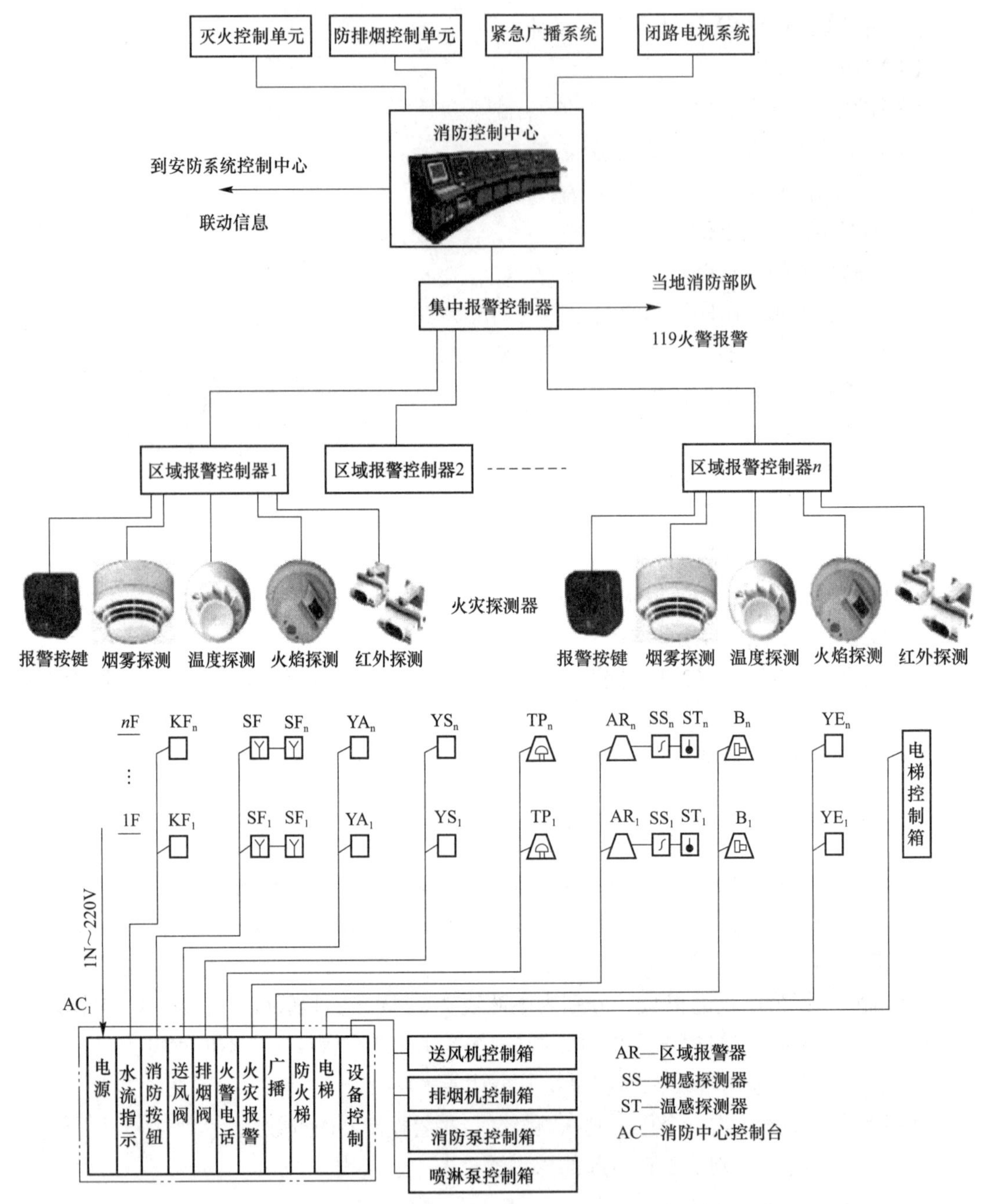

图9-4　火灾自动探测自动报警自动消防联动控制系统的组成

五、检测调试

火灾自动报警和消防联动系统是个总系统，安装完毕后各个分（子）系统检测合格后相互联通，再进行全系统的检测、调整及试验，以达到设计和验收规范要求。进行检测和调试的单位有施工单位、业主或监理单位、专业检测单位、公安消防部门等，前后要进行

4次检测调试。

火灾自动报警和消防联动系统检测调试主要包括火灾自动报警装置调试和自动灭火控制装置调试两大部分。当工程仅设置自动报警系统时，只进行自动报警装置调试；既有自动报警系统，又有自动灭火控制系统时，应进行自动报警装置和自动灭火控制装置的调试。

第二节　火灾报警及消防联动工程常用设备、材料及施工工艺

火灾自动报警和消防联动系统的主要设备有以下几项：

（1）火灾探测设备：点式或线式感烟、感温等探测器。

（2）报警设备：自动火灾报警器、紧急手动报警器（警钟、警铃、报警按钮、火警电话、紧急广播）、漏电火灾报警器等。

（3）消防灭火设备：室内外消火栓、自动喷水灭火设备、正压风机、排烟机及排烟阀、排烟口、送风机、消防水泵接口、消防电梯及消防电源等。

（4）避难设备：紧急出口指示灯、应急及事故照明、避难梯等。

（5）火灾档案管理设备：火警监视、摄像、录像、显示、打印等。

一、火灾探测设备及施工工艺

1. 探测器简介

火灾探测器是在火灾初期，能将烟、温度、火光的感受转换成电信号输出的一种敏感元件。常用火灾探测器有以下几种类型：

（1）感烟火灾探测器。感烟火灾探测器是一种检测燃烧或热解产生的固体或液体微粒的火灾探测器。感烟火灾探测器作为前期、早期火灾报警是非常有效的。对于要求火灾损失小的重要地点，火灾初期有阴燃阶段，产生大量的烟和少量的热，很少或没有火焰辐射的火灾，都适合选用。它有离子型、光电型、激光型等几种形式，如图9-5所示。

（2）感温火灾探测器。感温火灾探测器是响应异常温度、温升速率和温差等火灾信号的火灾探测器。常用的有定温式、差温式和差定温式三种，如图9-6所示。

1）定温式探测器：环境温度达到或超过预定值时响应。

2）差温式探测器：环境温升速率超过预定值时响应。

3）差定温式探测器：兼有定温和差温两种功能。

（3）感光火灾探测器。感光火灾探测器又称火焰探测器或光辐射探测器，它对光能够产生敏感反应。按照火灾的规律，发光是在烟雾生成及高温之后，因而感光式探测器是属于火灾中、晚期报警的探测器，适用于火灾发展迅速，有强烈的火焰和少量的烟、热，基本上无阴燃阶段的火灾，如图9-7所示。

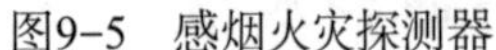

图9-5　感烟火灾探测器

图9-6　感温火灾探测器

图9-7　感光火灾探测器

（4）可燃气体火灾探测器。可燃气体火灾探测器是一种能对空气中可燃气体浓度进行检测并发出报警信号的火灾探测器。它通过测量空气中可燃气体爆炸下限以内的含量，以便当空气中可燃气体浓度达到或超过报警设定值时自动发出报警信号，提醒人们及早采取安全措施，避免事故发生。可燃气体火灾探测器除具有预报火灾、防火、防爆功能外，还可以起到监测环境污染的作用，目前主要用于宾馆厨房或燃料气储备间、汽车库、过滤车间、溶剂库、炼油厂、燃油电厂等存在可燃气体的场所，如图9-8所示。

（5）复合式火灾探测器。复合式火灾探测器是可以响应两种或两种以上火灾参数的火灾探测器，主要有感温感烟型、感光感烟型和感光感温型等，如图9-9所示。

图9-8　可燃气体火灾探测器

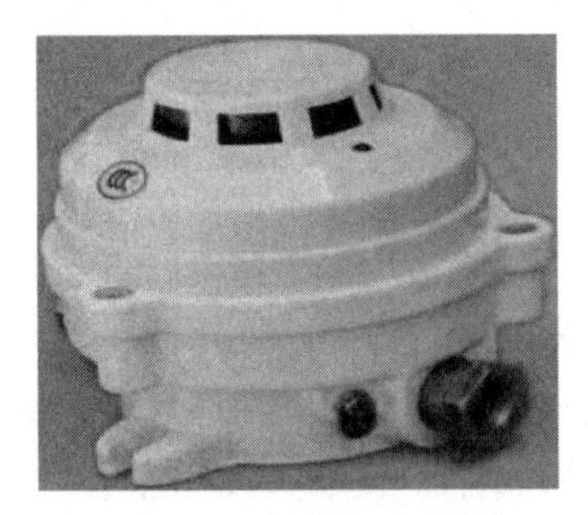

图9-9　复合式火灾探测器

2. 火灾探测器施工工艺

（1）安装的设备及器材运至施工现场后，应严格进行开箱检查，并按清单造册登记，设备及器材的规格型号应符合设计要求，设备安装前应进行模拟试验，不合格者不得使用。

（2）探测器安装时，要按照施工图选定的位置，现场定位划线，在吊顶上安装时，要注意纵横能成排对称，内部接线要紧密，固定要牢固美观，同时，应考虑各种管线、风口、灯具等综合因素来确定探测器的安装位置，需要保证不超出探测器的保护范围且与照明灯具水平净距不应小于0.2m。至墙壁、梁边的水平距离不应小于0.5m；其周围0.5m内，不应有遮挡物；至空调送风口边的水平距离不应小于1.5m；探测器安装应尽量水平，如必须倾斜安装时，倾斜角不应大于45°。火灾探测器在混凝土板的安装方法如图9-10所示，在吊顶的安装方法如图9-11所示。

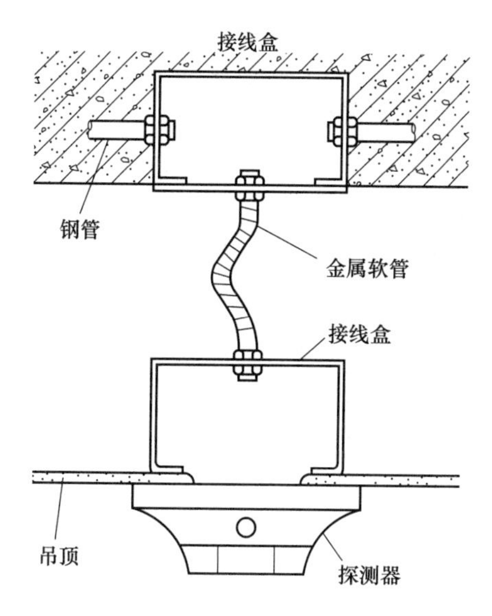

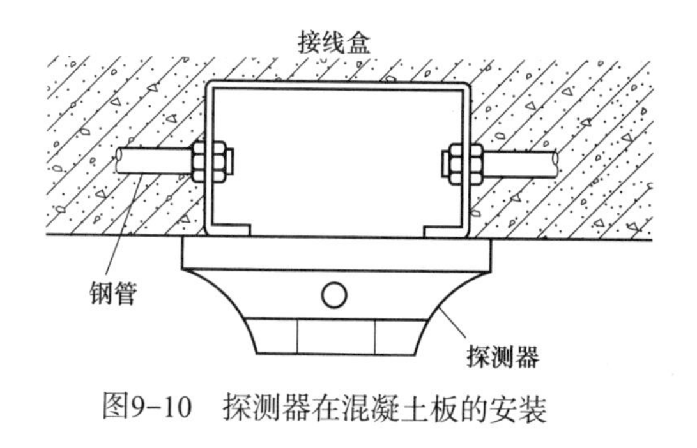

图9-10　探测器在混凝土板的安装

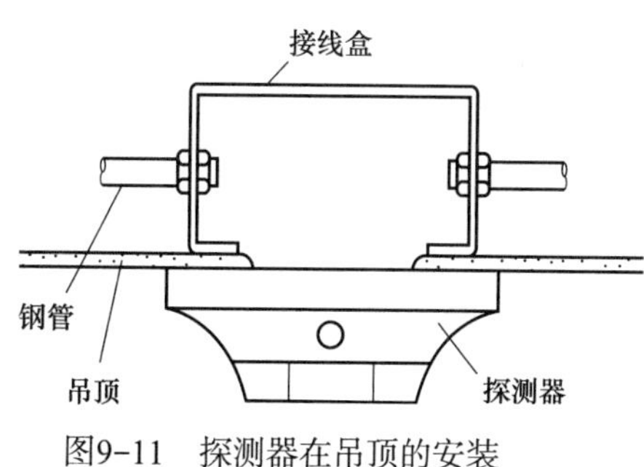

图9-11　探测器在吊顶的安装

（3）探测器的固定主要是底座的固定：探测器属于精密电子仪器部件，在安装施工的交叉作业中，一定要保护好探测器不被损坏。在安装探测时，先安装探测器的底座，待整个火灾报警系统全部安装完毕时才最后安装探头并进行必要调试工作。

（4）探测器的外接导线应留有不小于15cm的余量，入端处应有明显标志。接线安装时，先将预留在盒内的导线剥去绝缘层，露出线芯10～15mm，剥线时注意不要碰掉编号套管，将剥好的线芯顺时针连接在与探测器底座的各级相对应的接线端子上，接线完毕用万用表检查两条总线之间有无短路现象。导线连接必须可靠压接或焊接。当采用焊接时，不得使用带腐蚀性的助焊剂。探测器的“+”线应为红色，“-”线应为蓝色，其余线应根据不同用途采用其他颜色区分。同一工程中相同用途的导线颜色应一致。

二、手动报警按钮及施工工艺

1. 手动火灾报警按钮简介

手动火灾报警按钮安装可以起到确认火情或人工发出火警信号的特殊作用。手动火灾报警按钮旁应设计消防电话插孔，考虑到现场实际安装调试的方便性，可将手动火灾报警

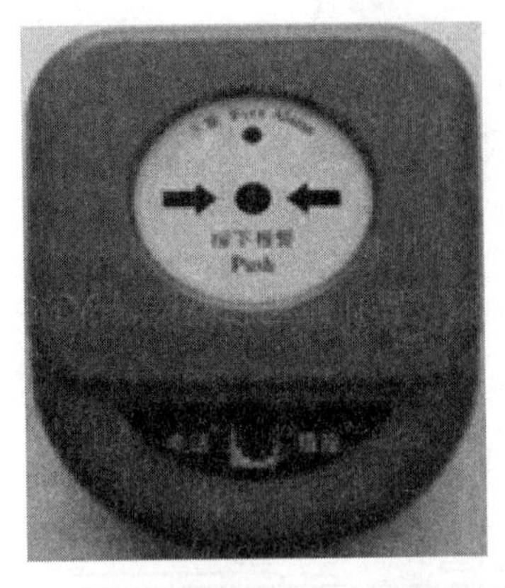

图9-12　一体化手动火灾报警按钮

按钮与消防电话插座设计成一体化手动火灾报警按钮，如图9-12所示。

2. 手动报警按钮施工工艺

（1）为防止误报警，一般为打破玻璃按钮，从一个防火分区内的任何位置到最邻近的一个手动火灾报警按钮的步行距离不应大于30m。

（2）手动火灾报警按钮应设置在明显和便于操作部位，应安装在墙上距离地面高度1.5m处。

（3）手动报警按钮，应安装牢固，并不得倾斜。

（4）手动报警按钮的外接导线应留有不小于10cm的余量，且在其端部有明显标志。

（5）手动火灾报警按钮的安装基本与火灾探测器相同，需采用相配套的灯位盒安装。

三、消火栓按钮及施工工艺

1. 消火栓按钮简介

消火栓按钮一般放置于消火栓箱内，其表面安装一按片，当发生火灾时可直接按下按片，实现启动消防泵的功能。此时消火栓按钮的红色启动指示灯亮，黄色警示物弹出，表明已向消防控制室发出了报警信息，火灾报警控制器在确认了消防水泵已启动运行后，就向消火栓按钮发出命令信号点亮绿色回答指示灯。如图9-13所示，一般的消火栓按钮有两种启动方式，即有源启动和无源启动。

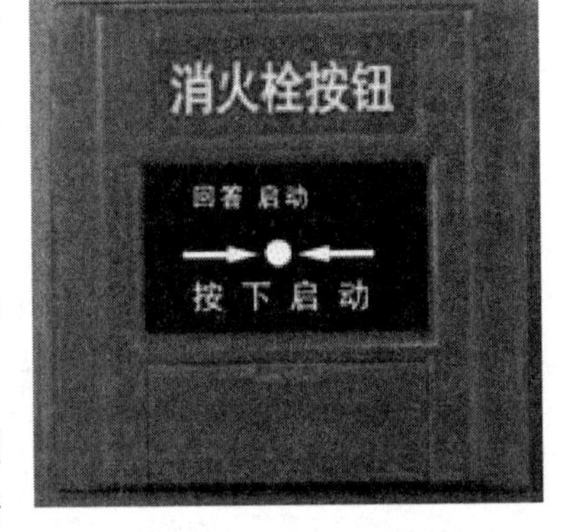

图9-13　消火栓按钮

2. 消火栓按钮施工工艺

（1）消火栓按钮一般采用明装方式，可分为进线管明装和进线管暗装。

（2）进线管暗装时只需拔下按钮，从底壳的进线孔中穿入电缆并接在相应端子上，再插好按钮即可安装好。

（3）进线管明装时只需拔下按钮，将底壳下端的敲落孔敲开，从敲落孔中穿入电缆并接在相应端子上，再插好按钮即可安装好。

四、火灾报警控制器及施工工艺

1. 火灾报警控制器简介

火灾报警控制器是火灾自动报警系统的心脏，接收火灾探测器和火灾报警按钮的火灾信号及其他报警信号，发出声、光报警，指示火灾发生的部位，按照预先编制的逻辑，发出控制信号，联动各种灭火控制设备，迅速有效的扑灭火灾。火灾报警控制器具有下述功能：

（1）用来接收火灾信号并启动火灾报警装置。该设备也可用来指示着火部位和记录

有关信息。

（2）能通过火警发送装置启动火灾报警信号或通过自动消防灭火控制装置启动自动灭火设备和消防联动控制设备。

（3）自动的监视系统的正确运行和对特定故障给出声、光报警，如图9-14所示。

图9-14　火灾报警器

2. 火灾报警控制器施工工艺

（1）火灾报警器一般应设置在消防中心、消防值班室、警卫室及其他规定有人值班的房间或场所。控制器的显示操作面板应避开阳光直射，房间内无高温、高湿、尘土、腐蚀性气体；不受振动、冲击等影响。

（2）区域报警控制器在墙上安装时，其底边距离地面高度不应小于1.5m，可用金属膨胀螺栓或埋注螺栓进行安装，固定要牢固、端正，安装在轻质墙上时应采取加固措施。靠近门轴的侧面距离不应小于0.5m，正面操作距离不应小于1.2m。

（3）集中报警控制室或消防控制中心设备安装应符合下列要求：

1）落地安装时，其底宜高出地面0.05～0.2m，一般用槽钢或打水台作为基础，如有活动地板时使用的槽钢基础应在水泥地面生根固定牢固。槽钢要先调直除锈，并刷防锈漆，安装时用水平尺、小线找好平直度，然后用螺栓固定牢固。

2）控制柜按设计要求进行排列，根据柜的固定孔距在基础槽钢上钻孔，安装时从一端开始逐台就位，用螺钉固定，用小线找平找直后再将各螺栓紧固。

3）控制设备前操作距离，单列布置时不应小于1.5m，双列布置时不应小于2m，在有人值班经常工作的一面，控制盘到墙的距离不应小于3m，盘后维修距离不应小于1m，控制盘排列长度大于4m时，控制盘两端应设置宽度不小于1m的通道。

五、模块安装及施工工艺

1. 模块简介

消防模块是消防联动控制系统的重要组成部分，是火灾报警系统的桥梁，起着至关重要的作用。消防模块可分为输入模块、输出模块、输入输出模块、中继模块、隔离模块和切换模块等。

（1）输入模块（也称监视模块）。输入模块用于接收消防联动设备输入的常开或常闭开关量信号，并将联动信息传回火灾报警控制器（联动型）。输入模块主要是监视被动设备状态，如水流指示器、压力开关、位置开关、信号阀、防火阀及能够送回开关信号的外部联动设备等，如图9-15所示。

（2）输出模块（也称控制模块）。输出模块用于火灾自动报警控制器向现场设备发出指令的信号，驱动被控设备（风机、水泵、防排烟阀、送风阀、防火卷帘门、风机、警铃等）。当控制器接收到探测器的报警信号后，根据预先编入的程序，控制器通过总线将联动控制信号输送到输出模块，输出模块启动需要联动的消防设备；输出模块为无源输出方式输出模块可以输出一对常开/常闭触点，接受一个信号回答，如图9-16所示。

（3）输入输出模块。输入输出模块主要用于双动作消防联动设备的控制，同时，可接收联动设备动作后的回答信号。例如，可完成对二步降防火卷帘门、水泵、排烟风机等双动作设备的控制。用于防火卷帘门的位置控制时，既能控制其从上位到中位、从中位到下位，同时，也能确认是处于上、中、下的哪一位。其能将报警器发出的动作指令通过继电器触电来控制现场设备以完成规定的动作；同时，将动作完成信息反馈给报警器，是联动控制柜与被控设备之间的桥梁。其适用于排烟阀、送风阀、喷淋泵、消防广播等，如图9-17所示。

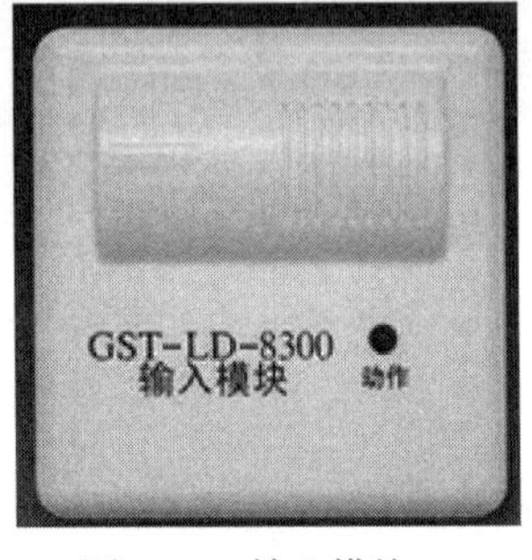

图9-15　输入模块

图9-16　输出模块

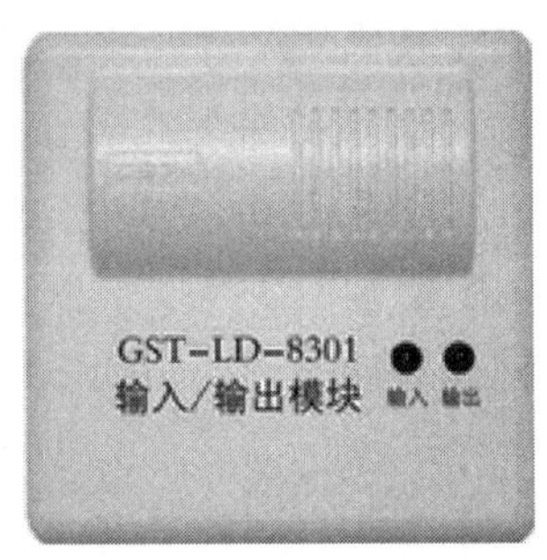

图9-17　输入/输出模块

（4）中继模块。中继模块主要用于总线处在有比较强的电磁干扰的区域及总线长度超过1000m需要延长总线通信距离的场合，如图9-18所示。

（5）隔离模块。在总线制火灾自动报警系统中，往往会出现某一局部总线出现故障（如短路）造成整个报警系统无法正常工作的情况。隔离器的作用是，当总线发生故障时，将发生故障的总线部分与整个系统隔离开来，以保证系统的其他部分能够正常工作，同时便于确定出发生故障的总线部位。当故障部分的总线修复后，隔离器可自行恢复工作，将被隔离出去的部分重新纳入系统，如图9-19所示。

2. 模块安装施工工艺

（1）输出模块一般安装在受控设备附近，也可集中安装于模块箱内或固定在墙面上。模块箱如图9-20所示。

图9-18　中继模块

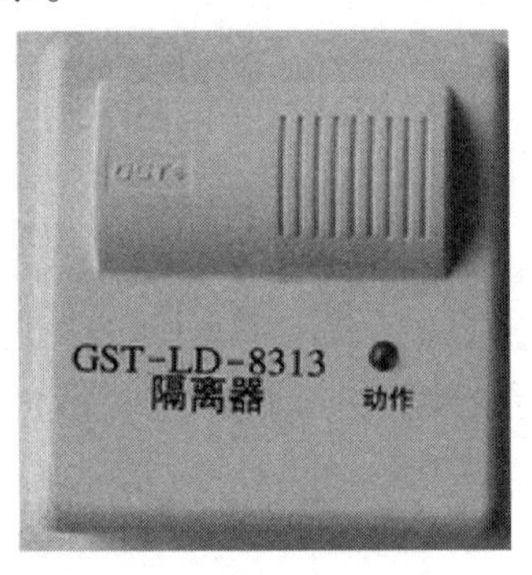

图9-19　隔离模块

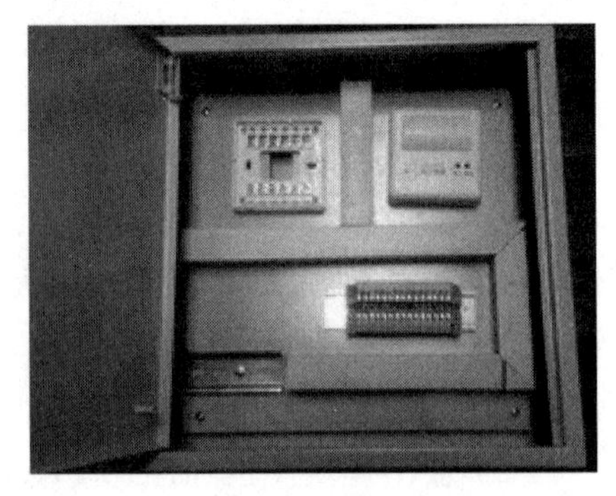
图9-20　模块箱

（2）单独安装时先用两只M4螺钉将底座固定在DH86预埋盒上，接线完毕后，将模块扣合在底座上。

（3）模块箱一般设置在专用的竖井内，应根据设计要求的高度用金属膨胀螺栓固定在墙壁上明装，且安装时应端正牢固，不得倾斜。模块箱一般明装，距离地面高度为1.4m。

六、声光报警器及施工工艺

1. 声光报警器简介

声光报警器（图9-21）是一种用在危险场所，通过声音和各种光来向人们发出示警信号的一种报警信号装置。当生产现场发生事故或火灾等紧急情况时，火灾报警控制器送来的控制信号启动声光报警电路，发出声和光报警信号，完成报警目的。也可同手动报警按钮配合使用，达到简单的声、光报警目的。

图9-21　声光报警器

2. 声光报警器施工工艺

（1）火灾声光警报器采用壁挂式安装，在普通高度空间下，以距离顶棚0.2m为宜。

（2）每个防火分区的安全出口处应设置火灾声光警报器，其位置宜设在各楼层走道靠近楼梯出口处。

（3）具有多个报警区域的保护对象，宜选用带有语音提示的火灾声警报器，语音应同步。

（4）同一建筑中设置多个火灾声警报器时，应能同时启动和停止所有火灾声警报器工作。

七、应急照明及施工工艺

1. 应急照明工程作用

应急照明是在正常照明系统因电源发生故障，不再提供正常照明的情况下，供人员疏散、保障安全或继续工作的照明。应急照明是现代公共建筑及工业建筑的重要安全设施，它同人身安全和建筑物安全紧密相关。当建筑物发生火灾或其他灾难，正常电源中断时，应急照明对人员疏散、消防救援工作，对重要的生产、工作的继续运行或必要的操作处置，都有重要的作用。应急照明不同于普通照明，它包括备用照明、疏散照明、安全照明三种。备用照明是指在正常照明中断时为保证继续工作而设置的照明；疏散照明是为了使人员在紧急情况下能安全撤离而设置的照明；安全照明是指在正常照明中断时为确保处于潜在危险中的人员的安全而设置的照明。常用的照明灯具有应急照明灯具、安全疏散指示灯和安全出口指示灯等，如图9-22～图9-24所示。

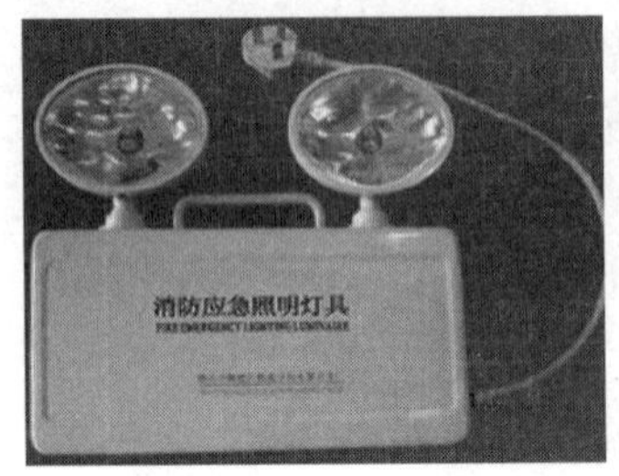

图9-22　应急照明灯具

图9-23　安全疏散指示灯

图9-24　安全出口指示灯

2. 应急照明工程施工工艺

（1）疏散指示标志灯必须采用消防认证产品。灯具安装部位一般在走道及楼梯转角处，疏散标志的箭头应指向通往出口的方向。标志牌的上边缘距离地面不应大于1m，标志的间距不应大于20m，袋形走道的尽头与标志的距离不应大于10m。

（2）一般疏散出口标志安装在安全出口的顶部0.2m处，上边缘距离天花板应等于或大于0.5m。

（3）采用吊杆的疏散指示标志的下边缘距离地面的高度应大于或等于2m。

（4）应急照明线路不能与其他普通照明线路混用。

（5）安全照明的转换时间要求不超过0.5s，只有蓄电池能满足此要求。安全照明电源的设计中多采用灯具自带电蓄电池或EPS应急电源（EPS应急电源切换时间可达0.25s）。备用照明一般利用双电源切换，备用照明和疏散照明只有部分灯具带蓄电池。

八、消防系统传输线路

（1）火灾自动报警系统的传输线路。火灾自动报警系统的传输线路应采用穿金属管、阻燃型硬质塑料管或封闭式线槽保护，消防控制、通信和警报线路在暗敷时最好采用阻燃型电线穿保护管敷设在不燃结构层内，保护层厚度为30mm或按以下两种基本措施处理：

1）当消防设备配电线路暗敷设时，通常采用普通电线电缆，并将其穿金属管或阻燃型硬质塑料管埋设在非燃烧体结构内且穿管暗敷保护层厚度不小于30mm；

2）当消防设备配电线路明敷时，应穿金属管或金属线槽保护且采用防火涂料提高线

路的耐燃性能，或直接采用经阻燃处理的电线电缆和铜皮防火电缆等并敷设在电缆竖井、吊顶内或有防火保护措施的封闭式线槽内。

（2）消火栓泵、喷淋泵等配电线路。消火栓系统加压泵、水喷淋系统加压泵、水幕系统加压泵等消防水泵的配电线路包括消防电源干线和各水泵电动机配电支线两部分。水泵电动机配电线路可采用穿管暗敷，如选用阻燃型电线应穿金属管并埋设在非燃烧体结构内，或采用电缆桥架架空敷设；如选用耐火电缆，最好配以耐火型电缆桥架或选用铜皮防火型电缆，以提高线路耐火耐热性能。水泵房供电电源一般由建筑变电所低压总配电室直接提供；当变电所与水泵房相邻或距离较近并属于同一防火分区时，供电电源干线可采用耐火电缆或耐火母线沿防火型电缆桥架明敷；当变电所与水泵房距离较远并穿越不同防火分区时，应尽可能采用铜皮防火型电缆。

（3）防排烟装置配电线路。防排烟装置包括送风机、排烟机、各类阀门、防火阀等，一般布置较分散，其配电线路防火既要考虑供电主回路线路，也要考虑联动控制线路。由于阻燃型电缆遇明火时，其电气绝缘性能会迅速降低，所以，防排烟装置配电线路明敷时应采用耐火型交联低压电缆或铜皮防火型电缆，暗敷时可采用一般耐火电缆。联动和控制线路应采用耐火电缆。另外，防排烟装置配电线路和联动控制线路在敷设时应尽量缩短线路长度，避免穿越不同防火分区。

（4）防火卷帘门配电线路。防火卷帘门隔离火势的作用是建立在配电线路可靠供电以使防火卷帘门有效动作基础上的。防火卷帘门电源引自建筑各楼层带双电源切换的配电箱，经防火卷帘门专用配电箱控制箱供电，供电方式多采用放射式或环式。当防火卷帘门水平配电线路较长时，应采用耐火电缆并在吊顶内使用耐火型电缆桥架明敷，以确保火灾时仍能可靠供电并使防火卷帘门有效动作，阻断火势蔓延。

（5）消防电梯配电线路。为提高供电可靠性，消防电梯配电线路应尽可能采用耐火电缆。当有供电可靠性特殊要求时，两路配电专线中一路可选用铜皮防火型电缆，垂直敷设的配电线路应尽量设在电气竖井内。

（6）火灾应急照明线路。火灾应急照明包括疏散指示照明、火灾安全照明和备用照明。疏散指示照明采用长明普通灯具；火灾应急照明采用带镍镉电池的应急照明灯或可强行启点的普通照明灯具；备用照明则利用双电源切换来实现。所以，火灾应急照明线路一般采用阻燃型电线穿金属管保护，暗敷于不燃结构内且保护层厚度不小于30mm。在装饰装修工程中，可能遇到土建结构工程已经完工，应急照明线路不能暗敷而只能明敷于吊顶内的情况，这时应采用耐热型或耐火型电线并参考基本措施2）的实施方式。

（7）消防广播通信等配电线路。火灾消防应急照明灯广播、消防电话、火灾警铃等设备的电气配线：

1）在条件允许时，可优先采用阻燃型电线穿保护管单独暗敷或按基本措施处理。

2）当必须采用明敷线路时，应对线路做耐火处理并参考基本措施的实施方式。

第三节　火灾报警及消防联动工程施工图的识读

一、火灾报警及消防联动工程施工图的组成

一套完整的火灾报警及消防联动控制系统施工图，主要由图纸目录、设计说明、系统图、平面图和相关设备的控制电路图等组成，所有这些图都是用图形符号加文字标注及必要的说明绘制出来的，均属于简图之列。

二、火灾报警及消防联动工程施工图常用附加文字符号

火灾报警及消防联动工程施工图常用附加文字符号见表9-1。

表9-1　火灾报警及消防联动工程施工图常用附加文字符号

序号	文字符号	名称	序号	文字符号	名称
1	W	感温火灾探测器	8	WCD	差定温火灾探测器
2	Y	感烟火灾探测器	9	B	火灾报警控制器
3	G	感光火灾探测器	10	B—Q	区域火灾报警控制器
4	Q	可燃气体探测器	11	B—J	集中火灾报警控制器
5	F	复合式火灾探测器	12	B—T	通用火灾报警控制器
6	WD	定温火灾探测器	13	DY	电源
7	WC	差温火灾探测器			

三、火灾报警及消防联动工程施工图常用图例

火灾报警及消防联动工程施工图常用图例见表9-2。

表9-2　火灾报警及消防联动工程施工图常用图例

序号	图形符号	名称	序号	图形符号	名称
1	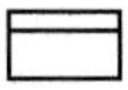	火灾报警装置	4		感烟探测器
2	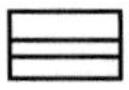	火灾区域报警装置	5		感温感烟复合探测器
3		感温探测器	6		感光探测器

续表

序号	图形符号	名称	序号	图形符号	名称
7		可燃气体探测器	20	CRT	显示盘
8		并联感温探测器	21	I	输入模块
9		并联感烟探测器	22	C	控制模块
10		火灾警铃	23	SQ	双切换盒
11		火灾报警扬声器	24	JL	防火卷帘控制箱
12		报警电话	25	XFB	消防泵控制箱
13		电话插孔	26	PLB	喷淋泵控制箱
14		手动报警按钮	27	WYB	稳压泵控制箱
15		带电话插孔的手动报警按钮	28	KTJ	空调机控制箱
16		消火栓手动报警按钮	29	ZYF	正压风机控制箱
17	SF	送风阀	30	XFJ	新风机控制箱
18	X	排烟阀	31	C	排烟口
19	X	防火阀	32	P	防烟口

四、火灾报警及消防联动工程施工图的识读方法

火灾报警及消防联动工程施工图的阅读从安装施工角度来说，并不是太困难，也并不复杂，阅读方法一般如下：

1．认真阅读图纸目录

根据图纸目录了解该工程图纸的概况，包括图纸张数、图幅大小及名称、编号等信息。

2．阅读施工说明

施工说明表达图中不易表示但又与施工有关的问题，了解这些内容对进一步读图是十分必要的。

3．阅读系统图

火灾报警及消防联动工程系统图主要反映系统的组成和功能与组成系统的各设备之间的连接关系等。系统的组成随被保护对象的分级不同，所选用的报警设备不同，基本形式也不同。通过阅读系统图，大致掌握整个系统的联系和运行机理，在头脑中构建报警系统及联动控制系统的基本构架。

4．阅读平面图

通过平面图可了解建筑物的基本情况，房间分布与功能等。熟悉火灾探测器、手动报警按钮、消防电话、消防广播、报警控制器及消防联动设备等在建筑物内的分布与安装位置，同时要通过材料表了解它们的型号、规格、性能、特点和对安装的技术要求。

了解线路的走线及连接情况。在了解了设备的分布后，就要进一步明确线路走线，从而弄清楚它们之间的连接关系，这是非常重要的，一般从进线开始，一条一条的阅读。

5．阅读大样图

平面图是施工单位用来指导施工的依据，而设备的具体安装图却很少给出，因此，要重视大样图的阅读，将平面图和大样图结合起来阅读，就会对设备的安装信息有准确的把握。

另外，平面图只表示设备和线路的平面位置而很少反应空间的高度，在读图时，还应该结合大样图和材料表等，建立起空间的概念。

为了避免火灾报警与消防联动系统设备及其线路与其他建筑设备和管路在安装时发生位置冲突，在阅读火灾报警与消防联动系统平面图时，还应对照阅读其他建筑设备安装工程相关专业的施工图，同时，还要了解规范的相关要求。

第四节　火灾报警及消防联动工程的识读实例

一、设计说明与施工图纸

某火灾报警及消防联动工程施工图如图9-25～图9-29所示。

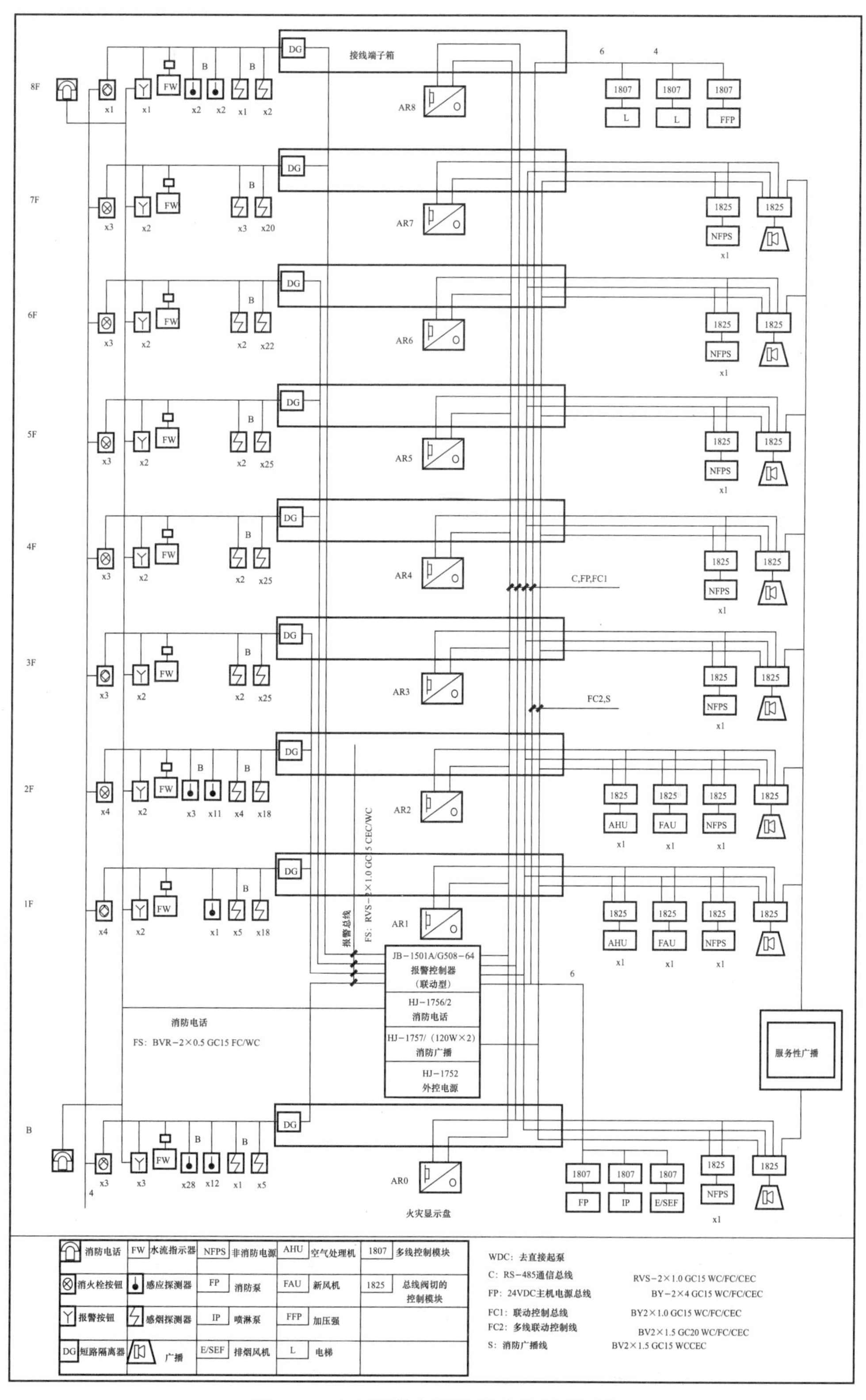

图9-25　火灾报警与消防联动控制系统图

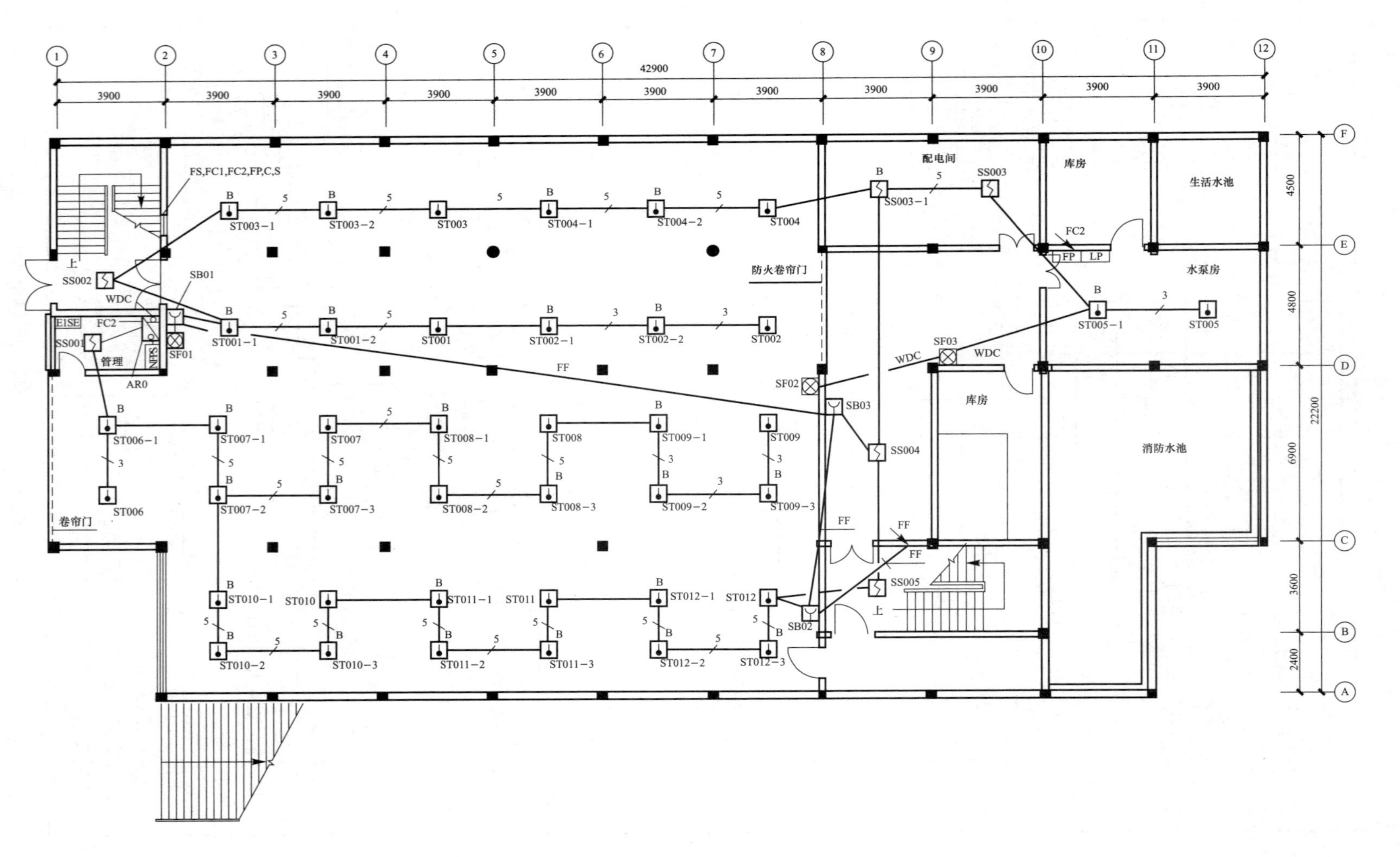

图9-26 地下室火灾报警与消防联动控制平面图

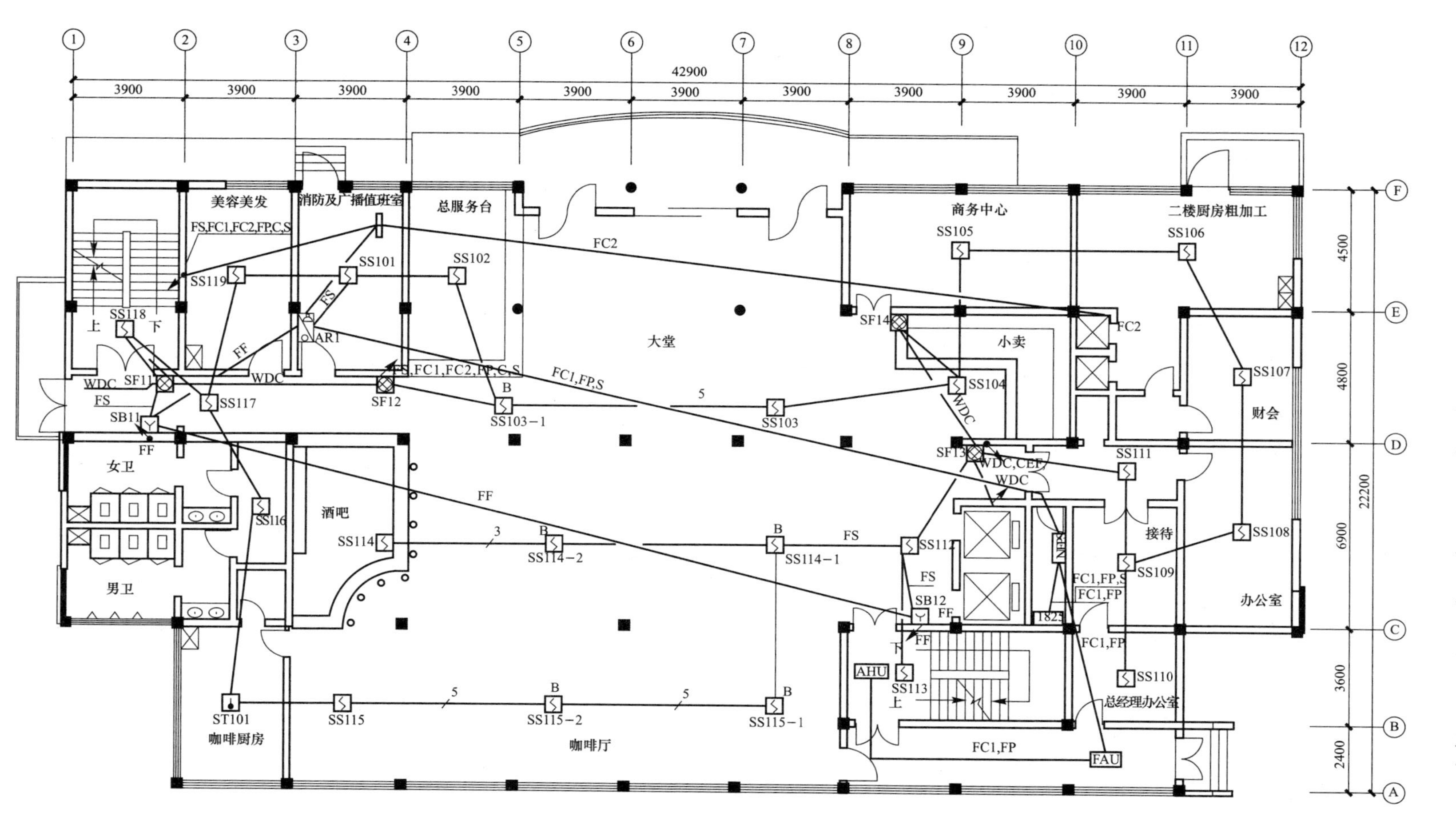

图9-27　首层火灾报警与消防联动控制平面图

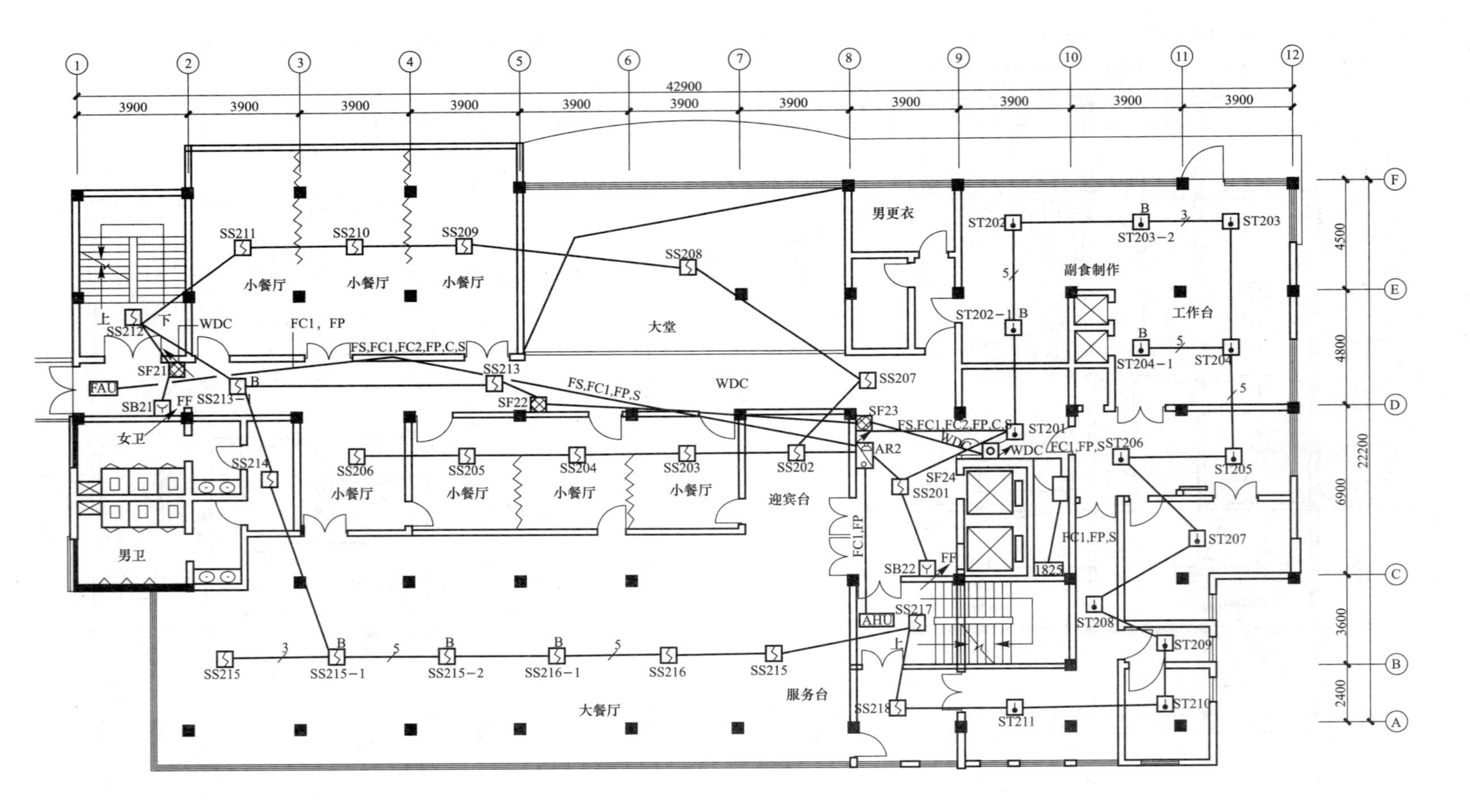

图9-28　二层火灾报警与消防联动控制平面图

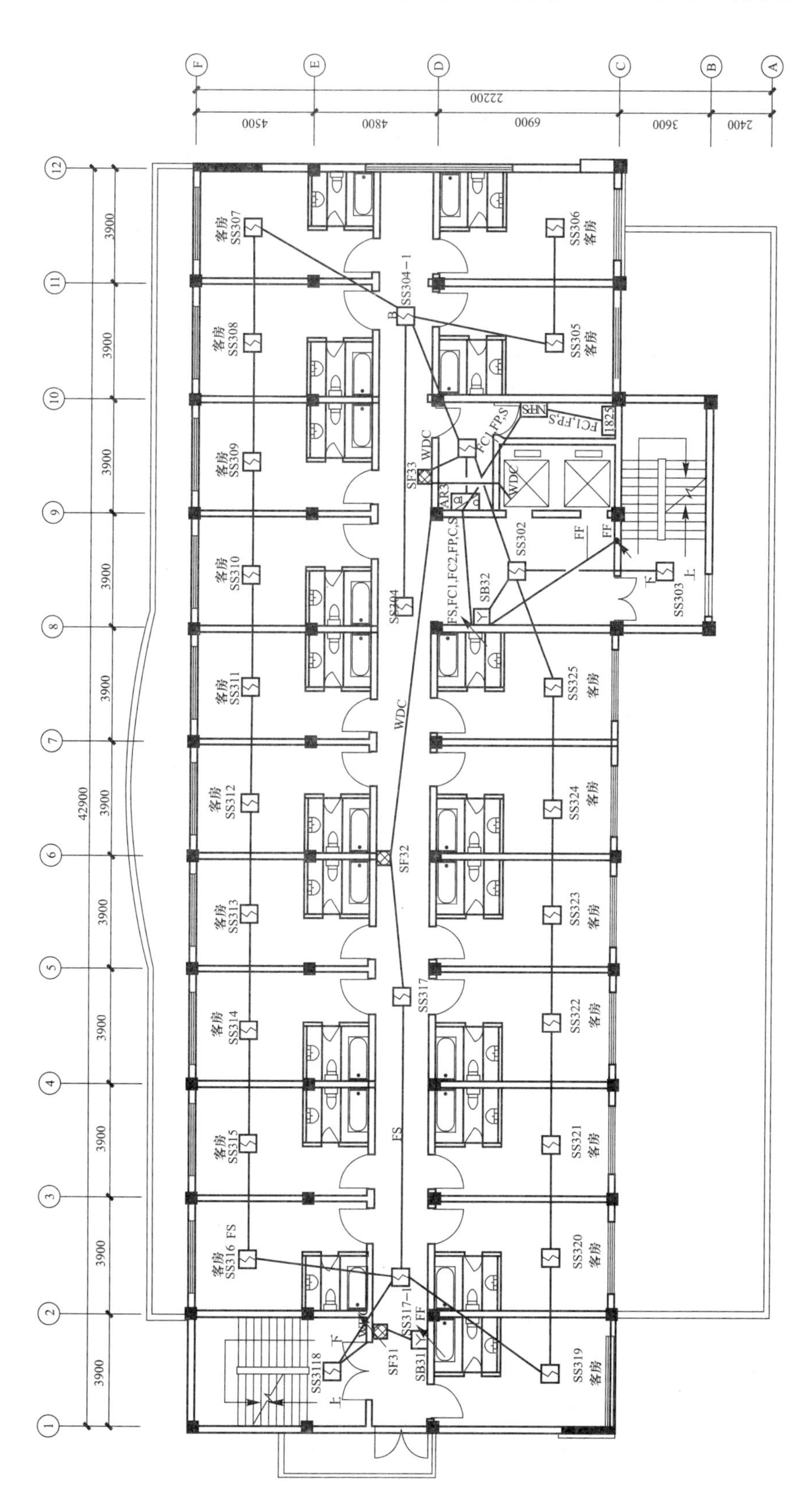

图9-29　三～七层火灾报警与消防联动控制平面图

二、施工图解读

下面以解答问题的形式，详细说明如何识读火灾报警与消防联动工程施工图。

1. 本工程的火灾报警与消防联动设备安装位置在哪里？设备型号是什么？

答：由系统图和一层平面图可知，本工程火灾报警与消防联动设备安装在一层消防及广播值班室。火灾报警与消防设备的型号为JB1501A/G508—64，JB为国家标准中的火灾报警控制器；消防电话设备的型号为HJ-1756/2；消防广播设备型号为HJ-1757（120W×2）；外控电源设备型号为HJ-1752。

2. 该火灾报警与消防联动系统有几种线路？

答：由系统图可知，该火灾报警与消防联动系统共有7种线路。

3. 报警总线的标注是什么？含义是什么？

答：报警总线的标注为FS：RVS-2×1.0GC15CEC/WC。含义为2芯截面面积为1.0mm^{2}的铜芯塑料绝缘双绞软导线，穿*DN*15的水煤气钢管，沿顶棚沿墙暗敷。

4. 消防电话线的标注是什么？含义是什么？

答：消防电话线的标注为FF：BVR-2×0.5GC15FC/WC。含义为2芯截面面积为0.5mm^{2}的铜芯塑料绝缘并行软导线，穿*DN*15的水煤气钢管，沿地板沿墙暗敷。

5. 通信总线的标注是什么？含义是什么？

答：通信总线的标注为C：RS-485通信总线，RVS-2×1.0GC15WC/FC/CEC。含义为2芯截面面积为1.0mm^{2}的铜芯塑料绝缘双绞软导线，穿*DN*15的水煤气钢管，沿地板沿墙沿顶板暗敷。

6. 主机电源总线的标注是什么？含义是什么？

答：主机电源总线的标注为FP：24V主机电源总线 BV-2×4GC15WC/FC/CEC。含义为2根截面为4mm^{2}的铜芯塑料绝缘导线，穿*DN*15的水煤气钢管，沿地板沿墙沿顶板暗敷。

7. 联动控制总线的标注是什么？含义是什么？

答： 联动控制总线的标注为FC1：BV-2×1.0GC15WC/FC/CEC。含义为2根截面为1.0mm^{2}的铜芯塑料绝缘导线，穿*DN*15的水煤气钢管，沿地板沿墙沿顶板暗敷。

8. 多线联动控制线的标注是什么？含义是什么？

答：多线联动控制线的标注为FC2：BV-1.5GC20WC/FC/CEC。含义为截面为1.5mm^{2}的铜芯塑料绝缘导线，穿*DN*20的水煤气钢管，沿地板沿墙沿顶板暗敷，至于采用几根线要看图中标注。

9. 消防广播线的标注是什么？含义是什么？

答：消防广播线的标注为S：BV-2×1.5GC15WC/CEC。含义为2根截面为1.5mm^{2}的铜芯塑料绝缘导线，穿*DN*15的水煤气钢管，沿墙沿顶板暗敷。

10. 试分析WDC的标注是什么？

答：WDC为消火栓按钮直接启动水泵线，应与水泵房中的FP（消防泵）控制柜相连，但是图中没有画出，应该是漏画了。由平面图可知，一层SF11的连接线WDC（2线）来自地下室SF01处，SF11与SF12之间有WDC连接线，SF11的连接线WDC又配到2层的SF21处。一层SF13连接线WDC（2线）来自地下室SF03处，又配到2层的SF24处。因此，

在系统图中标注的WDC为4线就是这两个回路导线数的相加。因为是控制线，可采用BV-2×1.5GC15WC/FC/CEC方式配线。

11．报警总线共有几个回路？分别接几层？

答： 报警总线共有4条回路，设为BJNl-BJN4，BJNl用于地下室，BJN2用于1、2、3层，BJN3用于4、5、6层，BJN4用于7、8层。

12．与报警总线FS相连的设备有哪些？

答： 由系统图可知，与报警总线FS相连的设备有烟感探测器、温感探测器、水流指示器、火灾报警按钮和消火栓报警按钮。

13．与消防电话线FF相连的设备有哪些？

答： 由系统图可知，与消防电话线FF相连的设备有火灾和消防电话。

14．与联动控制总线FC1相连的设备有哪些？

答： 与联动控制总线FC1相连的设备为被控制模块1825所控制的设备。

15．与多线联动控制线FC2相连的设备有哪些？

答： 与多线联动控制线FC2相连的设备为被控制模块1807所控制的设备。

16．与通信总线C相连的设备有哪些？

答： 与通信总线C相连的设备为火灾显示盘AR。

17．与主机电源总线FP相连的设备有哪些？

答： 与主机电源总线FP相连的设备有火灾显示盘AR和控制模块1 825所控制的设备。

18．与消防广播线S相连的设备有哪些？

答： 与消防广播线S相连的设备只有控制模块1825中的扬声器。

19．本工程有几个接线端子箱？端子箱内有什么器件？有什么作用？

答： 由系统图可知，每层楼安装一个接线端子箱，共有9个。端子箱中安装的电气元件为短路隔离器DG。其作用是当某一层的报警总线发生短路故障时，将发生短路故障的楼层报警总线断开，就不会影响其他楼层报警设备的正常工作了。

20．本工程有几个火灾显示盘AR？其作用是什么？

答： 由系统图可知，每层楼安装一个火灾显示盘AR，共有9个。火灾显示盘可以显示各个楼层，显示盘用R5-485总线连接，火灾报警与消防联动设备可以将火灾信息传送到火灾显示盘上进行显示。因为显示盘有灯光显示，所以须接主机电源总线FP。

21．感温火灾探测器主要应用在哪种场所？图中有的感温火灾探测器标有字母B，有的未标，区别是什么？

答： 感温火灾探测器主要应用在火灾发生时，很少产生烟或平时可能有烟的场所，如车库、餐厅等地方。图中标有字母B的感温火灾探测器为子座，没有标注的为母座。

22．一层消防总控台共引出几条线？各有哪些功能线？

答： 由一层平面图可知，一层消防总控台共引出4条线，为了分析方便，将这4条线分别编成N1、N2、N3、N4。其中N1配向②轴线，有FS、FC1、FC2、FP、C、S功能导线，向地下室配线；N2配向③轴线，接本层接线端子箱，再向外配线，有FS、FF、FC1、

FP、S和C功能导线；N3配向④轴线，再向2层配线，有FS、FC1、FC2、FP、C和S功能的导线；N4配向⑩轴线，再向下层配线，只有FC2一种功能的导线（4根线）。

23．地下室接线端子箱的位置在哪里，进线从哪里来？

答：地下室接线端子箱的位置在②轴线左侧的管理室，进线来自一层的消防总控台N1线路。

24．描述从地下室接线端子箱引出的报警总线FS的接有哪些设备。

答：地下室接线端子箱引出的报警总线FS是一个环路，接有母座感烟探测器5个，SS001-SS005，子座感烟探测器1个SS003-1，接有母座感温探测器12个，ST001-ST012，子座感温探测器28个，接有水流指示器1个，接有火灾报警按钮3个，SB01-SB03，接有消火栓报警按钮3个，SF01-SF03。

25．地下室报警总线FS环路上有的线段标有数字3，有的线段标有数字5，有的线段未标注，分别是什么意思？

答：线段标有数字3的表示母座与子座之间的连接线为3根，标有数字5的表示除了有FS的2根线之外该路段还多了母座与子座之间的3根连接线，未标注的为系统图中表示的FS回路的2根线。

26．地下室手动火灾报警按钮SB除了要接报警总线FS，还要接什么功能线?此线从哪里引来?

答：地下室手动火灾报警按钮SB除了要接报警总线FS还需要接消防电话线FF，此线从一层SB12引来，接到SB02，然后顺序接到SB03、SB01。

27．地下室消火栓箱报警按钮SF除了要接报警总线FS，还要接什么功能线?此线与哪些设备相连?

答：地下室消火栓箱报警按钮SF01、SF02、SF03除了要接报警总线FS，它们之间还需要连接WDC线，此线应与地下室水泵房中的消防泵相连。

28．地下室1807模块控制设备的多线联动控制线FC2是从哪里引来的?

答：地下室1807模块控制设备的多线联动控制线FC2由接线端子箱AR0引来，配到E/SEF排烟风机控制柜。

29．地下室FP消防泵同时接有多线联动控制线FC2和WDC功能线，有何区别?

答：FC2是来自火灾报警与消防联动的控制线，而WDC是来自消火栓按钮的控制线，按钮是人工操作，FC2是自动控制，两者的作用是相同的，都是发出启动消防泵的控制信号。

30．地下室1825模块控制设备接哪些功能线？从何引来?

答：地下室1825模块控制设备分别为NFPS非消防电源切换装置和扬声器。NFPS非消防电源切换装置，FC1是其信号控制线，还需要连接FP主机电源总线；扬声器切换控制接口连接FC1信号控制线、FP主机电源总线、S消防广播线和服务性广播功能线。

31．一层接线端子箱的位置在哪里？有几条进线？几条出线？出线各有哪些功能线？

答：一层接线端子箱的位置在消防及广播值班室③轴墙上。有一条进线，4条出线，第一条配向②轴线SB11处的FF线；第二条配向⑩轴线电源配电间的NFPS处，有FC1，

FP，S功能线，第三条配向SS101的FS线，第四条是配向SS119的FS线。

32. 描述从一层接线端子箱引出的报警总线FS的敷设线路。

答：配向SS101的FS线，用钢管沿墙暗配到顶棚，进入SS101的接线底座进线接线，再配到SS102，以此类推，直到SS119回到火灾显示盘，形成一个环路。在这个环路中也有分支，例如SS110，SB12，SF14等，其目的是减少配线路径。

33. 描述从一层接线端子箱引出的消防电话线FF的敷设线路。

答：从一层接线端子箱引出的消防电话线FF首先接至SB11，在此处又分别到2层的SB21和本层的⑨轴线SB12处，在SB12处又向上接到SB22和向下再引到⑧轴线SB02处。

34. 描述一层消火栓箱报警按钮SF直接水泵启动线WDC的敷设线路。

答：SF11的连接线WDC来自地下室SF01处，SF11与SF12之间有WDC连接线，SF11的连接线WDC又配到2层的SF21处。SF13处的连接线WDC来自地下室SF03处，又配到2层的SF24处。

35. 描述从一层接线端子箱引出的FC1，FP，S回路敷设线路。

答：从一层接线端子箱引出的FC1，FP，S功能线，NFPS连接FC1，FP线，电源配电间有1825控制模块，是扬声器的切换控制接口，连接FC1，FP，S功能线，NFPS又接到PAU（新风机控制接口）和AHU（空气处理机控制接口），连接FC1，FP线。

36. 二层接线端子箱的位置在哪里？有几条进线？几条出线？出线各有哪些功能线？

答：二层接线端子箱的位置在⑧轴的墙上。有一条进线，来自于一层消防及广播值班室④轴线处。火灾显示盘AR2有5条出线。有2条是报警总线的环形配线；1条有FC1，FP功能线，配到AHU（空气处理机控制接口）；1条有FC1，FP，S功能线，配到电源配电箱间的NFPS处，FC1，FP与NFPS连接，而FC1，FP，S线再配到1825控制模块，是扬声器的切换控制接口；还有1条是向3层的接线端子箱，有FS，FC1，FC2，FP，C，S共6种功能线。

37. 二层接线端子箱的报警总线FS包括几个回路？

答：二层接线端子箱的报警总线FS有3条回路，1、2、3层有一条报警总线，4、5、6层有一条报警总线，7、8层有一条报警总线，都要经过这里。

38. 接至二层接线端子箱的多线联动控制线FC2与二层的设备相连吗？有几根线？

答：接至二层接线端子箱的多线联动控制线FC2与二层的设备不相连，是从这里向上配线，接至8层的设备，共有6根线。

39. 三层接线端子箱的位置在哪里？有几条进线？几条出线？出线各有哪些功能线？

答：三层的显示盘位于⑨轴线。有一条进线，来自于二层，有FS，FC1，FC2，FP，C，S共6种功能线。有四条出线，有2条是报警总线的环形配线；1条有FC1，FP，S功能线，配到电源配电箱间的NFPS处，FC1，FP与NFPS连接，而FC1，FP，S线再配到1825控制模块，是扬声器的切换控制接口；还有1条是向4层的接线端子箱，有FS，FC1，FC2，FP，C，S共6种功能线。

40. 三层接线端子箱向四层配线中的报警总线FS有几个回路？

答：三层接线端子箱的报警总线FS有2条回路，4、5、6层有一条报警总线，7、8层有一条报警总线，都要经过这里。

参 考 文 献

边凌涛，2016. 安装工程识图与施工工艺［M］. 重庆：重庆大学出版社.

陈明彩，2014. 建筑设备安装识图与施工工艺［M］. 北京：北京理工大学出版社.

陈思荣，2015. 建筑设备安装工艺与识图［M］. 北京：机械工业出版社.

龚威，2012. 学看建筑弱电施工图［M］. 北京：中国电力出版社.

孙光远，2005. 建筑设备与识图［M］. 北京：高等教育出版社.

汤万龙，2010. 建筑设备安装识图与施工工艺［M］. 北京：中国建筑工业出版社.

文桂萍，2002. 建筑电气设备［M］. 北京：中国建筑工业出版社.

文桂萍，2010. 建筑设备安装与识图［M］. 北京：机械工业出版社.

吴志红，2013. 建筑设备安装施工工艺与识图［M］. 北京：中国建材工业出版社.

尹六寓，2011. 建筑设备安装识图与施工工艺［M］. 郑州：黄河水利出版社.

赵宏佳，2003. 电气工程识图与施工工艺［M］. 重庆：重庆大学出版社.

周玲，2012. 建筑设备安装识图与施工工艺［M］. 重庆：重庆大学出版社.

中华人民共和国建设部，2002. 建筑给水排水及采暖工程施工质量验收规范：GB 50242—2002［S］. 北京：中国标准出版社.

中华人民共和国住房和城乡建设部，2015. 建筑电气工程施工质量验收规范：GB 50303—2015［S］. 北京：中国建筑工业出版社.

中华人民共和国住房和城乡建设部，2016. 通风与空调工程施工质量验收规范：GB 50243—2016［S］. 北京：中国计划出版社.